ArcGIS Pro Python 编程
Python for ArcGIS Pro

〔美〕Silas Toms 〔美〕Bill Parker 著

陈 静 孙 琳 译

U0213242

北京航空航天大学出版社

图书在版编目(CIP)数据

ArcGIS Pro Python 编程／（美）塞拉斯·托马斯
(Silas Toms)，（美）比尔·帕克（Bill Parker）著；
陈静，孙琳译. -- 北京：北京航空航天大学出版社，
2023.3
书名原文：Python for ArcGIS Pro
ISBN 978-7-5124-4054-8

Ⅰ.①A… Ⅱ.①塞… ②比… ③陈… ④孙… Ⅲ.①
地理信息系统－应用软件－程序设计 Ⅳ.①P208

中国国家版本馆 CIP 数据核字(2023)第 037887 号

ArcGIS Pro Python 编程
Python for ArcGIS Pro

［美］Silas Toms ［美］Bill Parker 著
陈静 孙琳 译
策划编辑 董宜斌 责任编辑 刘晓明

*

北京航空航天大学出版社出版发行

北京市海淀区学院路 37 号(邮编 100191) http://www.buaapress.com.cn
发行部电话:(010)82317024 传真:(010)82328026
读者信箱:copyrights@buaacm.com.cn 邮购电话:(010)82316936
涿州市新华印刷有限公司印装 各地书店经销

*

开本:710×1 000 1/16 印张:25.5 字数:574 千字
2023 年 3 月第 1 版 2023 年 3 月第 1 次印刷
ISBN 978-7-5124-4054-8 定价:129.00 元

写在前面

地理学作为人类的礼物,它可以让我们看到地平线或世界的任何角落,让我们探索遥远的土地,或探索我们脚下复杂的地理环境。地理学作为一门艺术和一门科学,帮助我们了解不断变化的世界,让我们能够应对地域、区域、国家和全球范围内的紧迫挑战。自从埃拉托色尼第一次探索他所在的地球角落以来,正是由于提升使我们的世界严格量化的能力一直是地理学的追求,才使得 2 000 多年前我们就获得了地球周长惊人的准确近似值。

当地理信息系统(GIS)被广泛使用时,这种丰富的量化传统得到了强化,使勤劳的人们能够用点、线、多边形、网格位图和量化网格无限详细地描述我们的世界;还有其他一些定量的框架可用于对地球的地理变化进行严格的调查。地理领域经过几十年的发展,地理信息系统已经变得越来越普遍,应用于越来越多的业务和任务挑战,GIS 已经成为工业、政府、学术界和社会部门数字化转型的关键。

这一转变在很大程度上加快了 GIS 对脚本语言的青睐,使广泛的从业人员能够不断创新,以创新的方式探索他们的世界。这些脚本已经扩展和增强了我们集体的 GIS能力,因为它们被精心制作、发布在 Web 上,可以与他人共享、改进,并经过了全球无数地理空间从业者和学者的实地测试。这些脚本为地理空间创新增添动力,帮助我们所有人更好地了解我们的世界。毕竟,根据定义,地球上发生的一切都存在于空间和时间中——创造出大量的成功,只有经过深思熟虑和创造性地实现自动化才能帮助我们解决问题。

正像本书,将有助于扩大地理空间创新者的群体数量,加深他们对地理的理解,并帮助所有人通过地理的观点来解决当今全球的重要问题。当您读本书时,我鼓励您思考这些新的超能力将如何帮助您让我们的世界比您发现它的时候更好一点。

Dr. Christopher Tucker

Chairman, American Geographical Society

在 GIS 社区中出现的一个常见问题是"我如何成为一名 GIS 开发人员?"这是一个实际的问题;GIS 中的很多人可能会制作地图,做分析,并寻求进一步的知识。关于这个话题,我可能有很多要说的,但我首先要推荐的是学习 Python。

在我之前的职业生涯中,我的职责之一就是每年准备 20 多张一系列的地图,这些地图会被印在报纸上。这些地图并不复杂,但准备数据、更新布局和生成地图通常需要两到三天的时间。这并不难,但很乏味。我想一定有更好的办法。这也是我真正接受Python 后的第一个任务,我能够使用 Python 准备最新的数据,更新布局的日期和信息,并生成所有的文档。编写和测试脚本可能只花了我一天的时间,但在接下来的几年里为我节省了大量的时间。

　　作为在空间行业工作的专业人士,跟上技术的发展是很重要的,因为这些技术可以帮助我们完成日常任务。许多在 GIS 中工作的人都有这样的经历:必须从各种来源中收集数据,做一些复制和粘贴工作,甚至编辑他们最喜欢的电子表格软件,并为利益相关者创造一些有用的东西。说到底,数据就是数据,我们的工作就是赋予它意义。

　　Python 是开发人员工具箱中的瑞士军刀。它可以解析数据、分析图像、转换文件类型、上传/下载、迭代、修改和输出各种结果。如果您需要执行一些分析,很有可能有一个 Python 库可用。将它与 ArcGIS Python API 结合起来,可以将您的技能提高到一个新的水平。本书将引导您胜任数据分析工作。当我还是一个天真的技术人员的时候,我曾希望有这样的一本书,我为您今天可以用它来做事情感到兴奋!

René Rubalcava

SoftWhere Development Engineer，Esri

关于作者

  Silas Toms 是一名地理空间数据专家和数据工程师,在地理数据系统领域拥有超过 15 年的工作经验。他毕业于加州保利洪堡大学,从环境数据分析到为超级碗建立 GIS,到目前担任一家电动汽车充电公司的数据工程总监。这是他的第四本书,包括两本关于 ArcGIS 和 ArcPy 的书,以及 *Mastering Geospatial Analysis with Python 3*。

Silas Toms：

  我要感谢我的伴侣劳拉和女儿斯隆,是你们点亮了我的每一天,是你们的支持和爱帮助我写了这本书。我要感谢我的父母和姐姐多年来的支持。我还要感谢加布里埃尔·波恩、达拉·欧贝妮、乔什·巴特勒和贝丝·斯通,感谢他们对我的教育,并信任我。

  Bill Parker 是一名 GIS 专业人员,拥有超过 15 年的 GIS 和 Python 工作经验。他曾在 ICF 担任大型环境项目的 GIS 负责人,使用 ArcPy 实现 GIS 分析和地图制作的自动化。他的项目重点包括担任 Caltrain 现代化 EIR/S、加州高速铁路项目圣何塞到默塞德和旧金山到圣何塞 EIR/S 的 GIS 负责人。他现在为 Volta Charging 工作,使用 Python 做自动化空间分析和 ArcGIS Online 工作流程。

Bill Parker：

  我要感谢我的妻子娜塔莉,还有我的孩子泰迪和杰克,感谢他们对我的支持,感谢他们理解我在这件事上所需要的时间。我还想感谢我的合著者邀请我和他一起做这件事,并相信我能做到。

  Josh Bonifield 是一位经验丰富的地理空间分析师,在市场营销、能源和农业领域有着丰富的工作经验。他拥有芝加哥洛约拉大学环境科学学士学位,最近在约翰斯·霍普金斯大学完成了 GIS 硕士学位,专注于数据科学和预测分析。他目前在 OpenTeams 担任地理空间数据工程师,精确地组织和应用移动数据,帮助客户解决独特的问题。

  虽然没有在封面上署名,但 Josh 贡献了第 13 章的农作物产量预测案例研究。

前　　言

本书将带您进入 ArcGIS Pro 自动化的广阔世界,将帮助您把技能和职业生涯提高到新的高度。我们将教您如何使用 Python 优化和简化 ArcGIS Pro 和 ArcGIS Online 中的数据管理、分析和地图制作过程。不论您是在政府机构、私人企业工作,还是作为一个对 GIS 专业有抱负的学生,您将学习到的技能和技巧,将很容易为整个城市或大公司进行数据管理,创建或编辑整个系列的地图,或者从大数据快速生成分析结果,并因此简化您的生活。

本书受众

本书是为 ArcGIS 专业人员、中级 ArcGIS Pro 用户、ArcGIS Pro 高级用户、学生,以及想从 GIS 技术人员转行到 GIS 分析师的人,从 GIS 分析师转行到 GIS 程序员的人,或从 GIS 开发人员/程序员转行到 GIS 架构师的人编写的。

如果您对地理空间/GIS 语法、ArcGIS 和数据科学(Pandas)有基本的了解,学习本书是有帮助的,但也不是必需的。

本书内容

第 1 部分　ArcGIS Pro Python 模块介绍

第 1 章　Python for GIS 简介,介绍了 ArcGIS Pro 和其他 Esri 产品自动化所需的 Python 核心组件。本章还包括 Python 语法的概述,以及介绍所需的数据结构和脚本概念。

第 2 章　ArcPy 基础知识,解释了 ArcPy 可用的语法和模块。ArcPy 是一个 Python 包,熟悉它对于 ArcGIS Pro 的地图制作和数据管理非常重要。您将探索 ArcPy 中可用的功能和模块,并使用 ArcPy 在 ArcGIS Pro 窗口中进行一些地理处理。

第 3 章　适用于 Python 的 ArcGIS API,介绍了 ArcGIS API for Python。这是一个 Python 包,旨在与 Web GIS 一起使用,并允许您直接使用 ArcGIS Online 或 Arc-GIS Enterprise 上的数据。我们将介绍如何在 ArcGIS Pro 中设置和管理虚拟环境,并介绍类似于 Jupyter Notebooks 的 ArcGIS Pro Notebooks。本书将使用 ArcGIS Note-books 作为在 ArcGIS Pro 中编写和运行 Python 的一种方式。

第 2 部分　将 Python 模块应用于常见的 GIS 任务

第 4 章　数据访问模块和光标,介绍如何使用数据访问模块来帮助自动执行地理处理任务中的导入步骤。Walk 函数将用于遍历目录以查找数据集。搜索、插入和更新光标将用于在要素类中查找和更新数据。

第 5 章　发布到 ArcGIS Online,介绍如何在 ArcGIS Pro 中发布和组织 ArcGIS Online 上的数据。我们将在 ArcGIS Pro Notebooks 中使用 ArcGIS API for Python 来发布、附加和编辑数据。我们还将向您展示如何使用 Python 自动化管理 ArcGIS Online 内容所涉及的重复性任务。

第 6 章　ArcToolbox 脚本工具,演示了将 Python 脚本转换为脚本工具的过程。脚本工具存储在自定义工具箱中,并像 ArcGIS 工具一样运行。创建脚本工具是共享脚本的好方法,因为它允许组织中的非 Python 用户运行您为特定任务开发的工具。

第 7 章　自动化地图制作,介绍了用于自动化地图制作任务的 arcpy. mp 模块。我们将看到如何使用 Python 更新损坏的数据源链接、从地图中添加/移动/删除数据图层、调整图层的符号系统、使用不同的布局元素以及导出地图。

第 3 部分　地理空间数据分析

第 8 章　Pandas、数据框和矢量数据,向您介绍如何使用 Pandas 进行地理空间数据分析。我们介绍了一些 Pandas 的基础知识,以及如何从 Pandas DataFrames 中获取数据,并查看依赖于 Pandas 的 GeoJSON – to – CSV 文件到 shapefile 工作流程。

第 9 章　使用 Python 进行栅格分析,演示如何使用 arcgis 和 arcpy 模块中的栅格工具来处理栅格和影像图层。我们着眼于创建栅格、保存栅格和访问其属性,以及如何用空间分析工具集实现更高级的空间建模和分析。

第 10 章　使用 NumPy 进行地理空间数据处理,介绍了在处理栅格数据时如何以及何时使用 NumPy 模块。我们将了解一些基本的 NumPy 数组操作以及如何在地理空间分析中使用它们。

第 4 部分　案例研究

第 11 章　案例研究:ArcGIS Online 管理和数据管理,包含案例研究,将向您展示如何在 ArcGIS Pro 中创建 Notebook 以管理您的 ArcGIS Online 账户。这些 Notebook 将允许您管理用户、报告信用积分、重新分配项目以及下载和重命名照片。所有这些都可以在 ArcGIS Pro 中使用 ArcGIS API for Python 和 ArcGIS Pro Notebooks 来完成。

第 12 章　案例研究:高级地图自动化,向您展示如何从头到尾创建制图自动化。我们将介绍无法使用 arcpy. mp 更改的不同地图设置,以帮助为您的制图自动化创建良好的模板。然后,我们使用 arcpy. mp 创建一个地图系列,显示 2020 年暂停的公交线路周围街区组的不同少数群体状态,以识别任何潜在的环境正义问题。

第13章 案例研究：预测农作物产量，交互式数据科学网络地图，展示了提取、转换、加载（ETL）工作流程，该工作流程应用于使用来自世界各地的农业数据预测农作物产量的问题。我们编写了一个 Notebook 来执行数据收集、数据清理并拟合随机森林模型来进行预测，然后在我们的 Python 代码之上创建一个简单的 JavaScript Web 应用程序。

如何充分利用本书

要完成本书中的练习，您需要安装 ArcGIS Pro 2.7 或更高版本，以及随 ArcGIS Pro 一起安装的 Python 版本。不过不用担心，在第2章中，我们将引导您了解如何在开始之前检查您的环境设置是否正确。

下载示例代码文件

本书的代码包托管在 GitHub 上，地址为 https://github.com/PacktPublishing/Python-for-ArcGIS-Pro。我们还有丰富的书籍和视频目录的其他代码包，可登录网址：https://github.com/PacktPublishing/获得。去看一下！

使用的约定

本书通篇使用了许多文本约定。

CodeInText：表示文本中的代码字、数据库表名称、文件夹名称、文件名、文件扩展名、路径名、虚拟 URL、用户输入和 Twitter 用户定位。例如："ArcGIS Pro 附带一个名为 arcgispro-py3 的默认环境。"

输入代码块设置如下：

```
from arcgis.gis import GIS
from IPython.display import display
gis = GIS('home')
```

当我们希望引起您对代码块的特定部分的注意时，会突出显示相关的行或项目：

```
from arcgis.gis import GIS
from IPython.display import display
gis = GIS('home')
```

任何 Notebook 输出都编写如下：

```
<Item title:"Farmers Markets in Alameda County" type:Feature Layer
Collection owner:billparkermapping>
<Item title:"Farmers Markets in Alameda County" type:CSV
```

owner:billparkermapping>

粗体:表示一个新的术语、一个重要的单词,或您在屏幕上看到的单词,例如菜单或对话框中。例如:"然而,它不仅仅是一个 Python 包,它也是一个**应用程序编程接口 (API)**。"

 为警告或重要说明。

 为提示和技巧。

目　　录

第 1 部分　ArcGIS Pro Python 模块介绍

第 2 部分　将 Python 模块应用于常见的 GIS 任务

第 3 部分 地理空间数据分析

第 4 部分　案例研究

第 1 部分

ArcGIS Pro Python 模块介绍

第 1 章 Python for GIS 简介

用计算机编程是人们得到回报和受挫最多的工作之一。

这些回报可以是金钱,正如我们今天的高科技工作的薪水。然而,我认为掌握编程最有价值的部分,是让自己成为一个计算机高级用户,编写可重复使用的代码,可以轻松地执行和分析简单和复杂的应用程序。

挫折来来去去,这是一件好事:您以及在您之前的数百万人和我一样,都会从每一个错误中吸取教训。通过本书中的每一个练习,您会获得成长和学习,通过提出正确的问题和密切关注问题,您可以避免其中的一些错误。

如果您是一名 ArcGIS 专家或新手,并希望扩展您的技能,那么恭喜您——您来对地方了。在本书中,您将学习如何利用现有的 GIS 专业知识(或兴趣),并使用一种看似简单的编程语言——Python,使您潜力倍增。

计算机编程是一个广阔的知识领域,关于这方面的知识已经有很多书出版了。在本章中,我们将解释读、写和运行 Python 脚本所需的基本知识。我们将把 ArcGIS 工具留到后面的章节,重点关注 Python:它的开始、它的当前状态、如何使用它,以及重要的是,Python 是什么,它不是什么。

我们将讨论以下主题:

- Python 基础知识;
- 计算机编程的基础知识;
- 模块安装导入;
- 编写和执行脚本。

1.1 Python:建立不同

Python 编程语言的创造者 Guido van Rossum 在 20 世纪 80 年代末对计算机编程的现状感到沮丧。编程语言过于复杂,同时,它们的格式要求也过于松散。这导致了它们带有复杂脚本的大型代码库,这些脚本编写得很糟糕,很少有文档记录。

仅仅运行一个简单的程序可能都会需要很长的时间,因为代码需要进行类型检查(变量声明正确并分配给正确的数据类型)和编译(从文本文件中编写的高级代码转换为 CPU 可以理解的汇编语言或机器代码)。

由于这位荷兰籍程序员已经完成了 ABC 编程语言的专业工作,在那里他学到了很多关于语言设计的知识,他决定把对 ABC 和其他语言的局限性的抱怨变成一种动力和爱好。

他拥有阿姆斯特丹大学的数学和计算机科学硕士学位,他倾心于计算机,但他确实也对英国喜剧系列《巨蟒》(*Monty Python*)情有独钟。因此,他以自己的热情创建了现在用于各种编程解决方案的 Python。今天 Python 无处不在,用于为互联网、厨房电器、汽车等提供动力。因其普遍性和简单性,它已被 GIS 软件生态系统采用为标准编程工具。

由于 van Rossum 在 20 世纪 80 年代具有计算机语言方面的丰富经验,他能够很好地创建一种语言来弥补计算机语言的许多缺陷。他添加了许多其他语言中他所欣赏的功能,并添加了一些他自己创建的功能。以下是为改进其他语言而构建的 Python 功能的不完整列表,如表 1.1 所列。

表 1.1 Python 的改进功能

问 题	改 进	Python 功能
内存溢出	内置内存管理	垃圾收集和内存管理
编译器运行慢	一行测试,动态分型	Python 解释器
不清楚的错误信息	指示违规行为和受影响代码的消息	错误回溯
意大利面条代码,即内部逻辑不明确的代码	清洁导入和模块化	输入
代码格式和间距不清晰,导致代码不可读	缩进规则和缩减括号	强制空格
做某事的方式太多	应该只有一种方式:优雅的、整洁的(Pythonic)方式	Python 的禅,一种 Python 独有的编程哲学,它期望干净简单的实现。在 Python 解释器中输入 import this 并探索内置的"复活节彩蛋"

1.1.1 Python 版本

van Rossum 于 1991 年发布的原始 Python 版本 Python 1.0 及其后续版本最终被广受欢迎的 Python 2.x 所取代,并确保该版本 2.0 及更高版本 Python 1.x 向后兼容。但是,对于新的 Python 3.0 及更高版本,并不能与 Python 1.0 和 Python 2.0 向后兼容。

这一突破导致了 Python 生态系统的分歧。一些公司选择坚持使用 Python 2.x,这意味着旧版本的"日落"日期或退役日期从 2015 年延长到 2020 年 4 月。现在"日落"日期已经过去,Python 软件基金会(PSF)在 Python 2.x 上没有积极地工作。在 PSF 的监督下,Python 3.x 的开发将继续并将持续到未来。

van Rossum 一直担任 PSF 的仁慈独裁者,直到他于 2018 年辞去该职位。

 在此处查看有关 Python 历史的更多信息:https://docs.python.org/3/faq/general.html。

1.1.2　ArcGIS Python 版本

从 ArcMap 9.x 版开始,Python 已集成到 ArcGIS 软件套件中。但是,ArcGIS Desktop 和 ArcGIS Pro 现在都依赖于不同版本的 Python:

(1) ArcGIS Pro:Python 3.x

ArcGIS Pro 是在宣布终止 Python 2.0 的决定之后设计的,它与 Python 2.x 生态系统分离,而随 Python 3.x 一起提供。

除了 arcpy 模块,ArcGIS Pro 还使用 arcgis 模块,称为 ArcGIS API for Python。

(2) ArcGIS Desktop:Python 2.x

ArcGIS Desktop(或 ArcMap)9.0 及更高版本附带 Python 2.x。ArcGIS 安装程序将自动安装 Python 2.x 并将 arcpy 模块(最初是 arcgisscripting)添加到 Python 系统路径变量中,使其可用于脚本。

ArcMap、ArcCatalog、ArcGIS Engine 和 ArcGIS Server 都依赖于 arcpy 和安装 ArcGIS Desktop 或 Enterprise 软件时包含的 Python 2.x 版本。

ArcGIS Desktop 的停用已延长至 2025 年 3 月,这意味着 Python 2.7 将在此之前被 Esri 包括在内,尽管 Python 软件基金会已正式停用它。随着 ArcGIS Desktop 即将淘汰,用户现在正在使用 Python 3 编写脚本以使用 ArcGIS Pro。

1.1.3　什么是 Python

简而言之,Python 是一个应用程序:python.exe。此应用程序是一个可执行文件,这意味着可以运行它来处理代码行,或者可以从其他应用程序调用它来运行自定义的脚本。安装 ArcGIS Pro 后,Python 以及一系列支持文件和文件夹也会安装在您的计算机上,位于以下默认位置:

```
C:\Program Files\ArcGIS\Pro\bin\Python\envs\arcgispro - py3
```

Python 包含一个大型标准工具库或模块。其中包括对 Internet 请求、高级数学、CSV 读/写、JSON 序列化以及 Python 核心中包含的更多模块的支持。虽然这些工具功能强大,但 Python 也被构建为可扩展的,这意味着可以轻松地将第三方模块添加到 Python 安装中。

ArcGIS Python 模块 arcpy 和 arcgis 都是扩展 Python 功能的好例子。还有成千上万质量参差不齐的模块,几乎涵盖了任何类型的编程需求。

Python 是用 C 语言编写的。由于各种技术原因,也存在用其他语言编写的 Python 变体,但 Python 的大多数实现都构建在 C 语言之上。这意味着 Python 通常通过构建在 C 语言之上的模块来扩展 C 语言代码,一般是为了提高速度。

Python 代码层或包装器放置在 C 语言代码之上,以使其与普通 Python 包一起使用,从而获得 Python 的简单性和预编译 C 语言代码处理速度的提升。NumPy 和 SciPy(包含在 Python 的 ArcGIS 安装中)是此类模块的示例。

Python 是免费且开放的软件,这也是它可与许多其他软件应用程序打包以实现自动化目的的另一个原因。虽然 Python 已随 ArcGIS Pro 一起安装,但也可以使用 Python Software Foundation 的免费安装程序单独安装。

 查看互联网上的 Python 软件基金会:https://www.python.org/psf。

直接从 PSF 下载 Python 版本:https://www.python.org/downloads/。

1.1.3.1 它安装在哪里

在安装了 Windows 的计算机上,默认情况下不包含 Python;它将与 ArcGIS Pro 一起安装,或者使用 Python Software Foundation 的安装程序单独安装。

运行 ArcGIS 安装程序后,将会安装几个版本的 Python。我们在本书中使用的版本,主要安装在此文件夹位置的 Python 3 虚拟环境:

C:\Program Files\ArcGIS\Pro\bin\Python\envs\arcgispro-py3

Python 文件夹如图 1.1 所示。

Name	Date modified	Type	Size
api-ms-win-crt-string-l1-1-0.dll	4/13/2021 2:28 PM	Application exten...	25 KB
api-ms-win-crt-time-l1-1-0.dll	4/13/2021 2:28 PM	Application exten...	21 KB
api-ms-win-crt-utility-l1-1-0.dll	4/13/2021 2:28 PM	Application exten...	19 KB
concrt140.dll	4/13/2021 2:28 PM	Application exten...	325 KB
LICENSE_PYTHON	4/13/2021 2:28 PM	Text Document	13 KB
msvcp140.dll	4/13/2021 2:28 PM	Application exten...	614 KB
msvcp140_1.dll	4/13/2021 2:28 PM	Application exten...	31 KB
msvcp140_2.dll	4/13/2021 2:28 PM	Application exten...	202 KB
python	4/13/2021 2:28 PM	Application	107 KB
python3.dll	4/13/2021 2:28 PM	Application exten...	64 KB
python37.dll	4/13/2021 2:28 PM	Application exten...	4,502 KB
pythonw	4/13/2021 2:28 PM	Application	105 KB
ucrtbase.dll	4/13/2021 2:28 PM	Application exten...	993 KB
vccorlib140.dll	4/13/2021 2:28 PM	Application exten...	359 KB
vcomp140.dll	4/13/2021 2:28 PM	Application exten...	151 KB
vcruntime140.dll	4/13/2021 2:28 PM	Application exten...	84 KB
venvlauncher	4/13/2021 2:28 PM	Application	531 KB
venvwlauncher	4/13/2021 2:28 PM	Application	530 KB

selected 106 KB

图 1.1 Python 文件夹的结构,包含 python.exe 可执行文件

1.1.3.2 Python 解释器

当您运行 python.exe 时(有关运行可执行文件的多种方法,请参见下文),它会启动 Python 解释器。

这是一个很有用的界面,允许您一次输入一行代码以进行测试和确认。输入该行后,按 Enter/Return 键并执行代码。该工具可帮助您在同一环境中学习编码和测试代码。

双击文件夹中的 python.exe 或从开始菜单启动 Python(命令行)将启动解释器,它允许执行单行命令。Python 解释器如图 1.2 所示。

图 1.2　Python 3.7 的 Python 解释器

1.1.3.3　什么是 Python 脚本

python.exe 为可执行文件,作为一个可以运行代码的程序,也将执行 Python 脚本。这些脚本是简单的文本文件,可以通过任何文本编辑软件进行编辑。Python 脚本以.py 扩展名保存。

运行 Python 脚本时,它会作为第一个命令行参数传递给 Python 可执行文件(python.exe)。该程序将从上到下读取并执行代码,只要它是有效的并且不包含错误的 Python 即可。如果遇到错误,脚本将停止并返回错误消息。如果没有错误,除非您添加了"print"语句以在脚本运行时将消息从主循环返回到 Python 窗口,否则不会返回任何内容。

1.1.3.4　包含的可执行文件

Python 带有两个版本的 python.exe 文件。需要明确的是,这些是相同版本的 Python,但每个文件都有不同的作用。python.exe 是主文件,另一个版本是 pythonw.exe(见图 1.3)。如果双击此文件,则不会像普通 python.exe 那样打开解释器。重点是 pythonw.exe 没有可用的解释器;它用于比 python.exe 更"静默"地执行脚本(例如,当被另一个应用程序(如 ArcGIS)调用以运行 Python 脚本时)。

使用 python.exe 启动解释器,Python 文件夹中的 pythonw.exe 如图 1.3 所示。

1.1.3.5　如何调用可执行文件

访问 Python 可执行文件(python.exe)以运行 Python 解释器或运行自定义 Python 脚本。有许多不同的方法可以调用或启动 Python 可执行文件:

- 双击 python.exe("C:\Program Files\ArcGIS\Pro\bin\Python\envs\ arcgis-pro-py3\python.exe"),将启动 Python 解释器。
- 在 ArcGIS Pro 中运行 Python:ArcGIS Pro 有一个内置的 Python 解释器,您将在第 2 章中使用它来运行自定义代码行。在第 3 章中,您将了解如何使用 ArcGIS Pro Notebooks 作为 Notebooks 来测试、存储和共享自定义脚本。
- 打开 IDLE,包含的集成开发环境(IDE)可以直接运行:

Name	Date modified	Type	Size
api-ms-win-crt-string-l1-1-0.dll	4/13/2021 2:28 PM	Application exten...	25 KB
api-ms-win-crt-time-l1-1-0.dll	4/13/2021 2:28 PM	Application exten...	21 KB
api-ms-win-crt-utility-l1-1-0.dll	4/13/2021 2:28 PM	Application exten...	19 KB
concrt140.dll	4/13/2021 2:28 PM	Application exten...	325 KB
LICENSE_PYTHON	4/13/2021 2:28 PM	Text Document	13 KB
msvcp140.dll	4/13/2021 2:28 PM	Application exten...	614 KB
msvcp140_1.dll	4/13/2021 2:28 PM	Application exten...	31 KB
msvcp140_2.dll	4/13/2021 2:28 PM	Application exten...	202 KB
python	4/13/2021 2:28 PM	Application	107 KB
python3.dll	4/13/2021 2:28 PM	Application exten...	64 KB
python37.dll	4/13/2021 2:28 PM	Application exten...	4,502 KB
pythonw	4/13/2021 2:28 PM	Application	105 KB
ucrtbase.dll	4/13/2021 2:28 PM	Application exten...	993 KB
vccorlib140.dll	4/13/2021 2:28 PM	Application exten...	359 KB
vcomp140.dll	4/13/2021 2:28 PM	Application exten...	151 KB
vcruntime140.dll	4/13/2021 2:28 PM	Application exten...	84 KB
venvlauncher	4/13/2021 2:28 PM	Application	531 KB
venvwlauncher	4/13/2021 2:28 PM	Application	530 KB

图 1.3　Python 文件夹中的 pythonw. exe

C:\Program Files\ArcGIS\Pro\bin\Python\envs\arcgispro-py3\Scripts\ idle.exe

在第 2 章中，您将看到如何在桌面上创建与 Python 3. x 安装关联的 IDLE 的快捷方式，如图 1.4 所示。

图 1.4　可通过开始/ArcGIS 菜单获得 Python 应用程序

如果您安装了 ArcGIS Desktop、ArcGIS Pro 以及其他版本的 Python,请务必注意从"开始"菜单打开的 Python 版本。并非所有版本都与 ArcGIS 相关联,因此可能有些版本无法访问 arcpy 模块。

- 打开 CMD 终端并键入 python:这仅在 Python 可执行文件位于 Windows PATH 环境变量中时才有效。如果您收到一条错误消息,指出"python"不是内部或外部命令、可运行程序或批处理文件,则 python. exe 程序不在 Windows PATH 环境变量中。

查看此博客以讨论如何将可执行文件添加到 Path 变量:https://www. educative. io/edpresso/how-to-add-python- to-path-variable-in-windows。

- 使用第三方 IDE,例如 PyCharm:每个 PyCharm 项目都可以有自己的虚拟环境,因此也可以有自己的可执行文件,或者可以使用安装 ArcGIS 时由 Esri 安装的那个(C:\ProgramFiles\ArcGIS\Pro\bin\Python\envs\arcgispro-py3\python)。IDE 有很多,但 PyCharm 是我们推荐的一个,原因有很多:干净的界面、易于下载的模块、内置的虚拟环境等。
- 使用 Jupyter Notebooks:这需要安装 Jupyter,它不包含在标准 Python 安装包中。

您将从第 3 章开始使用 ArcGIS Pro Notebooks。ArcGIS Pro Notebooks 基于 Jupyter Notebooks,并与其非常相似,但可在 ArcGIS Pro 中存储和运行。

- 使用可执行文件的完整路径在命令行中运行 Python:

"C:\Program Files\ArcGIS\Pro\bin\Python\envs\arcgispro - py3\python.exe"

有多种方法可以使用可执行文件直接运行脚本,但我们发现 IDE 使编辑和执行代码更容易。

1.1.3.6　IDLE 开发环境

包含的 IDE,是一个有用的环境,称为 IDLE。Python IDLE 解释器环境如图 1.5 所示,每个 Python 实例都标配。

```
Python 3.7.10 Shell                                    —  □  ×
File Edit Shell Debug Options Window Help
Python 3.7.10 [MSC v.1927 64 bit (AMD64)] on win32
Type "help", "copyright", "credits" or "license()" for more information.
>>> import arcgis
>>> import arcpy
>>> |
```

图 1.5　Python IDLE 解释器环境类似于 shell 环境:代码可以一次运行一行

您可以在此环境中轻松创建和执行脚本,方法是从文件菜单打开一个新脚本,然后使用脚本的运行菜单执行脚本,如图 1.6 所示。

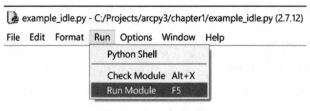

图 1.6　在 IDLE 中运行脚本

1.1.3.7　Windows 文件路径问题

因为 Python 是在 Unix/Linux 环境中开发的,所以它要求文件路径使用正斜杠(/)。但是,Windows 在其文件路径中使用的是反斜杠(\)。

Windows:

'C:\Python\python.exe'

Linux:

'C:/Python/python.exe'

这会在 Python 脚本中产生影响,因为存在许多由反斜杠组成的特殊字符串组合。例如,要在字符串中创建制表符,Python 使用反斜杠和"t"的组合(\t)来创建此字符。

反斜杠可以转义;换句话说,可以通过双反斜杠来告诉 Python 忽略字符串中的特殊字符。然而,这是不方便的。解决 Windows 文件路径中固有的反斜杠问题的最简单方法(例如,将 shapefile 文件路径传递给 arcpy 函数时)是通过在字符串前面放置一个"r"将它们变成原始字符串。

因为"\t"所具有的特点,以下内容在传递给 arcpy 函数时会导致错误:

'C:\test\test.shp'

为避免这种情况,您有三个选择。如果您从 Windows 资源管理器复制文件夹路径,请在脚本前面使用"r"将其转换为原始字符串:

r'C:\test\test.shp'

您还可以使用正斜杠:

'C:/test/test.shp'

通过双反斜杠来转义也是可行的:

'C:\\test\\test.shp'

1.1.3.8　操作系统和 Python 系统模块

Python 内置的两个重要模块或代码库是 os 和 sys 模块。第一个,os,也称为操作系统模块。第二个,sys,是 Python 系统模块。它们分别用于控制 Windows 操作系统和 Python 操作系统。

(1) os 模块

os 模块用于许多事情,包括文件夹路径操作,例如创建文件夹、删除文件夹、检查文件夹或文件是否存在,或使用用于运行该文件扩展名的操作系统相关应用程序执行文件。使用此模块可以获取当前目录、复制文件等。os 模块将在本书的示例中用于完成上述所有操作。

在下面的代码片段中,首先导入 os 模块,因为我们打算使用它。将字符串"C:\Test_folder"传递给 os.path.exists 方法,该方法返回一个布尔值(True 或 False)。如果返回 False,则该文件夹不存在,然后使用 os.mkdir 方法创建:

```
import os
folderpath = r"C:\Test_folder"
if not os.path.exists(folderpath):
    os.mkdir(folderpath)
```

在此处阅读有关 os 模块的信息:https://www.geeksforgeeks.org/os-module-python-examples/。

(2) 系统模块

sys 模块及其他功能允许您在运行时(即执行脚本时)接受脚本的参数。这是通过使用 sys.argv 方法完成的,该方法是一个列表,其中包含在执行脚本期间对 Python 所做的所有参数。

如果名称变量使用 sys 模块来接受参数,则脚本如下所示:

```
import sys
name = sys.argv[1]
print(name)
```

再次注意,sys.argv 方法是一个列表,列表中的第二个元素(分配给上面的变量名)是传递的第一个参数。Python 使用从零开始的索引,我们将在本章后面进一步详细探讨。列表中的第一个元素是正在运行的脚本的文件路径。

(3) 系统路径

sys 模块包含 Python 路径或系统路径(本例中的系统是指 Python)。Python 系统路径可从 sys.path 的 sys 模块获得,是 Python 在访问 Windows Path 变量后用于搜索可导入模块的列表。如果您无法编辑 Windows 路径(通常是由于权限),那么可以在运行时使用系统路径更改 Python 路径。

sys.path 列表是 Python 内置的 sys 模块的一部分,如图 1.7 所示。

我们已经为您提供了大量关于 Python 是什么、Python 文件夹的结构、Python 可执行文件如何运行以及如何执行和运行脚本的信息。这将帮助您运行 Python 脚本来自动进行分析。在下一节中,我们将缩小范围以更广泛地了解计算机编程。

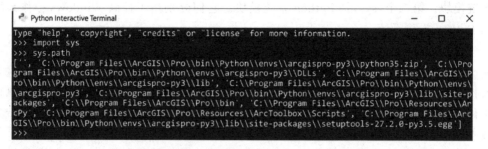

图 1.7　检查 sys. path 列表

 在此处阅读有关 sys 模块的更多信息：https://www.geeksforgeeks.org/python-sys-module/。

这将帮助您更深入地了解为什么选择 Python 作为 ArcGIS Pro 的自动化语言，并帮助您成为更好的程序员。

1.2　编程基础

计算机编程在实现方面因语言而异，但这些语言之间在其内部逻辑的工作方式上有显著的相似之处。这些编程基础知识适用于所有编程语言，具体代码实现以 Python 显示，如表 1.2 所列。

表 1.2　Python 编程语言示例

名称	描述	代码示例
变量	分配给任何数据类型的 Python 对象的名称。变量必须以字母开头。建议使用下划线	x = 0 y = 1 xy = x + y xy_str = str(xy)
数据类型	Strings 用于 text。Integers 用于整数。Floats 用于浮点数。列表、元组和字典等数据容器广泛用于组织数据。布尔值用于真或假情况	str_var = "string" int_var = 4 float_var = 5.7 list_var = [45,43,24] tuple_var = (87,'a',34) dict_var = {'key':'value'} bool_var = True

迭代	for 循环用于遍历可迭代的数据对象（迭代器，例如数据列表）。while 循环用于循环直到满足条件	for item in datalist:
		　　print(item)
		x = 0
		while x <1:
		　　x += 1

名　称	描　述	代码示例

计数器/枚举器	使用变量来跟踪由 for 循环或 while 循环执行的循环数是一个好主意。某些语言具有内置的枚举功能。在 Python 中,这是 enumerate()函数。计数器在增加后重新分配给自己。在 Python 中,快捷方式 x＋＝y 与 x＝x+y 相同	```counter = 0
		list_var = [34,54,23,54]
		for item in list_var:
		    print(item, counter)
		    counter += 1
		l_var = [34,54,23,54]
		for c,i in enumerate(l_var):
		    print(i, c)```

条件句	解释对象是否满足条件的 if/elif/else 语句	```list_var = [1,'1',1.0]
		for item in list_var:
		  if type(item) == type(0):
		    print('Integer')
		  elif type(item) == type('a'):
		    print('String')
		else:
		    print('Float')```

从零开始的索引	使用以 0 开头的索引访问数据容器。使用方括号[]将索引传递给列表或元组。可以使用相同的模式访问字符串字符	```list_var = ['s','m','t'] m_var = list_var[0] name_var = "logan" l_var = name_var[0]```
代码注释	鼓励在代码中添加注释。它们有助于向其他读者和您自己解释您的想法。使用 #symbol 创建注释。注释可以单独一行,也可以添加到语句的末尾,因为 # 符号之后的任何内容都将被忽略	```# This is a comment x = 0 # also a comment```

错误	许多类型的错误消息都内置在 Python 中。错误回溯显示受影响的代码行和错误类型。这并不完美	```>>> str_var = 'red"
		  File " <stdin> ", line 1
		    str_var = 'red"
		            ^
		SyntaxError: EOL while scanning
		string literal```

在以下部分中,我们将更详细地了解其中的一些内容,并向您介绍函数和类。

1.2.1　变　量

变量用于将对象分配给标签或标识符。它们用于跟踪数据片段,通过脚本组织数据流,并帮助程序员阅读脚本。

```
variable = 1 # a variable assignment
```

我们建议使用长短适中的描述性变量。当变量太短时,可能会让人难以阅读;当它们太长时,可能会令人困惑。使用下划线分隔变量中的单词是一种常见的做法。

 在此处阅读有关 Python 变量命名约定的更多信息:https://www.python.org/dev/peps/pep-0008/#function-and-variable-names。

1.2.1.1 变量格式规则

变量必须以字母开头。它们不能以数字或其他符号开头,否则会发生语法错误。但是,可以在其中使用数字和下划线:

```
>>> 2var = 34
    File "<stdin>", line1
2var = 34
^
SyntaxError: invalid syntax
>>> two_var = 34
>>> two_var
34
```

 在此处阅读有关变量的更多信息:https://realpython.com/python-variables/。

1.2.1.2 赋值 vs 等于(值比较)

在 Python 中,使用等号(=)将变量分配给对象。要检查一个值是否等于另一个值(换句话说,比较它们),请使用双等号(==):

```
variable = 1 # a variable assignment
variable == 1 # a comparison
```

1.2.2 数据类型

变量的数据类型决定了它的行为。例如,字符 5 可以是整数(5)、浮点数(5.0)或字符串("5")。5 的每个版本都会有不同的可用工具,比如字符串的 replace()方法,可以用其他字符替换字符串中的字符。

表 1.3 显示了 Python 中的关键数据类型,以及 Python 中相应的数据类型对象。

表 1.3 Python 中的关键数据类型

数据类型	Python 数据类型对象
文本数据存储为字符串数据类型	字符串
数值数据存储为整数、浮点数、复数类型	整数、浮点数、复数

续表 1.3

数据类型	Python 数据类型对象
序列数据(列表或数组)可以存储为列表或元组。在 Python 3 中,范围(range)是一个生成器,返回一个惰性迭代器的特殊对象。当调用它时,它返回所需列表的一个数字	列表、元组、范围
映射或键/值对数据类型在 Python 中也称为字典	字典
集合是包含不同的、不可变对象的数据类型	集合,不变集合
布尔值是 True 或 False、1 或 0	布尔
二进制数据类型用于以二进制模式访问数据文件	字节,字节数组,内存视图

1.2.2.1 检查数据类型

要检查 Python 变量的数据类型,请使用 type() 函数:

```
>>> x = 0
>>> type(x)
<class 'int'>
```

1.2.2.2 字符串

在 Python 中,所有文本数据都表示为 String 数据类型。这些被称为字符串。以字符串形式存储的常见数据包括姓名、地址,甚至整个博客文章。

字符串也可以在代码中进行模板化,以允许在脚本运行之前未设置的“填充空白”字符串。字符串在技术上是不可变的,但可以使用内置的 Python 字符串工具和单独的字符串模块进行操作。

以下是与字符串相关的一些关键概念,如表 1.4 所列。

表 1.4　字符串相关关键概念

类　别	用　法
引号	可以使用单引号或双引号来指定字符串,只要开头和结尾使用相同的数字即可。字符串中的引号可以使用相反的标记作为打开和关闭字符串的标记。三引号用于多行字符串
添加字符串	字符串可以“添加”在一起以形成更大的字符串。字符串也可以乘以整数 N 以重复字符串 N 次
字符串格式	字符串模板或占位符可以在代码中使用,并在运行时用所需的数据填充
字符串操作	可以使用内置功能操作字符串。字符可以被替换或定位。字符串可以拆分或连接

(1) 引　号

字符串必须用引号括起来。在 Python 中,这些可以是单引号或双引号,但它们必须是一致的。如果字符串使用单引号开始,则必须使用单引号结束,否则会报错:

```
>>> string_var = 'the red fox"
File "<stdin>", line 1
```

```
string_var = 'the red fox"
                          ^
SyntaxError: EOL while scanning string literal
```

正确方式：

```
>>> string_var = 'the red fox'
>>> string_var
'the red fox'
```

（2）多行字符串

多行字符串由一对三个单引号（或双引号）开头、三个单引号结束来创建。

在以下示例中，变量 string_var 是一个多行字符串（\n 是代表新行的 Python 字符）：

```
>>> string_var = """the red fox chased the
... dog across the yard"""
>>> string_var
'the red fox chased the\ndog across the yard'
```

（3）添加字符串（以及更多）

可以将字符串"添加"在一起以创建新字符串。此过程允许您从较小的字符串构建字符串，这对于填充由数据文件中的其他字段组成的新字段和其他任务非常有用。

在此示例中，字符串"forest"被分配给 string_var。然后将另一个字符串添加到 string_var 以创建更长的字符串：

```
>>> string_var = "forest"
>>> string_var += " path" # same as string_var = string_var + " path"
>>> string_var
'forest path'
```

（4）字符串格式

代码中的字符串通常使用"占位符"来表示稍后将填充的数据。这称为字符串格式化，有多种方法可以使用 Python 执行字符串格式化。表 1.5 是关键概念。

表 1.5　Python 执行字符串格式化方法

类　别	用　法
格式功能	所有字符串都有一个名为 format() 的内置函数，允许字符串传递参数。它将接受所有数据类型并格式化来自模板的字符串
字符串文字	对于 Python 3.6＋，有一个称为字符串文字的新工具，允许您将变量直接插入字符串。一个 f 放在字符串前面
数据类型字符串运算符	一个较旧但仍然有用的工具是字符串运算符，在字符串中用作特定数据类型（字符串、浮点数或整数）的占位符

（5）字符串格式化函数

这种格式化方法是 Python 3 的首选形式。它允许您将变量传递给 format() 函数，该函数内置于所有字符串中，并让它们填充字符串中的占位符。任何数据类型都可以传递给 format() 函数。

在以下示例中，字符串模板使用 format() 字符串函数填充了其他变量中包含的详细信息。占位符按列出变量的顺序填写，因此它们必须按正确的顺序排列。

花括号是占位符，format() 函数将接受参数并填写字符串：

```
>>> year = 1980
>>> day = "Monday"
>>> month = "Feb"
>>> template = "It was a cold {} in {} {}"
>>> template.format(day, onth, year)
'It was a cold Monday in Feb 1980'
```

在下一个示例中，占位符被命名，并被传递给 format() 函数中的关键字参数。参数已命名，并且不需要在 format() 函数中按顺序排列：

```
>>> template = 'It was a cold {day} in {month} {year}'
>>> template.format(month = month, year = year, day = day)
'It was a cold Monday in Feb 1980'
```

在最后一个示例中，占位符被编号，这使得重复字符串变得更加容易：

```
>>> template = "{0},{0} oh no,{1} gotta go"
>>> template.format("Louie", "Me")
'Louie,Louie oh no,Me gotta go'
```

（6）字符串文字

有一种新的（从 Python 3.6 开始）格式化字符串的方法，称为格式化字符串文字。通过在字符串前添加 f，占位符变量可以由变量填充，而无需使用 format() 函数。

在此示例中，变量直接格式化为字符串文字，字符串前有一个 f 表示它是字符串文字：

```
>>> year = 1980
>>> day = "Monday"
>>> month = "Feb"
>>> str_lit = f"It was a cold {day} in {month} {year}"
>>> str_lit
'It was a cold Monday in Feb 1980'
```

 在此处阅读更多关于字符串格式化的内容：https://realpython. com/python-string-formatting/。

（7）字符串占位符运算符

一种较早但仍然有用的将数据插入字符串的方法是数据类型字符串操作符。它们

17

使用占位符,以特定的方式格式化插入的字符串。但是,它们是特定于数据的,这意味着插入到字符串中的数字必须使用数字占位符,而插入的字符串必须使用字符串占位符,否则将导致错误。占位符 %s 表示字符串,%d 或 %f 表示数字。它们每个都有特定于数据类型的可选特性。例如,可以对 %f 数字占位符进行操作,使其只保存特定数量的小数点:

```
>>> month = '%0.2f' % 3.1415926535
>>> month
3.14
```

要使用它们,您需要把占位符放在字符串模板中,然后在字符串后面加上一个百分号(%),并在百分号之后的元组中加上传递给字符串模板的值:

```
>>> year = 1980
>>> month = "February,"
>>> str_result = "It was a cold %s %d" % month, year
>>> str_result
'It was a cold February, 1980'
```

 点击此处阅读更多关于字符串占位符的内容:https://pyformat.info/。

(8) 字符串操作

字符串操作很常见,很多工具都内置在 String 数据类型中。它们允许您替换字符串中的字符或查找它们在字符串中的索引位置。

find()和 index()方法类似,但 find()可以用于条件语句。如果在字符串中没有找到该字符,则 find()将返回 −1,而 index()将返回错误。

join()方法用于连接字符串数据列表。split()方法则相反,它根据提供的字符或默认的空间将字符串拆分为一个列表。表 1.6 是一些方法及其使用示例的非详尽列表。

表 1.6   字符串操作方法

方　　法	举　　例
join()	string_list = ['101 N Main St','Eureka','Illinois 60133'] address = ', '.join(string_list)
replace()	address = '101 N Main St'.replace("St","Street")

find()，rfind()	str_var = 'rare'
	 str_index = str_var.find('a') # index 1
	 str_index = str_var.find('r') # index 0
	 str_index = str_var.rfind('r') # index 2
	 str_index = str_var.rfind('d') # index − 1

方　法	举　例
upper()，lower()，title()	name = "Laura" name_upper = name.upper() name_lower = name.lower() 　name_title = name_lower.title()

index()，rindex()	str_var = 'rare'
	str_index = str_var.index('a') # index 1
	str_index = str_var.index('r') # index 0
	str_index = str_var.rindex('r') # index 2
	str_var.index('t') # this will cause an error

split()	latitude,longitude = "45.123,−95.321".split(",") address_split = '101 N Main St'.split()

（9）字符串索引

字符串索引类似于列表索引，我们将在后面看到。通过将所需字符的索引传递给方括号中的字符串，可以从字符串中选择单个字符或字符组，其中 0 是第一个字符的索引。

在以下示例中，通过将索引[3]传递到字符串旁边的方括号来访问 readiness 中的 d：

```
>>> str_var = "readiness"
>>> d_var = str_var[3]
>>> d_var
'd'
```

通过传递开始和结束索引来选择一组字符，其中结束索引是不想包含的第一个字符的索引：

```
>>> str_var = "readiness"
>>> din_var = str_var[3:6] # index 6 is e
>>> din_var
'din'
>>> dine_var = str_var[3:7] # index 7 is s
>>> dine_var
'dine'
```

1.2.2.3　整　数

Integer 数据类型表示整数。它可用于执行加法、减法、乘法和除法（有一个警告，如下所述）：

```
>>> int_var = 50
>>> int_var * 5
```

```
250
>>> int_var / 5
10.0
>>> int_var ** 2
2500
```

从 Python 3 开始，您可以将两个整数相除并得到一个浮点数。在 Python 2.x 的先前版本中，每当您将两个整数相除时，您只会得到一个整数，没有余数。由于 Python 2.x 进行整数除法的方式，您会遇到将整数转换为浮点数以进行除法的代码。我们鼓励您在自己的代码中做同样的事情。

在此处阅读更多关于 Python 中的整数：https://realpython.com/python-numbers/。

1.2.2.4 浮点数

Python 中的浮点数用于将实数表示为 64 位双精度值。有时，使用二进制系统来表示基于十进制的数字可能有点奇怪，但总的来说，这些会按预期工作：

```
>>> x = 5.0
>>> x * 5
25.0
>>> x ** 5
3125.0
>>> x/2.3
2.173913043478261
```

浮点除法的一个独特结果是 1/3 的情况。因为它是二进制表示，所以(1/3)*3＝1 的假设为真。在十进制系统中，即使值 0.3333333333333333(由除法运算产生)在一个基数中相加 3 次也永远不会等于 1。以下是一些二进制数学的例子：

```
>>> 1/3
0.3333333333333333
>>>(1/3) * 3
1.0
>>>(1/3) + (1/3)
0.6666666666666666
>>>(1/3) + (1/3) + (1/3)
1.0
>>>(1/3) + (1/3) + 0.3333333333333333
1.0
>>>(1/3) + (1/3) + 0.3333
0.9999666666666667
>>>(1/3) + (1/3) + 0.3333333333
0.9999999999666667
```

```
>>> (1/3) + (1/3) + 0.333333333333333
0.9999999999999996
>>> (1/3) + (1/3) + 0.33333333333333333 1.0
```

 在此处阅读有关 Python 中浮点数的更多信息：https://www.geeksforgeeks.org/python-float-type-and-its-methods。

1.2.2.5 字符串、整数和浮点数之间的转换

使用标准库中的内置函数可以在 Python 中进行数据类型之间的转换。正如我们之前看到的，type()函数对于查找对象的数据类型很有用。一旦确定，数据对象就可以从整数(int()函数)转换为字符串(str()函数)再到浮点数(float()函数)，只要该字符在该数据类型中有效即可。

在这些示例中，使用 int()、str()和 float()函数将字符从 String 转换为 Integer，再从 Float 转换为 String：

```
>>> str_var = "5"
>>> int_var = int(str_var)
>>> int_var
5
>>> float_var = float(int_var)
>>> float_var
5.0
>>> str_var = str(float_var)
>>> type(str_var)
'<class 'str'>'
```

1.2.3 数据结构或容器

数据结构，也称为数据容器和数据集合，是一种特殊的数据类型，可以按可检索的顺序保存任何数据类型的任何数据项(包括其他数据容器)。数据容器用于通过元组或列表中的索引或字典中的键:值对来组织数据项。

为了从数据容器中获取数据，方括号用于传递索引(列表和元组)或键(字典)。如果有多个级别的数据容器(换句话说，一个容器包含另一个容器)，首先使用第一个方括号内的索引或键引用内部的数据容器，然后使用第二个方括号访问容器内的数据。

表 1.7 总结了不同类型的数据容器以及如何从每个容器中检索数据。

表 1.7　不同类型的数据容器

数据容器	举　例
Tuple	tuple_var = ("blue", 32,[5,7,2],'plod',{'name';'magnus'}) plod_var = tuple_var[-2] magnus_var = tuple_var[-1]['name']

数据容器	举 例
List	list_var = ['fast','times',89,4.5,(3,8),{'we':'believe'}] times_var = list_var[1] dict_var = list_var[-1] believe_var = list_var[-1]['we']
Set	list_var = [1,1,4,6,7,6] set_var = set(list_var) # removes duplicates {1, 4, 6, 7} # result

Dictionary	dict_var = {"key": "value"}
	dict_info = {"address": "123 Main Street", "name": "John"}
	name = dict_info["name"] # gets the name value from the key
	address = dict_info["address"] # gets the address value

1.2.3.1 元 组

元组是可以保存任何数据类型的有序列表,即使在同一个元组中也是如此。它们是不可变的,这意味着它们无法更改,并且一旦创建元组,就无法将数据添加到元组中或从元组中删除。它们有长度,内置的 len()函数可用于获取元组的长度。

在 Python 中,它们通过使用圆括号()或 tuple()函数来声明。通过将索引传递给元组旁边的方括号,使用从零开始的索引来访问数据。

在以下示例中,将一个元组分配给变量名 tuple_var(),并使用索引访问数据:

```
>>> tuple_var = ("red", 45, "left")
>>> type(tuple_var)
<class 'tuple'>
>>> ("red",45,"left")[0]
'red'
>>> tuple_var[0]
'red'
```

 在此处阅读更多关于 Python 元组的内容:https://www.geeksforgeeks.org/python-tuples/。

1.2.3.2 列 表

列表(在其他编程语言中通常称为数组)是可以保存任何其他类型的数据的数据容器,即使在同一个列表中,也和单元格组一样。但是,与元组不同的是,列表可以在创建后进行更改。在 Python 中,它们通过使用方括号[]或 list()函数来声明。通过将索引传递给列表旁边的方括号,使用从零开始的索引来访问数据。

在此示例中,将列表分配给变量名称 list_var,并使用索引访问数据:

```
>>> list_var = ["blue",42,"right"]
>>> type(list_var)
<class 'list'>
>>> ["blue",42,"right"][0]
'blue'
>>> list_var[0]
'blue'
```

 在此处阅读更多关于 Python 列表的内容：https://www.geeksforgeeks.org/python-list/。

（1）列表和元组之间的转换

可以使用 tuple()函数将列表复制到新的元组对象中。相反,可以使用 list()函数将元组复制到列表数据类型中。这不会转换原始数据项,而是在新数据类型中创建数据项的副本。

在下面的示例中,将列表复制到元组数据类型中,然后将元组复制到列表数据类型中。请注意,括号会随着创建的每个新数据类型而变化：

```
>>> tuple_copy = tuple(list_var)
>>> tuple_copy
('blue', 42, 'right')
>>> list_copy = list(tuple_copy)
>>> list_copy
['blue', 42, 'right']
```

（2）仅针对列表的列表操作

使用 append()方法,可以追加一个列表,这意味着一个数据项被添加到列表中。使用 extend()方法,还可以扩展列表,即将第二个列表中的所有数据项都添加到第一个列表中：

```
>>> list_orig = [34, 'blanket', 'dog']
>>> list_orig.append(56)
>>> list_orig
[34,'blanket','dog',56]

>>> list_first = [34, 'blanket', 'dog']
>>> list_second = ['diamond', '321', 657]
>>> list_orig.extend(list_second)
>>> list_orig
[34,'blanket','dog','diamond','321'.657]
```

列表中的项目可以反转或排序,分别使用 reverse()方法或 sort()方法：

```
>>> list_var = [34,'blanket','dog']
>>> list_var.reverse()
```

```
>>> list_var
['dog','blanket',34]
```

在 Python3 中，仅允许对不具有混合数据类型的列表进行排序：

```
>>> list_var = [34,5,123]
>>> list_var.sort()
>>> list_var
[5, 34, 123]
```

 在 Python 2 中，允许对混合列表进行排序，将数字放在第一位。

(3) 列表和元组的列表操作

列表和元组可以使用 for 循环进行迭代，我们很快就会看到。它们也可以被切片，创建列表或元组的子集，用于 for 循环或其他操作。给定的数据类型，内置函数允许计算列表/元组的最大值（使用 max()函数）或最小值（使用 min()函数），甚至是列表或元组的总和列表中的项目。

(4) 切　片

对列表或元组进行切片将创建一个新的列表或元组。切片是通过将索引传递给方括号中的列表或元组来创建的，用冒号分隔。第一个索引是开始索引，如果是索引 0（原始列表的开头），则可以忽略。第二个索引是您不想包含的第一个值的索引（如果您想要原始列表的其余部分，它可以为空）。

在第一个示例中，我们看到一个包含三个数据项的元组被切片为仅包含前两项。字符串"left"在元组中的索引 2 处，这意味着切片中的最后一个索引将是 2。切片被分配给变量名 tuple_slice：

```
>>> tuple_var = ("red", 45, "left")
>>> tuple_slice = tuple_var[:2]
>>> tuple_slice
('red', 45)
```

在下一个示例中，我们看到一个包含四个数据项的列表，这些数据项被分割为仅包含最后两项。这第一个索引是我们想要的第一个数据项的索引（字符串"right"）。最后一个索引是空白的：

```
>>> list_var = ["blue", 42, "right", "ankle"]
>>> list_slice = list_var[2:]
>>> list_slice
['right', 'ankle']
```

1.2.3.3　集　合

集合表示不同对象的集合。在 Python 中，集合是无序的，不允许重复，集合中的所有数据项都必须是不可变的。

集合操作

集合对于获取列表的所有不同成员特别有用：

```
>>> orig_list = ["blue", "pink", "yellow", "red", "blue", "yellow"]
>>> set_var = set(orig_list)
>>> set_var
{'pink', 'yellow', 'blue', 'red'}
```

无法使用索引访问集合，因为它们是无序的，因此不可下标：

```
>>> set_var[0]
Traceback (most recent call last):
File "<stdin>", line 1, in <module>
TypeError: 'set' object is not subscriptable
```

但是，可以使用循环对它们进行迭代：

```
>>> for item in set_var:
... print(item)
...
pink
yellow
blue
red
```

1.2.3.4　字　典

字典是键:值存储，这意味着它们是使用无序键和值对来组织数据的数据容器。密钥用作组织和检索的参考点。当在方括号中将键提供给字典时，将返回值：

```
>>> dict_var = {"key":"value"}
>>> dict_var['key']
'value'
>>> dict_var = {"address":"123 Main St", "color":"blue"}
>>> dict_var["address"]
'123 Main St'
>>> dict_var["color"]
'blue'
```

 在此处阅读更多关于 Python 字典的内容：https://www.geeksforgeeks.org/python-dictionary/。

1.2.3.5　键和值

键可以是任何不可变的数据类型，这意味着列表不能用作键，但字符串、整数、浮点数、元组可以。值可以是任何类型的数据，包括其他字典。

字典中的所有键都可以使用字典键()函数作为列表访问。在 Python 3.x 中，该函数是一个生成器，这意味着必须一遍又一遍地调用它来获取每个键。此生成器也可以传递给 list()函数以将其转换为列表。

字典中的所有值都可以使用字典 values()函数作为列表访问。在 Python 3.x 中，该函数是一个生成器。

 在 Python 2.x 中，keys()和 values()函数返回一个列表。在为 ArcGIS Desktop 编写的旧代码中，您可能会看到这一点。

1.2.4 迭 代

计算机编程的核心是迭代：递归地执行相同的动作、分析、函数调用，或者您的脚本被构建来处理任何东西。计算机擅长此类任务：它们可以快速遍历数据集，以对集合中的每个数据项执行您认为必要的任何操作。

迭代在迭代器上运行。迭代器是包含其他对象的 Python 对象，每个对象都可以在循环中处理。迭代器可以是列表、元组，甚至是字符串，但不能是整数。

1.2.4.1 for 循环

for 循环是一种迭代实现，当出现数据列表时，它将对列表的每个成员执行操作。

在以下示例中，将整数列表分配给变量名 data_list。然后该列表用于使用{iterable}中的{var}的格式构造一个 for 循环，其中{var}是分配给列表中每个对象的变量名，随着循环的进行一次一个。一种约定是使用 item，但它可以是任何有效的变量名：

```
data_list = [45,56,34,12,2]
for item in data_list:
    print (item * 2)
```

输出：

```
90
112
68
24
```

1.2.4.2 while 循环

while 循环是一种迭代实现，它将循环直到满足特定阈值。尽管循环可能很危险，因为如果从未达到阈值，它们可能会导致脚本中的无限循环。

在下面的示例中，while 循环将运行，除了将 1 加到 x 直到它达到 100 外，达到阈值并且 while 循环将结束：

```
x = 0
while x < 100:
    x = x +1 # same as x += 1
```

 在此处阅读有关循环的更多信息：https://www.geeksforgeeks.org/loops-in-python/。

1.2.4.3　计数器和枚举器

for 循环或 while 循环中的迭代通常需要使用计数器(也称为枚举器)来跟踪迭代中的循环。

for 循环可以选择使用 enumerate()函数,方法是将迭代器传递给函数并在 item 变量前面使用 count 变量(可以是任何有效的变量名,但 count 是逻辑的)。count 变量将跟踪循环,从索引零开始:

```
>>> data_list = ['a','b','c','d','e']
>>> for count,item in enumerate(data_list):
...print(count, item)
...
0 a
1 b
2 c
3 d
4 e
```

在 Python 中,快捷方式 x＋＝y 用于在保持变量名不变的情况下增加 x 的值,与 x＝x＋y 相同:

```
>>> x = 0
>>> while x <100:
... x = x + 1
>>> x
100
>>> x = 0
>>> while x <100:
... x += 1
>>> x
100
```

1.2.5　条件句

if 语句、elif 语句(else if 的缩写)和 else 语句用于创建将用于评估数据对象的条件。if 语句可以单独使用(elif 和 else 是可选的),并通过声明关键字 if 和数据必须满足的条件来使用。

在下面的示例中,将列表中对象的数据类型(注意两个等号,表示这是一个比较)与整数的数据类型(此处显示为 type(0))或字符串的数据类型(显示为 type('a'))进行比较。如果列表中的对象满足其中一个条件,则会触发特定的 print()语句:

```
list_var = [1,'1',1.0]
for item in list_var:
    if type(item) == type(0):
```

```
            print('Integer')
    elif type(item) == type('a'):
            print('String')
    else:
            print('Float')
```

 在此处阅读更多条件句：https://realpython.com/python-conditional-statements/。

if 与 else

if 语句通常特定于一个条件，而 else 语句用作包罗万象的方法，以确保通过 if 语句的任何数据都会有某种方式被处理，即使它不满足 if 的条件陈述。elif 语句依赖于现有的 if 语句并且也是特定于条件的，它们不是包罗万象的语句。

1.2.6 从零开始的索引

正如我们所见，迭代发生在包含数据的列表或元组上。在列表中，这些数据按列表顺序或位置进行区分。列表中的项目通过项目索引检索，即数据在列表中的（当前）位置。

在 Python 中，与大多数计算机编程语言一样，列表中的第一项位于索引 0 处，而不是索引 1 处。

初学者会感到困惑，但它是一个编程标准。在以 0 开头的列表中检索项目比以 1 开头的列表中检索项目的计算效率略高，这成为 C 语言及其前身的标准，这意味着 Python（用 C 语言编写）使用从零开始的索引。

1.2.6.1 使用索引位置提取数据

这是从列表中检索数据的基本格式。这个字符串列表有一个顺序，字符串"Bill"是第二项，这意味着它在索引 1 处。要将此字符串分配给变量，我们将索引传递到方括号中：

```
names = ["Silas", "Bill", "Dara"]
name_bill = names[1]
```

1.2.6.2 使用反向索引位置提取数据

这是从列表中检索数据的第二种格式。列表顺序可以反向使用，这意味着索引从列表的最后一个成员开始并向后计数。使用负数，从 -1 开始，它是列表的最后一个成员的索引，-2 是列表的倒数第二个成员，以此类推。

这意味着，在以下示例中，"Bill"和"Silas"字符串位于索引 -2 和 -3 分别在使用反向索引位置时，因此必须将 -2 或 -3 传递给方括号中的列表：

```
names = ["Silas", "Bill", "Dara"]
name_bill = names[-2]
```

```
name_silas = names[-3]
```

 在此处阅读更多关于索引的内容：https://realpython.com/lessons/indexing- and-slicing/。

1.2.7 函　数

函数是由代码定义的子程序。当调用或运行时,函数会做一些事情(或者什么都不做,如果这样写的话)。函数通常接受参数,这些参数可以是必需的,也可以是可选的。

函数可以轻松地反复执行相同的操作,而无需反复编写相同的代码。这使代码更简洁、更短、更智能。这是个好方法,应该经常使用。

1.2.7.1 函数的组成部分

以下是构成 Python 函数的主要部分:

- def 关键字:函数是使用 def 关键字定义的,它是"define function"的缩写。写入关键字,后跟函数名和圆括号(),可以在其中定义预期参数。
- 参数:参数或自变量是函数预期的值,由代码在运行时提供。一些参数是可选的。
- return 语句:函数允许使用 return 语句将数据从子程序返回到主循环。这些允许用户计算一个值或在函数中执行一些操作,然后将一个值返回给主循环。
- Docstrings:函数允许使用声明的定义行之后的字符串表示该功能的目的:

```
def accept_param(value = 12):
    'this function accepts a parameter' # docstring
    returnvalue
```

请注意,具有默认值的可选参数必须始终定义在函数中所需参数之后。

1.2.7.2 命名空间

在 Python 中,有一个叫作命名空间的概念。这些被细化为两种类型的命名空间:全局和本地。

在脚本的主要部分(任何函数之外)中定义的所有变量都被认为在全局命名空间中。在函数内部,变量具有不同的命名空间,这意味着函数内部的变量位于本地命名空间中,与主脚本中的变量不同,后者位于全局命名空间中。如果函数内部的变量名称与函数外部的变量名称相同,则更改函数内部(在本地命名空间中)的值不会影响函数外部(在全局命名空间中)的变量。

 在此处阅读更多关于命名空间的信息：https://realpython.com/python-namespaces-scope/。

1.2.7.3 函数示例

在第一个示例中,定义并编写了一个函数以在每次调用时返回"hello world"。没有参数,但是使用了 return 关键字:

29

```
def new_function():
    return "hello world"

>>> new_function()
'hello world'
```

在下一个示例中,在括号中定义了一个预期的参数;调用时,会提供此值,然后该函数将本地命名空间中的值返回到主循环中的全局命名空间:

```
def accept_param(value):
    return value

>>> accept_param('parameter')
'parameter'
```

在最后一个示例中,预期参数分配了一个默认值,这意味着如果函数使用非默认参数,则提供:

```
def accept_param(value = 12):
    return value
>>> accept_param()
12
>>> accept_param(13)
13
```

1.2.8 类

类是特殊的代码块,它将多个变量和函数组织成一个具有自己的方法和函数的对象。类可以很容易地创建能够引用相同内部数据列表和函数的代码工具。内部函数和变量能够跨类进行通信,以便在类的一部分中定义的变量在另一部分中可用。

类使用自我的概念来允许类的不同部分之间进行通信。通过将 self 作为参数引入类中的每个函数,可以调用数据。

 在此处阅读更多关于函数的信息:https://realpython.com/defining-your-own-python-function/。

下面是一个类的例子:

```
class ExampleClass():
    def __init__(self, name):
        'accepts a string'
        self.name = name
    def get_name(self):
        'return the name'
        return self.name
```

类被调用或实例化以创建类对象。这意味着类定义有点像类的工厂,当您想要其中一个类的对象时,您可以调用类的类型并在需要时传递正确的参数:

```
>>> example_object = ExampleClass('fred')
>>> example_object.get_name()
'fred'
```

 在这里阅读更多关于类的信息:https://www.geeksforgeeks.org/python-classes-and-objects/。

1.3 安装和导入模块

Python 被构建为附带一组称为标准库的基本功能。标准库永远无法满足所有编程的需求,Python 被构建为开放和可扩展的。这允许程序员创建自己的模块来满足他们特定的编程需求。这些模块通常在 Python 包索引(也称为 PyPI)上的开源许可下共享。为了增加标准 Python 模块库的功能,使用内置 pip 程序或其他方法从 PyPI 下载第三方模块。对我们来说,arcpy 和 ArcGIS API for Python 等模块就是完美的例子:它们扩展了 Python 的功能,从而能够控制 ArcGIS Pro 中可用的工具。

ArcGIS Pro 附带一个 Python 包管理器,可让您将其他包安装到已设置的任何虚拟环境中。您将在第 3 章中学习如何使用它,在 ArcGIS Pro 中创建您自己的虚拟环境并安装您可能需要的其他包。以下部分提供了有关通过终端命令行安装软件包和创建虚拟环境的更多详细信息。如果您对命令行不满意,请不要担心,因为 ArcGIS Pro 中的 Python 包管理器可以管理其中的大部分内容,您将在第 3 章中更详细地了解这些内容。

 如果您不打算在命令行中工作,可以跳过并进入下一部分。但是当您作为一名 Python 程序员变得更加自在时,回到这一点,因为您会发现它在帮助您学习如何从命令行工作和安装更多包的方面非常有用。Python 包管理器无法访问 PyPI 中可用的所有包。如果您需要 Python 包管理器中未列出的包,则需要以下信息来安装它。

1.3.1 使用 pip

为了使 Python 模块安装更容易,Python 现在安装了一个名为 pip 的程序。此名称是一个递归首字母缩写词,代表 Pip Installs Programs。它通过允许单行命令行调用来简化安装,这些调用既可以在在线存储库上找到请求的模块,又可以运行安装命令。

这是一个使用开源 PySHP 模块的示例:

```
pip install pyshp
```

您也可以一次安装多个模块。下面是两个将由 pip 安装的独立模块:

```
pip install pyshp shapely
```

pip 连接到 Python 包索引。正如我们所提到的，存储在这个存储库中的是由其他开发人员编写的数十万个免费模块。检查模块的许可证以确认它允许您使用其代码。

pip 位于 Scripts 文件夹中，如图 1.8 所示，其中存储了许多可执行文件。

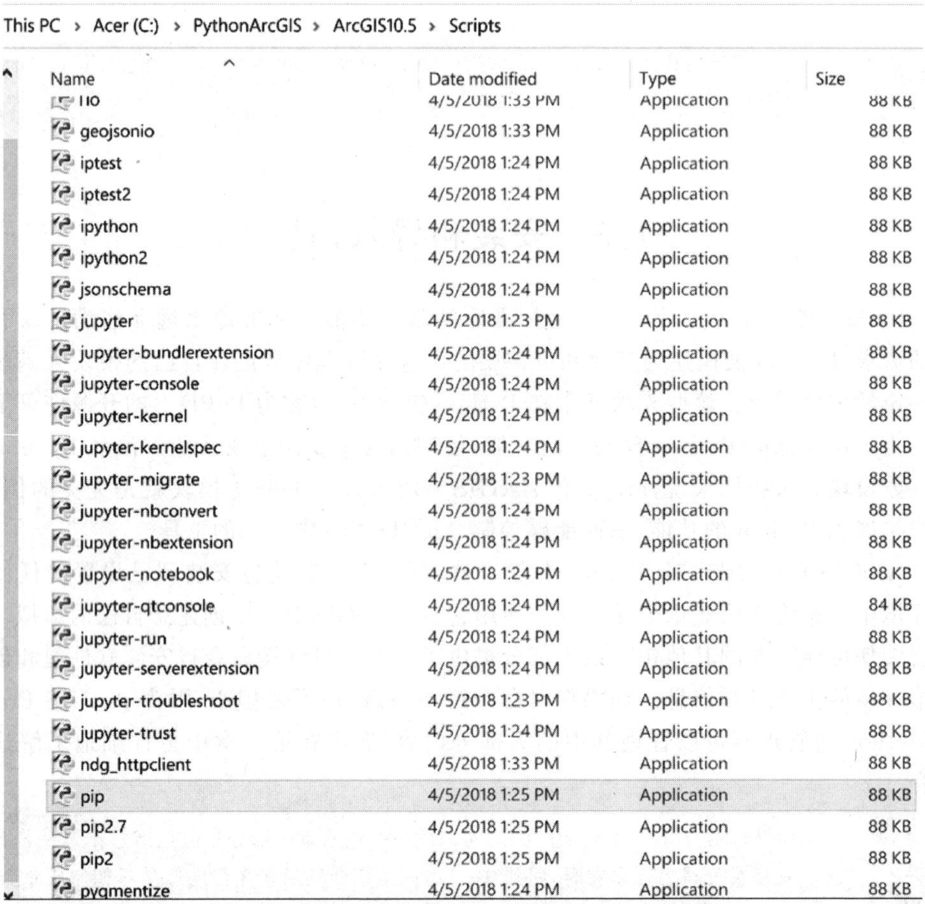

This PC > Acer (C:) > PythonArcGIS > ArcGIS10.5 > Scripts

Name	Date modified	Type	Size
110	4/5/2018 1:33 PM	Application	88 KB
geojsonio	4/5/2018 1:33 PM	Application	88 KB
iptest	4/5/2018 1:24 PM	Application	88 KB
iptest2	4/5/2018 1:24 PM	Application	88 KB
ipython	4/5/2018 1:24 PM	Application	88 KB
ipython2	4/5/2018 1:24 PM	Application	88 KB
jsonschema	4/5/2018 1:24 PM	Application	88 KB
jupyter	4/5/2018 1:23 PM	Application	88 KB
jupyter-bundlerextension	4/5/2018 1:24 PM	Application	88 KB
jupyter-console	4/5/2018 1:24 PM	Application	88 KB
jupyter-kernel	4/5/2018 1:24 PM	Application	88 KB
jupyter-kernelspec	4/5/2018 1:24 PM	Application	88 KB
jupyter-migrate	4/5/2018 1:23 PM	Application	88 KB
jupyter-nbconvert	4/5/2018 1:24 PM	Application	88 KB
jupyter-nbextension	4/5/2018 1:24 PM	Application	88 KB
jupyter-notebook	4/5/2018 1:24 PM	Application	88 KB
jupyter-qtconsole	4/5/2018 1:24 PM	Application	84 KB
jupyter-run	4/5/2018 1:24 PM	Application	88 KB
jupyter-serverextension	4/5/2018 1:24 PM	Application	88 KB
jupyter-troubleshoot	4/5/2018 1:23 PM	Application	88 KB
jupyter-trust	4/5/2018 1:24 PM	Application	88 KB
ndg_httpclient	4/5/2018 1:33 PM	Application	88 KB
pip	4/5/2018 1:25 PM	Application	88 KB
pip2.7	4/5/2018 1:25 PM	Application	88 KB
pip2	4/5/2018 1:25 PM	Application	88 KB
pygmentize	4/5/2018 1:24 PM	Application	88 KB

图 1.8　在 Scripts 文件夹中定位 pip

1.3.2　安装不在 PyPI 中的模块

有时模块在 PyPI 中不可用，或者它们是不兼容 pip install 方法的旧模块。您应该知道（尽管大多数现在使用 pip），这意味着有些模块有不同的安装方式。

1.3.2.1　setup. py 文件

该文件通常在 Python 2. x 中，有时在 Python 3. x 中，一个模块包含一个 setup. py 文件。这个文件不是由 pip 运行的；相反，它由 Python 本身运行。

这些 setup. py 文件位于模块中，通常位于可下载的压缩文件夹中。这些 zip 文件应复制到/sites/packages 文件夹。它们应该被解压缩，然后使用 Python 可执行文件，使用 install 命令运行 setup.py 文件：

```
python setup.py install
```

1.3.2.2　wheel 文件

有时模块被打包为轮（wheel）文件。wheel 文件使用扩展名.whl。这些本质上是 zip 文件，pip 可以使用它们来轻松安装模块。

使用 pip 运行 wheel 文件并安装模块，方法是下载文件并在与 wheel 文件相同的文件夹中运行 pip install 命令（或者您可以将 wheel 文件的整个文件路径传递给 pip install）：

```
pip install module.whl
```

 在此处阅读有关车轮文件的更多信息：https://realpython.com/python-wheels/。

1.3.3　在虚拟环境中安装

虚拟环境起初是一个奇怪的概念，但在使用 Python 编程时它们非常有用。因为如果您有 ArcGIS Desktop 和 ArcGIS Pro，您的计算机上可能会安装两个不同的 Python 版本，因此将这些版本中的每一个都放在单独的虚拟环境中会很方便。

核心思想是使用其中一个 Python 虚拟环境模块来创建您首选 Python 版本的副本，然后将其与您机器上的其余 Python 版本隔离。这避免了调用模块时的路径问题，允许您在同一台计算机上拥有这些重要模块的多个版本。在第 3 章中，您将了解如何使用 ArcGIS Pro 中提供的 Python 包管理器来创建虚拟环境并安装您希望仅在该环境中运行的包。

以下是一些 Python 虚拟环境模块，如表 1.8 所列。

表 1.8　Python 虚拟环境模块

名　称	描　述	示例虚拟环境创建
venv	内置于 Python 3.3＋	python3 - m venv
virtualenv	必须单独安装。它非常有用，也是我个人的最爱	virtualenv namenv -- python = python3.6
pyenv	用于隔离 Python 版本以进行测试。必须单独安装	pyenv install 3.7.7
Conda/Anaconda	经常在学术和科学环境中使用。必须单独安装	conda create -- name snakes python = 3.9

在此处阅读更多关于虚拟环境的内容：https://towardsdatascience.com/python-environment-101-1d68bda3094d。

1.3.4 导入模块

要访问 Python 标准库中的大量模块以及第三方模块（如 arcpy），需要能够在我们的脚本（或解释器）中导入这些模块。

为此，您将使用导入语句，正如我们已经看到的。这些声明了您将在脚本中使用的模块或子模块（模块的较小组件）。

只要模块位于 Python 安装的/sites/packages 文件夹中，或者位于 Windows PATH 环境变量中（因为 arcpy 是在安装之后），导入语句就会按预期工作：

```
import csv
from datetime import timedelta
from arcpy import da
```

您将在第 2 章中看到，当您尝试从 site/packages 文件夹中没有模块的 Python 安装中导入 arcpy 时会发生什么。这就是为什么了解哪个版本的 Python 具有 arcpy 模块并在使用 IDLE 或在命令行中使用该模块很重要的原因。在使用 Python 窗口或 ArcGIS Notebooks 在 ArcGIS Pro 中工作时，这不是问题，因为它们会自动定向到正确的 Python 版本。

1.3.4.1 三种导入方式

导入模块有三种不同且相关的方法。这些导入方法不关心模块是来自标准库还是来自第三方：

- 导入整个模块：这是导入模块的最简单方法，即导入其顶层对象。它的子方法是使用点符号访问（例如，csv.reader，一种用于读取 CSV 文件的方法）：

```
import csv
reader = csv.reader
```

- 导入子模块：可以只导入您需要的模块或方法，而不是导入顶级对象，使用 from X import Y 格式：

```
from datetime import timedelta
from arcpy import da
```

- 导入所有子模块：可以使用 from X import * 格式导入所有模块或方法，而不是导入一个子对象：

```
from datetime import *
from arcpy import *
```

在此处阅读更多关于导入模块的内容：https://realpython.com/python-import/。

1.3.4.2　导入自定义代码

模块不必仅仅来自"第三方"：它们也可以来自您。通过使用特殊的 init py 文件，您可以将普通文件夹转换为可导入模块。

这个文件可以包含代码，但大多数时候只是一个空文件，它向 Python 表明一个文件夹是一个可以导入到脚本中的模块。该文件本身只是一个文本文件，扩展名为 .py，名称为 __init__py（两边各有两个下划线），位于文件夹中。只要带有 __init__py 的文件夹位于脚本旁边或 Python 路径中（例如，在 site-packages 文件夹中），就可以导入文件夹中的代码。

在以下示例中，我们在名为 example_module.py 的脚本中看到了一些代码：

```
import csv
from datetime import timedelta


def test_function():
    return "success"


if name == " main ":
    print('script imported')
```

创建一个名为 mod_test 的文件夹，将此脚本复制到文件夹中。然后，创建一个名为 init.py 的空文本文件，如图 1.9 所示。

现在让我们导入我们的模块。在 mod_test 文件夹旁边创建一个新脚本，称它为 module_import.py，如图 1.10 所示。

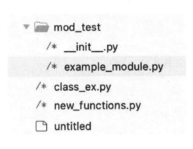

图 1.9　创建 init.py 文件

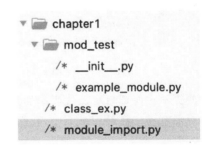

图 1.10　创建一个新脚本

在脚本内部，使用以下格式从 mod_test 文件夹中的 example_module 脚本导入函数 test_function：

```
frommod_test.example_module import test_function
print(test_function())
```

模块内的脚本使用点符号访问（例如，mod_test.example_module）。脚本中名为 example_module.py 的函数和类可以按名称导入。

因为模块位于导入函数的脚本旁边,所以这个导入语句将起作用。但是,如果您移动脚本并且不将模块复制到 Python 系统路径(也称为 sys. path)上的某个位置,则不会导入成功。

这是因为 import 语句的工作方式是基于 Python 系统路径。这是 Python 将在其中查找您请求的模块的文件夹位置的 sys. path 列表。默认情况下,第一个位置是本地文件夹,即包含脚本的文件夹;下一个位置是 site-packages 文件夹。

1.3.4.3 站点包文件夹

大多数模块都安装在一个特殊的文件夹中。此文件夹位于包含 Python 可执行文件的文件夹内。它称为 site-packages 文件夹,位于 * \Lib\sites-packages。

要使您的模块可用于导入而不需要它位于您的脚本旁边,请将您的模块文件夹放在 site-packages 文件夹中。当您从 mod_test. example_module import test_function 运行时,它会在 site-packages 文件夹中找到名为 mod_test 的模块,如图 1.11 所示。

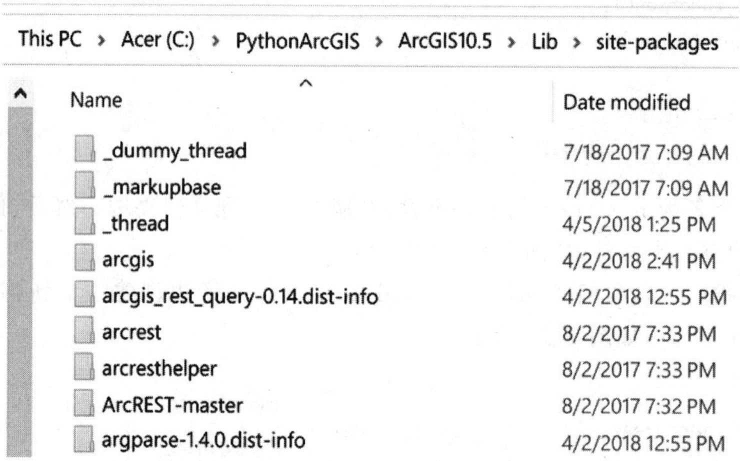

图 1.11　site-packages 文件夹

这些提示将使把自定义代码添加到 Python 安装以及在其他脚本中导入可重用代码变得更加容易。在最后一节中,我们将探讨编写好代码的技巧。

1.4　编写脚本的基本风格提示

为了编写简明、可读性好的代码,鼓励遵循这些关于如何编写和组织代码的基本提示。Python 强制执行的主要规则是所需的缩进,旨在使代码更易于阅读和编写。主要的 Python 风格建议和实现都包含在 Python Enhancement Proposal 8 中,也称为 PEP8。我们也根据大量经验提出了自己的建议。

在此处阅读更多关于 Python 代码风格的内容：https://realpython.com/python-pep8/。

在这里可以找到 PEP8 风格指南：https://www.python.org/dev/peps/pep-0008/。

1.4.1 缩 进

Python 代码具有由所有 IDE 强制执行的严格缩进规则。这些规则尤其与函数和循环有关。

作为标准，在声明函数、创建循环或使用条件后使用四个空格。这只是一个标准，因为它可能只有一个空格或您想要的许多空格，但是当脚本变大时，缩进级别变得很重要。它有助于为所有缩进留出四个空格，以便更容易阅读。

缩进时不要混合制表符和空格，因为这会导致无法在某些 IDE 中执行脚本。

在此处阅读更多关于缩进的内容：https://www.python.org/dev/peps/pep-0008/#indentation。

1.4.2 使用 print 语句

称为 print() 的内置函数用于在脚本运行时将消息从脚本发送到命令窗口。将任何有效数据传递给 print() 语句，并使用它来跟踪进度或在出现问题时进行调试：

```
>>> print("blueberry")
blueberry
>>> x = 0
>>> print(x)
0
```

使用 print 语句进行调试是非常常见的，我鼓励在学习编码时这样做。正确放置的打印输出语句将帮助您了解代码执行的进展情况，并通过告诉您脚本的哪些部分已经执行，哪些部分还没有执行，从而帮助您找到错误的根源。使用 print 语句并不是必须的，但它们确实是程序员的好朋友。

在此处阅读更多关于打印输出声明的内容：https://realpython.com/python-print/。

1.4.3 构建脚本

我们建议遵循以下准则以获得良好的脚本结构：

- **在顶部添加带有脚本详细信息的注释**：这是启动脚本的一种可选并推荐的方式：在顶部写一条注释，包含您的姓名、日期和关于脚本应该做什么的简洁说明。当其他人必须阅读您的代码时，这尤其好。

  在整个脚本中添加许多其他注释，以确保您知道整个脚本中发生了什么。

- **跟随 import 语句**：鼓励但不要求将 import 语句放在脚本顶部或附近。导入必须在脚本中调用模块对象之前发生,但导入语句可以放在任何地方。最好将它们放在顶部,以便阅读脚本的人可以了解正在导入的内容。

- **定义全局变量**:在导入语句之后,定义将在此脚本中使用的必要变量。有时需要在脚本后面定义变量,但最好将主要变量放在靠近顶部的位置。
- **定义函数**:通过将函数定义放在全局变量下方,可以很容易地阅读和理解函数在阅读它们时的作用。如果函数不在脚本中的已知位置,有时很难找到在脚本的另一部分中调用的函数。
- **编写脚本的可执行部分**:在导入模块和定义函数之后,脚本的下一部分是执行操作的地方。运行 for 循环,调用函数,然后完成脚本。

  确保添加大量注释以帮助您了解整个脚本中发生的情况,并打印输出语句以在脚本运行时提供帮助。
- **if_name_=='_main_'**:通常在脚本的末尾,您会看到这一行。如果脚本直接执行的话,这一行下面的缩进代码会被运行;但是如果脚本中的代码是被另一个脚本导入的,那么代码块在被第二个脚本调用之前是不会执行的。

点击此处阅读更多相关内容:https://www.geeksforgeeks.org/what-does-the-if_name_-_main_-do/。

1.5 总 结

在本章中,我们对计算机编程和 Python 编程语言进行了简明而全面的概述。我们回顾了计算机编程的基础知识,包括变量、迭代和条件。我们探索了 Python 的数据类型,包括整数、字符串和浮点数,以及 Python 的数据容器,例如列表、元组和字典。我们学习了导入和安装模块。我们学习了一些基本的脚本代码结构,以及如何执行这些脚本。

如果这对您来说太理论化了,请不要担心——我们将在本书的其余部分进行实际操作。在下一章中,我们将讨论 arcpy 的基础知识。我们将学习如何确保为 ArcPy 设置 Python 环境,创建与 ArcGIS Pro 关联的 Python IDLE 的快捷方式,通过检查环境设置并执行一些操作,开始在 ArcGIS Pro 的 Python 窗口中编写一些 Python 简单的地理处理。

第 2 章　ArcPy 基础知识

现在您已经了解了 Python 语法,您可以开始使用 ArcPy 包了。ArcPy 是 ArcGIS 提供的 Python 包,用于执行和自动化地理处理和地图制作。除了 ArcGIS 中可用的地理处理工具之外,ArcPy 还允许您访问其他模块、函数和类。当这些结合在一起时,您可以创建工作流和独立工具,以简化和自动化复杂的分析和地图制作。

本章将涵盖:

- 确保为 ArcPy 设置 Python 环境;
- 在 ArcPy 中访问环境设置;
- ArcPy 工具以及如何在 ArcGIS Pro 中使用它们;
- ArcPy 中的函数;
- ArcPy 模块。

 要完成本章中的练习,请从本书的 GitHub 存储库下载并解压缩 Chapter2.zip 文件夹:https://github.com/PacktPublishing/Python-for-ArcGIS-Pro/tree/main/Chapter2。

2.1　检查您的 ArcPy 安装

Python 是 ArcGIS 的官方脚本语言,ArcPy 是一个站点包,旨在自动分析地图制作工作流。ArcPy 包允许您访问 ArcGIS Pro 的地理处理功能。

Python 包包含多个具有层次结构的模块、函数和类。层次结构允许属性和工具嵌套在 ArcPy 包内的模块中。

ArcPy 随 ArcGIS Pro 和 ArcGIS Desktop 一起安装。自 ArcGIS 10.0 以来,ArcPy 一直用于在 ArcGIS 中编写 Python 脚本。ArcGIS Desktop 使用 Python 2.7,目前最新版本为 2.7.18。ArcGIS Pro 使用 Python 的新版本 Python 3。截至发布时最新版本的 Python 3 是 Python 3.9.10。当您安装 ArcGIS Desktop 和 ArcGIS Pro 时,它们都会在您的计算机上安装一个 Python 版本。您安装的 ArcGIS Desktop 或 ArcGIS Pro 版本将决定您拥有的 Python 版本。ArcGIS Pro 2.8.0 的最新安装包含 Python 3.7.10。

要检查您安装的 Python 版本,请按照下列步骤操作:

1. 打开 ArcGIS Pro。

2. 不要打开项目。点击左下角的设置,如图 2.1 所示。

3. 单击左侧功能区中的 Python,如图 2.2 所示。

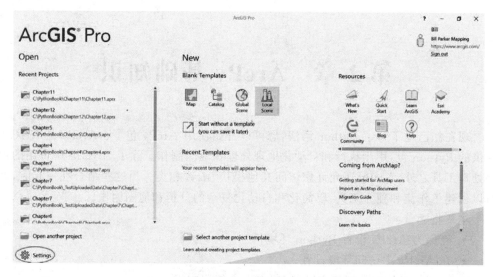

图 2.1 设置按钮

图 2.2 单击 Python

4. 向下滚动 Installed Packages 以找到 python,如图 2.3 所示。

要使用 ArcPy 包,必须将其导入,因为这样您就可以访问其中包含的所有地理处理工具和模块了。大多数脚本都以 import 语句开头,以允许访问包中的所有模块。要导入 ArcPy,请使用以下代码行:

```
import arcpy
```

arcpy 中一些更常见的模块是:

- arcpy. sa（空间分析）:这使您可以访问空间分析地理处理工具以及用于处理栅格数据的专用函数和类。
- arcpy. da（数据访问）:通过允许控制编辑会话、光标功能和处理表来帮助您处理数据。
- arcpy. mp（制图）:这使您可以自动执行制图任务以制作地图。
- arcpy. geocoding（地理编码）:这允许您通过定位器类设置定位器属性并自动化

图 2.3　已安装的 Python 包

地理编码过程。

- arcpy.na（Network Analyst）：这使您可以访问 Network Analyst 地理处理工具以及用于处理网络的专用函数和类。

您将在本章后面了解如何使用空间分析模块。在第 4 章中，您将使用 Data Access 模块；在第 7 章和第 12 章中，您将使用 Mapping 模块。

2.1.1　使用正确的 Python IDLE Shell

如果您同时安装了 ArcGIS Desktop 和 ArcGIS Pro，则您安装了多个版本的 Python。因此，您需要确保在使用 IDLE Shell 时使用的是与 ArcGIS Pro 的安装相关联的 Python 版本。

与安装 ArcGIS Desktop 不同，ArcGIS Pro 不会安装其 IDLE Shell 的桌面快捷方式。大多数情况下，您将直接在 ArcGIS Pro 的 Python 窗口或 ArcGIS Pro 的 ArcGIS Pro Notebooks 中编写脚本。使用 ArcGIS Pro 安装随附的 IDLE Shell 是一种将独立脚本和 Notebooks 转换为脚本工具的便捷方式，因为您可以测试部分脚本。

确保访问 ArcGIS Pro 安装随附的 Python IDLE 的最简单方法是创建快捷方式，因为安装时不会创建快捷方式。

　当您想使用 IDLE 与 ArcGIS Pro 一起工作时，您需要使用这个快捷方式，因为它与 ArcGIS Pro 的安装相关。

请按照以下步骤在 Windows 中执行此操作：

1. 找到运行 IDLE 的路径。对于典型的 ArcGIS Pro 安装，它位于：C:\Program-Files\ArcGIS\Pro\bin\Python\envs\arcgispro-py3\Lib\idlelib\idle.bat，双击它会打开 **IDLE**。

2. 要创建快捷方式，请右击桌面，选择新建 > 快捷方式，然后粘贴 idle.bat 文件的完整路径，如图 2.4 所示。

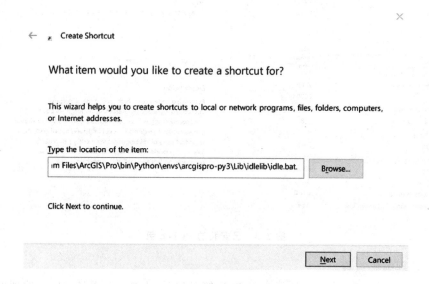

图 2.4　为 IDLE 创建快捷方式

3. 单击 Next 按钮为您的快捷方式命名，然后单击 Finish 按钮，如图 2.5 所示。

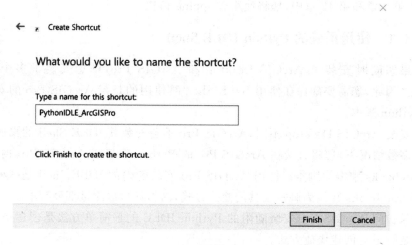

图 2.5　命名快捷方式

我建议使用一个能让您记住这是与 ArcGIS Pro 一起安装的 Python 环境的名称。

该图标将是默认快捷图标,如图 2.6 所示。

要将图标更改为标准 Python IDLE 图标,请执行以下操作:

1. 右击它并单击属性。

2. 在快捷方式选项卡上,单击更改图标。您可能会收到一条警报,提示您没有图标,并且您需要从不同的文件中选择一个图标。如果是这样,请单击确定按钮以便导航到图标位置。

3. 导航到 Python IDLE 位置,该位置应位于:C:\ProgramFiles\ArcGIS\Pro\bin\Python\envs\arcgispro-py3\Lib\idlelib\Icons。选择图标,然后单击确定按钮。

用于访问 ArcGIS Pro IDLE 的快捷方式现已安装在桌面上,如图 2.7 所示。

图 2.6　IDLE 快捷方式　　　　图 2.7　带有 IDLE 图标的 IDLE 快捷方式

这个安装是在使用复杂的脚本工具时测试代码片段的地方,这将在后面的章节中进行探讨。

 确保使用了正确的 IDLE 的一种好方法是导入 arcpy,如果之后显示三个插入符号(>>>),则表示安装成功,如图 2.8 所示。

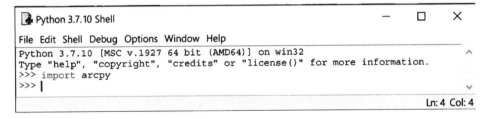

图 2.8　IDLE Shell 和相关的 ArcPy 模块

如果您使用的是未与 ArcPy 关联的 IDLE Shell,则在尝试导入 arcpy 时会出现错误,如图 2.9 所示。

```
Python 3.9.0 Shell                                            —    □    ×
File Edit Shell Debug Options Window Help
Python 3.9.0 (tags/v3.9.0:9cf6752, Oct  5 2020, 15:34:40) [MSC v.1927 64 bit (AMD64)] on win32
Type "help", "copyright", "credits" or "license()" for more information.
>>> import arcpy
Traceback (most recent call last):
  File "<pyshell#0>", line 1, in <module>
    import arcpy
ModuleNotFoundError: No module named 'arcpy'
>>>
                                                              Ln: 8 Col: 4
```

图 2.9 没有关联 ArcPy 模块的 IDLE Shell

2.1.2 使用 Python IDLE Shell

Python IDLE Shell 是尝试代码的好地方,因为它是交互式的并且会立即显示结果,如图 2.10 所示。

```
Python 3.7.9 Shell                                            —    □    ×
File Edit Shell Debug Options Window Help
Python 3.7.9 [MSC v.1922 64 bit (AMD64)] on win32
Type "help", "copyright", "credits" or "license()" for more information.
>>> x = 3
>>> y = 7
>>> x+y
10
>>>
                                                              Ln: 7 Col: 4
```

图 2.10 Python IDLE Shell

Python IDLE Shell 还显示了如何使用不同颜色解释代码元素。字符串显示为绿色,函数显示为紫色,循环和条件语句显示为橙色,结果显示为蓝色。

虽然从 Python IDLE Shell 获得即时结果很有用,但它并不意味着用于保存代码。如果需要,可以将代码复制出来,但最好将其写入脚本文件进行保存。

要启动脚本文件,请单击 Python IDLE Shell 的菜单栏中的 **File > NewFile**,这将打开一个新窗口,该窗口是一个名为 untitled 的空 Python 脚本文件。与 IDLE Shell 不同的是,它没有命令提示符,菜单栏也不同。下面是一个对比,如图 2.11 所示。

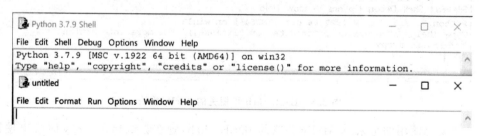

图 2.11 IDLE Shell(顶部)和一个新的脚本文件(底部)

让我们首先在 IDLE 中编写一些代码。IDLE 知道您何时编写多行连接代码,并且在您按两次 Enter 键之前不会运行。

1. 在 IDLE 中输入以下内容：

```
string = "Hello"
```

按 Enter 键输入：

```
i = 1
```

按 Enter 键输入：

```
while i <= 5:
```

按 Enter 键输入：

```
if i == 1:
```

按 Enter 键输入：

```
print(string)
```

按 Enter 键，然后在新行上按 Backspace 键以获得正确的缩进。输入：

```
else:
```

按 Enter 键输入：

```
print(i)
```

按 Enter 键，然后在新行上按 Backspace 键以获得正确的缩进。最后，输入：

```
i += 1
```

按两次 Enter 键运行。输出将是一行中的单词 Hello，然后是 2、3、4、5，每个都在新行中。

2. 将您在 IDLE 中编写的代码复制到一个新的脚本文件中，如图 2.12 所示。

3. 删除插入符号（>>>）。

4. 修正缩进，记住我们在上一章看到的 Python 的 4 空格缩进约定，如图 2.13 所示。

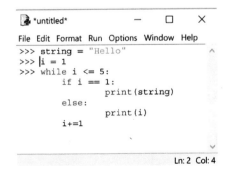

图 2.12 IDLE 代码复制到新文件

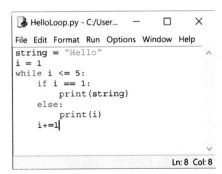

图 2.13 带有正确缩进的 Python 代码

5. 通过单击 **File > Save** 并将其命名为 HelloLoop 来保存文件。

这个新文件 HelloLoop. py 具有. py 扩展名,表示它是一个 Python 文件。它可以通过单击 **Run > Run Module** 来运行,它将结果发送到 Python IDLE Shell。结果看起来与从 IDLE 运行代码时的结果相同。

现在您应该了解:

- 如何确保您的 Python 环境设置与 ArcPy 一起使用;
- 如何使用 IDLE Shell;
- 如何开始一个新的脚本文件。

准备好查看 ArcGIS Pro 中的 Python 窗口,以及可以在其中执行的操作。

2.1.3 ArcGIS Pro 中的 Python 窗口

不仅可以通过 IDLE 访问 ArcPy,还可以使用 ArcGIS Pro 中的 Python 窗口访问 ArcPy。这可以在功能区的 Analysis 选项卡中访问,如图 2.14 所示。

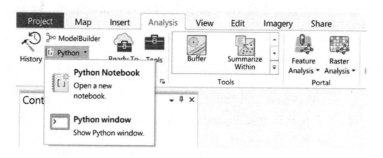

图 2.14 Python 窗口图标

Python 窗口允许您直接在 ArcGIS Pro 中编写和运行代码,并在运行时查看任何地理处理工具的结果。在测试新代码以查看它在做什么以及它是如何工作时,这可能是一个优势。然后可以将 Python 窗口中编写的代码复制或保存到大型脚本工具中。您将在第 6 章"ArcToolbox 脚本工具"和第 12 章"案例研究:高级地图自动化"中了解有关脚本工具的更多信息。现在,让我们看看 ArcGIS Pro 中的 Python 窗口,看看它有多么强大。

 对于本练习,您需要确保已从 GitHub 站点下载第 2 章的数据并解压缩。

1. 打开 ArcGIS Pro。

2. 单击打开另一个项目,导航到您下载第 2 章数据的位置,然后选择 Chapter2. aprx 以加载第 2 章项目。

3. 项目打开后,单击 Python 窗口图标以打开 Python 窗口。通常,第一次,它将停靠在屏幕底部,如图 2.15 所示。

与 ArcGIS Pro 中的所有窗口一样,Python 窗口可以停靠在任何位置,也可以浮动。您可以使用与任何 ArcGIS Pro 窗口相同的拖动和隐藏过程将其移动到最适合您

图 2.15　Python 窗口

工作的位置。

　　窗口的顶部称为脚本,是您之前编写的代码所在的位置。底部显示在此处输入 Python 代码,称为提示符,是您键入代码的位置。当您第一次打开 Python 窗口时,脚本是空白的,因为您还没有编写任何代码。

　　4.试试您在 IDLE 中编写的一些代码,看看它在 Python 窗口中是如何工作的。就像在 IDLE 中一样,当您输入一行代码时,您需要按 Enter 键。

　　a.输入 x＝10 并按 Enter 键。

　　b.输入 y＝3 并按 Enter 键。

　　c.键入 x＋y,然后按 Enter 键,如图 2.16 所示。

```
Python                                    ? ▾ ◻ ✕
x = 10
y = 3
x + y
13
|
```

图 2.16　Python 窗口,脚本窗口中有结果

　　您可以看到,这就像 IDLE 一样工作。

　　　所有标准 Python 函数和工具在 Python 窗口中的工作方式与在 IDLE Shell 中的工作方式相同。

　　可以随时通过右击转录本框并选择清除转录本来清除转录本。这不会从内存中删除您的代码或变量。

　　5.右击成绩单并选择清除转录本,如图 2.17 所示。

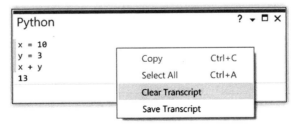

图 2.17　清除转录本

6. 输入 x+y 并按 Enter 键,如图 2.18 所示。

图 2.18　数据仍然保存在内存中

如您所见,x 和 y 的变量保存在内存中,即使在清除转录本后仍然可以使用。如果您保存并关闭项目并再次打开它,这些变量仍可用。

　变量被保存到项目的内存中,以便以后可以在同一个项目中再次使用它们。这可能很有用,但您将在第 3 章"适用于 Python 的 ArcGIS API"和第 6 章"ArcToolbox 脚本工具"中看到更好的方法来保存代码,以便在同一项目和其他项目中重复使用。

7. 就像在 IDLE Shell 中一样,Python 窗口可以理解您何时编写多行连接代码。您可以本章前面编写的 HelloLoop.py 脚本的代码来了解这一点。

请执行下列操作:

a. 输入 String="Hello"并按 Enter 键;

b. 输入 i=1 并按 Enter 键;

c. 输入 while i <5:并按 Enter 键。

请注意,提示窗口变大并且您的光标缩进了。Python 窗口理解 while 语句正在开始一段代码并且是多行构造的一部分。当您继续输入代码时,提示窗口会随着需要额外的行而变大。我们接下来要编写的 if 语句也是多行结构的一部分,因此它也会像 while 语句一样获得额外的行和缩进:

d. 输入 if i==1:并按 Enter 键;

e. 输入 print(string)并按 Enter 键;

f. 输入 else:并按 Enter 键;

g. 输入 print(i)并按 Enter 键;

h. 输入 i+=1 并按 Enter 键。

您的 Python 窗口应如图 2.19 所示。

```
i = 1
while i <= 5:
    if i == 1:
        print(string)
    else:
        print(i)
    i+=1
```

图 2.19　Python 窗口中的 HelloLoop

当您编写多行代码并按 Enter 键时,您只需向下移动另一行。

再次按 Enter 键,程序将执行,如图 2.20 所示。

```
Python                                    ? ▾ □ ×
    eise.
        print(i)
    i+=1
Hello
2
3
4
5
```

图 2.20   HelloLoop 输出

如果您在 Python 窗口中出错会怎样?这取决于错误的类型。如果您忘记了 i+＝1,您的代码将永远运行,您可以单击 Python 窗口底部的 X 或在提示窗口中键入 Ctrl＋C 以停止运行代码。如果您需要编辑已编写的代码,请单击需要编辑的位置并进行编辑。请记住在代码中遵循缩进规则,以确保它仍然可以运行。

2.2   ArcPy 环境设置

ArcPy 环境设置允许您访问常规地理处理设置以及特定工具的地理处理设置。对于工具,它们充当您可以设置以更改工具结果的参数。有很多环境设置可以使用,但有些您会比其他人更常用。

在本节中,我们将研究两个最常见的环境设置并了解如何设置它们:arcpy. env. workspace 和 arcpy. env. scratchWorkspace。设置您的工作区和临时工作区是一个好主意,因为它允许您有一个默认位置来发送您正在创建的数据。它们也是使用您将在下面探索的列表功能时使用的工作区。

使用环境类的工作区属性,您可以检查和更改您的工作区或临时工作区。您的工作区是您编写并希望维护的任何数据的默认位置。临时工作区用于存储您不想维护的数据,并且将在其中编写模型构建器中的中间步骤。

您可以在 Python 窗口通过输入以下内容按 Enter 键来检查您的工作区:

```
arcpy.env.workspace
```

您看到的返回值是您当前的工作区:

```
'C:\\PythonBook\\Chapter2\\Chapter2.gdb'
```

您可以通过输入以下内容并按 Enter 键来设置工作区:

```
arcpy.env.workspace = r"C:\PythonBook\Project_2\Project_2.gdb"
```

您可以用类似的方式检查您的临时工作区：输入 arcpy.env.scratchWorkspace 并按 Enter 键。您可以通过输入 arcpy.env.scratchWorkspace＝r"C:\PythonBook\Project_2\Project_2.gdb"并按 Enter 键来设置临时工作区。

在这些示例中，您已将工作区和临时工作区设置为地理数据库。但是，您可以将它们设置为文件夹或要素数据集或您想要的任何工作区。

如果您已经设置了工作区和临时工作区，则只能在 IDLE 中调用它们。IDLE 中没有默认工作区或临时工作区，如果在未设置的情况下调用它们，它们将返回 None。

地理数据库路径前面的"r"是什么？

请注意您输入位置的方式，使用 r 后跟用双引号括起来的位置。r 代表原始字符串，意味着 Python 将完全按照写入的方式读取引号内的所有内容。这很重要，因为 Python 中的\字符是转义字符，可用于插入字符串中不允许的字符。

在这里，您不需要转义字符，因此有三个选项：
- 在引号前使用 r 创建原始字符串；
- 将所有单反斜杠(\)更改为双反斜杠(\\)；
- 将单个反斜杠(\)更改为正斜杠(/)。

根据您正在运行的进程，还有许多其他环境设置可能对您有用。您在工具属性中找到的大多数工具设置都可以在环境设置中进行设置。可以使用 arcpy.env.extent 设置分析范围等内容，或者使用 arcpy.env.snapRaster 进行栅格分析时设置捕捉栅格。

重要的是要记住，一旦您设置了环境设置，它就会一直保持设置，直到您更改它。在更高级的脚本工具中，您可以更改设置或在整个代码中设置和重置它。

2.3 ArcPy 工具：使用 ArcPy 进行地理处理

您已经了解了如何使用 Python 窗口的一些基础知识，现在是了解如何使用地理处理工具的时候了。在这个手动部分中，您将要学习如何在 Python 窗口中使用以下工具：
- 选择；
- 缓冲；
- 制作要素图层；
- 按要素图层选择；
- 按位置选择图层；
- 复制功能。

您的任务是找到奥克兰 1 000 ft(1 ft＝0.304 8 m)范围内的所有公共汽车站。您希望最终结果是位于任何公园 1 000 ft 范围内的所有公交车站的要素类。

要进行一些地理处理，您将需要一些数据。如果您没有在 ArcGIS Pro 中打开 Chapter2.aprx 文件，请立即打开。您将首先使用地图中已存在的 CPAD_2020b_

Units. shp 文件。如果它不在地图中,请从您下载 Chapter2 文件夹的位置添加 shape-file。这是加利福尼亚州保护区数据库数据,显示了整个加利福尼亚州的公园和其他保护区。有关数据集的更多信息,请访问 https://www.calands.org/。

一个常见的 GIS 任务包括查找距其他物体一定范围内的所有要素,并从中选择创建一个新要素。它可以是拟建项目中受保护物种的位置、拟建新操场附近的学校或社区设施附近的公共汽车站。您可以使用 Python 窗口选择奥克兰的公园,将它们缓冲 1 000 ft,选择该 1 000 ft 缓冲区内的巴士站,然后创建一个新要素类。让我们开始:

1. 右击目录中的 CPAD_2020b_Units 文件,选择属性表,然后检查数据。CPAD_2020b_Units shapefile 包含公园的名称、负责公园的机构、机构的类型、公园所在的城市、公园的标签以及有关每个公园的更多信息。

2. 您将使用 AGNCY_NAME 字段运行选择工具来创建仅包含奥克兰市保护区的新要素类。在 Python 窗口中,键入以下内容:

```
arcpy.Se
```

Python 窗口会显示一些自动完成选项,以帮助您找到所需的工具。您正在使用分析工具箱中的 Select 工具,因此您需要 Select()analysis,即图 2.21 中的第二个选项。

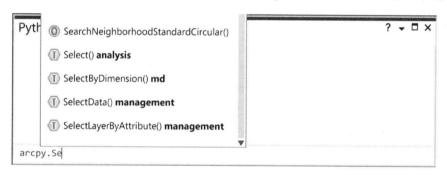

图 2.21　键入时自动完成的 Python 窗口

3. 选择工具后,可以看到工具期望的参数。将鼠标悬停在工具上会弹出一个帮助窗口,显示工具参数及其含义。选择工具采用以下强制参数:

① in_features:输入要素类或 shapefile。

② out_features:输出要素类或 shapefile。

还可以采用以下可选参数:

③ where_clause:where 子句在花括号({})中,因为它是可选的。这是您将编写的用于从 in_features 中选择特征的 SQL 语句,如图 2.22 所示。

请注意,in_features 以粗体显示,因为它是工具当前期望输入的参数。

4. 完成以下代码以创建选择查询:

```
arcpy.analysis.Select('CPAD_2020b_Units','CPAD_2020b_Units_
Oakland',"AGNCY_NAME = \'Oakland, City of\'")
```

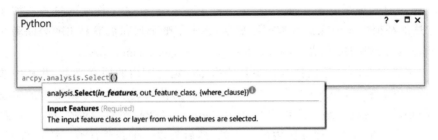

图 2.22　将鼠标悬停在工具上以获取更多详细信息

按 Enter 键。

我们如何在 where 子句中编写查询以使其工作呢？正确使用转义字符(\)。

当您需要使用多个单引号或双引号时，反斜杠(\)标记是必需的转义字符。在这种情况下，由于您正在对 shapefile 运行选择查询，因此选择的属性字段需要加双引号，而字符串值需要加单引号。整个 where 子句需要放在单引号或双引号内。

最简单的选择是将整个查询用单引号括起来，并在所选字符串周围使用转义子句。如果您想将整个 where 子句用双引号括起来，则它看起来像这样："'"AGNCY_NAME" = 'Oakland, City of'"。两者的工作方式相同。

运行后会如下：

```
<Result 'C:\\PythonBook\Chapter2\\Chapter2.gdb\\CPAD_2020b_Units_ Oakland'>
```

并且您应该有一个仅包含奥克兰保护区的新要素类。

如果您在 ArcGIS Pro 工程中工作，则将在该工程的地理数据库中创建一个新文件，因为这是默认工作空间。如果您通过环境设置而设置了工作区，它将写入该工作区。如果您没有设置工作区并且没有在 ArcGIS 工程中工作，那么它将存储在临时工作区中并且不会写入磁盘。

如果您不想使用默认工作区，如何指定不同的工作区呢？

要指定不同的位置，保存时需要写完整路径。要将 shapefile 写入 MyProject 文件夹，您将编写以下内容：

```
arcpy.analysis.Select("CPAD_2020b_Units",r"C:\ Chapter2\Chapter2.gdb\CPAD_
2020b_Units_Oakland. shp",'"AGNCY_Name" = \'Oakland, City of\'")
```

5. 现在您可以选择选定的公园并将它们缓冲 1 000 ft。缓冲区工具位于分析工具箱中，因此要调用它，请键入 arcpy.analysis.Buffer()。您可以通过将鼠标悬停在括号上来查看缓冲区工具采用的参数。按顺序采用以下强制参数：

① in_features：输入要素类或 shapefile。

② out_features：要写入的输出要素类或 shapefile。

③ buffer_distance_or_field：用于缓冲的 in_要素的缓冲距离或属性字段。它必须包括单位。

还可以按顺序采用以下可选参数：

④ line_side：这仅用于线要素，可以设置为缓冲 LEFT side、RIGHT side 或 BOTH。BOTH 是默认值。

⑤ line_end_type：这仅用于线要素，并将缓冲区结束设置为 ROUND 或 FLAT。ROUND 是默认值。

⑥ dissolve_option：这是消除任何缓冲区重叠的溶解类型。它可以设置为 NONE、ALL 或 LIST。NONE 是默认值。

⑦ dissolve_field：仅当 dissolve_option 设置为 LIST 时才使用。它是要解散的不同字段的列表。即使使用了一个字段，它也必须放在方括号中，因为该工具需要一个列表。

⑧ method：这是要使用的距离方法。它有 PLANAR 和 GEODESIC 作为选项。PLANAR 是默认值。

您希望为公园提供 1 000 ft 的缓冲区。您将溶解选项设置为 LIST 并按 UNIT_NAME 字段溶解。为此，您需要输入 in_features、out_features、buffer_distance、dissolve_option 和 solve_field 参数。in_features、out_features 和 buffer_distance 是前三个参数，但溶解选项和溶解字段是第六和第七个参数。为确保它们位于这些位置，您将在第四个和第五个参数中键入一对单引号或双引号。这向函数表示这些可选参数是空白的，就像它们没有被输入一样，并且允许您在它们之后输入参数。

输入：

```
arcpy.analysis.Buffer("CPAD_2020b_Units_Oakland","CPAD_2020b_Units_
Oakland_1000ft","1000 FEET", "","","LIST",["UNIT_NAME"])
```

按 Enter 键，输出将显示：

```
<Result 'C:\\PythonBook\\Chapter2\\Chpater2.gdb\\CPAD_2020b_Units_ Oakland_100ft'>
```

缓冲区应该已添加到您的地图中。您可以探索它们并查看它们的外观。

6. 准备好后，您将使用制作要素图层工具制作公交车站要素类的要素图层。此要素图层将用于选择公园 1 000 ft 缓冲区内的公交车站。输入：

```
arcpy.management.MakeFeatureLayer()
```

您可以看到制作要素图层工具采用两个强制性参数：

① in_features：输入要素类或 shapefile。

② out_layer：输出要素层的名称。

它还带有以下可选参数：

③ where_clause：您将编写用于从 in_features 中选择功能的 SQL 语句。如果留空，则要素图层包含来自 in_features 的所有数据。

④ workspace：用于验证字段名称的输入工作区。

⑤ field_info：可以用来隐藏输出中的一些字段。

您将要从中创建要素图层的图层已经在您的地图中，并且位于您之前设置的默认工作空间中。因此，您不必使用整个路径作为输入，只需使用图层的名称即可。您将通过键入以下内容创建所有巴士站的要素图层：

```
arcpy.management.MakeFeatureLayer("UniqueStops_Summer21",
"AC_TransitStops_Summer21")
```

按 Enter 键，输出将显示：

```
<Result 'AC_TransitStops_Summer21'>
```

7. AC_TransitStops_Summer21 要素图层将添加到您的地图中。您可以探索它并发现它就像 UniqueStops_Summer21 要素类。但是，由于它是一个要素图层，因此您可以使用按位置选择图层工具来选择缓冲区内的所有公交车站。输入：

```
arcpy.management.SelectLayerByLocation()
```

您可以看到按位置选择图层工具采用一个强制参数：

① in_layer：输入特征层。

它还采用以下可选参数：

② overlap_type：用于创建选择层的不同重叠。INTERSECT 是默认设置，也是您最常使用的。

③ select_features：用于选择 in_layer 的要素图层、要素类或 shapefile。

④ search_distance：从 in_layer 中搜索要选择的附加特征的距离。仅当重叠类型为 WITHIN_A_DISTANCE、WITHIN_A_DISTANCE_GEODESIC、WITHIN_A_DISTANCE_3D、INTERSECT、INTERSECT_3D、HAVE_THEIR_CENTER_IN 或 CONTAINS 时才有效。

⑤ selection_type：这是将选择应用于 in_feature 图层的方式。它可以是 NEW_SELECTION（默认）、ADD_TO_SELECTION、REMOVE_FROM_SELECTION、SUBSET_SELECTION 或 SWITCH_SELECTION。

⑥ invert_spatial_relationship：这将反转选择，以便不相交或在一定距离内的要素被选中。它可以是 NOT_INVERT（默认）或 INVERT。

要选择公园缓冲区内的巴士站，请输入以下内容：

```
arcpy.management.SelectLayerByLocation("AC_TransitStops_ Summer21";"INTERSECT","CPAD_
2020b_Units_Oakland_1000ft")
```

按 Enter 键，结果将显示：

```
<Result 'AC_TransitStops_Summer21'>
```

您应该看到巴士站被选中。您可以探索数据，看看这是否是您正在寻找的。从这里，您可以将数据导出到表格、CSV 或要素类，或者仅将其用于地图显示。

8. 要素图层是临时文件，因此您要导出到要素类。去做这件事，您将使用复制要素工具。输入：

```
arcpy.management.CopyFeatures()
```

复制要素工具采用两个强制性参数：

① in_features：输入要素类或 shapefile，或要素图层。

② out_features：输出要素类或 shapefile。

它还需要一个可选参数：

③ config_keyword：配置关键字仅在输出为地理数据库时使用。它不需要用于输出到地理数据库，是一个很少使用的参数。

要将要素图层复制到要素类，请键入以下内容：

```
arcpy.management.CopyFeatures("AC_TransitStops_Summer21",
"AC_TransitStops_Within1000ft_OaklandPark")
```

按 Enter 键，结果将是：

```
<Result 'C:\\PythonBook\\Chapter2\\Chapter2.gdb\\AC_TransitStops_Within1000ft_
OaklandPark'>
```

生成的要素类将显示在地图中并写入您当前的工作空间。处理这些数据的下一步将在第 4 章"数据访问模块和光标"中进行探讨。在那里，您将学习如何在内存中执行此过程并将公园名称添加到巴士站。

在下一节中，您将了解一些内置的 ArcPy 函数。这些功能是您在模型构建器中无法访问的功能，在自动化分析过程中很有用。

2.4　内置 ArcPy 函数

ArcPy 有许多内置函数来帮助进行地理处理。ArcPy 函数的编写方式看起来像地理处理工具。当您在上一个练习中编写用于创建选择要素类的代码时，您编写了 arcpy.analysis.Select(in_features,out_features,{where_clause})。通过将输入特征、输出特征和 where 子句括在括号中，您可以调用该函数并将这些参数传递给它。

 这就是函数的全部内容：一组代码，其中包含有关如何处理您发送的数据的说明。

ArcPy 具有辅助诸如设置环境、描述数据、许可、ArcGIS Online、栅格、列出数据等功能，以及针对特定模块（如空间分析或 Mapping 模块）的功能。在本节中，您将探索两个更常用的内置函数：

- 描述功能；
- 列表函数。

这些是常见的，因为它们可以帮助您设置和完成迭代过程，例如在一个位置对不同的要素类进行相同的分析。

2.4.1 描述函数

Describe 函数将根据调用它的元素类型返回不同的属性。它可以在多种元素上调用,包括但不限于 shapefile、地理数据库、要素类、要素数据集、表格、LAS 文件、栅格和地图文档。

Describe 函数返回一个包含对象所有属性的对象,因此您需要创建一个变量来保存这些属性,稍后再调用它们。让我们在新的 Python 窗口中对 CPAD 数据进行尝试:

1. 输入以下内容:

```
desc = arcpy.Describe(r"C:\PythonBook\Chapter2\CPAD_2020b_Units. shp")
```

按 Enter 键,看起来什么都没有发生,但现在您可以使用该 desc 变量来获取有关 shapefile 的信息。

2. 您可以通过输入以下内容来查看 desc 的数据类型:

```
desc.dataType
```

按 Enter 键,输出将是"Shapefile"。

3. 您还可以通过输入以下内容来查看要素类的几何类型:

```
desc. shapeType
```

按 Enter 键,输出将是"多边形"。

您可以看到,如果您对文件一无所知,则可以对其调用 Describe()函数并使用属性来查找有关文件的信息。在上面的示例中,您发现数据是一个 shapefile。如果您正在搜索文件夹并且只想对 shapefile 运行分析,您会看到这些信息的用途。

2.4.2 列表函数

通过数据列表功能列出您的数据是一个强大的工具。您创建一个工作区中所有数据的列表,然后您可以对其进行迭代。

 对于这些示例,您将使用 Chapter2 文件夹中的数据。

数据列表函数获取您所在的当前工作区,并将创建所有数据集的列表或该类型列表函数的字段。列出数据有以下列表函数:

- ListDatasets;
- ListFeatureClasses;
- ListFields;
- ListFiles;
- ListIndexes;
- ListRasters;

- ListTables;
- ListVersions;
- ListWorkspaces。

ListDatasets、ListFeatureClasses、ListFiles、ListRasters、ListTables 和 ListWorkspaces 需要在运行之前设置工作区,因为它们只会在当前工作区上运行。

ArcPy 中还有一些额外的列表函数:ListTools、ListToolboxes、ListSpatialReferences 和 ListDataStoreItems。这些函数旨在与它们引用的特定对象一起工作。与上面的列表函数一样,它们返回一个可以迭代的列表。

通常,您会希望对工作区中的所有数据运行类似的过程。您可以通过在工作区中创建数据列表来访问所有这些数据。在本练习中,您将在文件夹中创建工作区列表,然后使用该列表创建工作区中的数据列表。让我们开始吧:

1. 列出您的 Chapter2.gdb 文件所在的工作区。首先,您需要将工作区设置为地理数据库的位置。输入以下代码行并按 Enter 键:

```
arcpy.env.workspace = r"C:\PythonBook\Chapter2"
```

2. 您将列出工作区。ListWorkspaces 函数有两个可选参数:

① wild_card:可用于将返回值限制为与通配符值匹配的值。通配符将包含在单引号或双引号中,星号(*)可用于选择以通配符开头或结尾的所有内容。例如,如果您想选择所有以 Project 开头的工作区,您可以输入"Project * ";要选择所有以 Project 结尾的工作区,请输入" * Project";要列出名称中任何位置都包含 Project 的所有工作区,请输入" * Project * "。

② workspace:可用于限制工作区的类型,使用以下内容:

- "Access":仅限于个人地理数据库。
- "Coverage":对覆盖工作区的限制。
- "FileGDB":文件地理数据库的限制。
- "Folder":限制为 shapefile 工作区。
- "SDE":仅限于企业数据库。
- "All":将选择所有工作区。这是默认设置。

将 ListWorkspaces 函数分配给名为 wksp 的变量。输入以下内容并按 Enter 键:

```
wksp = arcpy.ListWorkspaces()
```

③ 只需输入 wksp 并按 Enter 键,您就可以看到它的外观。您可以看到,在 ArcGIS Pro 中创建新工程时,所有工作区都是标准的。在这个列表中它们有点难以阅读:

['C:\\PythonBook\\Chapter2\\.backups', 'C:\\PythonBook\\Chapter2\\.pyHistory', 'C:\\PythonBook\\Chapter2\\Chapter2.aprx', 'C:\\ PythonBook\\Chapter2\\Chapter2.gdb', 'C:\\PythonBook\\Chapter2\\ Chapter2.tbx', 'C:\\PythonBook\\Chapter2\\CPAD_2020b_Units.CPG', 'C:\\PythonBook\\Chapter2\\CPAD_2020b_Units.dbf', 'C:\\PythonBook\\ Chapter2\\CPAD_2020b_Units.prj', 'C:\\PythonBook\\Chapter2\\ CPAD_2020b_Units.sbn', 'C:\\PythonBook\\Chapter2\\CPAD_

2020b_Units. sbx', 'C:\\PythonBook\\Chapter2\\CPAD_2020b_Units.shp', 'C:\\ PythonBook\\Chapter2\\CPAD_2020b_Units.shp.BILL.26884.23180. sr.lock', 'C:\\PythonBook\\Chapter2\\CPAD_2020b_Units.shp.

BILL.7612.23180.sr.lock', 'C:\\PythonBook\\Chapter2\\CPAD_2020b_ Units.shp.xml', 'C:\\ PythonBook\\Chapter2\\CPAD_2020b_Units.shx', 'C:\\PythonBook\\Chapter2\\ImportLog', 'C:\\PythonBook\\Chapter2\\ Index']

为了让它们更容易阅读,让我们遍历列表,打印输出每一个。输入:

```
forw in wksp:
    print(w)
```

按 Enter 键,现在您可以真正阅读您所拥有的内容,因为每个工作区都打印输出在一行上:

```
C:\PythonBook\Chapter2\.backups
C:\PythonBook\Chapter2\.pyHistory
C:\PythonBook\Chapter2\Chapter2.aprx
C:\PythonBook\Chapter2\Chapter2.gdb
C:\PythonBook\Chapter2\Chapter2.tbx
C:\PythonBook\Chapter2\CPAD_2020b_Units.CPG
C:\PythonBook\Chapter2\CPAD_2020b_Units.dbf
C:\PythonBook\Chapter2\CPAD_2020b_Units.prj
C:\PythonBook\Chapter2\CPAD_2020b_Units.sbn
C:\PythonBook\Chapter2\CPAD_2020b_Units.sbx
C:\PythonBook\Chapter2\CPAD_2020b_Units.shp
C:\PythonBook\Chapter2\CPAD_2020b_Units.shp.BILL.26884.23180.sr.lock
C:\PythonBook\Chapter2\CPAD_2020b_Units.shp.BILL.7612.23180.sr.lock
C:\PythonBook\Chapter2\CPAD_2020b_Units.shp.xml
C:\PythonBook\Chapter2\CPAD_2020b_Units.shx
C:\PythonBook\Chapter2\ImportLog
C:\PythonBook\Chapter2\Index
```

这很棒,因为您可以看到文件夹中的所有工作区。但您只想选择文件夹中的地理数据库,这是参数的来源。为此,您可以使用工作区类型参数。

④ 若仅选择文件地理数据库,您需要编写以下内容:

```
wksp = arcpy.ListWorkspaces("","FileGDB")
```

为什么引号("")后跟逗号(,)?

第一个参数是通配符,写""会留空。但是,引号需要在那里,因为函数按照它们写入的顺序获取参数。如果写成 wksp = arpcy. ListWorkspaces("FileGDB"),则该函数仍将运行。但是当您调用它时,列表中不会有任何数据,因为没有名为"FileGDB"的工作区。

按 Enter 键。

⑤ 如果您调用 wksp 变量,您现在有一个只有一个值的列表,MyProject. gdb。输入:

```
wksp
```

按 Enter 键,结果打印输出如下:

```
['C:\\PythonBook\\Chapter2\\Chapter2.gdb']
```

虽然列表中只有一个值,但它仍然是一个列表,并且在 Python 中也是如此。这意味着如果给定一个列表,ArcPy 中期望字符串的函数将失败。例如,您无法使用 wksp 变量将工作空间更新到此地理数据库位置,如图 2.23 所示。

```
Python                                                      ? ▾ □ ✕
wksp
['C:\\PythonBook\\Chapter2\\Chapter2.gdb']
arcpy.env.workspace = wksp
Traceback (most recent call last):
  File "<string>", line 1, in <module>
  File "C:\Program Files\ArcGIS\Pro\Resources\ArcPy\arcpy\geoprocessing\_base.py", line 543, in set_
    self[env] = val
  File "C:\Program Files\ArcGIS\Pro\Resources\ArcPy\arcpy\geoprocessing\_base.py", line 605, in __setitem__
    ret_ = setattr(self._gp, item, value)
RuntimeError: Object: Error in accessing environment <workspace>
```

图 2.23   使用不正确数据类型时的错误消息

⑥ 设置工作空间,需要使用列表索引从列表中提取工作空间。由于列表只有一个值,因此它位于列表的 0 索引处。要设置工作区,请输入以下内容:

```
arcpy.env.workspace = wksp[0]
```

按 Enter 键。

> **如果您知道您的目标只有一个工作区怎么办?**
>
> 在此示例中,列表中只有一项,因为文件夹中只有一个地理数据库。在这些情况下,您可以只写 w = wksp[0]来获取列表的第一个(也是唯一一个)元素。实际上,当您知道列表中只有一项时,您可以编写以下内容来设置工作区:
>
> ```
> arcpy.env.workspace = ListWorkspaces("","FileGDB")[0]
> ```
>
> 请小心使用此表示法,就好像您有多个工作区一样,您只会将工作区设置为列表中的第一个。

⑦ 现在工作空间已设置为您的地理数据库,您可以使用 ListFeatureClasses 函数获取地理数据库中所有要素类的列表并将其分配给一个变量。

您将编写代码来获取要素类列表,然后编写一个 for 循环来遍历列表,以便您可以轻松地读取它包含的要素类。输入以下代码:

```
fcs = arcpy.ListFeatureClasses()
for fc in fcs:
    print(fc)
```

按 Enter 键,这是我们得到的输出:

```
tl_2019_06_prisecroads
UniqueStops_Summer21
Summer21RouteShape
tl_2019_06_tract
CPAD_2020b_Units_Oakland
CPAD_2020b_Units_Oakland_1000ft
AC_TransitStops_Within1000ft_OaklandPark
```

您现在拥有一个包含地理数据库中所有要素类的列表。可以迭代此列表以提供单个要素类,您可以通过其他 ArcPy 函数或地理处理工具运行它。您可以使用上面的 Describe 函数仅查找某个几何形状的要素类,以确保您只对其进行分析。

⑧ 从存储在变量 fcs 中的要素类列表开始,当您刚刚打印输出名称时,您将像上一步一样迭代它。然后,您将使用要素类的 shapeType 属性来确定每个要素类的形状,并打印输出声明。为此,请在 Python 窗口中编写以下代码:

```
for fc in fcs:
    desc = arcpy.Describe(fc)
    fcName = desc.name
    if desc.shapeType == "Polygon":
            print("Shape Type for " + fcName + " is " +
                desc.ShapeType)
    elif desc.shapeType == "Polyline":
            print("Shape Type for " + fcName + " is " +
                desc.ShapeType)
    elif desc.ShapeType == "Point":
            print("Shape Type for " + fcName + " is " +
                desc.ShapeType)
    else:
        print(fcName + " is not a Point, Line, or Polygon")
```

您需要在每个打印输出语句行后按 Backspace 键以确保缩进正确,并在最后一行后按 Enter 键两次以运行代码。for 循环将遍历每个要素类。对于该要素类,您正在创建一个 desc 变量来保存该要素类的描述属性。您还可以创建一个 fcName 变量来保存该要素类的名称。然后,编写 if/elif/else 语句来测试 Describe 对象的 shapeType 属性。输出语句将如下所示:

```
Shape Type for tl_2019_06_prisecroads is Polyline
Shape Type for UniqueStops_Summer21 is Point
Shape Type for Summer21RouteShape is Polyline
Shape Type for tl_2019_06_tract is Polygon
Shape Type for CPAD_2020b_Units_Oakland is Polygon
Shape Type for CPAD_2020b_Units_Oakland_1000ft is Polygon
```

Shape Type for AC_TransitStops_Within1000ft_OaklandPark is Point

2.4.2.1　通配符参数

在将元素放入列表之前选择列表函数中的元素的另一种方法是使用通配符参数。通配符限制函数返回的内容。它不区分大小写，并使用星号（＊），在星号之前或之后包含任意数量的字符。让我们看一些使用我们当前的地理数据库工作区如何工作的示例。

ListFeatureClasses 函数允许您列出工作区中的所有要素类。您将测试使用通配符选择数据的不同方法。首先，您将使用通配符创建所有 CPAD 数据的列表；接下来，您将创建一个以 Oakland 结尾的所有数据的列表；最后，您将创建一个包含所有 2019 年人口普查数据的列表。这些都是有关如何使用通配符参数将列表过滤为包含所需内容的较小数据集的所有示例。

在 Python 窗口中继续，工作区设置为 C:\\PythonBook\\MyProject\\MyProject.gdb：

1. 创建所有 CPAD 数据的列表。输入以下内容并按 Enter 键：

```
cpad_fcs = arcpy.ListFeatureClasses("CPAD*")
```

2. 使用 for 循环查看列表中的数据。输入以下内容，在第一行后按 Enter 键，并在最后一行后按两次 Enter 键：

```
for fc in cpad_fcs:
    print(fc)
```

打印输出的结果将是以 CPAD 开头的要素类，如下所示：

```
CPAD_2020b_Units_Oakland
CPAD_2020b_Units_Oakland_1000ft
```

3. 创建一个仅包含 Oakland 要素类中的 CPAD 单元的列表。输入以下内容并按 Enter 键：

```
cpad_Oakland = arcpy.ListFeatureClass("*Oakland")
```

4. 使用 for 循环查看数据。输入以下内容，在每一行后按 Enter 键并在最后一行后按两次 Enter 键：

```
for fc in cpad_Oakland:
    print(fc)
```

打印输出的结果将是以 Oakland 结尾的要素类，如下所示：

```
CPAD_2020b_Units_Oakland
```

5. 创建 2019 年人口普查要素类列表。输入以下内容并按 Enter 键：

```
census_fcs = arcpy.ListFeatureClasses("*2019*")
```

6. 使用 for 循环查看数据。输入以下内容，在每一行后按 Enter 键，并在最后一行后按两次 Enter 键：

```
for fc in census_fcs:
    print(fc)
```

打印输出的结果将是名称中包含 2019 的要素类，如下所示：

```
tl_2019_us_county
tl_2019_06_prisecroads
```

您现在已经了解了如何使用 wild_card 参数中的 * 表示法来过滤 ListFeature-Classes 函数中的不同要素类。它在任何接受通配符参数的数据列表函数上都将以相同的方式工作。

在下一节中，您将学习如何将 wild_card 参数与特征类型相结合。

2.4.2.2 结合通配符和特征类型参数

通配符是许多列表函数中的可选参数之一，可以与其他参数一起使用。为了说明，我们将查看 ListFeatureClasses() 函数。

您在上一节中使用了 ListFeatureClasses() 函数来说明如何使用 wild_card 参数创建特定要素类的列表。ListFeatureClasses() 函数共有三个可选参数：

1. wild_card：可用于将返回值限制为与 wild_card 值匹配的值。

2. feature_type：可用于将返回值限制为特定的要素类。有效参数为"Annotation"、"Arc"、"Dimension"、"Edge"、"Junction"、"Label"、"Line"、"Multipatch"、"Node"、"Point"、"Polygon"、"Region"、"Route"、"Tic"和"All"（默认）。

您将使用的最常见的值是"Point"、"Polygon"和"Polyline"。使用其中之一会将返回的值限制为该类型。

3. feature_dataset：将要素类限制为仅在指定的 feature_dataset 内的要素类。如果此项为空，则只有不在工作区内的要素数据集中的要素类将返回到列表中。

重要的是只将您需要的数据返回到您的列表中。这将确保在进行分析时只处理正确的数据集。在本练习中，您将使用 feature_type 参数进一步过滤使用 ListFeature-Classes() 函数返回的要素类，并仅返回 2019 年的人口普查数据，即多边形。

在 Python 窗口中继续，工作区设置为 C:\\PythonBook\\Chapter2\\Chapter2.gdb。

1. 创建仅包含 2019 年人口普查多边形数据的列表。输入以下内容并按 Enter 键：

```
census_fc_poly = arcpy.ListFeatureClasses("*2019*", "Polygon")
```

2. 通过输入变量并按 Enter 键来验证数据：

```
census_fc_poly
```

打印输出的结果将是与这些限制相对应的要素类列表,如下所示:

```
['tl_2019_us_county']
```

3. 请注意,要素类存储在方括号([])中,就像它在列表中一样。要对此执行任何地理处理任务,您需要遍历列表并在 for 循环中执行任务,或者使用列表索引提取要素类以获取您需要的任何列表索引。要选择单个要素类,请输入以下内容并按 Enter 键:

```
census_county = census_fc_poly[0]
```

4. 通过输入变量并按 Enter 键来验证数据:

```
census_county
```

打印输出的结果将是单个要素类,如下所示:

```
'tl_2019_us_county'
```

请注意,census_county 变量返回的是要素类的名称。只要您的工作区仍然是地理数据库,您就可以仅使用该名称来执行地理处理任务。如果您重置工作区,ArcPy 将不知道在哪里可以找到具有该名称的要素类。

因此,最好使用 os 库创建一个包含要素类完整路径的变量。要使用 os 库,则在 IDLE 下工作时需要像 ArcPy 一样导入它。

5. 从上一步继续,输入以下内容并按 Enter 键导入 os 库:

```
import os
```

6. 创建一个具有人口普查要素类完整路径的变量。输入以下内容并按 Enter 键:

```
gdb = wksp[0]
```

7. 您将使用 os.path.join()创建完整路径。os.path.join()方法接受您需要的任意数量的参数,并在参数之间用反斜杠(\)将它们连接起来。这将为您提供要素类的完整路径。输入以下内容并按 Enter 键:

```
census_county_full = os.path.join(gdb,census_county)
```

8. 通过输入变量并按 Enter 键来验证数据:

```
census_county_full
```

打印输出的结果将是要素类的完整路径,如下所示:

```
'C:\\PythonBook\\Chapter2\\Chapter2.gdb\\tl_2019_us_county'
```

现在,您在一个变量中拥有了人口普查县 shapefile 的完整路径,您可以在您可能编写的任何其他代码中使用该变量。上述步骤是创建自动分析的常用步骤。您设置一个工作区,遍历每个数据集,设置其完整路径,然后进行分析。

2.5 ArcPy 模块简介

除了地理处理工具和功能之外，ArcPy 还附带一组模块。正如我们已经看到的，模块只是包含附加 Python 定义和语句的文件，包括函数和变量之类的东西。它们用于帮助我们更有逻辑地组织代码。

ArcGIS Pro 2.8 附带以下 ArcPy 模块：

- 图表模块（arcpy. charts）：允许创建数据图表；
- 数据访问模块（arcpy. da）：允许控制编辑会话和用于搜索、插入和更新数据的光标；
- 地理编码模块（arcpy. geocoding）：允许设置定位器和自动化地理编码；
- 图像分析模块（arcpy. ia）：允许管理和处理图像；
- 制图模块（arcpy. mp）：允许使用地图、图层和布局来自动化地图制作；
- 元数据模块（arcpy. metadata）：允许访问或管理项目的元数据；
- 网络分析模块（arcpy. na 或 arcpy. nax）：允许使用网络分析扩展模块；
- 共享模块（arcpy. sharing）：允许自动将数据共享为 Web 图层或地图服务；
- 空间分析模块（arcpy. sa）：允许使用空间分析扩展模块；
- 工作流管理器模块（arpcy. wmx）：允许使用工作流管理器工具箱并自动化业务工作流。

上述某些模块确实需要特定的许可证才能使用其中的功能和工具。例如，网络分析和空间分析模块要求您拥有可用的网络分析和空间分析扩展模块。您将在后面的章节中深入探讨的两个模块，即为数据访问模块和制图模块。数据访问模块可以帮助您简化数据清理和分析过程。制图模块可以简化海量地图的制作，并使创建数百张地图成为一个简单的过程。

空间分析模块

空间分析模块包含与空间分析扩展模块关联的所有地理处理工具。因为它使用空间分析扩展模块，所以您需要导入扩展模块：

```
from arcpy.sa import *
```

在本练习中，您将学习如何使用 CALFIRE 的 FVEG 数据编写代码以在 Python 窗口中运行空间分析工具。FVEG 数据是全州的栅格土地覆盖数据集。它有一个栅格属性表，显示每个栅格网格正方形的土地覆盖的不同分类级别。Chapter2. gdb 文件包含提取到阿拉米达县的 CALFIRE FVEG 数据，因为整个数据集比 GitHub 允许的要大。

如果您想下载完整的全州数据集，请参阅 GitHub 上 Chapter2 文件夹中的

CalFireVegdownload. md 文件。数据也可在此处下载：https://frap. fire. ca. gov/mapping/gis-data/。该链接将打开所有 CALFIRE GIS 数据的页面。要下载 FVEG 数据，向下滚动以找到 FVEG 并单击它以展开框。单击下载 FVEG 地理数据库链接以下载数据，如图 2.24 所示。

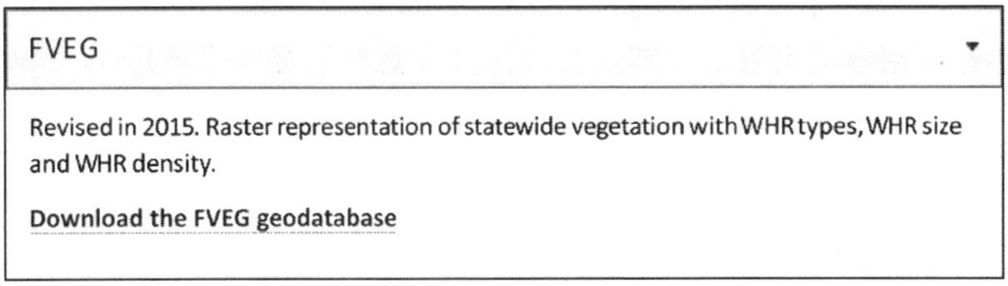

FVEG ▼

Revised in 2015. Raster representation of statewide vegetation with WHR types, WHR size and WHR density.

Download the FVEG geodatabase

图 2.24 CALFIRE FVEG 下载

栅格数据的常见操作是将其提取到研究区域。这是使用 ExtractByMask 工具完成的。ExtractByMask 工具是空间分析工具集的一部分，并且在 ArcPy 中是空间分析模块的一部分。

您将提取 CALFIRE FVEG 数据到奥克兰市公园的边界，并运行 Con()工具来查找不是城市土地覆盖的区域。让我们开始吧。我们省略了每个步骤中的 Enter 键的说明，因为您现在应该已经习惯了该界面。

1. 在 Python 窗口中，输入以下内容：

```
from arcpy.sa import *
```

2. 通过输入以下内容检查空间分析扩展是否可用：

```
arcpy.CheckExtension("Spatial")
```

它应该返回：

```
'Available'
```

如果没有，您需要启用您的空间分析许可，或者，如果您在共享许可网络上，请让某人发布他们的许可。您可能需要联系您的系统管理员，以确保您已获得空间分析许可证的访问权限。

3. 确认许可证可用后，您需要签出许可证才能使用它。签入和签出扩展有助于在用户多于扩展许可证的系统上管理浮动许可证。输入以下内容：

```
arcpy.CheckOutExtension("Spatial")
```

它应该返回：

```
'Checked Out'
```

4. 阿拉米达县的 CALFIRE FVEG 数据已经在第 2 章中的地图中。如果您需要添加它，它在 Chapter2. gdb 中为 C:\ PythonBook \ Chapter2 \ Chapter2. gdb \ Cal-FireFVEG_AlamedaCounty_CO。

5. 右击它并选择符号系统。

6. 单击显示拉伸的下拉菜单，然后选择唯一值。

7. 单击字段 1 的下拉菜单并选择 WHR10NAME。如果需要，您可以使用颜色和配色方案，或者只需选择基本随机以使每个土地覆盖以不同的颜色表示。

8. 如果您没有在本章前面创建 CPAD_2020b_Units_Oakland 要素类，您现在需要创建。这包括刚刚由奥克兰市管理的公园。如果您已经创建了 CPAD_2020b_Units_Oakland，则无需执行此步骤。输入以下内容：

```
arcpy.analysis.Select(r"C:\PythonBook\Chapter2\CPAD_202b_Units.shp", r"C:\PythonBook\Chapter2\Chapter2.gdb\CPAD_2020b_Units_Oakland","'AGNCY_NAME' = \'Oakland, City of\'")
```

9. 要将 FVEG 土地覆盖数据提取到奥克兰公园边界，您将使用 ExtractByMask() 工具。与您一直使用的其他工具相比，所有空间分析工具都使用不同的语法。您仍然输入工具的参数，但没有输出参数。通过将工具设置为变量来创建输出参数。该变量将您新创建的栅格保存为临时文件。要创建奥克兰公园内土地覆盖的临时文件，请输入以下内容：

```
oaklandParksLandCover = ExtractByMask("CalFireFVEG_AlamedaCounty_Co", r"C:\PythonBook\Chapter2\Chapter2.gdb\CPAD_2020b_Units_Oakland")
```

Python 窗口将不显示任何输出，但名为 OaklandParksLandCover 的栅格将添加到您的地图中，并且仅包含公园边界内的数据。

10. 要保存临时文件，您将对保存临时文件的变量使用 save() 方法。save() 方法采用您正在保存的栅格的完整路径。要保存栅格，请输入以下内容：

```
oaklandParksLandCover.save(r"C:\Chapter2\Chapter2.gdb\ OaklandParksLandCover")
```

Python 窗口将不显示任何输出，但如果您右击 MyProject 在目录窗口中的 gdb 并单击刷新，您将看到一个名为 OaklandParksLandCover 的新栅格已保存在那里。

11. 您现在将使用 Con() 工具提取公园内非城市的土地覆盖。Con() 工具采用 4 个参数：

① in_conditional_raster：输入栅格图层，即条件的真假结果。

② in_true_raster_or_constant：当 in_conditional_raster 评估为真时将使用的栅格或常量值。

③ in_false_raster_or_constant：当 in_conditional_raster 评估为假时将使用的栅格或常量值。

④ where_clause：判断 in_conditional_raster 的值是真还是假的 SQL 表达式。

第一个参数是要评估的刚刚创建的 OaklandParksLandCover 栅格。第二个参数是当条件为真时返回栅格的内容，这与 in_conditional_raster 相同，因为您需要非城市的土地覆盖数据。第三个参数是条件为假时返回的内容，您希望它为 NULL 值，因为您想从公园土地覆盖中移除所有城市土地。第四个参数是 SQL 子句，in_conditional_ raster 中的每个单元格都将被评估为真或假。要创建所有非城市公园土地覆盖的新栅格,请输入以下内容:

```
oaklandParksNonUrban =
Con(oaklandParksLandCover,oaklandParksLandCover,"","WHR10NAME <> 'Urban'")
```

Python 窗口将不显示任何输出,但名为 OaklandParksNonUrban 的新栅格图层将添加到您的地图中。

12. Con()工具的一个问题是它没有从 in_conditional_raster 执行栅格属性表。所有土地覆盖值都已丢失。要查看此内容,请在内容列表中打开新栅格的属性表。它只有一个 Value 字段,没有其他属性。这可以通过加入来解决。连接字段工具位于管理工具箱中,适用于栅格和要素类。它创建一个永久连接。连接字段工具采用 5 个参数:

① in_data:输入数据集。它可以是要素类、表或带有属性表的栅格数据集。

② in_field:输入表中用于连接的字段。

③ join_table:要加入 in_data 的表。它可以是要素类、表或带有属性表的栅格数据集。

④ join_field:join_table 中用于连接 in_data 的字段。

⑤ fields:join_table 中要连接到 in_data 的字段列表。

您需要将 OaklandParksLandCover 数据加入到 OaklandParksNonUrban 数据集。您将使用每个字段中的值并将所有描述性土地覆盖字段列为字段。输入以下内容:

```
arcpy.management.
JoinField(oaklandParksNonUrban,"VALUE",oaklandParksLandCover,
"VALUE", ["WHRNAME","WHRTYPE","WHR10NAME","WHR13NAME"])
```

将打印输出以下内容:

```
<Result 'C:\\Users\\William\\AppData\\Local\\Temp\\
ArcGISProTemp2356\\1d45ee13-5255-42fc-a41a-60f5727866ad\\Default.
gdb\\Con_oaklandP1'>
```

13. 结果打印输出连接的数据的位置。OaklandParksNonUrban 栅格仍在临时工作区中。要保存它,请通过输入以下内容对其使用 save()方法:

```
oaklandParksNonUrban.save(r"C:\Chapter2\Chapter2.gdb\ OaklandParksLandCover")
```

从 CALFIRE FVEG 数据中,您仅提取了奥克兰公园的土地覆盖。您使用 Con 工具进一步提取了公园内的非城市土地。最后,您加入了在 Con 工具中丢失的土地覆盖描述。这为您留下了仅包含奥克兰公园内非城市数据的土地覆盖数据集。

2.6 总 结

在本章中,我们介绍了 ArcPy 并向您展示了如何验证 ArcPy 的正确安装。连接到

ArcPy for ArcGIS Pro 的 IDLE 版本的快捷方式已创建并用于在 IDLE Shell 和独立脚本文件中编写 Python 代码。您学习了如何使用 ArcGIS Pro Python 窗口列出数据，以及如何使用通配符参数过滤列表。返回到列表的数据被提取并用于地理处理分析。栅格分析是使用空间分析模块完成的。

在下一章中，您将了解用于将 ArcGIS Pro 连接到 ArcGIS Online 的 ArcGIS API for Python，ArcGIS Notebooks 也将作为一种编写和存储 Python 代码的方式被引入。

第3章 适用于 Python 的 ArcGIS API

ArcGIS API for Python 是一个 Python 包，旨在与 Web GIS 配合使用。它允许您直接处理托管在 ArcGIS Online 或 ArcGIS Enterprise 上的数据。在本书之前，您一直在使用 ArcPy，它非常适合桌面工作，但在处理托管数据时功能有限。ArcGIS API for Python 提供了工具来执行与 ArcPy 相同的许多功能，例如创建地图、地理编码、管理数据和地理处理，但使用的是组织内托管的数据。除此之外，您还可以通过管理用户、组和项目来使用它管理组织的数据和 ArcGIS Online 账户。

请务必注意，尽管您将在本章中完成的所有示例都在 ArcGIS Pro Notebooks 中，但您不必通过 ArcGIS Pro 进行操作。您可以使用 conda 安装独立环境，并通过 Jupyter Notebook 访问所有内容。本书不会涉及这些内容，因为它侧重于在 ArcGIS Pro 中使用 Python。

本章将涵盖：

- 适用于 Python 模块的 ArcGIS API；
- 使用 Python 包管理器管理虚拟环境；
- ArcGIS Pro Notebooks；
- 通过 ArcGIS API for Python 连接到 ArcGIS Online；
- 搜索数据。

 要完成本章的练习，请从本书的 GitHub 存储库下载并解压 Chapter3. zip 文件夹：https://github.com/PacktPublishing/Python-for-ArcGIS-Pro/tree/main/ Chapter3。

3.1 什么是适用于 Python 的 ArcGIS API

ArcGIS API for Python 与 ArcPy 类似，因为它是一个 Python 包。它包含类、模块和函数。然而，它不仅仅是一个 Python 包，它还是一个应用程序编程接口（API）。API 是允许不同应用程序和软件相互通信的代码，主要与 ArcGIS REST API 交互。这意味着您可以使用该模块来请求托管在 ArcGIS Online 或 ArcGIS Enterprise 上的数据。这些数据要么在您自己的组织中，要么是公开的。它是一个 Pythonic API，因为它是根据 Python 标准和最佳实践而设计的。作为 Pythonic API，它可以让 Python 程序员轻松使用 ArcGIS，并且让熟悉 Python 的 ArcGIS 用户自动完成 Web GIS 任务。

3.1.1 ArcGIS API 模块

API 被组织成不同的模块供您使用。每个模块都有不同的功能和类型来协助您的 GIS。

这些是您最可能使用的模块：

- arcgis.gis：此模块允许访问 GIS，将您连接到您的 ArcGIS Online 账户，并提供创建、读取、更新，以及删除 GIS 用户、组和内容的功能。
- arcgis.features：此模块包含用于处理要素数据、要素图层、要素图层集合和要素集的空间分析功能。
- arcgis.geometry：此模块用于处理几何类型。它具有使用几何类型作为输入和输出以及将几何类型转换为不同表示的功能。
- arcgis.geocoding：此模块用于地理编码和反向地理编码。它创建地址点，输出在地图上可视化，或用作空间分析的输入数据。
- arcgis.geoenrichment：此模块用于提供有关区域或位置的数据。用户可以获取某个区域或一定距离内的人物和地点的信息。它可以通过轻松地为模型提供人口统计数据来提供帮助。
- arcgis.env：此模块提供一个共享环境，供不同模块使用。它存储当前活动的 GIS 和环境设置。

这些是使用特定数据类型的模块：

- arcgis.raster：此模块包含用于处理栅格和影像数据的类和函数。
- arcgis.realtime：此模块适用于实时数据馈送。它用于与流数据一起执行连续分析。它允许 Python 脚本订阅流式传输的数据并广播更新或警报。
- arcgis.network：此模块用于完成网络分析。它用于网络层，可用于查找最佳路线、最近的设施和服务区，并计算成本矩阵。
- arcgis.schematics：此模块用于处理原理图，它们是简化的网络。它用于解释网络的结构和工作方式。
- arcgis.geoanalytics：此模块用于创建大型数据集的分布式分析，包括特征和表格。这些工具旨在处理大数据以及要素图层。
- arcgis.geoprocessing：此模块用于创建和共享地理处理工具。这些是与可视化最相关的模块。
- arcgis.mapping：此模块用于为 GIS 数据提供可视化功能。它包括 WebMap 和 WebScene，以实现 2D 和 3D 可视化。
- arcgis.widgets：此模块用于提供 GIS 数据的可视化。它包括 Jupyter Notebook MapView 小部件，以帮助显示地图和图层。
- arcgis.apps：此模块提供管理 ArcGIS 中可用的基于 Web 的应用程序的能力。

在本章中，重点将主要集中在 arcgis.gis 模块上，以连接到您的 ArcGIS Online 账户并在组织内外搜索数据和用户。在第 5 章"发布到 ArcGIS Online"中，您将学习如何发布和管理数据,如何使用要素模块来查询和编辑数据,以及如何使用地图模块来可视化您的数据。

3.1.2　它有什么作用以及为什么要使用它

ArcGIS API for Python 允许您通过 ArcGIS Pro 界面访问 ArcGIS Online 中的数据。您可以通过 Jupyter Notebook 或 ArcGIS Pro Notebook 管理您的 ArcGIS Online 或 ArcGIS Enterprise 组织、用户及其数据。通过在 Notebook 中而不是通过 ArcGIS Online Web 界面执行此操作,您可以使用 Python 的完整功能来迭代数据以多次运行同一进程,并安排要运行的任务。ArcGIS API for Python 是 ArcPy 的补充,因为它允许您自动化组织的 Web GIS 流程。

 就像在 ArcGIS Pro 中使用 ArcPy 自动化流程一样,当您需要对存储在 ArcGIS Online 账户或 ArcGIS Enterprise 组织中的数据进行自动化流程时,您可以使用 ArcGIS API for Python。

3.2　Python 包管理器

Python 有许多版本,并为不同的操作系统安装;每个都称为 Python 发行版。您拥有的 Python 发行版取决于您拥有的版本和操作系统。所有不同的 Python 版本都带有内置模块的标准库。您已经了解了 sys 和 os 模块作为两个更重要的内置模块。除此之外,还有许多可以扩展功能的第三方包。ArcPy 是随 ArcGIS Desktop 和 ArcGIS Pro 一起安装的第三方 Python 包。

安装 ArcGIS Pro 时,还会安装与 ArcGIS Pro 一起使用的自定义 Python 发行版;在撰写本书时,适用于 ArcGIS Pro 2.9,即 Python 3.7.11。此发行版包括所有标准库和包,包括 ArcPy。为了管理所有不同的包,ArcGIS Pro 使用名为 conda 的包管理器。除了管理包外,conda 还管理 Python 环境。Python 环境是不同的包集合,可以根据项目的需要在它们之间切换。

3.2.1　Python 环境

ArcGIS Pro 中的 Python 包管理器是您可以管理不同 Python 环境和包的地方。ArcGIS Pro 附带一个名为 arcgispropy3 的默认环境。您可以创建其他环境,称为虚拟环境,有时也称为 conda 环境,因为 conda 是包管理器。

正如我们在第 1 章"Python for GIS 简介"中所提到的,虚拟环境是一个 Python 安装,其中添加了一组独特的包。它们被称为虚拟环境,因为每个环境都复制一个单独的 Python 安装,就好像它是不同的机器一样。每个虚拟环境都与其他虚拟环境隔离。这允许您拥有带有附加包或同一包的不同版本的环境,具体取决于您的项目需要。Python 包管理器是通过命令行管理环境和包的替代方法。

3.2.2 如何创建新的虚拟环境

尽管 Python 包管理器未提及虚拟环境或 conda,但它是一个设计用于 ArcGIS Pro 以管理虚拟环境的用户界面。如前所述,默认环境称为 arcigspro-py3,可以在 Python 包管理器的项目环境字段中查看,如图 3.1 所示。

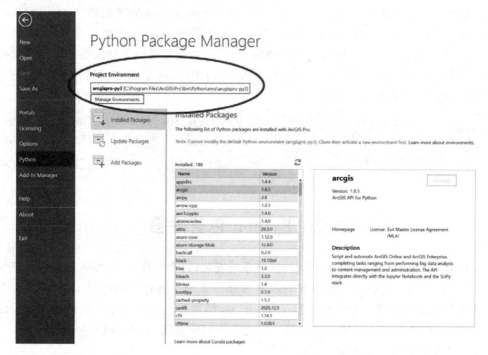

图 3.1　默认安装的 Python 包管理器

您无法修改默认环境。它以这种方式保存,因此您始终拥有一个干净的环境,如果您的其他环境停止工作,您可以切换回默认设置。如果您需要更新任何软件包或安装任何新软件包,您必须创建一个新的虚拟环境。

在本练习中,您将创建一个新的虚拟环境,升级所有包,然后添加一个包:

1. 打开 ArcGIS Pro 并选择打开另一个项目。

2. 导航到解压 Chapter3.zip 文件夹的位置,选择 Chapter3.aprx,然后单击打开。

3. 单击功能区中的项目选项卡。

4. 单击侧面功能区中的 Python。这将打开 Python 包管理器。

Chapter3 项目目前使用默认环境。您将创建一个新环境。

5. 单击管理环境按钮。这将打开管理环境对话框窗口。arcgispro-py 是活动环境,您需要先克隆默认环境。有两种不同的方法可以做到这一点:

- 单击克隆默认值按钮,将创建一个名为 arcgispro-py-clone 的新环境;如果您之前克隆过 arcgispro-py,您可能还会在克隆后看到一个数字,具体取决于您克隆的次数。安装所有软件包需要一些时间。

- 单击 arcgispro-py 环境的 Clone 标题下的两个方块。这将打开克隆环境对话框窗口。您可以选择名称和位置来存储您的环境。建议您将其存储在默认位置，因为这是安装 ArcGIS Pro 时在您的计算机上创建的 conda 环境文件夹。

选择这两种方法之一来创建新环境。

6. 为您的环境安装所有标准包后，您可以将活动环境更改为新环境。单击 Active 标题下环境旁边的单选按钮。管理环境对话框的底部会显示一条警报，指出重新启动 ArcGIS Pro 以使您的环境更改生效。

7. 单击确定按钮，关闭管理环境对话框窗口。

您现在已更改为新的虚拟环境。项目环境现在设置为 arcgispro-py3-clone。要使其生效，您需要重新启动 ArcGIS Pro。不过，在此之前，您可以对这个虚拟环境中的包进行一些更改。

8. 单击 Python 包管理器中的更新按钮以更新所有包。这会将软件包列表更改为具有可用更新的软件包，并告诉您有多少可用的更新包。您可以单击每个包并通过单击包描述窗口中的更新按钮仅更新要更新的包。或者，您可以单击全部更新按钮来更新所有这些，如图 3.2 所示。

图 3.2　更新包

单击全部更新按钮以更新所有包。

您现在将添加一个包。R 是一款免费软件，可用于统计分析和制图。有一个名为 rpy2 的 Python 包，它允许您在 Python 中调用 R 函数和方法。

9. 通过单击添加包并在搜索框中输入 rpy2 添加 rpy2 包。选择 rpy2 包并单击安装按钮,如图 3.3 所示。

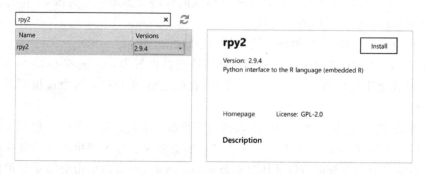

图 3.3　添加包窗口

10. 安装包对话框窗口将打开。它显示了 rpy2 包所依赖的包以及条款和条件。通读条款和条件,勾选我同意条款和条件,然后单击 Install 按钮,如图 3.4 所示。

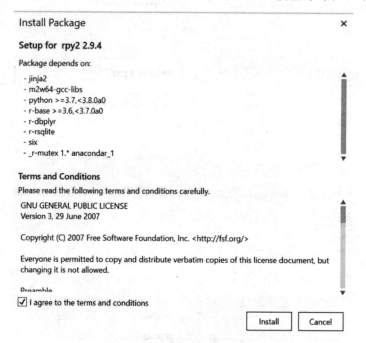

图 3.4　安装包对话框窗口

现在将安装 rpy2 包。除了 rpy2 包之外,它所依赖的包也会被安装。完成安装可能需要几分钟时间。

11. 要完成对新虚拟环境的更改,您需要关闭 ArcGIS Pro。

12. 打开 ArcGIS Pro 备份。我们现在将按照本练习开始时的相同步骤进行操作。

13. 导航到解压 Chapter3. zip 文件夹的位置,选择 Chapter3. aprx,然后单击打开。

14. 单击功能区中的项目选项卡。

15. 单击侧面功能区中的 Python。观察项目环境,现在设置为 arcgispro-py-clone。

16. 单击已安装的软件包。您会发现新安装的 rpy2 包和随它一起安装的依赖包。

您创建的虚拟环境可用于任何项目,并且是任何项目在您打开它时设置的环境。要查看此内容,请关闭 ArcGIS Pro 并使用任何工程重新打开它。然后按照上面的步骤 14~16 查看您的项目正在使用的 Python 包。它将是您在关闭的最后一个项目中使用的包。

 如果您要开始一个新的空白项目,则也将使用 arcgispro-py-clone 虚拟环境。

您还可以从克隆的虚拟环境中删除一些包。为此,只需单击已安装的包,然后从包描述窗口中选择卸载。部分包无法卸载,其中包括 arcpy、arcgis、numpy 和 python。

现在您已经创建了一个新的虚拟环境,您将通过 ArcGIS Pro Notebooks 来使用 ArcGIS API for Python。

3.3 ArcGIS Pro Notebooks

ArcGIS Pro Notebooks 是一种创建、保存和共享包含 Python 代码和可视化的文档的方法。它们构建在开源 Web 应用程序 Jupyter notebook 之上。ArcGIS Pro Notebooks(以下称为 Notebook)允许您管理数据、执行分析并立即查看结果。

使用 Notebook,您可以自动化完成工作流程,然后通过共享您的 Notebook 轻松共享您的自动化。此外,它们可以用作沙箱来测试您的代码,然后在您运行时将其保存。

除了 ArcPy、ArcGIS API for Python 以及对 NumPy 和 pandas 等第三方库的访问之外,Notebooks 还具有所有核心 Python 功能。

在第 2 章“ArcPy 基础知识”中,您使用 Python 窗口在 ArcGIS Pro 中编写代码;Notebook 是在 ArcGIS Pro 中编写代码的另一种方式。表 3.1 比较了 Python 窗口和 ArcGIS Pro Notebook 的优势。

表 3.1 **Python 窗口和 ArcGIS Pro Notebook 的优势对比**

Python 窗口	ArcGIS Pro Notebook
实时代码测试	实时代码测试
快速启动和测试小代码块	保存最终完成的代码
键入时自动完成	代码可以共享
	在 Notebook 中可视化输出

续表 3.1

Python 窗口	ArcGIS Pro Notebook
	选项卡完成/推送选项卡时自动完成
	用于评论您的代码的 Markdown 代码

3.3.1　在 ArcGIS Pro 中创建 Notebook

在 ArcGIS Pro 中，通常有不同的方式来完成任务。您有几个选项可用于创建新的 ArcGIS Notebook。在项目中工作时，您可以单击功能区中的插入选项卡，然后单击新建 Notebook 按钮，如图 3.5 所示。

或者您可以单击分析选项卡，单击 Python 旁边的箭头，然后选择打开一个新 Notebook，如图 3.6 所示。

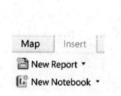

图 3.5　插入选项卡中的新 Notebook　　　　图 3.6　分析选项卡中的新 Notebook

这两个都将在您的项目中创建一个 Notebook。您还可以打开目录窗格并导航到任何文件夹，右击该文件夹，然后选择新建>Notebook，如图 3.7 所示。

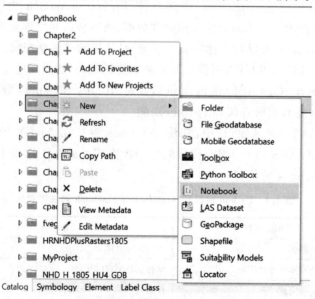

图 3.7　目录窗格中的新 Notebook

这将在您选择的任何地方创建 Notebook。这种方法允许您在项目之外创建 Notebook,这对于可能跨许多项目需要的 Notebook 很有帮助。

3.3.1.1   创建您的第一个 Notebook

本小节将引导您创建 Notebook。您的第一个 Notebook 将是一个简单的 Notebook,它连接到 ArcGIS Online 并显示加利福尼亚州奥克兰的地图。这还将测试您的虚拟环境和 arcgis 模块的安装:

1. 如果您在上一节之后关闭了 ArcGIS Pro,请重新打开它并打开 Chapter3.aprx 文件。

2. 使用前面提到的方法之一创建一个新 Notebook:

- 单击插入选项卡,然后单击新建 Notebook。
- 单击 Analysis 选项卡,然后单击 Python > New Notebook。
- 右击您的项目文件夹并选择新建 > Notebook。

3. 创建的 Notebook 命名为 New Notebook。通过在目录窗格中右击它并选择重命名,将其重命名为 Chapter3_FirstNotebook。您的项目现在应该如图 3.8 所示。

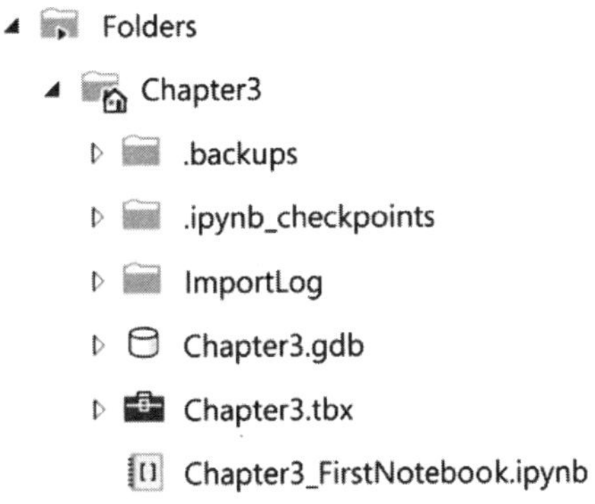

图 3.8　带有 Notebook 的新项目

3.3.1.2   ArcGIS Notebook 结构

在 Notebook 中编写代码之前,先看一下结构以及您可以在其中看到的内容,如图 3.9 所示。

图 3.9　新 Notebook

(1) 单元格

这是您在 Notebook 中编写代码的地方。您可以在一个单元格中编写尽可能多的代码,但最好将相关的内容尽可能多地放在单个单元格中。这是因为您可以一次运行一个单元格的代码。

通过这样做,您可以测试部分代码并确保在运行整个 Notebook 之前获得所需的输出,如图 3.10 所示。

```
In [ ]:
```

图 3.10　空单元格

（2）编辑选项卡

编辑选项卡是您可以编辑 Notebook 的地方。在这里您可以找到剪切、粘贴、删除、拆分、合并和移动单元格，如图 3.11 所示。

Cut Cells

Copy Cells

Paste Cells Above   Move Cell Up

Paste Cells Below   Move Cell Down

Paste Cells & Replace

Delete Cells   Find and Replace

Undo Delete Cells

         Cut Cell Attachments

Split Cell   Copy Cell Attachments

Merge Cell Above   Paste Cell Attachments

Merge Cell Below

图 3.11　编辑选项卡

（3）查看选项卡

查看选项卡是您可以更改 Notebook 的不同视图属性的地方。您可以打开/关闭工具栏，打开/关闭行号，并向单元格添加不同的工具栏，如图 3.12 所示。

Toggle Toolbar

Toggle Line Numbers

Cell Toolbar   ▶

图 3.12　查看选项卡

当您的单元格超过一行时，在单元格中包含行号很有用。要添加行号，请单击查看>切换行号。您现在应该在单元格中看到一个行号。

（4）插入选项卡

插入选项卡是您可以插入新代码单元格和标题单元格的地方。标题单元格是一种 Markdown 单元格。Markdown 是一种标记语言，允许您使用纯文本创建格式化文本。当运行 Markdown 单元格时，纯文本将使用 Markdown 语法转换为富文本。

有关 Markdown 语法的更多信息，请参阅 Markdown 指南：https://www.mark-downguide.org/。

Markdown 单元格是用于向代码添加注释的单元格。与其他编码语言中的评论一样，您添加的评论不会被计算机读取。它们在那里为阅读代码的人提供有关代码在做什么的方向。

（5）单元格选项卡

单元选项卡是您可以运行单个单元、单元组或整个代码的地方。您还可以在此处修改输出单元格的设置。输出单元格是您在单元格中运行的任何内容的输出。这可以像打印输出语句或使用 pandas 时的数据框或使用 ArcGIS API for Python 时的地图一样简单。单元格选项卡也是您可以将单元格从代码更改为 Markdown 的地方。

（6）帮助选项卡

帮助选项卡是您可以获得帮助的地方。它对用户界面和键盘快捷键进行了介绍。它还包含指向 GitHub 上文档的链接，以获取有关 Notebook、Markdown 和 Jupyter 扩展的一般帮助。

（7）工具栏

工具栏包含您将使用的最常用工具，如图 3.13 所示。

图 3.13　Notebook 工具栏

在工具栏上，您会看到以下内容：

- "＋"图标，它将在所选单元格下方添加一个新单元格。
- 剪刀图标，它将剪切您选择的单元格。
- 两页图标，将复制选定的单元格。
- 单页图标，将您复制的内容粘贴到所选单元格下方。
- 向上箭头，将向上移动一个单元格。
- 向下箭头，将向下移动一个单元格。
- 运行按钮，它将运行选定的单元格。
- 代码下拉菜单，可让您在代码和 Markdown 之间切换单元格。
- 键盘图标，将打开命令面板，您可以使用它为单元格运行不同的命令。它还将向您显示键盘快捷键。

工具栏可让您快速访问您最常使用的许多工具。许多相同的功能也有键盘快捷键。

3.3.1.3　键盘快捷键

根据您的工作方式，您可能希望使用键盘快捷键而不是鼠标来指向和单击。在 ArcGIS Pro Notebook 中工作时有两种不同的模式：命令模式和编辑模式。命令模式是光标在单元格中未激活时；编辑模式是光标在单元格中激活时。您可以根据单元格周围轮廓的颜色来判断您处于哪种模式。蓝色轮廓表示您处于命令模式并且可以使用命令模式键盘快捷键，如图 3.14 所示。

绿色轮廓表示您处于编辑模式并且可以使用编辑模式键盘快捷键，如图 3.15 所示。

图 3.14　命令模式　　　　　　　　图 3.15　编辑模式

以下是一些您可能会觉得有用的命令模式键盘快捷键：
- F——查找和替换；
- Alt＋Enter——运行单元格并在下方插入单元格；
- Y——将单元格更改为代码；
- M——将单元格更改为 Markdown；
- A——在上方插入单元格；
- B——在下方插入单元格；
- X——剪切选定的单元格；
- C——复制选定的单元格；
- V——粘贴下面的单元格；
- Z——撤销单元格删除。

以下是一些您可能会发现有用的编辑模式键盘快捷键：
- Tab——代码完成或缩进；
- Ctrl＋]——缩进；
- Ctrl＋[——扩展；
- Ctrl＋Z——撤销；
- Ctrl＋Y——重做；
- Esc——进入命令模式；
- Alt＋Enter——运行单元格并在下方插入单元格。

有许多键盘快捷键。要查看完整列表，请转到 Notebook 菜单中的帮助＞键盘快捷键。

3.3.2　连接到 ArcGIS Online 或 ArcGIS Enterprise

使用 ArcGIS API for Python 时，有多种方法可以连接到 ArcGIS Online 或 ArcGIS Enterprise。您可以通过 ArcGIS Pro 连接、内置用户或使用 ArcGIS Online 账户的 URL、用户名和密码以匿名用户身份进行连接。所有的连接都是通过输入 gis＝GIS() 来构造一个 GIS 对象的。不同的是括号内输入的参数，因为这将决定连接类型。

在连接之前，您需要从 gis 模块中导入 GIS 类。您可以通过在第一个单元格中输入以下内容来做到这一点：

```
fromarcgis.gis import GIS
```

3.3.2.1　匿名用户

以匿名用户身份连接到 ArcGIS Online 仅允许执行有限的任务。您有能力查询和查看公开可用的数据；但是，您无法创建或修改您看到的任何数据，也无法执行任何分析。要以匿名用户身份连接，请在单元格中输入以下内容：

```
gis = GIS()
```

3.3.2.2　**ArcGIS Pro 连接**

您可以使用 Pro 身份验证方案通过 ArcGIS Pro 进行连接。这将使用用于登录 ArcGIS Pro 的凭据将您的 Notebook 连接到 ArcGIS Online 门户。这是您在 Pro 中最常用的连接方式,因为它使您可以访问 ArcGIS Online 门户上的所有数据。要使用 Pro 身份验证方案连接到 ArcGIS Online,请在单元格中输入以下内容:

```
gis = GIS("Pro")
```

3.3.2.3　**内置用户**

ArcGIS Online 和 ArcGIS Enterprise 附带一个内置的身份存储,允许您创建和管理账户。使用内置账户连接到 ArcGIS Online 类似于在 Pro 中通过 Pro 身份验证方案进行连接。该连接将使用您用于登录 ArcGIS Pro 的凭据来连接到您的 ArcGIS Online 门户。要使用内置账户连接到 ArcGIS Online,请输入以下内容:

```
gis = GIS("home")
```

内置账户和 Pro 身份验证的区别在于,Pro 身份验证方案仅在 ArcGIS Pro 安装在本地并同时运行时才有效。

使用内置账户连接到 ArcGIS Enterprise 账户需要您输入门户 URL、用户名和密码作为参数。这会将您连接到您的企业门户并允许您访问存储在那里的数据。要使用内置账户连接到 ArcGIS Enterprise,请输入以下内容:

```
gis = GIS("https://portalname.domain.com", "username", "password")
```

大多数情况下,您将使用 gis＝GIS('home')或 gis＝GIS('Pro')进行连接。

3.3.3　**创建 Notebook**

现在您已经熟悉了 Notebook 的结构以及如何连接到 ArcGIS Online,您将创建一个地图。本练习将帮助您熟悉在使用 ArcGIS API for Python 时连接到 ArcGIS Online 的一些步骤,并确保您的 arcgis 包和虚拟环境已正确安装。

1. 如果您在上一节之后关闭了 ArcGIS Pro,请重新打开它并打开 Chapter3. aprx 文件。

2. 找到上面创建的 Chapter3_FirstNotebook,双击打开。

3. 在第一个单元格中,您将从 arcgis 模块中导入 GIS 类。这将位于所有 ArcGIS API for Python Notebooks 的第一个单元格中。GIS 类用于创建与 ArcGIS Online 或 ArcGIS Enterprise 账户的连接。输入以下内容:

```
from arcgis.gis import GIS
```

单击运行以运行单元。

　当您通过单击运行或使用 Alt＋Enter 快捷键运行其下方没有单元格的单元格时,将在其下方创建一个新单元格。

4. 在第一个单元格下方新创建的单元格中,您将创建到 ArcGIS Online 的连接。您将通过匿名连接进行连接,因为您只想使用公开数据创建测试地图。输入以下内容:

```
gis = GIS()
```

运行单元格。

5. 在下一个单元格中,您将创建地图变量。创建地图时,您可以将许多不同的东西传递给地图小部件中的参数以设置视图。在创建数据地图时,将在第 5 章"发布到 ArcGIS Online"中更深入地探讨这些不同的选项。

您现在将使用城市名称将地图居中,因为您只是想测试您的设置。输入以下内容:

```
map1 = gis.map("Oakland, California")
```

运行单元格。

6. 地图没有显示,因为您刚刚为其创建了变量。要在 Notebook 中显示地图,您只需调用该变量。在下一个空单元格中,输入以下内容:

```
map1
```

运行单元格。

结果将如图 3.16 所示。

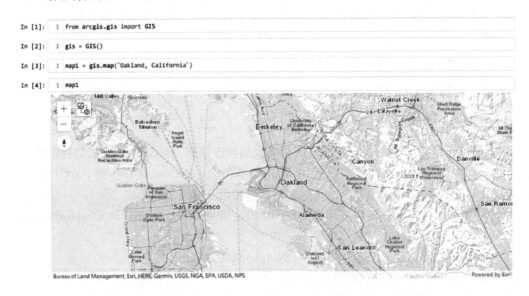

图 3.16　第一个 Notebook 结果

为什么变量是 map1 而不仅仅是 map?

您不能在 Python 中使用 map 作为变量,因为 map 是为 map() 函数保留的。在 ArcGIS API for Python 中创建地图时,您最常看到 map1 或 m 用作变量。

您刚刚在 Notebook 中创建了第一张地图并使用了 ArcGIS API for Python。您创建了到 ArcGIS Online 的匿名连接并在 Notebook 中显示了地图。结果表明,您已正确安装并设置了虚拟环境,以便在 ArcGIS Notebook 中使用 ArcGIS API for Python。在下一节中,您将继续探索 gis 模块以及如何使用它来搜索数据。

3.4　使用 gis 模块来管理您的 GIS

使用 gis 模块,您可以访问和管理您的文件夹、内容、组和用户。如果您有任何重复的任务和工作流程,您可以将它们作为脚本自动化。在本节中,您将了解如何搜索数据、访问和管理组以及访问和管理用户。

搜索数据、用户或组

创建 GIS 对象允许您访问 GIS 对象的许多不同类和属性。要搜索用户、组或内容,您将通过 GIS 对象的用户、组或内容属性使用 UserManager、GroupManager 或 ContentManager 类。这意味着在搜索用户、组或内容时,您将在 search()方法中使用类似的语法。数据搜索将使用 ContentManager 类作为 GIS 对象的内容属性,语法如下:gis. content. search()。

search()方法将根据给定的参数返回一个项目列表。它有几个参数可以接受。唯一必需的参数是查询参数。在本节中,您将了解如何根据项目的标题或所有者进行查询。

1. 以匿名用户身份搜索公共数据

在前面的示例中,您匿名连接到 ArcGIS Online。对于此搜索示例,您仍将匿名连接,因为这样更容易找到公共数据。稍后您将看到如何在连接到您的组织账户时查找公共数据;它需要更多的论证。

 在这些示例中匿名连接还可以让您获得与我们在此处所做的相同的数据。如果您使用自己的组织账户进行搜索,您将不会看到相同的数据。

您将搜索 Oakland 的公开可用要素图层。

1. 如果您在上一节之后关闭了 ArcGIS Pro,请重新打开它并打开 Chapter3. aprx 文件。

2. 右击 Chapter3 文件夹并选择新建 > Notebook,将 Notebook 重命名为 Search-ForDataSample。

3. 您将使用匿名登录创建您的 GIS,并导入一个显示模块,以便更轻松地查看返回的数据。输入以下内容:

```
from arcgis.gis import GIS
from IPython.display import display
gis = GIS()
```

运行单元格。

4. 在下一个单元格中,您将搜索与 Oakland 关联的要素图层,仅限于五项,并显示结果:

```
oaklandResults = gis.content.search(query = "Oakland",
item_type = "Feature Layer",max_items = 5)
for item in oaklandResults:
    print(item)
for result in oaklandResults:
    display(result)
```

两个 for 循环将以两种不同的方式将数据详细信息返回给您。第一个简单地打印输出结果,而第二个使用显示模块显示更多细节。运行单元格,您应该会看到类似以下内容,如图 3.17 所示。

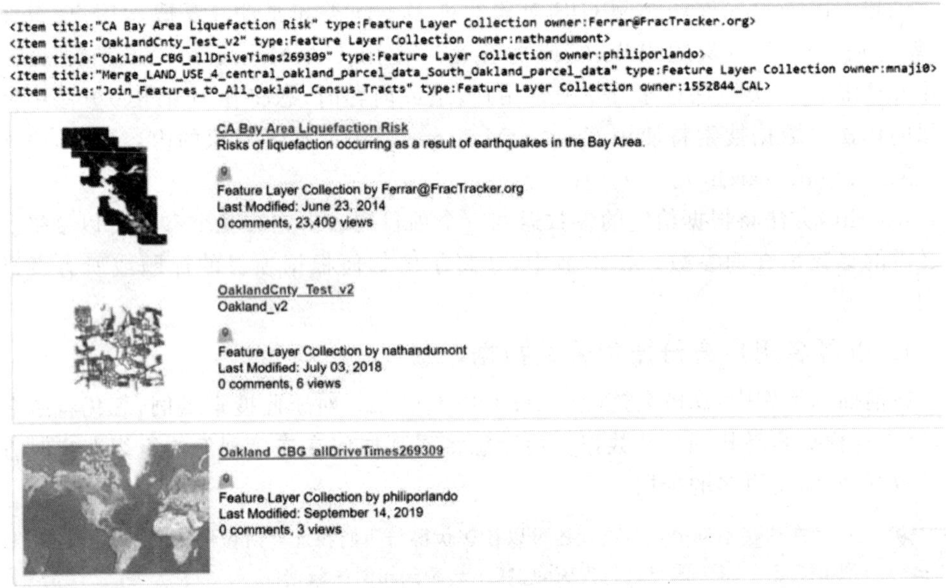

图 3.17   奥克兰数据的搜索结果

结果只是返回与 Oakland 关联的前五个要素图层。

您的结果可能会有所不同,因为 ArcGIS Online 上的内容会随着时间而变化。

还有更多参数可用于查找不同的数据。您可以应用以下任何或所有参数:

- query:可用于查询标题或所有者,并且可以使用通配符。
- item_type:可用于查询 ArcGIS Online 门户上的任何类型的项目。它可以查找 shapefile、要素图层、要素集合、CSV、表格、地图、Web 场景等。它也可以使用通配符。
- sort_field:可用于对字段上的数据进行排序,例如标题、所有者或视图数量。
- sort_order:可以与 sort_field 一起使用,以升序或降序排序。
- outside_org:登录到您的组织时可以使用它来搜索组织外部的数据。

当您登录 ArcGIS Online 账户并搜索公共数据时，记住 outside_org 参数很重要。如果您在搜索时未将此设置为 True，则您将只能在您的 ArcGIS Online 账户中进行搜索。

您将测试其中一些参数，以了解如何从 search()方法获得不同的结果。

您将进行最后一次搜索并对其进行修改以查找标题中包含 Oakland 的要素图层或集合，并按视图数量对其进行排序。

5. 您现在正在搜索标题中包含 Oakland 的数据以及任何以 feature 开头的项目类型。您还可以按视图数量的降序对其进行排序，以获得查看次数最多的项目，并仅返回其中的前 5 个。在同一 Notebook 中，输入以下内容：

```
oaklandResults2 =
gis.content.search(query = "title:Oakland",item_type = "Feature *",
sort_field = "numViews",sort_order = "desc",max_items = 5)
for item in oaklandResults2:
    print(item)
for result in oaklandResults2:
    display(result)
```

运行单元格。输出应如图 3.18 所示。

```
<Item title:"Oakland City Limit Line" type:Feature Layer Collection owner:davidlok>
<Item title:"Oakland Transit Stations" type:Feature Layer Collection owner:kfong88>
<Item title:"Oakland_Demographics" type:Feature Layer Collection owner:antievictionmapdev>
<Item title:"Oakland" type:Feature Collection owner:achuman>
<Item title:"Oakland_UD_Eviction" type:Feature Layer Collection owner:antievictionmapdev>
```

Oakland City Limit Line

Feature Layer Collection by davidlok
Last Modified: July 15, 2020
0 comments, 74,659 views

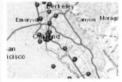 **Oakland Transit Stations**
Transit stations in Oakland and neighboring cities.

Feature Layer Collection by kfong88
Last Modified: February 24, 2015
0 comments, 22,475 views

Oakland_Demographics

 Feature Layer Collection by antievictionmapdev
Last Modified: September 03, 2016
0 comments, 22,077 views

Oakland

 Feature Collection by achuman
Last Modified: April 10, 2017
0 comments, 21,916 views

图 3.18 奥克兰不同搜索参数的搜索查询结果

使用标题进行查询时,不需要使用通配符。搜索在标题中查找单词"Oakland"的任何实例并返回这些要素类。这不适用于其他查询;请注意,您必须在 item_type 查询中使用通配符。

您还可以按数据所有者搜索数据。您的查询参数的结构如下:query = "owner: username"。这只会返回所有者公开提供的数据。现在,您将通过使用上述示例中的一个数据集的所有者并搜索他们拥有的所有数据来看到这一点。

6. 在下一个单元格的同一 Notebook 中,输入以下内容:

```
oaklandResults3 = gis.content.
search(query = "owner:antievictionmapdev", item_type = "Feature * ")
print(len(oaklandResults3))
```

运行单元格并查看它们拥有 10 个要素图层。

7. 现在您知道有 10 个要素图层或要素集合,您可以在下一个单元格中输入以下内容以将它们全部显示:

```
for result in oaklandResults3:
display(result)
```

运行单元格以查看显示的图层,如图 3.19 所示。

您已了解如何在匿名连接到 ArcGIS Online 时使用 search() 方法搜索数据。接下来,您将了解如何在连接到您的组织时进行搜索。

2. 连接到您的组织时搜索数据

到目前为止,您已经了解了如何使用 search() 操作以匿名用户身份搜索公共数据。如您所见,连接到您的组织的方法有多种,具体取决于您使用 ArcGIS API for Python 的方式以及您使用的是 ArcGIS Online 还是 ArcGIS Enterprise,因为您将在本练习中连接到您的组织,所以将显示输出单元格的数量有限的数字。这些将取决于您在组织中拥有的数据。

1. 要在您的组织中搜索数据,您将继续使用上述练习中的 SearchForDataSample Notebook。如果您已关闭 ArcGIS Pro,请将其打开并打开 Chapter3. aprx 工程。

 您可以单击输出单元格中的图层名称,然后将打开一个浏览器,显示您单击的项目的概览页面。

2. 打开 Chapter3. aprx 后,右击 Catalog 窗格的 Project 选项卡中的 SearchFor-DataSample,以打开 Notebook。

3. 转到 Notebook 的底部,如果需要,创建一个新的空白单元格。在此单元格中,您将使用您在 ArcGIS Pro 中登录的账户创建另一个到 ArcGIS Online 的连接,方法是输入以下内容:

```
gis2 = GIS('home')
```

这将在 gis2 下创建一个 GIS 对象,您可以使用该对象访问和管理 ArcGIS Online

alameda co foreclosures non ud 2005 15

Feature Layer Collection by antievictionmapdev
Last Modified: August 23, 2016
0 comments, 51 views

Ionica 4th
Route and directions for Ionica 4th

Feature Collection by antievictionmapdev
Last Modified: October 02, 2016
0 comments, 35 views

Housing Choice Vouchers Tract 2016

Feature Layer Collection by antievictionmapdev
Last Modified: June 14, 2017
0 comments, 195 views

Images

Feature Layer Collection by antievictionmapdev
Last Modified: June 27, 2018
0 comments, 2 views

transit routes bay area 2008

Feature Layer Collection by antievictionmapdev
Last Modified: August 17, 2016
0 comments, 54 views

CalEnviroScreen

Feature Layer Collection by antievictionmapdev

图 3.19   所有者查询中的图层列表

实例中的内容和用户。如果您有 ArcGIS Enterprise 门户,则需要输入以下内容:

```
gis2 = GIS("https://portal/domain.com/
webadapter","username","password")
```

上面的地址是您组织的 ArcGIS Enterprise 门户的地址,用户名和密码是您访问该门户的用户名和密码。

运行单元格。

4. 您可以通过输入以下内容查看您登录的用户的属性：

```
gis2.properties.user
```

运行单元格。结果将是一个包含有关用户的所有信息的数据字典。数据字典不仅包含用户的用户名、全名和电子邮件，还包含有关信用和权限的信息。

5. 如果需要，可以进一步访问所有这些数据并将其分配给变量。要存储名字然后显示它，请输入：

```
firstName = gis2.properties.user.firstName
firstName
```

运行单元格。输出将是您登录的账户的名字。

6. 您也可以通过 users.me 访问您的用户信息。这将为用户显示图片，以及他们的全名、简历、用户名和加入日期。它不是显示为数据字典，而是显示为显示卡。要查看此内容，请输入以下内容：

```
gis2.users.me
```

运行单元格。输出将是如图 3.20 所示的卡片，但会显示您的用户信息。

Bill Parker

Bio: None
First Name: Bill
Last Name: Parker
Username: billparkermapping
Joined: April 14, 2021

图 3.20　一张 users.me 卡

7. 您可以将用户信息设置为变量。您将创建一个变量来保存用户名，以便以后可以使用它来搜索您的数据。输入以下内容：

```
myUsername = gis2.users.me.username
```

运行单元格。不会显示任何输出，但您现在可以使用 myUsername 变量来搜索您拥有的数据。

8. 搜索您的内容与匿名登录时相同。唯一的区别是您正在搜索组织内的数据。在下一个单元格中，输入以下内容：

```
searchResults = gis2.content.search(query = " * ",
item_type = "Feature Layer")
for result in searchResults:
    display(result)
```

运行单元格。它将显示您组织中的所有要素图层。

9. 若仅搜索您拥有的项目，请输入以下内容：

```
searchResults = gis2.content.search(query = "owner:" + myUsername, item_
type = "Feature Layer")
for result in searchResults:
    display(result)
```

运行单元格。

 search()函数中唯一需要的参数是查询。因为可以使用通配符，所以您可以通过写 query = "*"来搜索所有内容。但要小心——如果您有很多层，搜索可能会很慢。

10. 当连接到您的组织时，您仍然可以通过将 outside_org 参数设置为 True 来搜索公开可用的数据。您可以通过编写以下代码在 gis2 中找到我们在上一节中看到的相同 Oakland 数据集：

```
oaklandResultsHome =
gis2.content.search(query = "title:Oakland",
item_type = "Feature *",
sort_field = "numViews", sort_order = "desc",
max_items = 5, outside_org = True)
for result in oaklandResultsHome:
    display(result)
```

运行单元格。结果应该与匿名连接时相同，如图 3.21 所示。

在本节中，您已经了解了如何匿名搜索数据以及何时连接到您的组织。现在您可以找到数据，您将学习如何在组织内搜索组。

搜索组

搜索组与搜索数据非常相似。您可以在匿名登录时搜索对所有人开放的群组，或者在登录到您的组织时搜索组织内的群组。

您将首先匿名搜索组且访问您的组的属性成立。然后，您将搜索组织内的组。

1. 如果您已关闭 ArcGIS Pro，请将其打开并打开 Chapter3.aprx 工程。

2. 右击 Chapter3 文件夹并选择新建 > Notebook，将 Notebook 重命名为 SearchForGroups。

3. 在第一个单元格中，输入您的导入语句并创建您的 GIS 对象。您将匿名创建 GIS 对象：

```
from arcgis.gis import GIS
from IPython.display import display
gis = GIS()
```

运行单元格。

4. 在下一个单元格中，您将创建搜索并显示结果。就像使用要素图层一样，您要将数据搜索限制在前 5 个记录中。您还将使用显示模块更好地显示组信息。输入以下

Oakland City Limit Line

Feature Layer Collection by davidlok
Last Modified: July 15, 2020
0 comments, 74,659 views

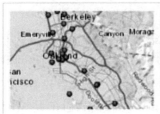
Oakland Transit Stations
Transit stations in Oakland and neighboring cities.

Feature Layer Collection by kfong88
Last Modified: February 24, 2015
0 comments, 22,475 views

Oakland_Demographics

Feature Layer Collection by antievictionmapdev
Last Modified: September 03, 2016
0 comments, 22,077 views

Oakland

Feature Collection by achuman
Last Modified: April 10, 2017
0 comments, 21,916 views

Oakland_UD_Eviction

Feature Layer Collection by antievictionmapdev
Last Modified: September 02, 2016
0 comments, 21,038 views

图 3.21 组织外部搜索的结果

内容：

```
oaklandGroups = gis.groups.search('title:Oakland', max_groups = 5)
for group in oaklandGroups:
    display(group)
```

运行单元格。您应该得到如图 3.22 所示的结果。

5. 就像物品一样，您可以按所有者而不是标题来搜索组。您将使用搜索结果中的组所有者之一。输入以下代码：

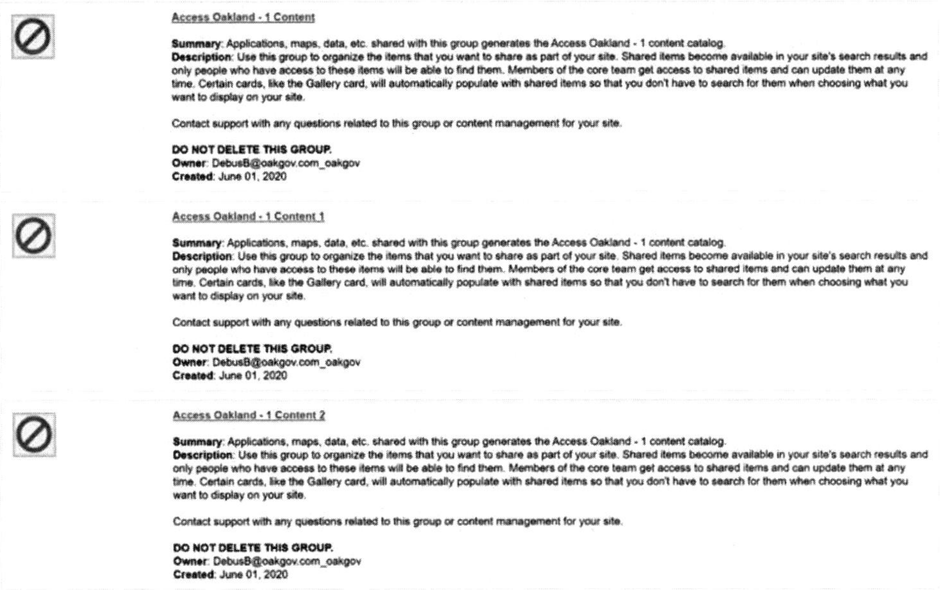

Access Oakland - 1 Content

Summary: Applications, maps, data, etc. shared with this group generates the Access Oakland - 1 content catalog.
Description: Use this group to organize the items that you want to share as part of your site. Shared items become available in your site's search results and only people who have access to these items will be able to find them. Members of the core team get access to shared items and can update them at any time. Certain cards, like the Gallery card, will automatically populate with shared items so that you don't have to search for them when choosing what you want to display on your site.

Contact support with any questions related to this group or content management for your site.

DO NOT DELETE THIS GROUP.
Owner: DebusB@oakgov.com_oakgov
Created: June 01, 2020

Access Oakland - 1 Content 1

Summary: Applications, maps, data, etc. shared with this group generates the Access Oakland - 1 content catalog.
Description: Use this group to organize the items that you want to share as part of your site. Shared items become available in your site's search results and only people who have access to these items will be able to find them. Members of the core team get access to shared items and can update them at any time. Certain cards, like the Gallery card, will automatically populate with shared items so that you don't have to search for them when choosing what you want to display on your site.

Contact support with any questions related to this group or content management for your site.

DO NOT DELETE THIS GROUP.
Owner: DebusB@oakgov.com_oakgov
Created: June 01, 2020

Access Oakland - 1 Content 2

Summary: Applications, maps, data, etc. shared with this group generates the Access Oakland - 1 content catalog.
Description: Use this group to organize the items that you want to share as part of your site. Shared items become available in your site's search results and only people who have access to these items will be able to find them. Members of the core team get access to shared items and can update them at any time. Certain cards, like the Gallery card, will automatically populate with shared items so that you don't have to search for them when choosing what you want to display on your site.

Contact support with any questions related to this group or content management for your site.

DO NOT DELETE THIS GROUP.
Owner: DebusB@oakgov.com_oakgov
Created: June 01, 2020

图 3.22　奥克兰组的组搜索结果

```
oaklandGroups2 =
gis.groups.search('owner:DebusB@oakgov.com_oakgov', max_groups = 5)
for group in oaklandGroups2:
    display(group)
```

运行单元格。您应该会看到如图 3.23 所示的结果。

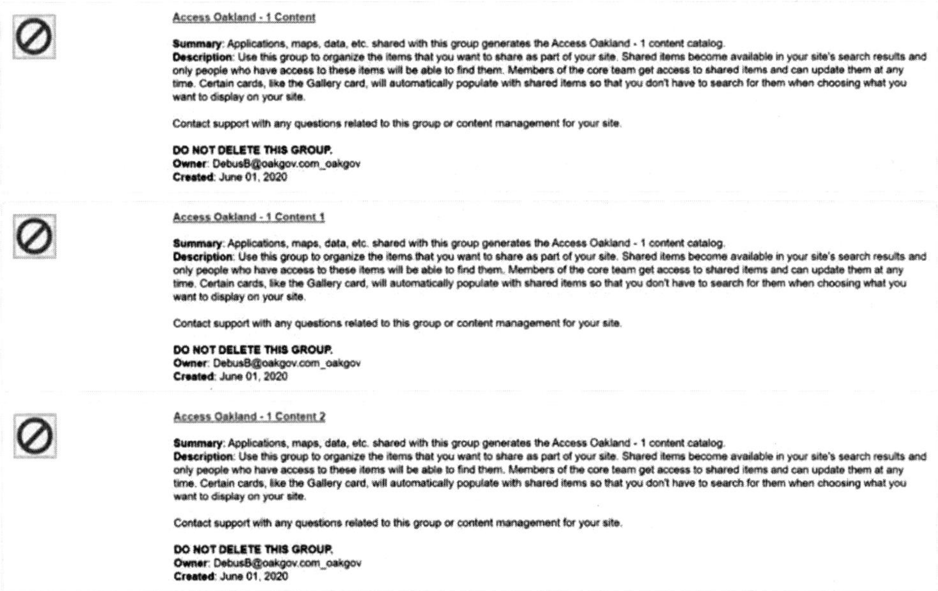

Access Oakland - 1 Content

Summary: Applications, maps, data, etc. shared with this group generates the Access Oakland - 1 content catalog.
Description: Use this group to organize the items that you want to share as part of your site. Shared items become available in your site's search results and only people who have access to these items will be able to find them. Members of the core team get access to shared items and can update them at any time. Certain cards, like the Gallery card, will automatically populate with shared items so that you don't have to search for them when choosing what you want to display on your site.

Contact support with any questions related to this group or content management for your site.

DO NOT DELETE THIS GROUP.
Owner: DebusB@oakgov.com_oakgov
Created: June 01, 2020

Access Oakland - 1 Content 1

Summary: Applications, maps, data, etc. shared with this group generates the Access Oakland - 1 content catalog.
Description: Use this group to organize the items that you want to share as part of your site. Shared items become available in your site's search results and only people who have access to these items will be able to find them. Members of the core team get access to shared items and can update them at any time. Certain cards, like the Gallery card, will automatically populate with shared items so that you don't have to search for them when choosing what you want to display on your site.

Contact support with any questions related to this group or content management for your site.

DO NOT DELETE THIS GROUP.
Owner: DebusB@oakgov.com_oakgov
Created: June 01, 2020

Access Oakland - 1 Content 2

Summary: Applications, maps, data, etc. shared with this group generates the Access Oakland - 1 content catalog.
Description: Use this group to organize the items that you want to share as part of your site. Shared items become available in your site's search results and only people who have access to these items will be able to find them. Members of the core team get access to shared items and can update them at any time. Certain cards, like the Gallery card, will automatically populate with shared items so that you don't have to search for them when choosing what you want to display on your site.

Contact support with any questions related to this group or content management for your site.

DO NOT DELETE THIS GROUP.
Owner: DebusB@oakgov.com_oakgov
Created: June 01, 2020

图 3.23　按所有者搜索组的结果

6. 与搜索项目一样，组搜索返回一个列表。要进一步查看组的属性，您需要使用列表索引选择它。您将从第一次搜索中选择第一组（索引 0）以查看其属性。输入以下代码：

```
oaklandGroup1 = oaklandGroups[0]
oaklandGroup1
```

运行单元格。您应该得到如图 3.24 所示的结果。

Access Oakland - 1 Content

Summary: Applications, maps, data, etc. shared with this group generates the Access Oakland - 1 content catalog.
Description: Use this group to organize the items that you want to share as part of your site. Shared items become available in your site's search results and only people who have access to these items will be able to find them. Members of the core team get access to shared items and can update them at any time. Certain cards, like the Gallery card, will automatically populate with shared items so that you don't have to search for them when choosing what you want to display on your site.

Contact support with any questions related to this group or content management for your site.

DO NOT DELETE THIS GROUP.
Owner: DebusB@oakgov.com_oakgov
Created: June 01, 2020

图 3.24 从组列表中选择组的结果

7. 现在您可以看到组的一些属性。您将打印输出属性值，使用 .format() 为它们添加一些上下文：

```
print("Group Access is: {}".format(oaklandGroup1.access))
print("Group id is: {}".format(oaklandGroup1.id))
print("Group Tags are: {}".format(", ".join(oaklandGroup1.tags)))
print("Group is Invitation only: {}".format(oaklandGroup1.isInvitationOnly))
```

运行单元格。您应该有以下结果：

```
Group Access is: public
Group id is: ae0252ba6fd64ab8bb2b8e507d659c51
Group Tags are: Hub Group, Hub Content Group, Hub Site Group
Group is Invitation only: False
```

> 您可以为组访问更多属性。它们的完整列表在：https://developers.arcgis.com/rest/users-groups-and-items/group-search.htm。

8. 要在您的组织内搜索组，您需要登录到您的 GIS，通过在下一个单元格中输入以下内容，在此工作簿中创建一个新的 GIS 对象：

```
gis2 = GIS('home')
```

运行单元格。

9. 在下一个单元格中，您将搜索组织中您有权访问的所有组。输入以下内容：

```
myGroups = gis2.groups.search(query = "*", max_groups = 5)
for group in myGroups:
    display(group)
```

运行单元格。您应该最多看到 5 个组。如果您不是 5 个组的成员，您将只能看到您所属的组。如果您想查看您所属的所有组,请删除 max_groups＝5。

您现在已经了解了如何在组织内部和外部搜索数据和组。接下来,您将看到如何管理用户。

3. 管理用户

通过 ArcGIS API for Python 管理组织中的用户可以节省时间,因为您可以使用 Notebook 来快速创建新用户、访问用户数据、重新分配用户内容和删除用户。第一步是了解用户类,看看您能看到哪些关于用户的信息。

（1）用户属性

为了更多地了解用户的属性,您将审视自己并探索不同的用户属性。

1. 如果您已关闭 ArcGIS Pro,请将其打开并打开 Chapter3. aprx。

2. 右击 Chapter3 文件夹并选择新建＞Notebook,将 Notebook 重命名为 User-Properties。

3. 您将通过当前登录 ArcGIS Pro 的用户登录组织的 GIS,方法是输入以下内容:

```
from arcgis.gis import GIS
from IPython.display import display
gis = GIS('home')
```

运行单元格。

4. 在下一个单元格中,您将使用 me 属性查看您自己的账户,就像您在连接到您的组织时搜索数据练习中的步骤 6 中所做的那样。这一次,您将在以下步骤中查看用户的不同属性。输入以下内容:

```
me = gis.users.me
me
```

运行单元格。您应该看到与图 3.19 相同的输出。

5. 您可以识别用户个人资料的许多不同方面,例如用户的姓名、电子邮件地址、他们上次访问账户的时间、他们所属的组以及他们正在使用多少存储空间。您将提取并写出所有这些信息。您需要导入时间模块以将返回的时间转换为月/日/年格式。

groups 属性返回所有组的列表,每个组的信息都存储在数据字典中。组名存储在每个组的数据字典的"title"键中。要访问组名,您将创建一个空列表。

然后,您将遍历组列表并访问每个数据字典的"标题"键以获取组名称。您将 append()添加到您为存储组名而创建的列表中。最后,您将使用 join()函数将组列表的内容写入字符串。在下一个单元格中,输入以下内容:

```
import time
firstName = me.firstName
lastName = me.lastName
email = me.email
accessedLast = time.localtime(me.lastLogin/1000)
```

```
groups = me.groups
myGroupsList = []
for group in groups:
groupName = group["title"]
myGroupsList.append(groupName)
groupsName = ", ".join(myGroupsList)
storageAssigned = me.storageQuota
storageUsed = me.storageUsage
prctStorage = round((storageUsed/storageAssigned) * 100,4)


print("First Name:        {0}".format(firstName))
print("Last Name:         {0}".format(lastName))
print("email:             {0}".format(email))
print("Last Accessed:
{0}/{1}/{2}".format(accessedLast[1],accessedLast[2],accessedLast[0]))
print("Groups:                {0}".format(groupsName))
print("Storage Assigned:      {0}.".format(storageAssigned))
print("Storage Used:          {0}.".format(storageUsed))
print("Percent Storage Used: {0}".format(prctStorage))
```

以与之前类似的方式,您打印输出用户信息,使用 format()来帮助您。

运行单元格。您应该会看到以下返回的内容,但带有您的姓名和用户信息:

```
First Name:        Bill
Last Name:         Parker
email:
Last Accessed:     10/24/2021
Groups:            Census Demographic Data, Alameda County
Farmers Markets, City of Oakland Buses And Parks
Storage Assigned:  2199023255552.
Storage Used:      5827358.
Percent Storage Used: 0.0003
```

为什么将 lastLogin 除以 1 000,round()是做什么的?

您将 lastLogin 除以 1 000,因为返回的时间是从纪元开始的时间(以毫秒为单位)。在 Windows 和大多数 Unix 系统上,纪元从 1970 年 1 月 1 日开始。当您将它除以 1 000 时,您得到秒。localtime()函数会将自纪元开始以来的秒数转换为年、月、日、小时、分钟、秒和星期几。

round()用于四舍五入到小数点后的位数。在这种情况下,您在第二个参数中使用 4 将数据四舍五入到小数点后四位。

您一直在搜索有关您自己的信息。如果您在组织中具有管理员权限,则可以搜索并显示该信息以供组织中的其他用户使用。

（2）搜索用户

您可以像搜索项目或组一样搜索用户。您可以设置查询以通过用户名查找用户或通过电子邮件地址查找用户。在本练习中，您将设置一个 Notebook，其中包含可用于搜索组织内用户的两个示例。

1. 如果您已关闭 ArcGIS Pro，请将其打开并打开 Chapter3. aprx.

2. 右击 Chapter3 文件夹并选择新建＞Notebook，将 Notebook 重命名为 Search-ForUsers.

3. 您将通过当前登录 ArcGIS Pro 的用户登录组织的 GIS，方法是输入以下内容：

```
from arcgis.gis import GIS
from IPython.display import display
gis = GIS('home')
```

运行单元格。

首先，您将按用户名搜索用户。对用户的搜索与之前的所有搜索一样，因为它返回一个值列表。由于您正在搜索特定的用户名，因此您应该返回一个项目列表。为了确定这一点，您将运行一个测试以打印输出列表的长度。输入以下内容，将｛userName｝替换为您要搜索的用户名：

```
userNameSearch = gis.users.search(query = "username:｛userName｝")
len(userNameSearch)
```

运行单元格。您应该看到返回 1，因为您创建了一个仅包含一个用户的用户列表。

4. 要访问返回的用户，需要使用列表索引提取第一个用户，然后显示这些结果。输入以下内容：

```
userNameSelect = userNameSearch[0]
userNameSelect
```

运行单元格。您应该会看到图 3.25 中所示的内容。

Bill Parker

Bio: None
First Name: Bill
Last Name: Parker
Username: billparkermapping
Joined: April 14, 2021

图 3.25 选择单个用户的结果

5. 您也可以使用通配符 * 通过电子邮件进行搜索。这允许您搜索来自同一电子邮件提供商的所有电子邮件地址。该代码与按用户名搜索的代码相同，但查询除外。在此示例中，您将再次查找返回给您的列表的长度，然后再从中提取用户。

在下一个单元格中输入以下内容,将{@email.com}替换为您自己的电子邮件提供商:

```
emailSearch = gis.users.search(query = "email: *{@email.com}")
len(emailSearch)
```

运行单元格。

根据您的组织中有多少人拥有该电子邮件主机,您可能会获得大量搜索结果。您将使用 for 循环遍历它们并从最后一个 Notebook 打印输出用户信息。输入以下内容:

```
import time
for user in emailSearch:
    firstName = user.firstName
    lastName = user.lastName
    email = user.email
    accessedLast = time.localtime(user.lastLogin/1000)
    groups = user.groups
    myGroupsList = []
    for group in groups:
        groupName = group["title"]
        myGroupsList.append(groupName)
    groupsName = ", ".join(myGroupsList)
    storageAssigned = user.storageQuota
    storageUsed = user.storageUsage
    prctStorage = round((storageUsed/storageAssigned) * 100,4)

    print("----------------------------------------")
    print("First Name:          {0}".format(firstName))
    print("Last Name:           {0}".format(lastName))
    print("email:               {0}".format(email))
    print("Last Accessed:
{0}/{1}/{2}".format(accessedLast[1],accessedLast[2],accessedLast[0]))
    print("Groups:              {0}".format(groupsName))
    print("Storage Assigned:    {0}.".format(storageAssigned))
    print("Storage Used:        {0}.".format(storageUsed))
    print("Percent Storage Used:{0}".format(prctStorage))
```

运行单元格,将会打印输出该搜索中每个用户的用户信息,以"----------"分隔,每个用户如下所示:

```
----------------------------------------
First Name:              Bill
Last Name:              Parker
email:
Last Accessed:          10/24/2021
```

```
Groups：                        Census Demographic Data，Alameda County
Farmers Markets，City of Oakland Buses And Parks
Storage Assigned：              2199023255552.
Storage Used：                  5827358.
Percent Storage Used：          0.0003
```

您已经了解了如何在组织内搜索用户并打印输出用户信息。此处创建的 Notebook 可以帮助您轻松识别每个用户的使用级别，以帮助您管理访问和积分。

3.5 总 结

在本章中，我们向您展示了如何设置虚拟环境，介绍了 ArcGIS Pro Notebook 和 ArcGIS API for Python。您学习了如何将其他模块添加到您的虚拟环境中以允许您扩展 Python 分析。ArcGIS Pro Notebooks 用于开始探索 ArcGIS API for Python。您创建了一些示例 Notebook，可用于搜索组织内外的内容和组织内的组，以及搜索和显示用户信息。

在第 5 章"发布到 ArcGIS Online"中，您将了解有关 ArcGIS API for Python 的更多信息，并了解如何将数据添加、移动和共享到您的 ArcGIS Online 账户。在下一章中，我们将回到 ArcPy 并探索数据访问模块。

第 2 部分
将 Python 模块应用于常见的 GIS 任务

第4章　数据访问模块和光标

数据访问模块用于处理数据。您已经看到了数据访问模块中的一些函数（第 2 章 "ArcPy 基础知识"中的 Describe 函数）可以帮助您查找不同的数据类型。除此之外，数据访问模块可用于遍历目录以查找数据；它包含帮助查找和更新数据的光标和一个允许您在其他用户访问数据时编辑企业系统上的数据的编辑器类。

在本章中，您将学习如何遍历目录以提取所有存在的 ZIP 文件并将它们移动到有组织的地理数据库结构中。您还将使用光标创建一个 Notebook，将人口普查中人口数据插入人口普查地理要素类。

本章将涵盖：

- arcpy. da. Walk 遍历目录并查找数据；
- 搜索、插入和更新光标以搜索、写入和更新数据。

 要完成本章中的练习，您将需要本书 GitHub 存储库中 Chapter4 文件夹中的数据：https://github.com/PacktPublishing/Python-for-ArcGIS-Pro/tree/main/Chapter4。

4.1　遍历目录以查找数据

到目前为止，您一直在使用单个数据集并使用 ArcPy 完成许多您可以作为单个工具完成的事情。ArcPy 的好处在于帮助您跟踪您的任务并能够使用 Notebooks，这使得分享您的分析变得容易。但是，当您有很多数据集并且需要搜索并组织它们，或者对它们进行分析时怎么办？这就是数据访问模块的用武之地。

在数据访问模块中首先要查看的是 walk 函数，它允许您遍历目录。

4.1.1　arcpy. da. Walk

Python os 模块是您在前几章中看到的模块。您已经使用了 os. path 加入从目录和文件名创建文件的完整路径。它还有一个 walk()函数，它将遍历目录树并查找数据。这意味着您可以在文件夹上运行它并能够遍历所有数据，不仅在该文件夹内，而且在子文件夹内。

os. walk()的问题在于它无法识别数据库的内容。这意味着它不会在地理数据库中找到要素类、表或栅格。这就是 arcpy. da. Walk 的用武之地。它可以查看数据库中的数据。这使它非常有用，因为您可以使用它在文件夹或子文件夹中的地理数据库中查找数据。

在接下来的练习中,您将使用 arcpy.da.Walk 浏览一个包含多个解压缩文件夹的文件夹,并将每个文件夹中的数据复制到该数据的正确地理数据库中。

4.1.2 arcpy.da.Walk 练习

美国人口普查局 TIGER 程序创建了许多有用的形状文件,它们来自美国各地。它们每年都会更新,并具有从州级一直到块组的多边形地理。它们还有道路和铁路等线路数据,以及地标等点数据。在本练习中,您将在 Notebook 中编写代码,该 Notebook 将使用 os.walk 遍历下载文件夹并解压缩每个 ZIP 文件。然后,它将使用 arcpy.da.Walk 浏览带有解压缩 shapefile 的文件夹,并将每个 shapefile 复制到正确的地理数据库。

4.1.2.1 使用 os.walk 解压文件

对于本练习,您应该已经从 GitHub 存储库下载了 Chapter4 CensusDownloads 文件夹。看看里面,有 26 个不同的 ZIP 文件。它们是来自不同州和国家文件的不同数据类型的集合。您可以手动解压缩每个文件,手动创建所需的地理数据库,然后手动将每个 shapefile 导入正确的地理数据库。但是,ArcPy 和数据访问模块可以为我们做到这一点:

1. 在 Chapter4 项目文件夹中新建一个 Notebook,在 Chapter4 上右击项目文件夹并选择新建 Notebook。

2. 重命名 Notebook ExtractAndCopyCensusData。

3. 通过单击插入 > 在上方插入标题来插入标题单元格。

4. 为标题输入以下内容:

 # Extract Multiple Zip Files and Move to Geodatabases

运行单元格。

5. 由于这是 ArcGIS Notebook,故不需要导入 arcpy,它已经加载了。您将使用 os 模块,因此您需要导入它。在下一个单元格中,输入以下内容:

```
importos
```

6. 您还需要导入 ZipFile 模块。在 import os 之后,按 Enter 键得到一个新行,然后输入以下内容:

```
from zipfile import ZipFile
```

运行单元格。您现在可以访问 os 模块和 ZipFile 模块,这将允许您创建步行以查找和提取 ZIP 文件。

7. 您将为包含 ZIP 文件的工作区创建一个变量,并在另一个变量中创建地理数据库来存储数据。输入以下内容:

```
zipWksp = r"C:\PythonBook\Chapter4\Chapter4CensusDownloads"
gdbWksp = r"C:\PythonBook\Chapter4\Chapter4"
```

运行单元格。

8. 接下来,您需要创建 walk 对象以遍历包含所有 ZIP 文件的下载文件夹。在下一个单元格中,键入以下内容:

```
zipWalk = os.walk(zipWksp)
```

运行单元格。

9. 现在您已经创建了遍历,您可以使用 for 循环遍历该工作区中的目录名、目录路径和文件名。在第一个循环中,您将创建另一个循环来查找每个文件名。在该循环中,您将创建一个条件来测试以 .zip 结尾的文件名。对于那些这样做的人,您将为提取的文件夹创建一个新的路径名,该路径名与不带 .zip 部分的 ZIP 文件夹名相同。您将使用 os.path.isdir()来测试路径是否存在;如果没有,您将使用 os.mkdir()创建新文件夹。然后,您将使用 ZipFile 模块以读取模式打开 ZIP 文件,并将所有文件解压缩到新创建的目录中。为此,请在下一个单元格中输入以下内容:

```
for dirpath, dirnames, filenames in zipWalk:
    for filename in filenames:
        if filename[-4:] == ".zip":
            path = os.path.join(dirpath,filename[:-4])
            if os.path.isdir(path) == False:
                os.mkdir(path)
            with ZipFile(os.path.join(dirpath,filename),"r")
as zipObj:
                zipObj.extractall(path)
```

运行单元格。由于您没有在代码中放置任何打印输出语句,因此查看它正在运行的唯一方法是查看单元格编号中的 * 。您还可以查看正在创建包含解压缩数据的新文件夹的文件夹,以查看创建的文件夹和解压缩的内容。

完成后,您应该解压缩所有 26 个文件。现在我们可以继续使用 arcpy.da.Walk 函数遍历它们,创建地理数据库,并将 shapefile 作为要素类导入其中。

4.1.2.2　使用 arcpy.da.Walk 将 shapefile 复制到要素类

仔细查看所有已解压缩的人口普查文件夹,您会发现每个文件夹中都有一个 single shapefile。文件夹和 shapefile 都具有类似的名称结构 tl_YYYY_XX_Name。

您可以使用这种一致性来为数据创建地理数据库并将正确的数据移动到正确的地理数据库中。在本练习中,您将继续使用与上述相同的 Notebook,将每个州或国家/地区的数据移动到该州或国家/地区的地理数据库中。

之所以可以这样做,是因为年份后的两位数或两个字母会告诉您数据是针对哪个州的,或者它是否是全国性的数据。例如,tl_2019_06_tract 是整个州的区域数据,联邦信息处理标准(FIPS)代码为 06。有许多站点具有州 FIPS 代码查找功能,但我更喜欢美国农业部(USDA)提供的这个自然资源保护服务(NRCS):https://www.nrcs.usda. gov/wps/portal/nrcs/detail/? cid＝nrcs143_013696。它提供了一个州列表、其邮政编码和 FIPS 代码。

有了这个,从上面的 ExtractAndCopyCensusData Notebook 继续:

1. 第一步是创建一个数据字典来查找不同的 FIPS 代码并找到它们关联的状态。这将允许您使用州名而不是 FIPS 代码创建地理数据库,这将更加有用,因为不是每个人都知道每个州的 FIPS 代码。数据字典将是一个简单的键/值对字符串,键是 FIPS 代码,值是状态名称。您已下载以下 FIPS 代码:04、06、16、32、41、53、56、us。这些对应于以下州:亚利桑那州、加利福尼亚州、爱达荷州、内华达州、俄勒冈州、华盛顿州、怀俄明州,以及美国(美国数据集覆盖整个国家)。单击下一个单元格的代码框并输入以下代码:

```
stateCountry_dict = {
"04": "Arizona",
"06": "California",
"16": "Idaho",
"32": "Nevada",
"41": "Oregon",
"53": "Washington",
"56": "Wyoming",
"us": "US_Full",
}
```

运行单元格。数据字典现在可以稍后通过调用在您的 Notebook 中使用。

2. 现在通过在下一个单元格中输入以下内容来创建您的 arcpy. da. Walk:

```
shpWalk = arcpy.da.Walk(zipWksp, datatype = "FeatureClass")
```

运行单元格。请注意,arcpy. da. Walk()函数采用一个强制参数:工作区。它还具有以下 5 个可选参数:

- topdown:一个布尔值,默认值为 True。当它设置为 True 时,为目录生成的元组在工作区之前生成。大多数情况下,您会将此设置保留为 True。
- onerror:可以设置为报告任何错误的函数。默认情况下它设置为 None 并忽略错误。很多时候,您会将其保留为无。
- followlinks:一个布尔值,默认为 False。当设置为 False 时,步行将不会进入连接链接。连接链接与符号链接相同:包含对另一个文件或目录的引用的文件。很多时候,您会将此设置保留为 False。
- datatype:限制返回的数据类型的字符串。这可以设置为多种不同的数据类型,以确保您只找到所需的类型。默认为 Any,它将查找每个目录中的所有数据类型。对于此任务,您将其设置为 FeatureClass,因为您只想查找 shapefile。它可以设置为仅选择表、栅格、工具、地图等数据类型。列表或元组中允许有多种数据类型。

- type:可用于在栅格或要素类中进一步选择的字符串。这允许您将要素类限制为点、折线、面、多面体或多点。栅格数据可以限制为不同的栅格类型。列表或元组中允许有多种类型。

为什么 datatype＝写为函数参数中的参数？

数据类型是第四个参数,但不是通过写 arcpy.da.Walk(zipWksp, "", "", "", "FeatureClass")来获取它,您只需输入参数名称及其对应的值即可。两种编写代码的方式都是正确的。

3. 在下一个单元格中,您将通过 walk 获取每个 shapefile。您将创建一个变量,该变量只是不带.shp 部分的 shapefile 名称,并使用 split()方法从中提取 FIPS 代码并列出索引位置。

FIPS 代码将用作在 stateCountry_dict 数据字典中查找状态的键。获得州或国家/地区名称后,您将使用它来确定是否有地理数据库,如果没有,则创建它,然后将要素类复制到地理数据库。您将在整个过程中包含打印输出报表以跟踪您的进度。将以下代码写入单元格:

```
for dirpath, dirnames, filenames in shpWalk:
    for filename in filenames:
        fcName = filename[:-4]
        censusType = filename.split("_")[2]
        fileFullPath = os.path.join(dirpath,filename)
        stateCountry = stateCountry_dict[censusType]
        print(fileFullPath)
        print(censusType)
        print(stateCountry)
        gdb = os.path.join(gdbWksp,stateCountry + ".gdb")
        if arcpy.Exists(gdb) == False:
            arcpy.management.CreateFileGDB(gdbWksp,stateCountry)
        fcFullPath = os.path.join(gdb,fcName)
        arcpy.management.CopyFeatures(fileFullPath,fcFullPath)
        print(fcFullPath + " was copied to " + gdb)
```

为什么在创建之前检查某些东西是否存在?

在创建之前检查并查看某些东西是否存在总是一个好主意。如果不这样做,您的代码可能会引发错误。或者更糟的是,它会起作用并覆盖您正在创建的内容。在这种情况下,如果这样做,您最终会得到一个只有一个要素类的地理数据库。

运行单元格。代码应该运行一段时间,因为有 26 个 shapefile 需要复制到新地理数据库中的要素类。由于您已经编写了打印输出语句,因此您可以观看它们的运行。您还可以在目录窗格中查看正在创建的不同地理数据库以及写入其中的要素类。

打印输出语句在错误检查中非常有价值。它们允许您查看您的代码实际在做什么。如果您得到您不理解的结果或您不理解的错误,则放入返回变量的打印输出语句可以帮助您了解错误可能是什么。

在本节中,您学习了如何使用 os. walk()和 arcpy. da. Walk()函数遍历文件夹以查找不同的数据类型。os. walk()函数用于查找 ZIP 文件夹,而 arcpy. da. Walk()函数用于查找 shapefile。您还学习了如何使用数据字典作为查找工具来查找和解码 FIPS 代码。最终产品是一个 Notebook,它将在一个目录及其子目录中找到所有 ZIP 文件,提取它们,然后将任何要素类/shapefile 复制到与该人口普查地理名称对应的地理数据库中。通过使用 ArcPy,您能够提取 26 个无组织的 shapefile 并将其复制到有组织的地理数据库中。

4.2 光 标

光标用于访问数据。它是使用数据访问模块创建的对象,可用于迭代表中的行或将数据插入表中。在数据访问模块中创建的光标可以访问要素类的几何形状,并且可以读取、写入和更新几何形状。数据访问模块中有三种不同的光标:搜索、插入和更新。在本节中,您将看到每个示例以及如何应用它们来自动化您的工作流程。

4.2.1 搜索光标

arcpy. da. SearchCursor 将逐行搜索您的要素类、shapefile 或表格并将数据返回给您。它可以返回形状和属性数据,但数据是作为元组返回的,因此它是不可变的。搜索光标有以下两个必需参数:

- in_table:要搜索的要素类、图层、表格或表格视图。
- field_names:要返回的字段名称的列表或元组。使用单个字段时,可以使用字符串代替列表;当需要所有字段时,您可以使用 * 而不是全部列出。

它有以下五个可选参数:

- where_clause:用于查询返回记录并对其进行限制的 SQL 语句。
- spatial_reference:会将输入要素类的空间参考转换为此空间参考。
- explode_to_points:会将特征转换为单独的点或顶点。每个点或顶点将作为单独的行返回给光标对象。
- sql_clause:SQL 前缀和后缀子句的元组,用于组织返回的记录。前缀子句可以是 None(默认)、DISTINCT 或 TOP。后缀子句可以是 None(默认)、ORDER BY 或 GROUP BY。

 有关如何使用 sql_clause 参数的更多信息,请访问以下页面:https://pro. arcgis. com/en/pro-app/latest/arcpy/data-access/searchcursor-class. htm。

- datum_transformation:与 spatial_reference 参数一起使用的字符串,用于从一个参考到另一个参考的投影需要基准转换。

 有关这方面的更多信息,请访问以下页面:https://pro. arcgis. com/en/pro-app/latest/help/mapping/properties/geographic-coordinate-system-transformation. htm。

创建光标时,它返回一个光标对象。可以使用 for 循环迭代此对象。在每个循环中,光标从数据集中返回一行。可以使用列表索引访问返回的数据。元组中的第一项是 0,下一项是 1,以此类推。返回项目的顺序与字段列表中的顺序相对应。

 传递到搜索光标的字段必须与属性表中的名称匹配,而不是别名。

除了属性表数据之外,arcpy. da. SearchCursor 还可以访问几何标记形式的 shape 字段。几何标记是允许访问几何的特定属性的快捷方式。当您只需要几何形状的特定属性时,与访问完整几何相比,它们是一种节省时间的选择。可在此处找到可用几何标记的完整列表:https://pro. arcgis. com/en/pro-app/latest/arcpy/get-started/reading-geometries. htm。大多数情况下,您将使用以下内容,因为它们是最常见的:

- SHAPE@XY:返回特征质心(x,y)坐标的元组;
- SHAPE@X:返回特征 x 坐标的 2 倍;
- SHAPE@Y:返回特征 y 坐标的 2 倍。

让我们看一下使用搜索光标访问数据集的属性数据并创建唯一值列表的简单方法,以便我们稍后使用它进行分析。

4.2.1.1 访问要素类的 geometry

在本练习中,您将创建一个包含所有跨湾巴士站的 CSV 文件以及每个站的(x,y)坐标。然后可以将此数据上传到 ArcGIS Online 以显示数据或用于进一步的空间分析。您正在简化 shapefile 中的数据并提取其几何形状以供其他分析师使用。通过将其放入 CSV 文件中,您使用的格式是无法访问 ArcGIS 的人也可以使用的格式。

搜索光标可以很好地解决此问题,因为它可以访问属性以在要素类中创建跨湾巴士路线列表。然后,将使用附加的搜索光标和 SQL 查询来选择公交路线的不同站点,并将信息与站点的 XY 数据一起导出到每条公交路线的 CSV 文件中。

1. 在 Chapter4 项目文件夹中,右击并选择 New > Notebook,将 Notebook 重命名为 AC_TransitTransbayStops。

2. 您将导入两个模块,os 和 CSV。您之前使用过 os 模块来创建路径和目录。csv 模块将允许您打开、读取、写入和附加到 CSV 文件。在第一个单元格中,输入:

```
importos, csv
```

运行单元格。

3. 要输出到 CSV,您将使用 csv 模块中的 csv. writer()和 writerow()函数。与其在需要时多次调用它们,不如创建一个函数更有效,这样您就可以在有数据写入 CSV 时调用它。

您将创建一个名为 createCSV 的函数,其中包含三个参数:输入数据、CSV 的名称和设置为写入的模式('w')。在函数中,您将在 with 语句中打开 CSV,从参数中传递模式,并将换行参数设置为 ''。

换行参数必须设置为 '',否则您的 CSV 输出将在每行之间有一个空行。

在下一个单元格中,输入以下内容:

```
def createCSV(data, csvName, mode = 'w'):
    with open(csvName, mode, newline = '') as csvfile:
        csvwriter = csv.writer(csvfile)
        csvwriter.writerow(data)
```

运行单元格。此功能允许您在需要将数据写入 CSV 时编写一行代码。

 当您的代码需要在整个脚本中多次使用时,函数非常有用。它们通常写在脚本的顶部,以便您以后可以调用它们。在 Python 中,您编写的所有函数都将被命名为函数,这意味着您应给它们一个名称以便以后调用它们。要声明一个函数,请使用 def FunctionName(…,…)并将参数放在括号中。这些参数是您稍后运行时将传递给函数的值。

4. 在 Chapter4 文件夹中,找到 UniqueStops_Summer21.shp shapefile 并将其添加到您的地图。通过输入以下内容在您的 Notebook 中创建一个变量:

```
AC_TransitStops = r"C:\PythonBook\Chapter4\UniqueStops_Summer21.shp"
```

5. 打开属性表并查看 ROUTE 字段。这就是您将如何识别哪些路线是跨湾路线的方法。对于 AC Transit,所有以字母开头的路线都是跨湾路线。您可以使用这些知识并通过设置表来为每条跨湾路线创建查询。问题是一个停靠点可以有多行,而您要查找的字母并不总是第一个字母。这意味着您在构建查询时需要小心,并且您应尽可能将脚本设置为能够单独通过每条总线的形式。

通过查看当前的 AC Transit transbay 路线列表(https://www.actransit.org/maps-schedules#transbay),您可以看到您需要查找以下公交路线:F、G、J、L、LA、NL、NX、O、P、U、V、W,您想要创建一个可以迭代的列表。在与上一步相同的单元格中,输入:

```
transbayRoutes =
["F","G","J","L","LA","NL","NX","O","P","U","V","W"]
```

6. 您需要 CSV 文件的标题,这样您就知道要提取的数据是什么。您将从每个点提取 511 站点 ID、站点描述、路线、X 和 Y。由于标头将被写入 CSV 文件,因此您应尽可能将它们放在一个列表中,以便它们以逗号分隔。在与上一步相同的单元格中,输入:

```
csvHeader = ["511 Stop ID","Stop Description","Route","X","Y"]
```

7. 您需要的最后一个变量是用于写入所有 CSV 的文件夹。您将为每个 CSV 名称使用公交线的名称,因此您只需要一个放置 CSV 的位置。名称为 TransbayStops 的文件夹需要已存在于此位置,您才能将 CSV 写入其中。在与上述相同的单元格中,输入:

```
csvFolder = r"C:\PythonBook\Chapter4\Chapter4\TransbayStops"
```

运行单元格。

8. 现在您将创建一个 for 循环来遍历该列表。在该循环中,您将为每条公交路线创建 SQL 查询,创建搜索光标以查找,并编写有关您想要的每个站点的信息。此代码将在接下来的两个步骤中写入下一个单元格。

在此步骤中,您将遍历 transbayRoutes 列表中的路线,并创建一条 SQL 语句来选择包含该路线的任何站点。您将创建一个 CSV 名称、CSV 的完整路径,然后调用 createCSV 函数将标题写入该 CSV。在循环中,您还将编写一些打印输出语句来跟踪您的输出。在下一个单元格中,输入以下内容:

```
for route in transbayRoutes:
    sql = '"ROUTE" LIKE \'%{0}%\''.format(route)
    print(sql)
    csvName = "TransbayStopsRoute_{0}.csv".format(route)
    print(csvName)
    csvFullPath = os.path.join(csvFolder,csvName)
    print(csvFullPath) createCSV(csvHeader,csvFullPath)
```

> sql 变量中的{0}和 format()是什么?
>
> .format 方法允许您将变量中的数据插入到字符串中。{}是字符串中的占位符,()中的变量被插入到该位置的字符串中。您可以根据需要包含任意数量的占位符和参数。()中的顺序是从 0 开始的,即第一个参数为 0,下一个参数为 1,以此类推。

9. 您现在已经创建了一个 SQL 语句,它将查找特定路线的所有跨湾停靠点,并且您还准备好输出的 CSV 文件。您已准备好创建搜索光标。

搜索光标将使用 with...as...语句。使用它的好处是它每次都关闭并删除光标,因此您不必记住在进程结束时删除光标。这有助于减少对数据的意外架构锁定。搜索光标会将公交车站要素类和字段列表作为必需参数。它将 sql 变量作为 where_clause 参数来限制返回的记录。您将创建一个 for 循环来遍历光标对象中返回的每一行。这将为每一行创建一个数据列表,您将使用行变量的列表索引从列表中提取数据。您将按照上面的标题顺序创建此数据的列表,将其打印输出到 Out 单元格以跟踪您的结果,然后使用 createCSV 函数将其写入 CSV。您将在 createCSV 函数中将模式更改为"a",以将每一行附加到 CSV。在与上述相同的单元格中,输入以下内容:

```
with arcpy.da.SearchCursor(AC_TransitStops,
["STP_511_ID","STP_DESCRI","ROUTE","SHAPE@XY"],sql) as cursor:
    for row in cursor:
        stopID = row[0]
        stopDesc = row[1]
        route = row[2]
        locX = row[3][0]
```

```
locY = row[3][1]
csvData = [stopID,stopDesc,route,locX,locY]
print(csvData)
createCSV(csvData,csvFullPath,mode = 'a')
```

 SHAPE@XY 数据返回 x 和 y 值的元组。为了提取 x 值,您需要获取元组第一个位置的值。y 值位于第二个位置。

运行单元格。

当 Notebook 运行时,您应该会看到打印输出语句,告诉您正在运行的路线、正在创建的 CSV 以及正在写入 CSV 的每一行。第一个完成后,您可以打开它并查看数据的样子。导航到您在其中创建它们的文件夹,然后双击 CSV。如果您安装了 Excel,它将默认在 Excel 中打开它们;如果没有安装,您可以在记事本或任何其他文本编辑器中打开它们,如图 4.1 和图 4.2 所示。

	A	B	C	D	E
1	511 Stop ID	Stop Description	Route	X	Y
2	52252	Adeline St & Alcatraz Av	12 F	-122.2710909	37.8491153
3	52525	Adeline St & Alcatraz Av	12 F	-122.2717477	37.8484501
4	53327	Adeline St & Ashby Av	F	-122.2686188	37.855424

图 4.1　在 Excel 中打开的 CSV 输出数据示例

```
511 Stop ID,Stop Description,Route,X,Y
52252,Adeline St & Alcatraz Av,12 F,-122.2710909,37.8491153
52525,Adeline St & Alcatraz Av,12 F,-122.2717477,37.8484501
53327,Adeline St & Ashby Av,F,-122.2686188,37.8554239999999
```

图 4.2　在记事本中打开的 CSV 输出数据示例

4.2.1.2　使用带有数据字典的搜索光标作为查找值

除了访问要素类或 shapefile 的形状外,搜索光标还可用于为查找值创建数据字典以供以后在代码中使用。当您不知道一个表可能有多少不同的值时,这一点很重要。它还可以避免您在尝试自己创建查找字典时出错。Python 无需您输入值,而是从要素类或表中提取它们。

让我们考虑一个例子。您希望仅提取某个县的人口普查区,并且您知道区域 FIPS 代码中包含县 FIPS 代码。但是,您不知道该州任何县的 FIPS 代码是什么。您确实拥有州的县要素类和州的区域要素类。您可以使用相交工具、按位置选择或可能的空间连接工具来执行此操作。

但是,这些可能会导致一些碎片,并且仅通过 FIPS 代码选择区域会更快。arcpy.da.SearchCursor 可以通过创建查找数据字典然后使用该信息来选择您需要的区域而提供帮助。

在下一个练习中,您将创建一个加利福尼亚县 FIPS ID 的查找表。然后,您将使用这些查找值根据人口普查区的 FIPS 代码仅提取一个县的人口普查区。让我们开

始吧:

1. 在 Chapter4 项目文件夹中,右击并选择 New > Notebook,将 Notebook 重命名为 CensusCountyExtractTract。

2. 稍后您将需要 os 模块来写入数据。在第一个单元格中输入:

```
importos
```

运行单元格。

3. 在下一个单元格中,您将声明两个变量来保存县数据和区域数据。输入:

```
usCounty = r"C:\PythonBook\Chapter4\Chapter4\US_Full.gdb\tl_2019_us_ county"
caTract = r"C:\PythonBook\Chapter4\Chapter4\California.gdb\ tl_2019_06_tract"
```

运行单元格。

4. 在下一个单元格中,您将创建一个空数据字典来保存所有县 FIPS 代码和县名对。输入:

```
countyLookUp = {}
```

运行单元格。

5. 在下一个单元格中,您将创建一条 SQL 语句来限制从单一州返回的县。县 FIPS 代码特定于一个州,因此两个州可能对一个县具有相同的 FIPS 代码。如果您想为多个州执行此操作,您可以为每个州创建一个数据字典。您现在只是在加利福尼亚工作,因此您希望将县数据限制为仅加利福尼亚的县。县要素类有一个名为 STATE-FP 的属性,其中包含州 FIPS 代码。您从 arcpy.da.Walk 示例中知道加利福尼亚的 FIPS 代码是 06。输入:

```
sql = "STATEFP = '06'"
```

运行单元格。

 检查您正在编写查询的字段类型是一个好主意。由于 FIPS 代码是 06,所以它是一个字符串;如果是整数,则为 6。但是,不要总是假设一个数字作为数字存储在属性表中。您的 SQL 查询看起来会有所不同,因为字符串包含在 " 中,而数字不是。

6. 在下一个单元格中,创建搜索光标并将键/值对添加到数据字典中。搜索光标会将 usCounty 要素类和字段列表作为必需参数。它将 sql 变量作为 where_clause 参数来限制返回的结果。您将创建一个 for 循环来遍历光标对象中返回的每一行。在循环中,您将测试县名是否在 CountyLookUp 字典中,如果不在,您将添加名称作为键和县 FIPS 代码值。您还将添加一个打印输出语句来跟踪您的结果。输入以下代码:

```
with arcpy.da.SearchCursor(usCounty,
['STATEFP','COUNTYFP','NAMELSAD'],sql) as cursor:
    for row in cursor:
        if row[2] not in countyLookUp:
            countyLookUp[row[2]] = row[1]
```

```
                    print("Adding key：{0} and value：{1} to countyLookUp".
format(row[2],row[1]))
```

运行单元格。添加每个县后,您应该在输出单元格中看到打印输出语句。前几行看起来与此类似:

Adding key：Sierra County and value：091 to countyLookUp

Adding key：Sacramento County and value：067 to countyLookUp

Adding key：Santa Barbara County and value：083 to countyLookUp

7. 可以查看是否添加了所有县。加州有 58 个县;您可以检查字典的长度以查看它是否有 58 个条目。在下一个单元格中,输入以下内容:

```
len(countyLookUp)
```

运行单元格。结果确实应该是 58。

8. 现在您可以使用该 countyLookUp 数据字典来提取单个县的区域。您需要为要创建的要素类创建一个变量。由于这将是加利福尼亚数据,因此您希望将其放入加利福尼亚地理数据库。您已经在上面的 Notebook 中创建了加利福尼亚的地理数据库。您将使用它来处理这些数据。输入:

```
gdb = r'C:\PythonBook\Chapter4\Chapter4\California.gdb'
```

运行单元格。您不应该在 Out 单元格中看到任何结果。

9. 接下来,您将选择所需的单个县。如果您需要提取另一个县的区域,您可以将其放入一个变量中以便以后更改。

 如果您需要提取多个县的数据,您可以创建一个列表并遍历该列表。

在下一个单元格中,输入以下内容:

```
countyName = "Alameda County"
```

运行单元格。您不应该在 Out 单元格中看到任何结果。

10. 现在您可以使用 countyLookUp 数据字典来查找阿拉米达县的 FIPS 代码。在下一个单元格中,键入以下内容:

```
countyFips = countyLookUp[countyName]
```

运行单元格。您不应该在 Out 单元格中看到任何结果。

11. 您可以获取 countyFIPS 变量并从中创建一条 SQL 语句。您将使用区域要素类中的 GEOID 字段。GEOID 字段设置为具有州 FIPS 代码、县 FIPS 代码,然后是区域 FIPS 代码。为了选择县内的所有区域,您必须正确构建 SQL 语句。您可以通过使用 LIKE 和%值来做到这一点。在下一个单元格中,输入以下内容:

```
sql = "GEOID LIKE '06{0}%'".format(countyFIPS)
print(sql)
```

运行单元格。您应该在 Out 单元格中看到以下内容作为您的 SQL 语句：

```
GEOID LIKE '06001%'
```

12. 下一步是创建要写入的要素类。在下一个单元格中，您将输入两行代码。第一个将为县名创建一个删除空格的变量。第二个将为您将创建的新要素类创建一个变量，该变量仅包含阿拉米达县的区域。在下一个单元格中，输入以下内容：

```
tractCounty = countyName.replace(" ","")
tractCountyFull = os.path.join(gdb,"Tracts_" + tractCounty)
```

运行单元格。

13. 最后一步是使用查询来选择区域。正如我们在第 2 章"ArcPy 基础知识"中看到的，Select 函数采用三个参数：输入要素类、输出要素类和 where 子句。所有这三个参数都是您在上面声明的变量。输入要素类是全州范围数据，输出要素类是您刚刚声明的新要素类，where 子句是 SQL 语句。输入以下内容：

```
arcpy.analysis.Select(caTract,tractCountyFull,sql)
```

运行单元格。您应该会收到一条带有新要素类名称的输出消息，如图 4.3 所示。

Out[168]:

Output
C:\PythonBook\Chapter4\Chapter4\California.gdb\Tracts_AlamedaCounty

Messages
Start Time: Tuesday, July 20, 2021 10:49:42 PM
Succeeded at Tuesday, July 20, 2021 10:49:43 PM (Elapsed Time: 1.23 seconds)

图 4.3 输出消息

要素类也应该已添加到您的地图中。点击您的地图并查看数据，如图 4.4 所示。

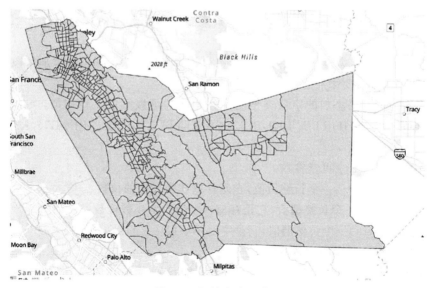

图 4.4 阿拉米达县地区

您现在拥有来自阿拉米达县的区域的要素类。您还有一个 Notebook，您可以再次使用它来选择美国任何县的大片。接下来，您将学习如何不仅选择区域，而且使用更新光标添加和计算字段。

4.2.2　更新光标

虽然很高兴能够使用县数据集仅提取县中的区域数据而不必担心任何碎片或额外区域，但将县名称添加到全州区域数据中会非常好。这将允许更轻松地按县对全州范围数据进行 SQL 查询，因为您和您的团队在需要提取县数据时不必记住或查找 FIPS 代码。更新光标可以帮助您做到这一点。

更新光标使您可以读取和写入要素类或表中的属性。它的设置方式与搜索光标类似，并且具有相同的参数，但与搜索光标最大的区别在于更新光标返回的是列表而不是元组。由于它为您提供了一个列表，您可以对数据进行更改。

在本练习中，您将使用您正在为加利福尼亚人口普查区编写的代码。

在上一个练习中添加一个更新光标来计算一个新的县域。让我们开始：

1. 右击 CensusCountyExtractTract. ipynb 文件并单击复制。

2. 右击 Chapter4 项目文件夹，然后单击粘贴按钮。这将创建一个名为 CensusCountyExtractTract_1. ipynb 的新 Notebook。

3. 将 CensusCountyExtractTract_1. ipynb 重命名为 AddCountyToStateCensusTract. ipynb 并打开 Notebook。您将保留前五个单元格。这些是为县和区域数据、州 SQL 和县查找表创建变量的单元格。

4. 从包含 gdb＝r"C:\PythonBook\Chapter4\Chapter4\California. gdb 的单元格 6 开始，删除它及其下面的所有单元格，方法是选择它们并单击剪刀按钮，或按两次 d 键。

5. 您需要将县名字段添加到区域要素类中。AddField 函数采用以下三个必需参数：

- in_table：要素类、shapefile、coverage、表或带有属性表的栅格以添加字段。
- field_name：要添加的字段名称的字符串。
- field_type：要添加的字段类型的字符串。它可以是以下任何值："STRING"、"LONG"、"SHORT"、"DOUBLE"、"FLOAT"、"DATE"、"BLOB"、"RASTER" 和"GUID"。

它还具有以下七个可选参数：

- field_precision：一个长整型值，它是存储在字段中的位数。
- field_scale：一个长整型值，它是存储在字段中的小数位数。
- field_length：一个长整型值，它是字符串字段中字符数的限制。
- field_alias：字段的别名。
- field_is_nullable：一个布尔值，对于不能设置为 null 的字段为 NON_NULLABLE，或对于可以设置为 null 的字段为 NULLABLE（默认）。

- field_is_required：一个布尔值，对于非必需字段为 NON_REQUIRED（默认），或对于必需且无法删除的字段为 REQUIRED。
- field_domain：地理数据库中要应用于该字段的现有域。

要添加该字段，请在单元格 5 中最后一行后按 Enter 键并输入以下内容：

```
arcpy.management.AddField(tract,"CountyName","STRING")
```

6. 在下一个单元格中，您将创建一个 for 循环来遍历 CountyLookUp 字典，然后使用更新光标计算每个区域的县名。代码将在接下来的两个步骤中写入此单元格。在此步骤中，您将创建 for 循环以遍历 CountyLookUp 字典并为县名、FIPS 代码和 SQL 语句创建变量以选择其中的所有区域的一个县。您将打印输出报表以跟踪您的进度。输入以下内容：

```
for key in countyLookUp:
    countyName = key
    countyFIPS = countyLookUp[key]
    print(countyName) print(countyFIPS)
    sqlTract = "GEOID LIKE '06{0}%'".format(countyFIPS)
    print(sqlTract)
```

7. 继续同一个单元格，您将创建一个 with...as... 语句来创建光标对象。更新光标会将区域要素类和字段列表作为必需参数。它将 sqlTract 变量作为 where_clause 参数来限制返回的结果。然后，您将编写一个 for 循环来遍历光标中的每一行。在循环中，您将设置 CountyName 字段等于 CountyName 变量的行。最后，您将使用 row 作为参数调用光标上的 updateRow 属性，用以将值写入每一行：

```
with arcpy.da.UpdateCursor(tract,
["GEOID","CountyName"],sqlTract) as cursor:
        for row in cursor:
        row[1] = countyName
        cursor.updateRow(row)
```

8. 准备好后，单击 Cell > Run All 以运行 Notebook.

 您必须记住将光标上的 updateRow 属性与您的行作为参数一起使用。如果不这样做，则不会写入刚刚计算的行。

代码运行后，切换到地图以探索您的数据。确保已加载 tl_2019_06_tract 要素类并打开其属性表。滚动查看 CountyName 字段并查看它是否包含所有县值。打开属性表并尝试几个 Select By Attributes 以查看您现在如何选择县内的所有区域。您现在应该了解如何使用搜索和更新光标轻松地向属性表添加值。

4.2.3　插入光标

插入光标用于向表或要素类中添加新的数据行。与搜索和更新光标一样，它可以作用于要素类的几何图形以及属性表。虽然您仍然可以使用 with...as... 格式插入光标,但 ArcGIS 文档中更常见的语法包括创建光标、循环遍历光标和删除光标。您将使用此约定编写下面的代码。

为了更好地理解为什么需要使用插入光标将数据从人口普查 CSV 插入表中,我们应该查看人口普查 CSV 文件。打开 CensusCSV 文件夹中的 ACSDT5Y2019.B03002_data_with_overlays_2021-07-22T010002.csv 文件。这是美国社区调查(ACS)2014—2019 年的 5 年估计详细表,按种族划分的西班牙裔或拉丁裔血统,阿拉米达县的区域级别表为 B03002。它显示了按种族划分的西班牙裔或拉丁裔和非西班牙裔或拉丁裔的人口总数。图 4.5 是部分数据。

	A	B	C	D
1	GEO_ID	NAME	B03002_001E	B03002_001M
2	id	Geographic Area Name	Estimate!!Total:	Margin of Error!!Total:
3	1400000US06001400100	Census Tract 4001, Alameda County, California	3120	208
4	1400000US06001400200	Census Tract 4002, Alameda County, California	2007	120

图 4.5 人口普查 CSV 文件

关于这张表,有一些重要的事项需要注意:

- 它有两行标题:
a. 第一行包含编码值。
b. 第二行包含不能作为属性表的字段名称的值,因为它们有空格和特殊字符。
- 它包含大量数据。除了根据非西班牙裔或拉丁裔和西班牙裔或拉丁裔对每个种族进行划分的估计值之外,每个种族都有误差范围。若您想获得每个非西班牙裔或拉丁裔的总数,以及西班牙裔或拉丁裔的总数,则将允许您计算每个区域的总数和百分比。
- GEO_ID 字段与区域要素类中的字段不同。在获取要素类中 GEO_ID 字段中的值之前,CSV 中的 GEO_ID 字段以 1400000US 为前缀。

出于这些原因,最好从此 CSV 创建一个表,其中只包含您需要的数据。然后可以使用该表连接到要素类,以便您可以映射数据。您将通过以与使用搜索光标类似的方式读取 CSV 来执行此操作。然后,您将使用插入光标将这些值插入到空表中。最后,将该表连接到要素类,以便在地图上显示数据。

1. 右击 Chapter4 项目文件夹并选择 New > Notebook,将 Notebook 重命名为 CreateCensusTableInsertRows。

2. 在第一个单元格中,您将导入您需要的模块,即 csv 和 os 模块。输入以下内容:

```
importcsv, os
```

3. 在下一个单元格中,您将设置整个 Notebook 所需的变量。它们是:

a. 您正在使用的地理数据库;
b. 阿拉米达县的区域要素类;
c. 包含人口普查数据的 CSV 文件;

d. 表名；

e. 表全路径；

f. 新的人口普查多边形完整路径，为此请输入以下内容：

```
gdb = r"C:\PythonBook\Chapter4\Chapter4\California.gdb"
tract = r"C:\PythonBook\Chapter4\Chapter4\California.gdb\Tracts_ AlamedaCounty"
csvFile = r"C:\PythonBook\Chapter4\CensusCSV\ACSDT5Y2019.
B03002_2021 - 07 - 22T010004\ACSDT5Y2019.B03002_data_with_overlays_2021 - 07 -
22T010002.csv"
table = "AlamedaCounty_RaceHispanic"
tablePath = os.path.join(gdb,table)
censusPoly = os.path.join(gdb,table + "_Tract")
```

4. 在下一个单元格中，您将创建一个包含字段名称、字段别名和字段类型的数据字典。通过使用数据字典，您可以使用循环来添加所有字段及其别名。数据字典不仅包含人口普查数据中不同的西班牙裔/种族类型，还包含总少数族裔和少数族裔百分比的字段。对于此示例，您将假设所有非白人的西班牙裔/种族都是少数。

为什么我们将所有非白人种族都视为少数族裔？

在大多数环境文件中，通常将所有非白人视为少数群体；偶尔您会看到其不包括两个或更多种族作为少数。如果您想更改该定义，您只需要稍后在代码中更改计算少数的值即可。

数据字典将有一个作为字段名称的键，以及一个作为字段别名和字段类型的值列表。这将允许您遍历字典并使用值中的键和数据来创建字段。输入以下内容：

```
fields = {"geoid_census":["GeoID_Join","STRING"],
        "total_pop":["Total Population","LONG"],
        "white":["White","LONG"],
        "prct_white":["Percent White","FLOAT"],
        "black":["Black","LONG"],
        "prct_black":["Percent Black","FLOAT"],
        "am_indian_nat_alaska":["American Indian/Native
    Alaskan","LONG"],
        "prct_am_indian_nat_alaska":["Percent American Indian/ Native Alaskan",
"FLOAT"],
        "asian":["Asian","LONG"],
        "prct_asian":["Percent Asian","FLOAT"],
        "nat_hawaiian_pac_island":["Native Hawaiian/Pacific Islander","LONG"],
        "prct_nat_hawaiian_pac_island":["Percent Native Hawaiian/ Pacific Islander",
"FLOAT"],
        "some_other":["Some Other Race","LONG"],
        "prct_some_other":["Percent Some Other Race","FLOAT"],
        "two_or_more":["Two Or More Races","LONG"],
```

```
"prct_two_or_more":["Percent Two Or More Races","FLOAT"],
"hispanic_latino":["Hispanic/Latino","LONG"],
```

5. 在下一个单元格中,您将创建一个表格。您将从 CSV 中提取的人口统计数据写入此表。CreateTable 工具采用以下两个必需参数:

- out_path:在其中创建表的工作区;
- out_name:表的名称。

它还接受以下三个可选参数:

- 模板:具有将应用于新表的属性模式的表。
- config_keyword:配置关键字,用于确定在企业级地理数据库中存储表的位置和格式。您将在大部分时间使用默认值。

 有关配置关键字的更多信息,请参阅此处的文档:https://desktop.arcgis.com/en/arcmap/latest/manage-data/geodatabases/what-are-configuration-keywords.htm。

- out_alias:表的别名。

您将只使用强制参数。输入以下内容:

```
arcpy.management.CreateTable(gdb, table)
```

6. 在下一个单元格中,您将遍历数据字典以将所有字段添加到新的空表中。您将首先创建一个名为 tableFields 的空列表,您将添加字段名称以供将来使用。然后,您将遍历数据字典中的每个字段。在循环中,您将创建一个变量来保存字段的名称,该名称是数据字典中的键以及循环遍历数据字典时返回的内容。然后,您将使用该键为别名和数据类型创建变量。

 请记住,数据字典中的值是一个列表,当使用键访问它们时,您将返回一个列表。您可以使用列表索引从列表中返回特定值。

接着,您将字段名称附加到 tableFields 列表。最后,您将使用 AddField 工具将字段添加到表中,并传入您创建的表、字段名称、数据类型和别名变量。输入以下代码:

```
tableFields = []
for field in fields:
    name = field
    alias = fields[field][0]
    dataType = fields[field][1]
    print(name)
    print(alias)
    tableFields.append(field)
    arcpy.management.AddField(tablePath,name,dataType,
field_alias = alias)
```

7. 在下一个单元格中,您将打开 CSV 并创建一个 csv.reader 对象以逐行读取 CSV 中的数据。输入以下内容:

```
fileRef = open(csvFile)
csvRef = csv.reader(fileRef)
```

8. 在下一个单元格中,您将读取 CSV 的每一行,仅提取您需要的值,使用它们来计算每个西班牙裔/种族群体的百分比、少数族裔总数/少数族裔的百分比,然后写下数据到您刚刚使用插入光标创建的表中的一行。代码将在接下来的六个步骤中写入下一个单元格。

在此步骤中,您将创建 for 循环。在 for 循环中,您将首先使用 CSV 读取器对象的 line_num 属性创建一个条件来检查 CSV 的行号。您将检查行号是否小于或等于 2。如果是,将调用 continue 关键字;如果不是,则其余代码将运行。在单元格中输入以下内容:

```
for row in csvRef:
        if csvRef.line_num <= 2:
            continue
```

continue 可以做什么?

continue 关键字告诉代码不要运行它下面的任何代码并返回到 for 或 while 循环的顶部,并从下一个值开始。在您的代码中,运行它以跳过 CSV 的前两行,但如果您知道要跳过哪一行,它可以用来跳过任何行。continue 经常被比作 break,不同之处在于 continue 重置到循环的顶部,转到下一个值,而 break 停止循环并跳出它。

9. 在同一个单元格中,您现在将创建一个变量来连接要素类和表。要创建变量,您需要从 CSV 的值中删除前 9 个字符,以便它与要素类中的值匹配。这将允许您将表连接到要素类,如图 4.6 和图 4.7 所示。

| 1400000US06001400100 | 06001400100 |

图 4.6　CSV 中的第一列值　　　　　　　图 4.7　区域要素类中的 GEOID 值

在单元格中输入以下内容:

```
geoJoin = row[0][9:]
```

10. 在同一个单元格中,您现在将创建一个变量来保存该区域的总少数。记住,总的少数是西班牙裔或拉丁裔以及所有非白人非西班牙裔或拉丁裔种族。输入以下内容:

```
totMinority =
int(row[8]) + int(row[10]) + int(row[12]) + int(row[14]) + int(row[16])
 + int(row[18]) + int(row[24])
```

为了使所有索引保持一致,您可以在 Excel 中打开 CSV,在顶部添加一行,在单元格 A1 中写入 0,在单元格 B1 中写入 1,然后自动完成其余部分。现在,当您返回 CSV 查看所需的索引时,它将被写入那里。请确保不要保存它,或者如果您确实保存了它,请将您的 if 语句更改为<=3,以说明您添加的额外行。

11. 在同一个单元格中,您现在将创建区域中每个种族以及西班牙裔或拉丁裔人口的百分比。由于某些区域的总人口为 0,除以 0 会导致错误,因此您将创建一个条件来检查总人口是否等于 0。如果不是,您将划分种族或西班牙裔或拉丁裔人口乘以 0 并将结果乘以 100,使用 round() 函数将结果四舍五入到小数点后两位。如果总体为 0,则将百分比指定为 -999。输入以下内容:

```python
if int(row[2]) != 0:
    prctWht = round((int(row[6])/float(row[2])) * 100,2)
    prctBlk = round((int(row[8])/float(row[2])) * 100,2)
    prctAmIn = round((int(row[10])/float(row[2])) * 100,2)
    prctAsi = round((int(row[12])/float(row[2])) * 100,2)
    prctNatHaw = round((int(row[14])/float(row[2])) * 100,2)
    prctSmOth = round((int(row[16])/float(row[2])) * 100,2)
    prctTwoMr = round((int(row[18])/float(row[2])) * 100,2)
    prctHispLat = round((int(row[24])/float(row[2])) * 100,2)
    prctMinority = round((totMinority/float(row[2])) * 100,2)
else:
    prctWht = -999
    prctBlk = -999
    prctAmIn = -999
    prctAsi = -999
    prctNatHaw = -999
    prctSmOth = -999
    prctTwoMr = -999
    prctHispLat = -999
    prctMinority = -999
    prctMinority = -999
    prctMaj = -999
```

12. 在同一个单元格中,您现在将创建一个列表来保存每个种族或西班牙裔或拉丁裔群体的所有人口总数和百分比。它们在列表中的顺序是它们将被写入表的顺序。您需要检查您在上面创建的数据字典以确保您使用的是相同的顺序。输入以下内容:

```python
value =
[geoJoin,int(row[2]),int(row[6]),prctWht,int(row[8]),prctBlk,
int(row[10]),prctAmIn,int(row[12]),prctAsi,int(row[14]),prctNatHaw,
int(row[16]),prctSmOth,int(row[18]),
prctTwoMr,int(row[24]),prctHispLat,totMinority,prctMinority]
```

13. 在同一个单元格中,您现在将使用表格路径和字段列表作为参数创建插入光标。您将添加一个打印输出语句来跟踪正在插入的值。然后,您将调用光标上的 insertRow 属性,将您在上面创建的值列表插入到新行中。最后,您将使用 del 命令删除光标。删除光标将删除表上的所有锁,因此当循环继续遍历每一行时,您可以继续写入它。输入以下内容:

```
cursor = arcpy.da.InsertCursor(tablePath,tableFields)
    print(value)
    cursor.insertRow(value)
    delcursor
```

14. 在下一个单元格中,您将创建一个新要素类,然后将表中的数据连接到它。您使用 CopyFeatures 工具创建存储在 censusPoly 变量中的新区域多边形。您还将使用 JoinField 函数将新数据表连接到新区域多边形。JoinField 工具采用以下四个必需参数:

- in_data:用于连接数据的输入要素类、shapefile、表或带有属性表的栅格。
- in_field:in_data 要素类、shapefile、表或带有属性表的栅格中要连接的字段。
- join_table:要素类、shapefile、表或带有属性表的栅格要连接到 in_Data。
- join_field:join_table 中要连接到 in_field 的字段。

JoinField 工具还采用以下可选参数:

- fields:要从连接表传输到输入表的字段列表。

您将使用新创建的人口普查多边形作为 in_data,GEOID 字段作为 in_field,您创建的表作为 join_table,geoid_census 字段作为 join_field,并将创建的 tableFields 列表作为可选字段。输入以下内容:

```
arcpy.management.CopyFeatures(tract,censusPoly)
arcpy.management.JoinField(censusPoly,"GEOID",tablePath,"geoid_ census",tableFields)
```

 为什么要在加入数据之前创建要素类的副本?
在加入之前创建新要素类意味着您保留不包含人口统计数据的原始区域数据以供将来使用,因此您也可以向其中添加不同的人口统计数据。

15. 输入所有代码后,单击 Cell >Run All 以运行整个 Notebook。

完成后,您可以打开 AlamedaCounty_RaceHispanic_Tract 要素类的属性表和 AlamedaCounty_RaceHispanic 表。您将看到 CSV 中的值已写入表中,然后加入要素类,如图 4.8 所示。

	Total Population	White	Percent White	Black	Percent Black	American Indian/Native Alaskan	Percent American Indian/Native Alaskan	Asian	Percent Asian
1	5407	910	16.83	130	2.4	15	0.28	3648	67.47
2	6546	830	12.68	156	2.38	19	0.29	4528	69.17
3	6175	1000	16.19	98	1.59	0	0	4324	70.02
4	5233	697	13.32	349	6.67	13	0.25	3394	64.86
5	4982	1372	27.54	450	9.03	16	0.32	1953	39.2
6	8113	1767	21.78	144	1.77	0	0	4237	52.22
7	7543	2600	34.47	141	1.87	18	0.24	3765	49.91
8	3909	639	16.35	262	6.7	74	1.89	1623	41.52
9	6250	924	14.78	179	2.86	31	0.5	4209	67.34
10	5462	731	13.38	78	1.43	29	0.53	4399	80.54

图 4.8　AlamedaCounty_RaceHispanic_Tract 属性表(被截断的)

在本节中,您学习了如何使用具有查找值列表的数据字典向表中添加多个字段。您已经学习了如何从 CSV 中逐行读取数据并使用插入光标将该数据插入到表中。现在您已经在 Notebook 中拥有了它,您可以将它用于多个不同的地理区域,或者您可以获取基础并使用不同的表格和不同的人口统计数据。

4.3 总　　结

在本章中,您了解了数据访问模块中的 arcpy. Walk 和光标。您已经了解了数据访问模块如何允许您访问和修改数据。通过使用数据访问模块中的 arcpy. Walk 模块,您可以遍历目录和子目录并找到 os. walk 模块会丢失的地理空间数据。

这允许您以编程方式提取和传输数据。您探索了如何将数据字典用作查找表并将其应用到多个示例中。最后,您使用了搜索、更新和插入光标来查找数据、更新数据和插入新数据。

在下一章中,您将使用 ArcGIS API for Python 发布、组织和管理对 ArcGIS Online 账户中数据的访问。

第 5 章 发布到 ArcGIS Online

在第 3 章中,您了解了 ArcGIS API for Python 并使用它来搜索组织中的数据、组和用户。您正在搜索的数据已发布到 ArcGIS Online。这可以通过在 ArcGIS Pro 中发布地图和服务定义来完成,但您也可以使用 ArcGIS API for Python 添加和发布 CSV、shapefile 和地理数据库。通过创建 Notebook 或脚本工具将数据发布到您的组织,您可以自动执行需要定期更新的数据的重复性任务,并减少您必须进行的点击次数。

在本章中,将介绍:

- 使用 ContentManager 类发布新内容并将其组织在文件夹中;
- 使用 GroupManager 类创建新组并与它们共享内容;
- 使用要素模块处理要素图层;
- 使用映射模块可视化您的数据。

 要完成本章的练习,请下载并解压第 5 章。本书 GitHub 存储库中的 zip 文件夹: https://github.com/PacktPublishing/Python-for-ArcGIS-Pro/tree/main/Chapter5。

5.1 使用 ContentManager 发布和组织数据

您已经了解了如何通过 GIS 对象的 content 属性使用 ContentManager 类来搜索数据。在第 3 章"适用于 Python 的 ArcGIS API"中,您搜索了组织内外的数据。

内容属性还可用于添加数据并将其发布为要素图层,以及将数据组织到 ArcGIS Online 的文件夹中。

在本部分中,您将使用 ArcGIS Pro Notebook 中的 ArcGIS API for Python 从 CSV 添加数据、发布数据并将其移动到文件夹中。

5.1.1 发布数据

当您将数据发布到 ArcGIS Online 或 ArcGIS Enterprise 时,其中大部分是在 ArcGIS Pro 中实现的。当您发布包含所有图层的地图时,这非常有用且方便。但是,当您想要发布 CSV、shapefile 或地理数据库时不太方便,因为您必须在 ArcGIS Pro 中创建地图才能发布它。使用 ArcGIS API for Python,您可以获取 CSV、shapefile 或地理数据库,将其添加到您的组织中,并使用几行代码进行发布。

5.1.1.1　从 CSV 添加数据

要将数据添加到您的 ArcGIS Online 账户,您将使用 add 方法。与 search()方法一样,add()方法是 GIS 对象的 ContentManager 类的一部分。add()方法采用以下参数,仅需要 item_properties:

- item_properties:具有一组键/值对的数据字典。下面的列表包含您将使用的最常见的键/值对。
- data:数据的路径或 URL。
- thumbnail:缩略图图像的路径或 URL。
- metadata:元数据的路径或 URL。
- owner:默认为登录用户的字符串。
- folder:ArcGIS Online 账户中用于放置数据的文件夹的名称。

以下是您将看到的最常见的 item_properties 值。您将为您创建的每个项目使用其中的大部分:

- type:要添加的项目的类型。您将主要使用 CSV、shapefile 和文件地理数据库。

可以在此处找到可接受类型的完整列表:https://developers.arcgis.com/rest/users-groups-and-items/items-and-item-types.htm。

- title:要添加的项目的标题。
- tags:正在添加的项目的标签。它们以逗号分隔值或字符串列表的形式列出。
- description:正在添加的项目的描述。
- snippet:对正在添加的项目的少于 250 个字符的简短描述。

add()方法只会将 CSV 添加到您的 ArcGIS Online 账户。要使其在地图上可见,您需要将数据发布到托管 Web 图层。为此,您使用 publish()方法,该方法将创建一个托管要素图层,该图层可以显示在地图上并在组中共享。publish()方法可用于从多种文件类型(包括 CSV、文件地理数据库、shapefile 和服务定义)创建托管要素服务。publish()方法没有任何必需的参数,通常您不需要设置任何参数。您可能需要的一些可选参数如下:

- publish_parameters:具有发布说明和自定义的数据字典。可用的不同参数取决于要发布的项目类型。

每种项目类型都有您可以设置的大量发布说明列表。下面您将看到一个如何为 CSV 进行设置的一些示例。要查看可用于每个项目的所有自定义项,请访问此站点:https://developers.arcgis.com/rest/users-groups-and-items/publish-item.htm。

- address_fields:将输入数据的列映射到地址字段的数据字典。在将数据地理编码到 ArcGIS Online 时使用它。
- geocode_service:可以设置的地理编码器。如果未设置,将使用默认的 ArcGIS Online 地理编码器。
- file_type:正在发布的文件类型的字符串。当没有自动检测到文件类型或您想确保它检测到正确的文件类型时，可以使用它。您可以指定的 file_type 值为"serviceDefinition"、"shapefile"、"csv"、"tilePackage"、"featureService"、"featureCollection"、"fileGeodatabase"、"geojson"、"scenepackage"、"vectortilepackage"、"imageCollection"、"mapService"和"sqliteGeodatabase"。

您应该在名为 AlamedaCountyFarmersMarket.csv 的 CSV 文件中拥有奥克兰和伯克利农贸市场的数据。它包含在本章开头下载的 Chapter5.zip 文件中。

打开 AlamedaCountyFarmersMarket.csv 文件以查看您将添加的数据。这是一个基本的 CSV，包含市场名称、开放日、开放时间、位置、城市、纬度和经度，如图 5.1 所示。

	A	B	C	D	E	F	G
1	MarketName	Days	Time	Location	City	Latitude	Longitude
2	Downtown Berkeley	Saturday	10 am - 3 pm	Center Street and Martin Luther King Jr. Way	Berkeley	37.869336	-122.272118
3	North Berkeley	Thursday	3 pm - 7 pm	Shattuck Avenue and Vine Street	Berkeley	37.881804	-122.269392
4	South Berkeley	Tuesday	2 pm - 6:30 pm	Adeline Street and 63rd Street	Berkeley	37.847751	-122.27194
5	Grand Lake	Saturday	9 am - 2 pm	Splash Pad Park	Oakland	37.810721	-122.247899

图 5.1 农贸市场 CSV

在本练习中，您将创建一个 Notebook 以添加此数据并将其发布为要素图层。

1. 打开 ArcGIS Pro，导航到解压 Chapter5.zip 文件夹的位置，然后打开 Chapter5.aprx。

2. 右击 Chapter5 文件夹并选择新建>Notebook，将 Notebook 重命名为 AddPublishData。

3. 在第一个单元格中，输入您的导入语句并创建一个 GIS 对象，该对象将登录到您在 ArcGIS Pro 中使用的同一 ArcGIS Online 账户：

```
from arcgis.gis import GIS
from IPython.display import display
gis = GIS('home')
```

4. 在下一个单元格中，您将为 CSV 创建一个变量。输入以下内容：

```
csvFM = r"C:\PythonBook\Chapter5\AlamedaCountyFarmersMarket.csv"
```

 如果您的 CSV 保存到其他位置，请确保您使用的是该位置。

5. 在下一个单元格中，您将创建 CSV 属性的数据字典。您将填写标题、描述和标签的属性作为键，并将它们的属性作为值。输入以下内容：

```
csvProperties = {
    "title": "Farmers Markets in Alameda County",
    "description": "Location, days, and hours of Farmers Markets in Alameda County",
    "tags": "Farmers Market, Alameda County, ArcGIS API for Python"
}
```

6. 在下一个单元格中，您将创建一个变量来保存要添加的 CSV 项目。您将使用 content 属性中的 add()方法。传递的参数是属性字典和您在上面创建的带有 CSV 路径的变量。输入以下内容：

```
addCsvFM = gis.content.add(item_properties = csvProperties,data = csvFM)
```

7. 在下一个单元格中，您将通过调用 publish() 方法发布刚刚添加的 CSV 项目。输入以下内容：

```
farmersMarketFL = addCsvFM.publish()
farmersMarketFL
```

 通过将发布方法分配给变量，该变量将包含要素图层。您可以调用该变量来显示要素图层的属性。

8. 在下一个单元格中，您将创建一个快速地图以可视化您的数据并验证要素图层是否已创建。输入以下内容：

```
map1 = gis.map("Oakland, California")
map1.add_layer(farmersMarketFL)
map1
```

9. 单击 Cell > Run All 以运行所有单元。输出映射应如图 5.2 所示。

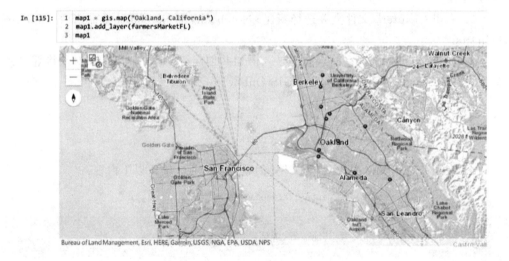

图 5.2　显示农贸市场特征层的地图小部件

您现在已将地址位置的 CSV 发布到您的 ArcGIS Online 账户。每当您需要将点的 CSV 发布到 ArcGIS Pro 时，您只需更新 CSV 的路径和数据字典中的 item_properties，就可以添加和发布该 CSV。

5.1.1.2　添加和发布提示

您已了解如何发布包含点数据的纬度和经度列的 CSV。这个过程可以变成一个迭代过程，使用循环发布多个 CSV；您只需要为每个 CSV 编写一个属性数据字典。但是，您的数据并不总是包含经纬度点位置的 CSV。以下是发布其他类型数据的一些

提示:

- 发布带有纬度和经度字段的 CSV 时,确保它们被命名为"纬度"和"经度"。模块正在寻找这些字段名称。如果没有找到,它将无法正确定位这些点。您可以通过在 publish()方法中创建一个 publish_parameters 字典来指定要使用的字段名称。publish_parameters 字典将用于设置 latitudeFieldName 和 longitudeFieldName 的值。要设置这些字段名称,您还必须将 locationType 值设置为"坐标"。要查看这一点,您可以使用 AlamedaCountyFarmersMarket_TestLatLongField.csv 并使用与上述相同的方法发布它。您只需要添加以下内容:

```
publishParam = {
"locationType":"coordinates",
"latitudeFieldName":"LatX",
"longitudeFieldName":"LongY"
}
```

到包含以下内容的单元格的开头:

```
farmersMarketFL = addCsvFM.publish()
farmersMarketFL
```

并更改以下内容:

```
farmersMarketFL = addCsvFM.publish()
```

为

```
farmersMarketFL = addCsvFM.publish(publish_parameters = publishParam)
```

- 可以对没有纬度和经度但带有地址的 CSV 进行地理编码。要对来自 CSV 的数据进行地理编码,您将再次使用 publish_parameters 字典:

```
publishParam = {
    "locationType":"address",
    "addressTemplate":"{address},{city},{state},{zip}"
}
```

locationType 字段设置为"地址"。然后将 addressTemplate 字段设置为包含不同地址组件的字段。在此示例中,有一个包含街道地址的字段、一个包含城市的字段、一个包含州的字段和一个包含邮政编码的字段。此设置将取决于您如何在 CSV 中保存数据。

- 可以使用相同的方法添加和发布 Shapefile 和文件地理数据库,但它们必须被压缩。如果您有大量解压缩的 shapefile 或文件地理数据库,您可以自动执行压缩和发布它们的过程。

ArcGIS API for Python 对于将数据快速添加到组织的 ArcGIS Online 或 ArcGIS Enterprise 账户非常有用。您已了解如何添加和发布 CSV,并且可以使用 ArcGIS Online 地理编码器在发布时对 CSV 进行地理编码。在下一节中,您将了解如何将数据组织到文件夹中、如何创建组以及管理对组的访问。

5.1.2 组织数据、管理组和用户

在 ArcGIS Online 账户或 ArcGIS Enterprise 中组织数据很重要;您希望能够找到您的数据。除了保存数据的文件夹外,您还可以创建组以共享特定数据。在大型组织中,这很重要,因为并非每个人都需要访问相同的数据。

在本节中,您将了解如何创建文件夹并将数据移动到其中,如何创建组并管理对它们的访问,以及如何创建和管理用户。

5.1.2.1 将数据组织到文件夹中

添加数据或发布数据后首先要做的事情之一应该是找到一个文件夹来放置它。使用文件夹来组织数据是一种很好的做法。这有助于您和您组织的其他成员查找数据。您可以使用 ArcGIS API for Python 添加文件夹和移动数据。在下面的练习中,您将创建一个新文件夹并移动上一个练习中的农贸市场数据:

1. 如果您关闭了 ArcGIS Pro,请将其打开,导航到您解压缩 Chapter5. zip 的位置文件夹,然后打开 Chapter5. aprx。

2. 右击 Chapter5 文件夹并选择新建 > Notebook,将 Notebook 重命名为 Create-FolderMoveData。

3. 在第一个单元格中,输入您的导入语句并创建您的 GIS。您将创建登录到 Arc-GIS Online 账户的 GIS,该账户用于登录 ArcGIS Pro:

```
from arcgis. gis import GIS
from IPython. display import display
gis = GIS('home')
```

4. 在下一个单元格中,您将创建一个新文件夹:

```
gis. content. create_folder(folder = "AlamedaFarmersMarkets")
```

5. 在下一个单元格中,您将搜索需要移动到您正在创建的文件夹的数据。输入以下内容:

```
alamedaFM = gis. content. search(query = "title:Farmers Markets in Alameda County")
```

6. 记住 search()方法返回一个项目列表。要确认列表中的内容,您将运行一个 for 循环来遍历列表并显示数据。在与上述相同的单元格中,输入以下内容:

```
alamedaFM = gis. content. search(query = "title:Farmers Markets in Alameda County")
for item in alamedaFM:
    display(item)
```

7. 单击 Cell > Run All 以运行到目前为止的所有单元。您的 Notebook 现在应该看起来像这样,如图 5.3 所示。

```
In [132]:   1  from arcgis.gis import GIS
            2  from IPython.display import display
            3  gis = GIS("home")
```

```
In [133]:   1  gis.content.create_folder(folder="AlamedaFarmersMarkets")
```

```
Out[133]:  {'username': 'billparkermapping', 'id': 'bcd0dad584604adb95dc781cb039d93a', 'title': 'AlamedaFarmersMarkets'}
```

```
In [134]:   1  alamedaFM = gis.content.search(query="title:Farmers Markets in Alameda County")
            2  for item in alamedaFM:
            3      display(item)
```

Farmers Markets in Alameda County

Feature Layer Collection by billparkermapping
Last Modified: August 01, 2021
0 comments, 0 views

Farmers Markets in Alameda County

CSV by billparkermapping
Last Modified: August 01, 2021
0 comments, 2 views

图 5.3　创建文件夹和查找要移动的数据的输出

8. 在下一个单元格中,您将通过循环搜索结果并使用 move() 方法将要素图层和 CSV 移动到新文件夹中。输入以下内容:

```
for item in alamedaFM:
    item.move(folder = "AlamedaFarmersMarkets")
    print(item)
```

运行单元格。您应该会看到如下输出:

```
<Item title:"Farmers Markets in Alameda County" type:Feature Layer Collection owner:bill-
parkermapping>
    <Item title:"Farmers Markets in Alameda County" type:CSV owner:billparkermapping>
```

这确认您的数据已被移动。如果您转到您的 ArcGIS Online 账户,您将看到您现在有一个新文件夹,并且两个数据集都在其中。创建文件夹并将数据移动到该文件夹是 ArcGIS API for Python 可用于的过程。在练习中,您可以按名称找到所有数据集,并将它们移动到新创建的文件夹中。能够使用 ArcGIS API for Python 在 GIS 中搜索数据并将其移动到文件夹中,这是一种可以节省您时间的宝贵工具。

 如果需要将数据移回根目录,只需使用以下代码:item.move("")。

5.1.2.2　访问和管理组

组是您与其他用户共享数据的空间。它们是您可以通过允许其他用户访问您的数据和地图来创建协作 GIS 的方法。使用 ArcGIS API for Python,您可以以编程方式创建和管理组以节省您的时间,同时促进团队内外更好地协作。

在本节中,您将了解如何创建新群组、如何通过向群组共享数据来管理群组以及如何在群组中添加和删除用户。

(1) 创建组

您可以创建群组以公开或仅与群组成员共享数据。在本练习中,您将了解如何创建用于公开共享数据的组。您还将看到创建私人群组所需的参数以及如何更改群组的共享设置:

1. 如果您关闭了 ArcGIS Pro,请将其打开,导航到您解压缩 Chapter5.zip 的位置文件夹,然后打开 Chapter5.aprx。

2. 右击 Chapter5 文件夹并选择新建 > Notebook,将 Notebook 重命名为 CreateGroupMoveData。

3. 在第一个单元格中,您将通过当前登录 ArcGIS Pro 的用户登录组织的 GIS,输入以下内容:

```
from arcgis.gis import GIS
from IPython.display import display
gis = GIS("home")
```

运行单元格。

4. 在下一个单元格中,您将使用 groups 模块的 create() 方法创建一个组。create() 方法接受五个参数(解释如下)。输入以下内容:

```
farmerMarketGroup = gis.groups.create(title = "Alameda County Farmers Markets",
tags = "Alameda County, Farmers Market",
description = "Group with data for Alameda County Farmers Markets.",
access = "public",
is_invitation_only = "False"
)
```

运行单元格。您应该不会收到任何输出消息,但您已经创建了一个新的公共组。

5. 要检查这一点,您可以转到您的 ArcGIS Online 账户并查看组。您还可以在新单元格中输入 farmerMarketGroup 并运行它以查看该组。它应该如图 5.4 所示。

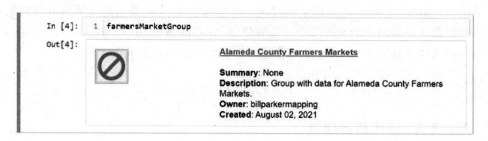

图 5.4 新创建的组

要创建组,您使用了五个参数:title、tags、description、access 和 is_invitation_only,

这些是您在设置新组时应使用的最少参数,因为它们为组提供了标题、标签、描述和设置基本访问权限。下面的列表总结了这些参数以及它们可以采用的值:

- title:单引号或双引号之间的字符串,将成为您的组的标题。
- tags:单引号或双引号之间的字符串,用逗号分隔所有标签。返回时,它是一个列表。
- description:单引号或双引号之间的字符串,将作为您的组的描述。
- access:设置访问权限的单引号或双引号之间的字符串。访问值可以是"org"、"private"或"public"。org 是您组织中的每个人都可以看到的组。private 是一个只有受邀用户才能看到的私人群组。public 是一个可供所有人使用的公共组。
- is_invitation_only:单引号或双引号之间的字符串,它是一个布尔值。当设置为 True 时,用户只有在受到邀请时才能获得访问权限。当设置为 False 时,用户可以请求访问或被邀请。

6. 您可以通过输入组的变量、点和值来验证任何设置。例如,要验证您刚刚创建的组的访问权限,请在下一个单元格中键入以下内容:

```
farmerMarketGroup.access
```

运行单元格。您应该在输出单元格中看到 public。

7. 要更改组的任何值,可以使用 update()函数。update()函数采用用于创建组的所有相同参数。例如,要更新访问权限,请输入以下内容:

```
farmerMarketGroup.update(access = "private")
```

运行单元格。您应该在输出单元格中看到 True。

您现在已经创建了一个新组并了解了如何更改该组的值。下一步是与组共享数据。

(2)向群组分享内容

空组不是很有用。创建组的目的是公开或与其他用户共享数据。在本节中,您将了解如何与群组共享数据。您将在以下步骤中从上面的同一 Notebook 中继续。

1. 您将需要访问包含阿拉米达县农贸市场的要素图层。在上面同一个 Notebook 的下一个单元格中,您将使用 search()方法获取在阿拉米达县地区农贸市场的要素图层。search()方法返回一个列表;您只有一个具有该标题的项目,因此您可以在 search()方法的末尾添加一个[0]以仅将列表中的第一个值返回到您的变量。输入以下内容,运行单元格。您应该会看到阿拉米达县地区农贸市场要素图层的显示。

```
alamedaFM = gis.content.search(query = "title:Farmers Markets in
Alameda County")[0]
alamedaFM
```

2. 现在您可以通过输入以下内容来检查要素图层的访问权限:

```
alamedaFM.access
```

运行单元格。您应该看到它返回"private"。

3.现在您有了一个要素图层,您可以使用 share()方法与您的组共享它。您将使用两个参数来设置组织共享级别。org 参数可以设置为 True 或 False。当设置为 True时,它会与您的整个组织共享该项目;当设置为 False 时,它只是与组共享。groups 参数从组中获取 ID。由于您有一个保存该组的变量,因此您只需使用 id()方法访问其 ID。输入以下内容:

```
alamedaFM.share(org = False,groups = farmerMarketGroup.id)
```

运行单元格。您应该在 Out 单元格中看到以下结果,但 itemId 不同,因为它是由ArcGIS Online 自动生成的:

{'results': [{'itemId': 'df1b9d3df42e4ba8b0634f439ed8dd48',
'success': True, 'notSharedWith': []}]}

4.您可以通过调用其上的 shared_with 属性来检查任何项目的共享级别。要查看它,请输入以下内容:

```
alamedaFM.shared_with
```

运行单元格。您应该看到以您的用户名作为所有者的结果:

{'everyone': False, 'org': False, 'groups': [<Group title:"Alameda
County Farmers Markets" owner:billparkermapping>]}

结果是一个字典,其中包含项目现在与之共享的每个人、组织和组的值。

现在您已经与群组共享了一些数据,您需要添加或邀请用户加入您的群组。

(3) 从组中添加、邀请和删除用户

从组中添加、邀请和删除用户都使用类似的代码,它们都将方法应用于组。这些方法将用户名字符串列表作为参数。表 5.1 展示了使用示例中的农贸市场组的句法。

表 5.1　从组中添加、邀请和删除用户的代码

add_users	farmerMarketGroup.add_users(["user1","user2",...])
invite_users	farmerMarketGroup.invite_users(["user1","user2",...])
remove_users	farmerMarketGroup.remove_users(["user1","user2",...])

运行上述任何代码时,输出都是一个字典,其中包含未添加的用户列表。如果添加了所有用户,则输出将为{'notAdded':[]};如果未添加用户,则输出将包含用户名和有关未添加用户的原因的详细信息。请注意,不能从组中删除组所有者。

 哪些用户可以属于某个组取决于您的组织类型。在某些情况下,组织不允许来自组织外部的用户或公共用户成为组的一部分。

现在您已经创建了一个组,与其共享数据,并向该组添加或邀请了新用户。接下

来,您将了解如何使用要素模块来查询和更新要素图层。

5.2　使用要素模块处理要素图层

ArcGIS Online 将您的地理图层显示为 Web 图层。以下是可在 ArcGIS Online 中发布的多种类型的 Web 图层:地图图像图层、影像图层、切片图层、高海拔图层、要素图层、场景图层和表格。要素图层是您将在 ArcGIS Online 中使用的矢量数据的主要 Web 图层。它们是您发布到 Web GIS 的要素数据以及您在 Web 地图上显示的内容。可以将要素图层分组到称为要素图层集合的集合中。当您发布农贸市场的 CSV 时,您已经在本章中使用过要素图层。

在本节中,您将使用要素图层、查询要素图层、编辑其中的数据、将数据附加到其中、下载附件、下载数据以及删除要素图层。

5.2.1　查询要素图层

您已经在第 3 章"适用于 Python 的 ArcGIS API"中了解了如何搜索数据。您将再次搜索数据以获取您在本章前面上传的农贸市场要素图层。您会发现自己经常使用 search()查询数据,因为它是获取所需数据的好方法。get()方法也可以获取要素层,但它以项目 ID 作为其参数。问题是项目 ID 很长且难以记住;大多数人发现更容易记住要素图层的名称。

在本练习中,您将创建一个 Notebook 来查询奥克兰农贸市场的要素图层:

1. 如果您关闭了 ArcGIS Pro,请将其打开,导航到您解压缩 Chapter5. zip 的位置文件夹,然后打开 Chapter5. aprx。

2. 右击 Chapter5 文件夹并选择新建＞Notebook,将 Notebook 重命名为 Query-AndEdit FeatureLayer。

3. 在第一个单元格中,您将通过当前登录 ArcGIS Pro 的用户登录组织的 GIS。输入以下内容:

```
from arcgis.gis import GIS
from IPython.display import display
gis = GIS('home')
```

运行单元格。

4. 在下一个单元格中,您将创建一个变量来保存从搜索结果返回的列表,并打印输出搜索结果以查看您的搜索返回的内容。您将根据标题查询来搜索要素图层。输入以下内容:

```
fmSearch = gis.content.search(query = "title:Farmers Markets in
Alameda County",item_type = "Feature Layer")
```

fmSearch

运行单元格。

5. 在下一个单元格中,要获取要素图层,您将使用列表索引并将索引 0 分配给新变量。该变量将包含您的要素图层对象。然后,您将显示要素图层。输入以下内容:

farmersMarkets = fmSearch[0]

farmersMarkets

运行单元格。您应该会看到如图 5.5 所示的输出。

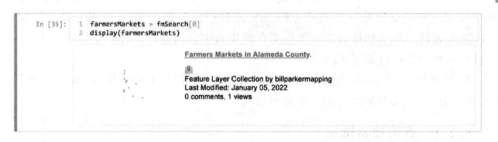

图 5.5　从搜索中检索到的要素图层集合

6. 现在您有了农贸市场特征层。如果查看显示中的描述,您可以看到农贸市场特征层实际上是一个特征层集合。您不能对要素图层集合运行查询;您必须在其中选择一个单独的图层。要查询它,您需要访问集合中的每个要素图层。首先,您需要知道您想要哪个要素图层。在下一个单元格中,创建一个变量来保存所有层,然后遍历层,打印输出每个层的名称:

fmLayers = farmersMarkets.layers

forlayer in fmLayers:

display(layer.properties.name)

运行单元格。您应该在 Out 单元格中看到以下代码:

'Farmers_Markets_in_Alameda_County'

7. 由于上一步只输出了一个名称,因此可以看到阿拉米达县的农贸市场只有一层名为 Farmers_Markets_In_Alameda_County。在下一个单元格中,创建一个变量来保存该图层对象,并打印输出一些属性:

alamedaFM = fmLayers[0]

print(alamedaFM.properties.geometryType)

print(alamedaFM.properties.type)

print(alamedaFM.properties.fields)

运行单元格。您应该会看到打印输出的 esriGeometryPoint 的几何类型,然后是图层类型的要素图层,以及每个字段的数据字典列表。

您可以在调用方法后按 Tab 键查看所有可用的不同属性。通过键入 alamedaFM. properties 尝试此操作,然后按 Tab 键并查看您可以访问的要素图层的所有不同属性。

8. 现在您有了单个要素图层,您可以对其进行查询。要查询要素图层,请调用查询方法并将查询传递给 where 参数。在下一个单元格中,输入以下内容:

```
oaklandFM = alamedaFM.query(where = "City = 'Oakland'")
oaklandFM
```

运行单元格。您应该会在 Out 单元格中看到以下内容:

```
<FeatureSet> 8 features
```

9. 返回给您的不是特征层而是特征集。要素集允许您查看已查询的要素图层的属性。您可以查看您选择的每个属性的不同字段和几何函数,查看特征集中每个特征的几何形状。在下一个单元格中输入以下内容:

```
i = 0
while i <len(oaklandFM):
    print(oaklandFM.features[i].geometry)
    i += 1
```

运行单元格。结果是一个以"x"、"y"和"spatialReference"作为键的数据字典。空间参考键的值是另一个具有知名 ID(WKID)和最新 WKID 的字典。您应该有八个数据字典打印输出到 Out 单元格,前两个如下所示:

```
{'x': - 13608573.86722754, 'y': 4552721.437081691,
'spatialReference': {'wkid': 102100, 'latestWkid': 3857}}
{'x': - 13611486.986982107, 'y': 4551375.895114394,
'spatialReference': {'wkid': 102100, 'latestWkid': 3857}}
```

 WKID 和最新的 WKID 有什么区别?
ArcGIS Online 对 web 图层使用 WGS 1984 Web Mercator(辅助球体)投影。在 ArcGIS 10 版本中,WGS 1984 Web Mercator(辅助球体)的 WKID 从 102 100 更改为 3 857。因此,最新的 WKID 属性已添加到 10.1 之后的所有 ArcGIS 版本中,以确保向后兼容使用旧版本的 WKID。

10. 除了 geometry 之外,您还可以使用与上述相同的代码访问属性 attributes。只需用 attributes 替换 geometry:

```
i = 0
while i <len(oaklandFM):
    print(oaklandFM.features[i].attributes)
    i += 1
```

运行单元格。结果再次是一个字典,其中属性作为键,属性值作为对。Out 单元格中应该有八个数据字典,前两个如下所示:

```
{'MarketName': 'Grand Lake ', 'Days': 'Saturday', 'Time': '9 am - 2
pm', 'Location': 'Splash Pad Park', 'City': 'Oakland', 'Latitude':
37.810721, 'Longitude': - 122.247899, 'ObjectId': 4}
{'MarketName': 'Old Oakland', 'Days': 'Friday', 'Time': '8 am - 2
pm', 'Location': '9th Street and Broadway', 'City': 'Oakland',
'Latitude': 37.801171, 'Longitude': - 122.274068, 'ObjectId': 5}
```

既然您已经了解了如何查询数据,那么您将了解如何编辑您搜索和查询的数据。

5.2.2 编辑功能

查看数据时,您会注意到 Oakland 数据中的街道名称字段有所不同。伯克利的所有地点都使用 Street、Way 或 Avenue 的完整道路类型。但是,在奥克兰,Street 已缩写为 St。您将更新所有这些以将 St 更改为 Street。您可以在 ArcGIS Online 中的编辑模式下快速编辑单个要素;但是,如果您在一个文件中多次出现相同的错字,那么您将在本练习中使用的方法会更有效率。

要编辑数据,您需要创建一个要素集,隔离需要编辑的要素和属性,进行编辑,然后使用您编辑的要素集更新要素图层。

1. 通过检查要素图层是否可编辑,继续在上一个练习的 QueryAndEditFeature-Layer Notebook 中工作。输入以下内容:

```
alamedaFM.properties.capabilities
```

运行单元格。Out 单元格中的结果是为要素图层启用的功能,应如下所示:

```
'Create,Delete,Query,Update,Editing'
```

2. 一旦知道启用了编辑功能,就可以查询图层以创建要素集。您已经从上一个练习中创建了一个包含所有奥克兰农贸市场的产品,因此您可以在此处重复使用该产品。您将创建一个空列表来保存需要编辑的要素。您将遍历功能集中的功能以查找拼写错误,并在找到时将这些功能添加到空列表中。通过输入以下内容来执行此操作:

```
fmFeature = []
for f in oakFM_features:
    print(f.attributes["Location"])
    if "St" in f.attributes["Location"]:
        fmFeature.append(f)
```

运行单元格。打印输出语句将在您遍历要素时为您提供每个"位置"属性的结果。

3. 现在您有了要更新的功能列表,您可以应用更新。您想将单词"St"替换为"Street",为此,您需要访问 Location 字段的属性。这是通过在遍历它们时将字段名称作为键传递给每个特征的属性字典,然后将其设置为新值来完成的。由于您只想替换一个单词,因此可以使用 replace()函数。通过在新单元格中输入以下内容来执行此操作:

```
featEditList = []
for feat in fmFeature:
    featEdit = feat
    featEdit.attributes["Location"] = featEdit.
attributes["Location"].replace("St","Street")
    featEditList.append(featEdit)
```

运行单元格。代码的最后一行将打印输出功能列表。特征存储为字典，因此您可以查看所有值。您应该会看到 Location 的值已更新，现在包含"Street"而不是"St"，如您所愿：

```
{'MarketName': 'Old Oakland', 'Days': 'Friday', 'Time': '8 am - 2
pm', 'Location': '9th Street and Broadway', 'City': 'Oakland',
'Latitude': 37.801171, 'Longitude': -122.274068, 'ObjectId': 5}
{'MarketName': 'Jack London Square', 'Days': 'Sunday', 'Time': '9
am - 2 pm', 'Location': '44 Webster Street', 'City': 'Oakland',
'Latitude': 37.793834, 'Longitude': -122.274985, 'ObjectId': 6}
{'MarketName': 'Fruitvale Farmers Market', 'Days': 'Tuesday,
Thursday', 'Time': '11 am - 7 pm', 'Location': 'Avenida de la
Fuente and 12th Street', 'City': 'Oakland', 'Latitude': 37.775899,
'Longitude': -122.224058, 'ObjectId': 9}
```

4. 要编辑原始要素图层，请在其上调用 edit_features 方法，传递更新要素列表。通过将其设置为新单元格中的变量，您可以调用该变量来查看结果并验证它是否有效：

```
updateFM = alamedaFM.edit_features(updates = featEditList)
updateFM
```

运行单元格。您应该看到返回的字典带有 addResults、updateResults 和 deleteResults 的键。addResults 和 deleteResults 是空列表，因为您没有添加或删除任何内容。updateResults 列出了您所做的每个更新的 objectID、uniqueID、globalID 和成功状态。从上面的 Out 单元格中，您可以看到唯一已编辑的要素的 objectId 值为 5、6 和 9。结果应如下所示，显示 objectID 为 5、6 和 9 的 updateResults 确实已更新：

```
{'addResults': [], 'updateResults': [{'objectId': 5, 'uniqueId': 5,
'globalId': None, 'success': True}, {'objectId': 6, 'uniqueId': 6,
'globalId': None, 'success': True}, {'objectId': 9, 'uniqueId': 9,
'globalId': None, 'success': True}], 'deleteResults': []}
```

在本节中，您已经了解了如何编辑要素图层的属性。虽然这仅针对一个字段进行，但如果您多次出现相同的拼写错误，您可以遍历所有包含错误的功能并对其进行编辑。当您有多个需要更改的字段时，这为您提供了要修改的基本代码。您也可以以相同的方式编辑几何图形，您只需要访问几何字段并编辑 x 和 y 值。在下一部分中，您将了解如何将新要素附加到现有要素图层。

5.2.3 附加功能

农贸市场数据显示"阿拉米达县",但仅适用于伯克利和奥克兰。您现在已经收集了阿拉米达县的其余市场位置,并且想要将它们添加到您的要素图层中。为此,您将上传包含新要素的文件地理数据库,发布它,然后将它们附加到现有要素图层。

1. 右击 Chapter5 文件夹并选择新建 > Notebook,将 Notebook 重命名为 AppendDataToFeatureLayer。

2. 除了通常的 GIS 导入语句和登录到您组织的 ArcGIS Online 账户外,您还需要导入 zipfile 模块来压缩文件地理数据库,以及 arcpy 和 os,以使用每个 walk 功能,见第 4 章"数据访问模块和光标"。在第一个单元格中,输入以下内容:

```
from arcgis.gis import GIS
import zipfile
import arcpy
import os
gis = GIS('home')
```

运行单元格。

3. 您要附加的数据是 Chapter5.gdb 中的 AlamedaCountyAdditionalFarmersMarkets。它包含 Alameda 剩余的农贸市场。由于地理数据库中的要素类具有相同的方案,因此您可以在 GIS 中添加数据后对其进行附加。要上传文件地理数据库,需要对其进行压缩。在下一个单元格中,设置地理数据库的变量、ZIP 文件名、ZIP 文件位置和 ZIP 文件的完整路径:

```
gdb = r"C:\PythonBook\Chapter5\Chapter5.gdb"
zipName = "AdditionalAlamedaFarmersMarket"
zipLoc = r"C:\PythonBook\Chapter5"
zipFull = os.path.join(zipLoc,zipName + ".zip")
```

运行单元格。

4. 接下来两个步骤的代码将被写入同一个单元格中。您将使用 zipfile 模块压缩地理数据库。这是通过调用 zipfile 对象的 ZipFile 类并传入要创建的 ZIP 文件的完整路径以及表示写入 ZIP 文件的"w"来完成的。您还将创建一个 os.walk() 来遍历存储地理数据库的文件夹位置。

在下一个单元格中,输入以下内容:

```
writeZip = zipfile.ZipFile(zipFull,'w')
walk = os.walk(zipLoc)
```

5. 地理数据库不是 Python 能很好识别的普通文件或文件夹。os.walk 将 geodatabase 视为 dirpath,然后将其中的单个文件视为 walk 的文件名。要使用 Python 压缩地理数据库,您将循环遍历并使用条件 if 来查找任何作为地理数据库的 dirpath 值。

找到地理数据库后,您将遍历其文件名。您将使用条件 if 来测试文件名是否为锁定文件,如果不是,则使用 writeZip 对象的 write 方法将其写入 ZIP 文件。您需要将每个文件名的写入属性的 arcname 参数设置为包含地理数据库和文件的全名。这将确保 ZIP 文件在压缩时仅包含地理数据库,而不是完整路径的所有文件夹。这是通过在地理数据库的完整路径上使用 os.path.basename() 函数来获取地理数据库名称而完成的。在下一个单元格中,输入以下内容:

```
for dirpath, dirnames, filenames in walk:
    if dirpath == gdb:
        for filename in filenames:
            if filename[-5:] != ".lock":
                writeZip.write(os.path.join(gdb,filename),
arcname = os.path.join(os.path.basename(gdb),filename))
writeZip.close()
```

运行单元格。

 在 ArcGIS Pro 中打开地理数据库时,可能会在地理数据库中出现锁定文件。它们始终以.lock 结尾,并且您无法压缩锁定文件。因此,通过测试锁定文件而不是编写它们,您可以压缩已在 ArcGIS Pro 中打开的地理数据库。

6. 接下来,您需要创建要加载到 ArcGIS Online 的地理数据库的属性并添加项目。回想一下前面的练习,属性存储为字典。您将在此字典中写入的属性是标题、类型、标签、片段和描述。您将属性以及压缩地理数据库的路径和存储数据的文件夹传递给 add() 函数。在下一个单元格中,输入以下内容:

```
fmNewProperties = {
    "title":"Additional Farmers Markets In Alameda County",
    "type":"File Geodatabase",
    "tags":"Alameda County, Farmers Market, Additional",
    "snippet":"Alameda Farmers Markets to be added",
    "description":"Farmers Markets outside Oakland and Berkeley to
be added to the full feature layer"
}
fmNewGdb = gis.content.add(item_properties = fmNewProperties,
                                    data = zipFull,
folder = "AlamedaFarmersMarkets")
```

运行单元格。

您不必发布地理数据库,因为您只是使用它来将数据附加到已发布的要素图层。如果您想在不附加的情况下单独显示地理数据库数据,则需要发布它。

7. 在下一个单元格中,您将获得刚刚添加的地理数据库项目的 ID。您将在 append 函数中需要它,因为它将源数据的 ID 作为参数之一附加。输入以下内容:

```
newFmGDBId = fmNewGdb.id
```

运行单元格。

8. 您需要获取要附加数据的要素图层。为此,您将使用本章前面使用过的搜索代码。您需要在具有 Alameda 农贸市场位置的要素图层集合中获取图层。在这两种情况下,您都知道只有一个标题为"Alameda 农贸市场"的要素图层,其中只有一个图层。在下一个单元格中,输入以下内容:

```
fmSearch = gis.content.search(query = "title:Farmers Markets in
Alameda County",item_type = "Feature Layer")
farmersMarkets = fmSearch[0]
fmLayer = farmersMarkets.layers[0]
fmLayer
```

运行单元格。您应该在 Out 单元格中看到以下代码,表明您现在只有一个图层:

```
<FeatureLayer url:"https://services3.arcgis.com/HReqYJDJNUe3sQwB/
arcgis/rest/services/Farmers_Markets_in_Alameda_County/
FeatureServer/0">
```

9. 现在您可以将地理数据库中的数据附加到该要素图层。您将使用 append( )函数,并且需要为其提供四个参数:

- 要附加到要素图层的项目的 item_id。
- upload_format,可以采用以下值:sqlite、shapefile、filegdb、featureCollection、geojson、csv 或 excel。
- 附加文件地理数据库时需要 source_table_append,因为您需要指定文件地理数据库中要附加的要素类,即使只有一个要素类。
- upsert 用于确定是否附加也将更新要素图层中的数据。当 upsert 设置为 True 时,它将更新数据;当 upsert 设置为 False 时,它会简单地附加它。

在下一个单元格中,输入以下内容:

```
fmLayer.append(item_id = newFmGDBId,
               upload_format = 'filegdb',
               source_table_name =
                         'AlamedaCountyAdditionalFarmersMarkets',
               upsert = False
               )
```

运行单元格。如果运行成功,您将获得 True 的输出。

 注意 upsert 方法。默认值为 True,如果保持这种方式,您可能会用新数据覆盖要素图层中的所有数据,而不是附加新数据。

10. 您现在可以在 ArcGIS Online 中查看数据。您将看到您的要素图层现在具有额外的农贸市场。现在您有了这些数据,您可以下载完整的农贸市场。为此,您创建一个导出,然后下载该导出。

export()函数适用于要素图层或要素图层集合,而不适用于要素图层集合的各个图层。export()函数有两个必需的参数:

- 标题:一个字符串,它将是您下载的 zip 文件夹的名称。
- export_format:可以是以下类型:"Shapefile"、"CSV"、"File Geodatabase"、"Feature Collection"、"GeoJson"、"Scene Package"、"KML"、"Excel"、"geoPackage"或"Vector Tile Package"。

对导出项目调用 download()函数并获取要下载到的导出项目的位置。您将把它下载到之前将地理数据库压缩到的同一位置。

在下一个单元格中,输入以下内容:

```
fmUpdateExport = farmersMarkets.
export(title = "AllFarmersMarketsAlameda",
export_format = "File Geodatabase")
fmUpdateExport.download(zipLoc)
```

运行单元格。

11. 压缩文件 AllFarmersMarketsAlameda 已下载到您的 Chapter5 文件夹。现在,您可以通过删除不需要的数据来清理您的 ArcGIS Online 账户。这将帮助您节省存储空间和积分。您将删除刚刚创建的导出项目,以及其他农贸市场的文件地理数据库。delete()函数不接受任何参数,并且仅适用于未打开删除保护的项目。输入以下内容:

```
fmUpdateExport.delete()
fmNewGdb.delete()
```

运行单元格。如果运行成功,您将看到 True 返回。

在本节中,您了解了如何将文件地理数据库上传到 ArcGIS Online 并将该数据附加到现有要素类。该过程涉及压缩文件地理数据库、将项目添加到 ArcGIS Online,然后将其附加到现有要素图层。最后,您将新要素图层下载到地理数据库并删除导出和上传的文件地理数据库以节省空间。

在本练习中,现有要素图层和要附加的地理数据库都具有相同的方案。如果没有,则可以在 append()函数中使用参数以允许附加具有不同模式的数据。有关详细信息,请查看 ArcGIS API for Python 文档,网址为 https:// developers. arcgis. com/python/ api—reference/arcgis. features. toc. htm l? highlight=append#featurelayer。

5.3   使用映射模块可视化您的数据

到目前为止,您一直在通过 ArcGIS API for Python 管理和更新数据、创建文件夹并在其中移动数据以及创建共享组。虽然这很有用,但所有数据都是地理空间数据,查看地图上显示的数据可能会有所帮助。通过在 Jupyter Notebook 环境中使用 ArcGIS API for Python,您可以可视化所有数据。在本练习中,您将显示农贸市场数据并在 Notebook 环境中按打开日期对其进行符号化。

1. 右击 Chapter5 文件夹并选择新建 > Notebook,将 Notebook 重命名为 CreateMap。

2. 您将从标准代码开始导入 arcgis 模块并创建与您的 ArcGIS Online 账户的连接。您还将导入 pandas 库。这将允许您创建一个启用空间的 DataFrame(SEDF)。SEDF 是可以轻松操作几何和属性数据的对象。pandas 包和 SEDF 将在第 8、9 和 10 章中更详细地探讨。在第一个单元格中输入以下内容:

```
from arcgis.gis import GIS
import pandas as pd
import arcgis
gis = GIS('home')
```

运行单元格。

3. 在下一个单元格中,您将创建变量来保存地图小部件并显示地图。您可以在创建地图时设置多个参数,例如缩放、范围和基础图。对于本练习,您只需输入城市和州即可设置位置。输入以下内容:

```
m = gis.map("Oakland,CA")
m
```

运行单元格。您将看到以加利福尼亚州奥克兰为中心显示的地图,如图 5.6 所示。

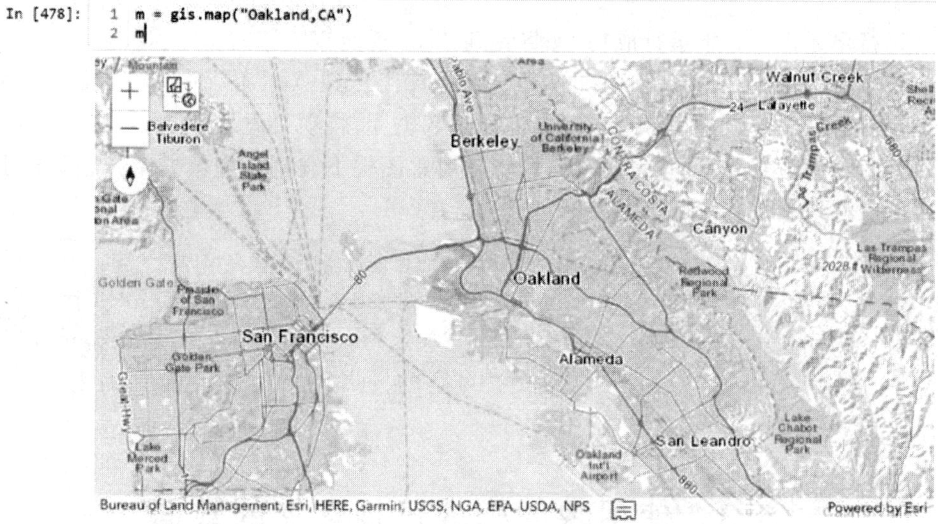

图 5.6　地图小部件显示

4. 调用属性可以查询到很多关于这张地图的信息。通过在下一个单元格中输入以下内容来查找缩放级别：

```
m.zoom
```

运行单元格。Out 单元格将返回给您当前的缩放级别：

```
11.0
```

5. 您也可以通过调用属性并将其设置为整数来设置缩放级别。由于该地图将显示整个阿拉米达县的农贸市场数据，因此如果再放大一级会更好看。在下一个单元格中，输入以下内容：

```
m.zoom = 10
```

运行单元格。地图将更新到新的缩放级别，如图 5.7 所示。

图 5.7　缩放级别设置为 10 的地图

6. 您还可以查看地图的中心。通过在下一个单元格中输入以下内容来查找中心：

```
m.center
```

运行单元格。Out 单元格将作为带有空间参考和 x、y 坐标的字典返回给您地图的中心：

```
{'spatialReference': {'latestWkid': 3857, 'wkid': 102100}, 'x':
-13611375.89013029, 'y': 4551936.947763765}
```

7. 这个缩放级别看起来不错，但是以都柏林为中心的地图可能更适合显示整个县。您可以使用地理编码模块查找都柏林的 x 和 y 坐标，然后将地图的 x 和 y 值设置为这些值。要首先找到都柏林的 x 和 y 值，请从地理编码模块调用 geocode() 函数。它

可以采用许多不同的论点;在此示例中,您将向其传递城市和州的名称以及要返回的最大位置数。您将最大值设置如下:

由于 geocode 函数返回一个列表,因此您使用列表索引来获取第一个也是唯一的值。该变量将存储值字典。在下一个单元格中,输入以下内容:

```
dublinLoc = arcgis.geocoding.geocode('Dublin, CA', max_locations = 1)[0]
dublinLoc
```

运行单元格。Out 单元格将是 dublinLoc 变量中所有值的字典:

```
{'address': 'Dublin, California', 'location': {'x':
- 121.91634999999997, 'y': 37.70423000000005}, 'score': 100,
'attributes': {'Loc_name': 'World', 'Status': 'T', 'Score':
100, 'Match_addr': 'Dublin, California', 'LongLabel': 'Dublin,
CA, USA', 'ShortLabel': 'Dublin', 'Addr_type': 'Locality',
'Type': 'City', 'PlaceName': 'Dublin', 'Place_addr': 'Dublin,
California', 'Phone': '', 'URL': '', 'Rank': 8.67, 'AddBldg':
'', 'AddNum': '', 'AddNumFrom': '', 'AddNumTo': '', 'AddRange':
'', 'Side': '', 'StPreDir': '', 'StPreType': '', 'StName': '',
'StType': '', 'StDir': '', 'BldgType': '', 'BldgName': '',
'LevelType': '', 'LevelName': '', 'UnitType': '', 'UnitName':
'', 'SubAddr': '', 'StAddr': '', 'Block': '', 'Sector': '',
'Nbrhd': '', 'District': '', 'City': 'Dublin', 'MetroArea': 'San
Francisco Bay Area', 'Subregion': 'Alameda County', 'Region':
'California', 'RegionAbbr': 'CA', 'Territory': '', 'Zone': '',
'Postal': '', 'PostalExt': '', 'Country': 'USA', 'LangCode': 'ENG',
'Distance': 0, 'X': - 121.91634999999997, 'Y': 37.70423000000005,
'DisplayX': - 121.91634999999997, 'DisplayY': 37.70423000000005,
'Xmin': - 121.96834999999997, 'Xmax': - 121.86434999999996, 'Ymin':
37.65223000000005, 'Ymax': 37.75623000000005, 'ExInfo': ''},
'extent': {'xmin': - 121.96834999999997, 'ymin': 37.65223000000005,
'xmax': - 121.86434999999996, 'ymax': 37.75623000000005}}
```

8. 在字典中,有一个名为"location"的键,它的值是包含 x 和 y 位置的字典。您可以使用它来设置地图中心的值。要设置地图的中心,您将输入纬度和经度值作为列表。请记住,纬度是 y 值,经度是 x 值。在下一个单元格中,输入以下内容:

```
m.center = [dublinLoc["location"]["y"],dublinLoc["location"]["x"]]
```

运行单元格。地图将更新,其中心移至都柏林,如图 5.8 所示。

9. 到目前为止,您一直在使用地图小部件附带的基础图。您可以通过调用 basemap 属性来检查调用的内容。在下一个单元格中输入以下内容:

```
m.basemap
```

运行单元格。Out 单元格将是当前显示的基础图:

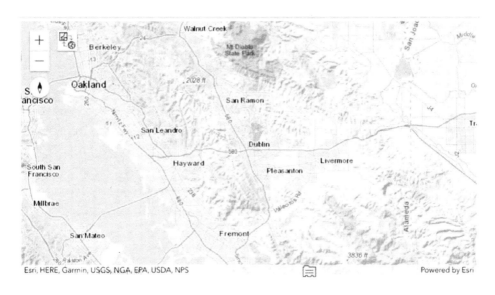

图5.8 以都柏林为中心的地图

```
'default'
```

10. 您可以通过调用 basemaps 属性查看可用基础图的列表。在下一个单元格中输入以下内容：

```
m.basemaps
```

运行单元格。Out 单元格将是可供使用的基础图列表：

```
['dark - gray', 'dark - gray - vector', 'gray', 'gray - vector', 'hybrid',
'national - geographic', 'oceans', 'osm', 'satellite', 'streets',
'streets - navigation - vector', 'streets - night - vector', 'streetsrelief -
vector', 'streets - vector', 'terrain', 'topo', 'topo - vector']
```

11. 由于这张地图显示了阿拉米达县的农贸市场，您想使用街道地图来帮助人们导航。要将基础图设置为街道地图，请将基础图属性分配给"街道"。在下一个单元格中输入以下内容：

```
m.basemap = "streets"
```

运行单元格。地图将更新为街道基础图，如图5.9所示。

12. 现在您已经设置了基础图，您可以添加农贸市场图层。如果您知道项目 ID，您可以通过获取它或使用标题搜索它来执行此操作。您可以重复使用上面的代码来搜索和获取要素图层。在下一个单元格中输入以下内容：

```
fmSearch = gis.content.search(query = "title:Farmers Markets in
Alameda County",item_type = "Feature Layer")
farmersMarkets = fmSearch[0]
```

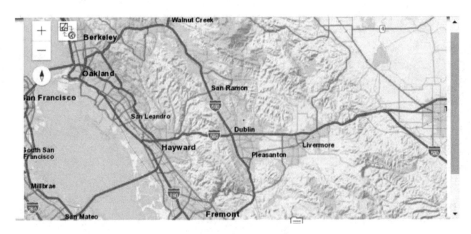

图 5.9　街道基础图

```
fmLayer = farmersMarkets.layers[0]
fmLayer
```

运行单元格。返回的输出将是农贸市场特征层的细节。

此时,您可以将数据添加到地图中,正如您在其他示例中看到的那样。但是您也可以花时间创建一个渲染器,以与默认值不同的视觉显示来渲染数据。您有两个渲染选项。您可以使用 ArcGIS API for JavaScript 或从要素图层创建 SEDF,然后对空间属性使用 plot()方法。

用于可视化数据的 ArcGIS API for JavaScript 将在第 13 章"案例研究:预测农作物产量"中进行探讨。在这里,您将探索另一个选项:

1. 您首先要创建一个 SEDF。在新单元格中键入以下内容:

```
sdf = pd.DataFrame.spatial.from_layer(fmLayer)
```

2. 在同一个单元格中,您将使用 SEDF 空间属性的 plot()方法在地图上绘制数据框。plot()方法有许多参数,您可以根据使用的数据类型和渲染器设置。以下是您将使用的列表:

- map_widget:显示数据的地图。
- renderer type:可以设置为"s"表示简单渲染器,"u"表示唯一值渲染器,"c"表示分类中断渲染器,"h"表示热图渲染器,或"u-a"表示唯一值将使用 arcade 表达式的值渲染器。
- palette:要使用的颜色图。
- col:SEDF 中要符号化的列。
- marker_size:标记的大小。
- line_width:标记的轮廓宽度。

　有关完整列表和说明,请参阅此处的 Plot 参数:https://developers.arcgis.com/python/api-reference/arcgis.features.toc.html#spatialdataframe。

3. 在您上一步中编写的代码下方,输入以下内容:

```
sdf.spatial.plot(
    map_widget = m,
    renderer_type = "u",
    palette = "nipsy_spectral",
    col = "Days",
    marker_size = 10,
    line_width = 0.5,
)
```

运行单元格。向上滚动到您的地图,您将看到如图 5.10 所示的内容,但有不同的颜色,因为颜色图随机选择颜色。

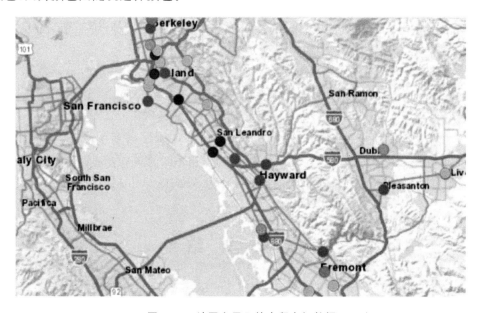

图 5.10   地图上显示的农贸市场数据

我怎么知道有哪些颜色图选项可用?

有两种方法可以查看可用的颜色图。您可以在单元格中输入以下内容并运行它:

from arcgis.mapping import display_colormaps display_colormaps()

Out 单元格将显示所有可用的颜色图。

您也可以在这个网站上找到它们:https://matplotlib.org/stable/ tutorials/colors/ colormaps.html。

4. 您可以将网络地图从 Notebook 保存到您的 GIS。与添加 CSV、文件地理数据库和其他项目一样,您需要创建一个包含项目属性的数据字典。然后,在地图上调用 save()函数,将属性和要保存到的文件夹作为参数传递。

您将把地图保存到您的 AlamedaFarmersMarkets 文件夹中。在下一个单元格中，输入以下代码：

```
fmMapProperties = {
    "title":"Alameda County Farmers Market - Map",
    "snippet": "Alameda County Farmers Market Map from Jupyter
Notebook",
    "tags":["Alameda County","Farmers Market","Jupyter Notebook"]
}
fmMapItem = m.save(fmMapProperties, folder = "AlamedaFarmersMarkets")
```

运行单元格。您不会将任何值返回到输出窗口，但是当您导航到 GIS 中的 AlamedaFarmersMarket 文件夹时，您会看到保存在那里的地图。

> 如果您对颜色图不满意，则需要在选择新的颜色图之前删除图层。为此，请创建一个新单元格并输入以下内容：
>
> ```
> m.remove_layers(m.layers[0])
> ```
>
> 这将删除顶层；如果要删除不同的图层，则需要更改索引值。

在本节中，您已经探索了 Notebook 中的地图小部件。您已经了解了如何添加地图，以及如何查找和更改中心、缩放和基础图属性。您从要素图层中创建了一个 SEDF，并使用 plot() 方法的参数来显示农贸市场，用不同的颜色表示它们的开放日期。最后，您可以将在 Notebook 中创建的地图保存为 ArcGIS Online 组织中的 Web 地图。

5.4 总 结

在本章中，您看到了使用 ArcGIS API for Python 管理组织 GIS 的价值。您从 Notebook 将数据上传到 ArcGIS Online 账户。您创建了一个组并与该组共享数据。您创建了一个文件夹并将数据移动到该文件夹以帮助组织您的内容。您还了解了如何在要素图层中查找和编辑属性，以及如何将数据上传和附加到要素图层。最后，您在 Notebook 中创建了一张地图，将要素图层作为 SEDF 添加到其中并设置了该数据的样式，然后将地图保存到您的 ArcGIS Online 账户。

在下一章中，您将继续扩展您的技能并学习如何创建脚本工具。这些是 Python 脚本，可以通过标准 ArcToolbox 界面访问，并且可供其他团队成员使用。脚本工具可以访问 ArcGIS Online 或本地资源，并标准化您的自定义脚本，以便非 Python 专家可以从您的代码中受益。

第 6 章　ArcToolbox 脚本工具

本章将向您展示将 Python 脚本转换为脚本工具的过程。您可以将自己编写的独立脚本或 Notebook 转换为脚本工具。脚本工具可以作为独立工具运行或集成到模型中。它们有一个类似于 ArcGIS 工具的对话框,其中包含工具的参数。可以将对话框中的参数设置为仅接受某些数据类型,并提供一个包含可选择参数的下拉列表以及其他方式来帮助用户使用该工具。这种与工具交互的控制可以减少用户的错误。创建脚本工具是共享脚本的好方法,因为它允许组织中的非 Python 用户运行您为特定任务开发的工具。

本章将涵盖:

- 什么是脚本工具以及为什么使用脚本工具;
- 如何创建脚本工具;
- 练习:将脚本变成工具。

6.1　脚本工具介绍

如前所述,脚本工具是用 Python 编写的工具,它带有一个工具对话框,用户可以在其中输入他们想要的参数。该工具被添加到 ArcGIS Pro 工具箱中,其中设置了对话框的参数和属性。

它与工具箱中的 ArcGIS 系统工具或 ModelBuilder 模型的图标不同;其图标看起来像一个小卷轴,标题是可以设置的,如图 6.1 所示。

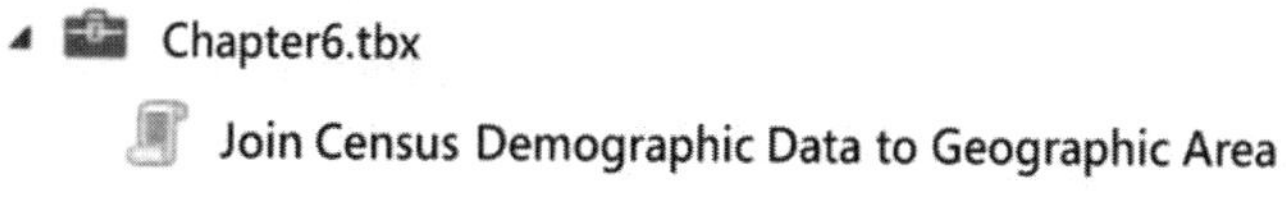

◢ 🧰 Chapter6.tbx

　　📜 Join Census Demographic Data to Geographic Area

图 6.1　工具箱中的脚本工具

您使用界面手动设置属性和参数以与脚本的编写方式保持一致,如图 6.2 所示。

创建并测试脚本工具后,任何有权访问该工具箱的用户都可以反复使用它。该脚本工具与 ArcGIS Pro 工具有相同的界面。这使得组织内的 Python 新手可以使用自定义工具,因为它们看起来和感觉都很熟悉。

可以将脚本工具视为扩展您已在 ArcGIS Pro 中使用的工具的一种方式。您可以将多个地理处理步骤组合成一个可以使用不同输入运行的脚本工具,例如模型构建器

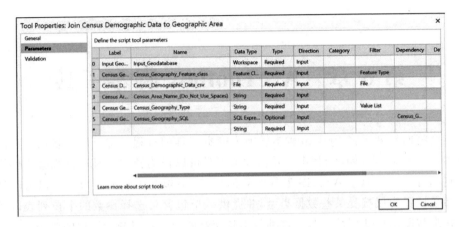

	Label	Name	Data Type	Type	Direction	Category	Filter	Dependency	De
0	Input Geo...	Input_Geodatabase	Workspace	Required	Input				
1	Census Ge...	Census_Geography_Feature_class	Feature Cl...	Required	Input		Feature Type		
2	Census D...	Census_Demographic_Data_csv	File	Required	Input		File		
3	Census Ar...	Census_Area_Name_(Do_Not_Use_Spaces)	String	Required	Input				
4	Census Ge...	Census_Geography_Type	String	Required	Input		Value List		
5	Census Ge...	Census_Geography_SQL	SQL Expre...	Optional	Input			Census_G...	
			String	Required	Input				

图 6.2　脚本工具参数

工具。与模型构建器中构建的模型一样,它们可以帮助您自动执行任务,并且可以作为独立工具运行。但是,通过使用 Python,您可以访问 ModelBuilder 中不可用的一些 ArcPy 模块。之前已经看到数据访问模块如何通过使用搜索、更新和插入光标来简化工作流程。但是,这些必须在 Python 脚本中使用,并且需要具备 Python 和 ArcPy 知识才能使用。

与独立脚本相比,创建脚本工具有很多好处。其中一些好处是:

- 脚本工具具有工具对话框。对话框可以很容易地设置输入和输出参数。
- 脚本工具允许进行错误检查,可以设置数据验证以确保该工具在运行时能够正常工作。
- 可以在地理处理工作流中实施脚本工具,既可以调用它来运行单个实例,也可以作为模型构建器中模型的一部分。
- 可以制作自定义消息作为工具的一部分,通过工具对话框向用户输出信息。
- 共享脚本工具是共享完整地理处理任务的简便方法。
- 脚本工具提供了用户(不熟悉 Python)熟悉的工具对话框,允许这些用户在不了解 Python 的情况下使用该工具并利用 Python 提供的附加功能。

　如果您计划共享您的脚本或将其合并到现有的地理处理工作流中,您需要将其制作成脚本工具。

6.2　如何创建脚本工具

创建脚本工具是一个多步骤的过程。除了编写脚本来执行一组地理处理任务之外,您还需要执行以下步骤:

1. 编写并测试脚本,完成所需的分析并将其保存为 Python 文件,扩展名为.py。
2. 修改脚本以获取用户参数。

3．识别或创建在其中存储脚本工具的工具箱。

4．将脚本工具添加到工具箱。

5．将脚本与该脚本工具相关联。

6．设置脚本工具的参数和属性。

7．测试脚本工具以确保它按预期工作。根据需要对脚本或脚本工具参数或属性进行任何修改。

工具箱是脚本工具所在位置，必须在工具箱中创建脚本工具。使用模板创建新项目时，工具箱将作为项目的一部分创建。本章将在一个已经有工具箱的项目中工作。如果项目不包含工具箱，可以通过以下方式创建新工具箱：

- 作为计算机上任何文件夹中的独立工具箱，这是组织可用于许多项目的脚本工具的有效方法。对于这些工具，最好有一个文件夹，其中包含带有脚本工具的自定义工具箱。然后可以轻松找到这些工具并将其用于不同的项目。要创建工具箱，请右击文件夹并单击新建 > Toolbox。

有两种方法可以在项目中创建工具箱：

- 在目录窗格的项目选项卡中，右击项目的文件夹或地理数据库，然后单击新建 > Toolbox。

- 在项目选项卡的工具箱中，右击工具箱并单击新建 > Toolbox。

无论您决定如何创建工具箱或将其存储在何处，在该工具箱中创建脚本工具的过程都是相同的。重要的是找到一个地方来存储您或您组织中的其他人的脚本工具，便于再次找到它以完成地理处理任务。这将取决于该工具是特定于项目还是跨项目使用的通用工具。

一旦您确定了存储脚本工具的工具箱，您可以通过右击工具箱并选择新建 > Script 来创建脚本工具。这将打开脚本对话框，您可以在其中开始输入脚本工具信息和参数，如图 6.3 所示。

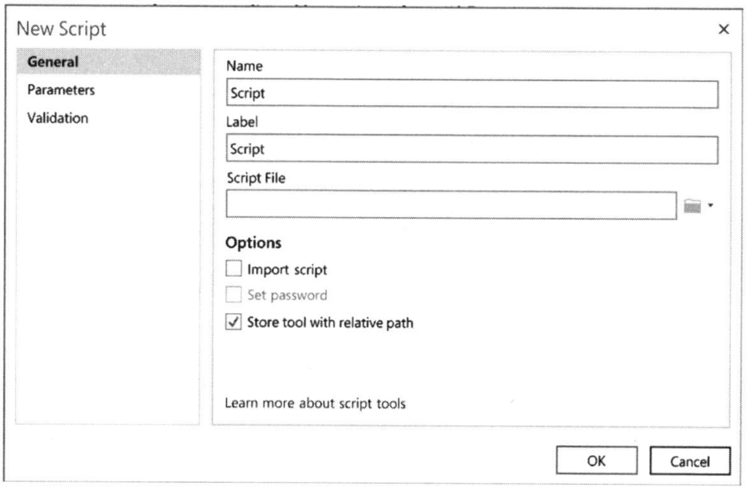

图 6.3　新建脚本对话框

现在,我们将更详细地了解您的脚本工具可用的设置。

6.2.1 脚本工具一般设置

常规选项卡是您输入工具的所有信息的地方。您将需要填写以下字段:

- 名称:这是您的脚本工具的名称。就像模型构建器名称一样,它不能包含空格或特殊字符。

 在名称字段中只使用字母字符和骆驼拼写法是个好主意,这将确保您始终拥有一个有效的名称。

- 标签:这是将在工具箱中显示的脚本工具的标签。它应该是其他人可以轻松阅读的脚本工具的简短描述性名称。就像在模型构建器中一样,它可以包含空格和特殊字符。
- 脚本文件:这是您将 Python 脚本文件链接到脚本工具的地方。单击文件夹按钮时有两个选项。您可以浏览到一个脚本或创建一个新脚本。
- 创建新脚本将打开一个窗口,您可以在其中导航到保存新脚本的位置。它不会为您的新脚本打开编辑器。它只会创建一个空白模板脚本供您使用,您必须导航到并打开才能使用,如图 6.4 所示。

图 6.4 通过选择 New Script 创建的模板脚本

- 选择浏览将打开一个浏览窗口,您可以在其中浏览到您的脚本并选择它以添加到您的脚本工具中。这是您大多数时候将脚本添加到脚本工具的方式。
- 检查导入脚本会将脚本文件中的脚本链接转为嵌入。这会将脚本嵌入到工具中并将脚本存储在工具箱中,如图 6.5 所示。

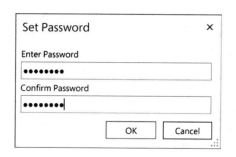

Script File

... embedded ...

Options

☑ Import script

☐ Set password

图 6.5　选中的导入脚本选项

当 Import Script 被选中时,它允许您检查 Set Password,这样做会提示您输入密码;将弹出一个密码对话框,您需要输入并确认您的密码。密码将在您输入时匿名化,如图 6.6 所示。

确认密码字符是红色的,直到它们与密码匹配,如图 6.7 所示。

Set Password ✕	Set Password ✕
Enter Password	Enter Password
●●●●●●●●	●●●●●●●●
Confirm Password	Confirm Password
●●●●●●●	●●●●●●●●|
OK　Cancel	OK　Cancel

图 6.6　密码不匹配(确认密码字符为红色)　　**图 6.7　密码匹配(确认密码字段为黑色)**

在脚本工具上设置密码只允许拥有密码的用户查看和修改脚本。这对于组织中大量个人使用的脚本工具很有用,因为它可以防止意外更改。

- 使用相对路径存储工具:此选项适用于您希望将脚本存储为相对路径的情况。如果您的脚本工具和工具箱可以在它们的文件夹位置移动,这是有益的;它允许脚本工具通过相对路径而不是绝对路径来查找脚本。

 使用相对路径检查存储工具是个好主意。它有助于保持脚本与脚本工具的链接,如果您将通过将脚本工具发送给其他用户来共享脚本工具,它尤其有用。

6.2.2　脚本工具参数选项卡

设置脚本工具的常规设置后,您将在参数选项卡中设置脚本工具参数,如图 6.8 所示。

并非所有参数都是强制性的。有比本书讨论的更多的参数选择。以下是最常见的

153

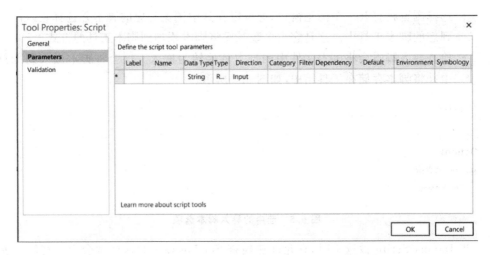

图 6.8　参数对话框

参数设置：

◆ 标签：当打开脚本工具运行时，工具对话框中为输入或输出数据显示的标签。在这里，可以告诉用户输入或输出数据的特定方向。

◆ 名称：参数的名称。它将根据 Label 参数创建，空格替换为下划线作为默认值。如果需要，可以更改默认值，但大多数情况下，默认值就足够了。

◆ 数据类型：参数的数据类型。默认值为字符串，但有一个数据类型列表可供选择。

　　设置数据类型时，脚本工具希望看到该数据类型，如果提供不同的数据类型，则不会运行。例如，如果您将其设置为要素数据集并尝试输入要素类，则脚本将拒绝该输入。

一些常见的类型如下：

- String、Long、Double、Shapefile、Feature Class、Feature Dataset 和 Raster Dataset，确保只能输入这些类型。
- 工作区：可确保输入工作区。可以设置为一个文件夹，或者是将用于地理数据库的内容。
- 表格：可确保输入表格。它可以是 CSV、DBF 或地理数据库表。
- 字段：可确保输入来自表、shapefile 或要素类的字段。您可以设置要从输入到脚本工具的表、shapefile 或要素类中选择的字段。
- SQL 表达式：可确保输入 SQL 语句。可以通过从输入表、shapefile 或要素类中提取字段和数据来创建此语句。SQL 字段可用于验证 SQL 语句并访问表、shapefile 或要素类的字段中的数据。
- 文件：这可确保输入文件。您需要指定要写入的文件扩展名。这对于读取或写入 CSV 很有用。

◆ 类型：确定参数是必需的、可选的还是派生的。

- 必须填写必填参数,否则脚本工具将无法运行。
- 可以填写或不填写可选参数,因为脚本将在有或没有值的情况下运行。
- 派生参数是未在脚本中创建的输出参数。通常,这在输出与输入相同时使用。添加或计算字段时就是这种情况;输入和输出参数相同。

◆ 方向:确定参数是脚本的输入还是将在脚本中创建的输出。

- 输入方向是已经存在并正在输入脚本工具的文件。
- 输出方向是脚本正在创建的文件。

◆ 类别:允许您将参数分组到工具对话框中的下拉组中。这在创建具有大量参数的工具时很有用,其中一些参数可以组合在一起。

◆ 过滤器:可用于设置不同类型的过滤器,取决于数据类型参数。它是一个可选参数,可以留空,允许用户输入任何与数据类型一致的值。以下是一些常见数据类型的过滤器示例。

- 字符串数据类型有一个用于值列表过滤器的选项。值列表过滤器打开一个对话框,您可以在其中为用户输入不同的选择。运行脚本工具时,用户将只能从值列表的值中进行选择,如图 6.9 所示。
- Long 数据类型有一个用于值列表过滤器或范围过滤器的选项。范围过滤器提供最小值和最大值的选项。输入值必须在最小值和最大值范围内,如图 6.10 所示。

图 6.9　值列表过滤器

图 6.10　范围过滤器

- Double 数据类型具有用于值列表过滤器或范围过滤器的选项。
- Shapefile 数据类型有一个特征类型过滤器选项。这允许您设置将允许作为输入的特定类型的数据,如图 6.11 所示。
- 要素类数据类型还具有要素类型过滤器选项。
- 工作区数据类型有一个工作区过滤器选项。这允许您设置将被允许的工作区类型。它可以将用户限制为文件系统、本地数据库或远程数据库,如图 6.12 所示。
- 字段类型有一个字段过滤器选项。这允许您将特定字段类型设置为唯一允许的字段类型,如图 6.13 所示。
- 文件类型有一个文件过滤器选项。这允许您指定将允许的不同文件的类型。

文件类型应不带句点,如果您希望允许多个文件类型,则应使用分号分隔,如图 6.14 所示。

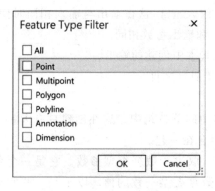

图 6.11　特征类型过滤器

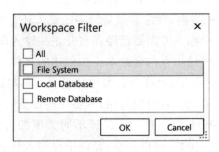

图 6.12　工作区过滤器

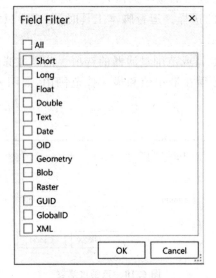

图 6.13　字段过滤器

图 6.14　文件过滤器

- 要素数据集、栅格数据集、表和 SQL 表达式数据类型没有过滤器。
- ◆ 依赖性:用于允许从其他输入数据进行访问。将其设置为其上方参数的名称,它将允许访问该参数中的数据。这可用于从 shapefile、要素类或表中提取特定字段。它还可用于允许 SQL 表达式访问 shapefile、要素类或表,并使用字段和数据构建和验证表达式。
- ◆ 默认值:允许在用户打开脚本工具时设置默认值。它可以采用任何类型的值,但它需要与设置的数据类型和任何过滤器保持一致。

 使用字段或 SQL 表达式数据类型时,最好使用依赖项将它们链接为输入参数。这允许您的用户访问字段或从他们将处理的数据集中构建和验证查询。

◆ 环境：允许将参数设置为地理处理环境。可以使用的所有地理处理环境选项都在此下拉菜单中提供。

 环境参数在进行栅格分析时非常有用，因为您可以使用它来设置捕捉栅格、像元大小、范围和其他栅格环境设置等内容。

◆ 符号系统：允许将输出数据集的符号系统设置为与图层文件的符号系统相同。符号系统的输入是包含要应用的符号系统的图层文件的位置。

现在已经在脚本工具对话框中看到了所有可用于创建脚本工具的参数选项。不需要为每个参数使用每个设置，但需要为每个参数设置标签、名称、数据类型、类型和方向。

6.2.3　脚本工具验证

验证面板允许设置自定义工具行为。这些自定义行为作用于参数，允许进一步自定义参数值。例如，可以根据其他参数的输入来设置要启用或禁用的参数，可以根据其他参数的输入值设置参数的默认值。除了自定义参数外，还可以设置自定义错误和警告消息，如图 6.15 所示。

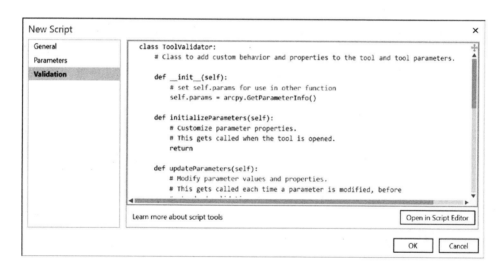

图 6.15　验证面板

工具验证是使用名为 ToolValidator 的 Python 类编写的。此类控制对话框的外观以及它如何根据用户输入进行更改。ToolValidator 类只能在验证面板中访问。代码是用 Python 编写的，可以直接写入面板或单击在脚本编辑器中打开。即使您可以在 Python 编辑器中编写代码，代码也存储在工具箱中，而不是存储在单独的脚本文件中。

 本书不会讨论如何使用 ToolValidator 类。有关 ToolValidator 的详细信息，请浏览 ArcGIS Pro 帮助中的详细信息。

6.2.4 写信息

如您所见,在运行独立脚本和 Notebook 时,消息仅打印输出到解释器或 Notebook。脚本工具的工作方式与其他地理处理工具相同,并打印输出基本的开始和停止消息。除了这些基本消息之外,当创建脚本工具时,还可以添加要打印输出到对话框的自定义消息。对于地理处理工具,这些消息存储在地理处理历史中。以下是可用于编写自定义消息的 ArcPy 函数:

- arcpy. AddMessage():将输出一般消息。可以将消息写为引号之间的字符串,可以将变量输出为消息,或者两者结合。
- arcpy. AddWarning():将输出一条警告消息。可以将消息写为引号之间的字符串,将变量输出为消息或两者的组合。
- arcpy. AddError():将输出错误消息。可以将消息写为引号之间的字符串、输出变量或两者的组合。

> 使用 arcpy. AddError()时,通常会在 if 语句测试之后运行它。在这种情况下,您通常希望脚本设置在错误消息之后结束。这将允许您的用户查看错误、修复它并重新运行脚本工具。

- arcpy. AddIDMessage():允许将特定的 Esri 系统消息输出为错误、信息或警告消息。它有两个必需参数和两个可选参数。需要的是消息类型("ERROR"、"INFORMATIVE"或"WARNING")和消息 ID。消息 ID 可以是 0~999 999 之间的数字。两个可选参数是可能需要的参数,具体取决于消息 ID。这不是将在本书中探讨的消息类型。
- arcpy. AddReturnMessage():将返回来自先前运行的地理处理工具的所有消息。在脚本中,来自地理处理工具的标准输出消息不会写入对话框。此功能允许您在工具运行后输出它们。

通常会发现自己使用 arcpy. AddMessage()向用户写出信息性消息。这些消息可用于检查脚本的进度或检查它是否按预期工作。在将脚本转换为脚本工具时,最好在脚本中插入消息,将在以下练习中这样做。

6.3 练习:将脚本变成工具

现在已经熟悉了将脚本转换为脚本工具的步骤,以及如何使用对话框在 ArcGIS Pro 中设置脚本工具,现在是创建脚本工具的时候了。在本节中,将完成一个练习,将前一章中的脚本转换为脚本工具。将完成上一节中的所有步骤,以创建可以在组织内共享的脚本工具。

将创建的脚本工具将来自第 4 章"数据访问模块和光标"中的 CreateCensus-TableInsertRows. ipynb。在此 Notebook 中,获取了一个人口普查 CSV,从中提取了需要的数据,将该数据插入到一个表中,然后将该表连接到相应的人口普查地理文件。

　　将使用它来创建一个可由您组织中的任何人运行的脚本工具,其结果是来自人口普查的简化西班牙裔/种族数据的要素类。此工具适用于任何人口普查多边形地理,这意味着可以使用街区组、地区、地点、县或州的西班牙裔/种族数据创建人口普查地理多边形。

　　该过程将从把脚本从 Notebook 中取出并放入 Python 解释器开始。将修改脚本以使用脚本对话框中定义的用户参数。接下来,将在 ArcGIS Pro 中创建一个新的脚本工具并将其与脚本相关联。将添加输出消息,最后,将对其进行测试。

6.3.1　在 ArcGIS Pro 2.8 中将 Notebook 导出到脚本

　　从 ArcGIS Pro 2.8 开始,添加了将 Notebook 导出为 Python 文件或 HTML 文件的选项。要将 Notebook 导出到 Python 文件,请执行以下操作:

 　　如果您使用的是 ArcGIS Pro 2.7,请跳至下一部分,将单元复制并粘贴到 ArcGIS Pro 2.7 中的脚本。

　　1. 打开 ArcGIS Pro,导航到解压 Chapter6. zip 文件夹的位置,然后打开 Chapter6. aprx。

　　2. 打开 CreateCensusTableInsertRows. ipynb Notebook。这与您在第 4 章中创建的 Notebook 相同。

　　3. 单击功能区中的 Notebook 选项卡。

　　4. 单击导出按钮,如图 6.16 所示。

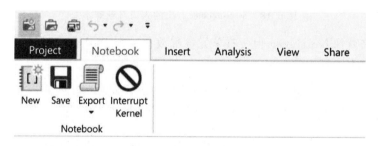

图 6.16　导出按钮

　　5. 单击导出到 Python 文件,如图 6.17 所示。

　　6. 导航到 Chapter6 项目文件夹并添加一个新文件夹,将其命名为 PythonScripts。

　　7. 将 Python 脚本另存为 CreateCensus-TableInsertRows. py,保存 Python 文件后,按以下方式打开它:

　　① 从您的桌面图标打开 IDLE。

　　② 单击文件 > 打开。

图 6.17　导出到 Python 文件选项

③ 导航到您保存文件的位置，选择它，然后单击打开。

您的文件应如图 6.18 所示。

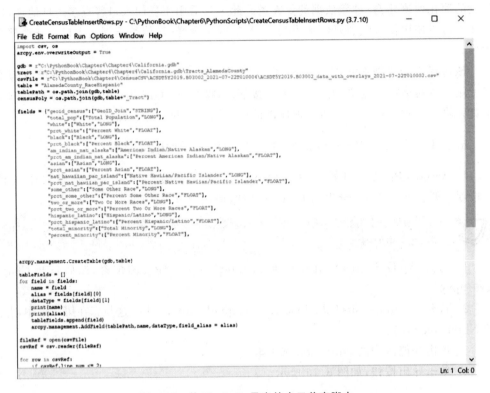

```
CreateCensusTableInsertRows.py - C:\PythonBook\Chapter6\PythonScripts\CreateCensusTableInsertRows.py (3.7.10)
File  Edit  Format  Run  Options  Window  Help

import csv, os
arcpy.env.overwriteOutput = True

gdb = r"C:\PythonBook\Chapter4\Chapter4\California.gdb"
tract = r"C:\PythonBook\Chapter4\Chapter4\California.gdb\Tracts_AlamedaCounty"
csvFile = r"C:\PythonBook\Chapter6\CensusCSV\ACSDT5Y2019.B03002_2021-07-22T010004\ACSDT5Y2019.B03002_data_with_overlays_2021-07-22T010002.csv"
table = "AlamedaCounty_RaceHispanic"
tablePath = os.path.join(gdb, table)
censusPoly = os.path.join(gdb, table+"_Tract")

fields = {"geoid_census":["GeoID_Join","STRING"],
          "total_pop":["Total Population","LONG"],
          "white":["White","LONG"],
          "prct_white":["Percent White","FLOAT"],
          "black":["Black","LONG"],
          "prct_black":["Percent Black","FLOAT"],
          "am_indian_nat_alaska":["American Indian/Native Alaskan","LONG"],
          "prct_am_indian_nat_alaska":["Percent American Indian/Native Alaskan","FLOAT"],
          "asian":["Asian","LONG"],
          "prct_asian":["Percent Asian","FLOAT"],
          "nat_hawaiian_pac_island":["Native Hawaiian/Pacific Islander","LONG"],
          "prct_nat_hawiian_pac_island":["Percent Native Hawaiian/Pacific Islander","FLOAT"],
          "some_other":["Some Other Race","LONG"],
          "prct_some_other":["Percent Some Other Race","FLOAT"],
          "two_or_more":["Two Or More Races","LONG"],
          "prct_two_or_more":["Percent Two Or More Races","FLOAT"],
          "hispanic_latino":["Hispanic/Latino","LONG"],
          "prct_hispanic_latino":["Percent Hispanic/Latino","FLOAT"],
          "total_minority":["Total Minority","LONG"],
          "percent_minority":["Percent Minority","FLOAT"],
          }

arcpy.management.CreateTable(gdb, table)

tableFields = []
for field in fields:
    name = field
    alias = fields[field][0]
    dataType = fields[field][1]
    print(name)
    print(alias)
    tableFields.append(field)
    arcpy.management.AddField(tablePath, name, dataType, field_alias = alias)

fileRef = open(csvFile)
csvRef = csv.reader(fileRef)

for row in csvRef:
    if csvRef.line_num <= 2:

                                                                                      Ln: 1  Col: 0
```

图 6.18　从 Notebook 导出的人口普查脚本

这看起来就像 Notebook，但所有单元格都放在一个 Python 文件中。这将对于修改脚本成为脚本工具非常有用。

 直接从 Chapter 4 Notebook 导出的脚本也在 Chapter4. zip 的 PythonScripts 文件夹中作为 CreateCensusTableInsertRows_ExportNotebook. py 提供。

6.3.2　在 ArcGIS Pro 2.7 中将单元复制并粘贴到脚本

如果您没有 ArcGIS Pro 2.8 而是使用 ArcGIS Pro 2.7，则需要使用更手动的过程将 Notebook 转换为脚本：

1. 从您的桌面图标打开 IDLE。

2. 单击文件>新建。

3. 在新脚本中，单击文件>保存。

4. 导航到 Chapter6 项目文件夹并添加一个新文件夹，将其命名为 PythonScripts。

5. 将 Python 脚本另存为 CreateCensusTableInsertRows. py。

6. 打开 ArcGIS Pro，导航到解压 Chapter6. zip 文件夹的位置，然后打开 Chapter6. aprx。

7. 打开 CreateCensusTableInsertRows.ipynbNotebook。这与您在第 4 章中创建的 Notebook 相同。

8. 单击第一个单元格,突出显示所有文本,然后复制它。

9. 单击您的 Python 脚本并粘贴文本。

10. 对每个单元格重复步骤 8～9,确保任何 for 循环后的缩进都是正确的。

完成后,文件应如图 6.19 所示。

图 6.19 从 Notebook 复制的人口普查脚本

两者都是从 Notebook 获取脚本的可接受方式。如果您有 ArcGIS Pro 2.8,最好导出,因为它消除了复制和粘贴时丢失单元格的可能性。如您所见,两种方式都会给出相同的结果。无论拥有哪个版本的 ArcGIS Pro,其余过程都是相同的。

6.3.3 在脚本工具中修改脚本以接受用户输入

现在您已经在 Python 编辑器中打开了一个脚本,需要对其进行修改以允许用户输入。为此,需要决定向用户询问什么以及需要硬编码的内容。我们为此提供了一些指导。

以下内容应被接受为用户输入:

• 任何输入数据的路径;

• 工作空间的路径;

- 中间数据的任何工作位置的路径;
- 使用迭代过程创建多个输出(名称源自变量)时的输出数据路径;
- SQL 表达式可能会根据正在分析的数据而改变;
- 将改变脚本运行方式的变量,尤其是当变量可以是值列表参数时。

对以下内容应进行硬编码:

- 中间数据名称;
- 从其他输入值创建的数据名称;
- 使用迭代过程创建多个输出时的输出数据名称,名称源自变量。

基于此,当您查看我们的脚本时,似乎在顶部声明的一些变量很适合作为用户输入。

让我们一一介绍:

```
gdb = r"C:\PythonBook\Chapter4\Chapter4\California.gdb"
tract = r"C:\PythonBook\Chapter4\Chapter4\California.gdb\Tracts_AlamedaCounty"
csvFile = r"C:\PythonBook\Chapter4\CensusCSV\ACSDT5Y2019.B03002_2021-07-22T010004\
ACSDT5Y2019.B03002_data_with_overlays_2021-07-22T010002.csv"
table = "AlamedaCounty_RaceHispanic"
tablePath = os.path.join(gdb,table)
censusPoly = os.path.join(gdb,table + "_Tract")
```

- gdb:这是在 Notebook 中定义为所有数据路径的工作区。将在脚本中将此设置为用户定义的参数。
- tract:这是输入区域几何要素类,在复制之前将被复制,加入到它的表格数据。将在脚本中将此设置为用户定义的参数。
- csvFile:这是来自人口普查局的输入 CSV 文件,将用于创建表格。将在脚本中将此设置为用户定义的参数。
- table:这是创建的表的名称。如果这个脚本总是要创建同一个表,您可以硬编码它。如果此脚本要使用其他数据的名称来命名表,您也可以对其进行硬编码。在这种情况下,脚本将能够采用任何类型的人口普查多边形几何,这将取决于您的研究地点。因此,您将在脚本中将部分名称设置为用户定义的参数。这将允许用户根据他们正在分析的区域来命名表。
- tablePath:这是写入表的完整路径。它当前是从工作区和表名创建的。这可以保留为硬编码值,因为路径将根据用户输入值而改变。
- censusPoly:这是使用联合人口数据创建的新人口普查多边形的完整路径。它在几何类型的末尾确实有一个值:tract。因此,将在脚本中将部分名称设置为用户定义的参数。这将允许用户根据他们正在使用的几何图形命名文件。

现在已经确定了需要更改为用户输入的变量,可以更新编码:

1. 从 gdb 开始,找到下面一行:

```
gdb = r"C:\PythonBook\Chapter4\Chapter4\California.gdb"
```

将其替换为

```
gdb = arcpy.GetParameterAsText(0)
```

 (0)参数是索引值。由于 Python 是基于 0 的,因此第一个参数位于位置 0。

2. 对于 tract,替换以下行:

```
tract = r"C:\PythonBook\Chapter4\Chapter4\California.gdb"
```

和

```
tract = arcpy.GetParameterAsText(1)
```

3. 对于 csvFile,替换以下行:

```
csvFile = r"C:\PythonBook\Chapter4\CensusCSV\ACSDT5Y2019.
B03002_2021 - 07 - 22T010004\ACSDT5Y2019.B03002_data_with_overlays_2021 - 07 -
22T010002.csv"
```

和

```
csvFile = arcpy.GetParameterAsText(2)
```

4. 对于表,将创建一个新变量以将此变量分成两个,因此其中一部分可以是用户输入,另一部分是硬编码:

a. 将光标放在包含表变量的行的开头,然后按 Enter 键创建新行。

b. 在新行上,创建一个新变量来保存用户定义的人口普查地理区域名称。输入以下内容:

```
areaName = arcpy.GetParameterAsText(3)
```

c. 更改表属性的值以包含来自用户的变量和人口统计数据的名称。输入以下内容:

```
table = "{0}_RaceHispanic".format(areaName)
```

5. 对于 censusPoly 变量,还将创建一个新变量来将该变量分成两部分,因此一部分可以是用户输入,一部分可以是硬编码:

a. 将光标放在具有 censusPoly 变量的行的开头,然后按 Enter 键创建新行。

b. 在新行上,创建一个新变量,该变量将保存用户定义的人口普查地理区域类型。输入以下内容:

```
censusType = arcpy.GetParameterAsText(4)
```

c. 更改 censusPoly 属性的值以包含来自用户的变量:

```
censusPoly = os.path.join(gdb,table + "_{0}".format(censusType))
```

您现在已确定要设置为用户输入的变量并将它们设置为 arcpy.GetParameterAs-

Text()。下一步是在工具箱中创建新工具并定义所有设置。

6.3.4 在 ArcGIS Pro 中创建脚本工具

现在已完成更新脚本以准备在脚本工具中使用，现在是切换到 ArcGIS Pro 的时候了。已经在脚本工具对话框中看到了不同的设置，现在将根据脚本中的数据进行设置。

1. 打开 ArcGIS Pro，打开您从 GitHub 仓库下载的 Chapter6 Project，找到 Chapter6.tbx 文件，如图 6.20 所示。

2. 右击 Chapter6.tbx 并选择新建>脚本，如图 6.21 所示。

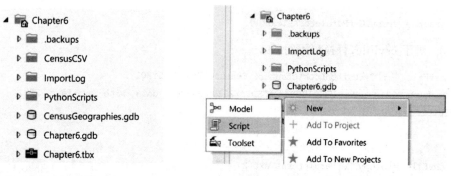

图 6.20　第 6 章项目和工具箱　　　　图 6.21　创建一个新的脚本工具

3. 您将看到新建脚本工具对话框。从"常规"选项卡开始并填写下列的内容：

a. 对于名称，为您的脚本指定一个不带特殊字符的简单名称。输入人口普查数据。

b. 对于标签，给脚本工具一个简短的标签，描述脚本工具的作用。此标签将显示在脚本工具的工具箱中。将人口普查人口数据加入地理区域。

c. 对于脚本文件，单击文件夹图标，导航到您存储的位置 CreateCensusTableInsertRows.py 脚本，并选择它。

d. 不选中导入脚本，因为不想导入脚本，直到已经对其进行了测试并验证了它可以正常工作。

e. 选中带有相对路径的存储工具，以将脚本作为相对路径存储在脚本工具中，如图 6.22 所示。

4. 现在单击参数选项卡以设置所有工具参数。

5. 要设置的第一个参数是脚本中的 gdb 参数。通过输入以下内容为其定义脚本工具参数：

a. 标签：输入地理数据库；

b. 名称：取默认创建的；

c. 数据类型：工作区；

d. 类型：必填；

e. 方向：输入；

Tool Properties: Join Census Demographic Data to Geographic Area ✕

General

Parameters

Validation

Name

JoinCensusDemographicData

Label

Join Census Demographic Data to Geographic Area

Script File

C:\PythonBook\Chapter6\PythonScripts\CreateCensusTableInsertRows.py

Options

☐ Import script

☐ Set password

☑ Store tool with relative path

Learn more about script tools

OK   Cancel

图 6.22　脚本工具常规选项卡设置

f. 类别、过滤器、依赖关系、默认值、环境和符号系统都将留空。

6. 第二个参数是脚本中的区域要素类。定义脚本工具通过输入以下内容为其设置参数：

a. 标签：人口普查地理要素类；

b. 名称：取默认创建的；

 "Tract"是人口普查地理，但由于此工具适用于任何地理，您将调用标签人口普查地理要素类。

c. 数据类型：要素类；

d. 类型：必填；

e. 方向：输入；

f. 过滤器：选择要素类型过滤器并选择多边形以确保仅允许输入多边形数据；

g. 类别、依赖关系、默认值、环境和符号系统都可以留空。

7. 第三个参数是脚本中的 csvFile，定义脚本工具参数，输入以下内容：

a. 标签：人口普查数据 CSV；

b. 名称：取默认创建的；

c. 数据类型：文件；

d. 类型：必填；

e. 方向：输入；

f. 过滤器：选择文件过滤器类型并输入 CSV 以确保只允许 CSV 文件作为输入；

g. 类别、依赖关系、默认值、环境和符号系统都将留空。

8. 第四个参数是脚本中的 areaName，定义脚本工具参数，输入以下内容：

a. 标签：人口普查区名称（请勿使用空格）。

您可以在标签中为工具用户提供提示和指示。在这种情况下，您告诉他们不要在名称中使用空格，因为这会导致该工具无法工作。稍后您将看到如何在脚本中检查空格、发出警告并修复问题。

b. 名称：取默认创建的。

c. 数据类型：字符串。

d. 类型：必填。

e. 方向：输入。

f. Category、Filter、Dependency、Default、Environment 和 Symbology 都可以留空。

9. 第五个参数是脚本中的 censusType，通过输入以下内容定义脚本工具参数：

a. 标签：人口普查地理类型。

b. 名称：取默认创建的。

c. 数据类型：字符串。

d. 类型：必填。

e. 方向：输入。

f. 过滤器：选择值列表过滤器类型并输入以下值：Block、BlockGroup、Tract、Place、County、State，如图 6.23 所示。

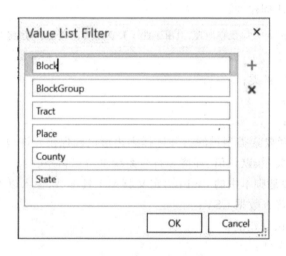

图 6.23　值列表过滤器

g. 类别、依赖关系、默认值、环境和符号系统都可以留空。

10. 检查您的工具参数是否如图 6.24 所示，然后单击确定按钮。

您的脚本工具现在可以运行和测试了。

	Label	Name	Data Type	Type	Direction	Categ	Filter	Depei
0	Input Geodatabase	Input_Geo...	Workspace	Required	Input			
1	Census Geography Feature class	Census_G...	Feature Class	Required	Input		Feature Type	
2	Census Demographic Data csv	Census_D...	File	Required	Input		File	
3	Census Area Name (Do Not Use Spaces)	Census_Ar...	String	Required	Input			
4	Census Geography Type	Census_G...	String	Required	Input		Value List	
*			String	Required	Input			

Define the script tool parameters

图 6.24　工具属性——参数

6.3.5　运行和测试脚本工具

脚本工具应显示在第 6 章工具箱中,可以运行以进行测试。它将像地理处理工具一样运行。要运行测试,您将通过它运行与第 4 章中相同的数据。

将把 CensusGeographies. gdb 和您从 GitHub 站点下载的 CensusCSV 文件夹中的数据用于本章。

1. 双击脚本工具打开其地理处理窗口,如图 6.25 所示。

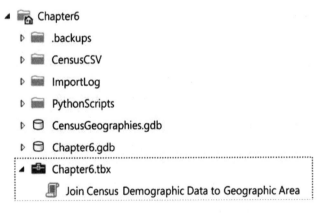

图 6.25　脚本工具位置

2. 一个地理处理窗口将打开,将人口普查人口数据加入地理区域(脚本工具标签)作为标题,所有工具参数的标记如图 6.26 所示。

使用以下内容填写工具参数,如图 6.27 所示。

a. 输入地理数据库:C:\PythonBook\Chapter6\Chapter6. gdb;

b. 人口普查地理要素类:C:\PythonBook\Chapter6\CensusGeographies. gdb\AlamedaCounty;

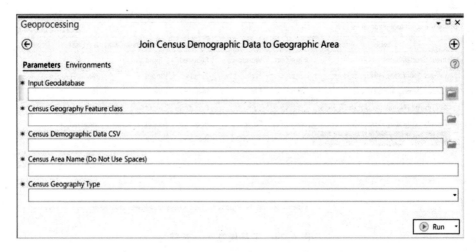

图 6.26　脚本工具地理处理窗口

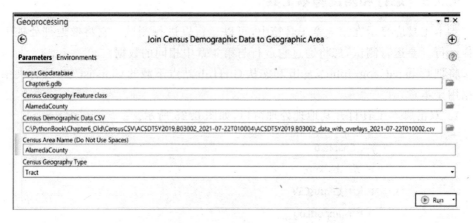

图 6.27　脚本工具地理处理窗口,参数已填写

c. 人口普查人口数据 CSV:C:\PythonBook\Chapter6\CensusCSV\ACS-DT5Y2019.B03002_2021-07-22T010004\ACSDT5Y2019.B03002_data_with_overlays_2021-07-22T010002.csv;

d. 人口普查区名称:阿拉米达县;

e. 人口普查地理类型:区域(Tract)。

3. 单击运行按钮,该工具将需要1～3分钟才能运行。完成运行后,您将在 Chapter6.gdb 文件中拥有一个新表和要素类。将它们添加到地图并查看数据,以查看 CSV 中的人口统计数据现在已连接到新要素类。

　　如果运行后没有看到新的要素类和表,请右击 Chapter6.gdb 文件并选择刷新。运行脚本工具时,它并不总是像地理处理工具那样刷新数据写入的地理数据库,因此有时您需要在运行后手动执行此操作以查看数据集。

您现在有了一个脚本工具,不了解 Python 的用户可以运行它来创建一个新功能。

人口普查地理的 ture 类别与该地理的西班牙裔/种族人口统计数据相结合。

不过,您可能会注意到,输入的人口普查要素类是您已经对其进行了一些地理处理的要素类。此外,没有测试来确保用户没有在 areaName 字段中使用空格。您还没有添加任何自定义消息,因此在脚本工具运行时没有将任何输出写入地理处理窗口。在下一小节中,您将处理所有这些问题。

6.3.6 更新脚本工具以获取人口普查地理文件

在前面的练习中,您使用了阿拉米达县区域的人口普查地理文件。该文件是您在第 4 章中创建的文件。但是,您从人口普查下载的区域的人口普查地理包含该州的所有区域。如果您要通过脚本工具运行该文件,您仍将获得加入的阿拉米达县的 CSV 数据。但是,输出要素类将包含加利福尼亚州的所有区域,而那些不在阿拉米达县的区域将具有空值。那不是您想要的;它比您需要的区域更大,并且空值并不理想。

在本练习中,您将更新脚本工具以允许用户在创建新要素类时从输入的人口普查地理创建可选的 SQL 查询,并将表连接到该新要素类。

1. 通过右击工程窗格中的将人口普查数据连接到地理区域脚本工具并选择编辑,打开从 ArcGIS Pro 链接到脚本工具的 CreateCensusTableInsertRows. py 文件。

2. 在后面添加一个新行:

```
censusPoly = os.path.join(gdb,table + "_{0}".format(censusType))
```

单击行尾并按 Enter 键。

3. 在这一新行中,您将为 SQL 语句声明一个变量并将其设置为 arcpy. GetParameterAsText()。输入以下内容:

```
sql = arcpy.GetParameterAsText(5)
```

4. 滚动到脚本底部。您将用 Select() 替换 CopyFeatures()。删除以下行:

```
arcpy.management.CopyFeatures(tract,censusPoly)
```

5. 在您刚刚删除的同一行上,您将编写一个 Select() 函数。正如我们之前所见,Select() 函数接受三个参数:

- 输入要素:可以是要素类或图层,并且是必填字段。
- 输出要素:可以是要素类或图层,并且是必填字段。
- SQL 语句:是将应用于输入特征的 SQL 语句类,是一个可选字段。

输入以下内容:

```
arcpy.analysis.Select(tract,censusPoly,sql)
```

6. 保存脚本文件并关闭它。

7. 在 ArcGIS Pro 中,您将更新脚本工具以采用新的 sql 参数。右击将人口普查人口数据加入地理区域脚本工具并选择属性。在"工具属性"对话框中选择"参数"选项卡。

8. 在参数选项卡中,添加以下内容以在底部创建一个新参数:

a. 标签:人口普查地理 SQL。

b. 名称:取默认创建的。

c. 数据类型:SQL 表达式。

d. 类型:可选。

e. 方向:输入。

f. 依赖性:选择 Census_Geography_Feature_Class。这将允许您访问该输入要素类的属性以构建您的 SQL 表达式。

g. 类别、默认值、环境和符号系统都可以留空。

9. 单击确定按钮关闭对话框。

脚本工具已更新。您现在可以创建输入要素类的查询以仅选择已下载 CSV 的区域。通过双击脚本工具查看新的脚本工具地理处理对话框,如图 6.28 所示。

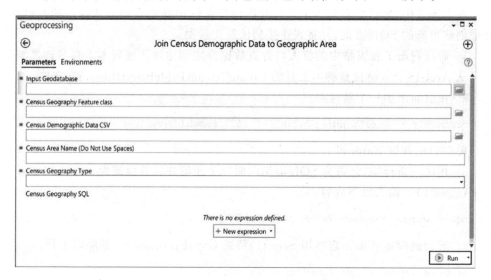

图 6.28　使用 SQL 语句将人口普查人口数据连接到地理区域

如果您的地理区域已经与 CSV 中的数据匹配,您可以将 SQL 语句留空。Select() 工具将使用空白 SQL 表达式运行并选择所有内容,使其与 CopyFeatures() 工具一样工作。

在运行此测试之前,您将添加一条测试和警告消息以确保人口普查区名称参数不包含空格。

6.3.7　测试输入参数

人口普查区名称的输入参数当前直接进入代码中,作为正在创建的表和要素类名称的一部分。如果该值中有空格,则会导致错误。您已经在标签中提醒用户注意这一点,但它可能并不总是被遵循。因此,在本练习中,您将在 Python 中创建一个测试以查看是否存在空格。

如果是,您将发送警告消息并修复空间。这将确保即使用户出错,脚本仍将运行。

1. 通过右击将人口普查数据连接到地理区域脚本工具并选择编辑,打开从 Arc-GIS Pro 链接到脚本工具的 CreateCensusTableInsterRows. py 文件。

2. 在 areaName＝arcpy. GetParameterAsText(3)之后添加一行。

3. 在新行中,您将测试 areaName 变量中是否存在空格。为此,您将使用. find()方法。. find()方法返回字符串中字符的位置。如果一个字符出现不止一次,则. find()只返回第一个位置。如果字符串中不存在字符,则. find()返回－1。您将使用它来编写一个条件来测试是否有任何空格。如果有,那么您将使用. replace()方法删除空格,将它们替换为空。您还将使用 arcpy. AddWarning()消息在脚本运行时打印输出警告消息。输入以下内容:

```
if areaName.find(" ") != -1:
    areaName = areaName.replace(" ","")
arcpy.AddWarning("areaName input had spaces and has been updated
```

4. 保存脚本,但不要关闭它。您将在下一部分继续处理它。

您不需要在 if 后面加上 else 语句;如果 areaName 属性中没有空格,则脚本工具可以按原样运行。

脚本工具现已更新,可在输入错误时修复输入值并打印输出警告消息。完成脚本工具的下一步是添加自定义消息以打印输出其进度。

6.3.8 添加自定义消息

将自定义消息添加到脚本工具很有价值。它可以帮助用户查看已运行的内容。它还可以通过在不工作的区域显示输出来帮助您在构建脚本工具时对其进行故障排除。最终,添加消息使您的脚本工具看起来更像一个地理处理工具,让您可以跟踪您的进度。让我们看看如何为您的脚本工具执行此操作:

1. 如果您在上一节之后关闭了脚本工具,请通过右击将人口普查人口数据加入地理区域脚本工具并选择编辑来打开它。

2. 您将添加一些自定义消息,但首先要将代码在 Notebook 中时的任何打印输出语句转换为 arcpy. AddMessage 语句。在脚本标题中,单击编辑＞替换以获取替换对话框。

3. 在查找框中,输入 print。

4. 在替换为框中,输入 arcpy. AddMessage,如图 6. 29 所示。

5. 单击替换按钮替换每个打印输出实例,或单击全部替换按钮将它们全部替换。

如果您在打印语句以外的任何地方都有"打印"一词,当您单击全部替换时,它也会替换它们,因此在这样做时要小心。通过单击替换来替换每个实例,您可以看到要替换的内容。

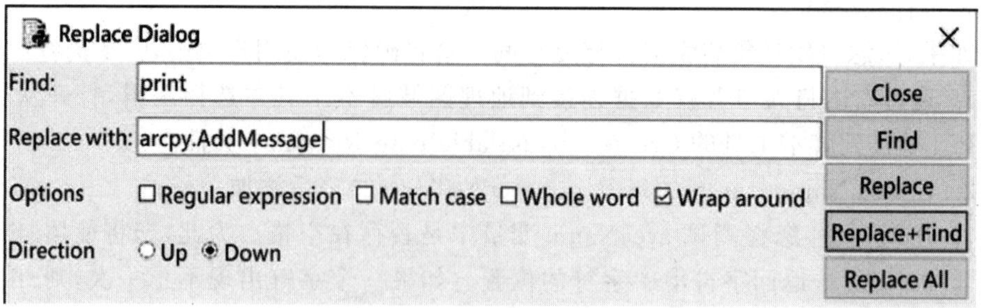

图 6.29　替换对话框

6. 现在您将添加更多自定义消息,以便用户可以查看工具中正在执行的操作:

a. 在 arcpy. env. overwriteOutput＝True 下方,输入以下内容,让用户知道脚本正在启动:

```
arcpy.AddMessage("Starting . . .")
```

b. 在 arcpy. management. CreateTable(gdb,table)上方,输入以下内容,让用户知道脚本正在创建一个新表:

```
arcpy.AddMessage("Creating a new table for the csv data")
```

c. 在 fields:循环中的 for 字段中,找到以下行:

```
arcpy.management.AddField(tablePath,name,dataType,field_alias
```

在它下面,输入以下内容,让用户知道脚本正在向表中添加字段。

d. 上面 csvRef:中的行,输入以下内容,让用户知道脚本正在将 CSV 数据插入到表中:

```
arcpy.AddMessage("Adding field {0} to the table".format(field))
```

e. 在 arcpy. analysis. Select(tract,censusPoly,sql)上方,输入以下内容,让用户知道脚本正在运行 Select()函数:

```
arcpy.AddMessage("Selecting out geographies to join table to")
```

f. 在 arcpy. management. JoinField(censusPoly,"GEOID",tablePath,"geo id_census",tableFields)上方,输入以下内容,让用户知道选择已完成并且正在运行连接:

```
arcpy.AddMessage("Select has finished, joining the table to the new feature class")
```

g. 在 arcpy. management. JoinField(censusPoly,"GEOID",tablePath,"geo id_census",tableFields)下方,输入以下内容,让用户知道脚本已完成:

```
arcpy.AddMessage("Finished")
```

7. 保存脚本并关闭它。

为什么要添加 arcpy.AddMessage() 语句呢？

就像打印语句在调试独立脚本时非常有用一样，您可以使用 arcpy.AddMessage() 来调试您的脚本工具。当您熟悉创建脚本工具并从头开始编写脚本以用于脚本工具时，这很有用。它可以让您跳过将它们作为独立脚本进行测试的步骤。

6.3.9 测试完成的脚本工具

创建脚本工具的一个重要部分是对其进行测试。在本节中，您将在区域、地点和县 CSV 上测试您的脚本工具。此外，对于其中一个测试运行，您将在 areaName 参数中添加一个空格，以检查脚本工具是否正常运行并修复输入。

6.3.9.1 使用 Contra Costa Tract 数据测试 SQL

在许多情况下，您下载的人口普查地理文件的面积比您下载的人口统计数据的面积要大。您可以对地理文件运行 SQL 查询，而不是将人口统计 CSV 连接到完整地理文件，以创建一个仅与人口统计数据具有相同区域的地理文件。在本练习中，您将使用 CensusCSV 文件夹中的 Contra Costa Tract 数据以及 CensusGeographies.gdb 中的完整加利福尼亚州区域地理文件来完成此操作，如图 6.30 所示。

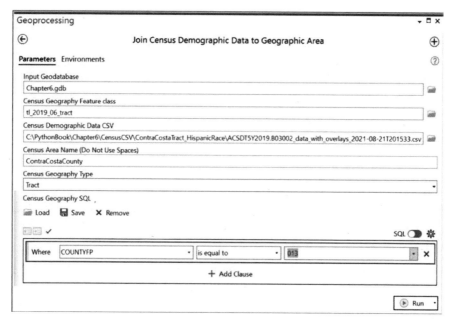

图 6.30 脚本工具地理处理窗口，带有康特拉科斯塔县测试的参数

1. 双击将人口普查数据加入地理区域脚本工具以打开其地理处理窗口。
2. 填写工具参数如下：
- 输入地理数据库：C:\PythonBook\Chapter6\Chapter6.gdb；
- 人口普查地理要素类：C:\PythonBook\Chapter6\CensusGeographies.gdb\tl_

2019_06_tract；

- 人口普查数据 CSV：C:\PythonBook\Chapter6\CensusCSV\ContraCostaTract_ HispanicRace\ ACSDT5Y2019. B03002 _ data _ with _ overlays _ 2021-08- 21T201533.csv；
- 人口普查区名称：ContraCostaCounty；
- 人口普查地理类型：区域；
- Census Geography SQL：单击＋新表达式并构建以下表达式，其中 COUNTY-FP 等于 013（康特拉科斯塔县的 FIPS 县代码为 013）。

3. 单击运行按钮。要在运行时查看消息，您需要单击地理处理窗口中的查看详细信息，然后单击详细信息窗口中的消息，如图 6.31 所示。

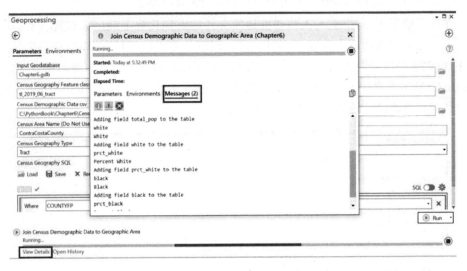

图 6.31　打印输出的自定义消息

4. 完成后，您可以将 ContraCostaCounty_RaceHispani_Tract 要素类加载到地图中以查看数据。您将看到脚本工具创建了一个新的要素类，其中包含仅具有西班牙/种族数据的康特拉科斯塔县区域。

该测试表明，您可以使用区域级别的人口普查地理和 SQL 语句来创建仅包含特定区域的人口统计数据的新要素类。在下一部分中，您将在不同的人口普查地理环境中测试脚本。

6.3.9.2　使用加利福尼亚县地理测试脚本

人口普查地理文件包含美国境内的所有县。在此示例中，您只有加利福尼亚的人口统计数据。与前面的示例一样，您将使用 SQL 语句，以便您的输出要素类只是加利福尼亚州的县。

您将使用 CensusCSV 文件夹中的美国县数据以及 CensusGeographies. gdb 中的完整美国县地理文件，如图 6.32 所示。

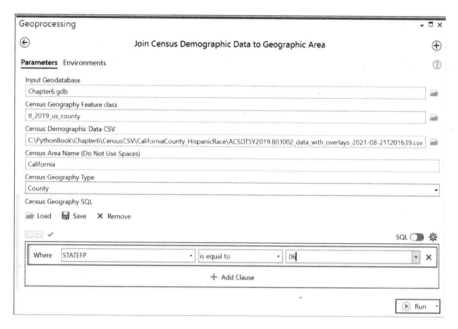

图 6.32　带有县测试参数的脚本工具地理处理窗口

1. 双击将人口普查数据加入地理区域脚本工具以打开其地理处理窗口。

2. 填写工具参数如下：

a. 输入地理数据库：C：\PythonBook\Chapter6\Chapter6.gdb；

b. 人口普查地理要素类：C：\PythonBook\Chapter6\CensusGeographies.gdb\tl_2019_us_county；

c. 人口普查人口数据 CSV：C：\PythonBook\Chapter6\CensusCSV\California-County_ HispanicRace \ ACSDT5Y2019. B03002 _ data _ with _ overlays _ 2021-08-21T201639. csv；

d. 人口普查区名称：加利福尼亚；

e. 人口普查地理类型：县；

f. Census Geography SQL：单击＋新表达式并构建以下表达式：其中 STATEFP 等于 06(加利福尼亚的 FIPS 州代码为 06)。

3. 单击运行按钮。要在运行时查看消息，您需要单击地理处理窗口中的查看详细信息，然后单击详细信息窗口中的消息。

4. 完成后，您可以将 California_RaceHispanic_Tract 要素类加载到地图中以查看数据。您将看到脚本工具创建了一个新的要素类，该要素类仅包含加利福尼亚县的西班牙裔/种族数据。

该测试表明，脚本工具也可以与人口普查县地理文件一起使用。您现在知道您的脚本工具将适用于区域和县级地理。在下一小节中，您将在地点地理上对其进行测试，并在输入中出错以查看它是如何处理的。

6.3.9.3 在区域名称中使用空格测试脚本

您将使用 CensusCSV 文件夹中的 OaklandBerkeley Place 数据以及 CensusGeographies.gdb 中的完整 California Place 地理文件。在此测试中,您将在 Census Area Name 参数中留一个空格,以检查脚本是否正确处理它。

1. 双击将人口普查数据加入地理区域脚本工具以打开其地理处理窗口,如图 6.33 所示。

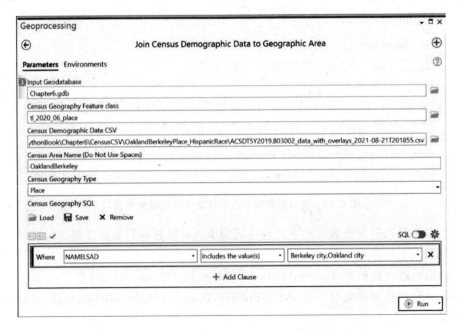

图 6.33 带有区域名称测试参数的脚本工具地理处理窗口

2. 填写工具参数如下:

a. 输入地理数据库:C:\PythonBook\Chapter6\Chapter6.gdb;

b. 人口普查地理要素类:C:\PythonBook\Chapter6\CensusGeographies.gdb\tl_2020_06_place;

c. 人口普查人口数据 CSV:C:\PythonBook\Chapter6\CensusCSV\OaklandBerkeleyPlace_ HispaniRace \ ACSDT5Y2019. B03002 _ data _ with _ overlays _ 2021-08-21T201855. csv;

d. 人口普查区名称:奥克兰伯克利;

e. 人口普查地理类型:地点;

f. Census Geography SQL:单击十新表达式并构建以下表达式:其中 NAMELSAD 包括值 Berkeley city,Oakland city。

3. 单击运行按钮。要在运行时查看消息,您需要单击地理处理窗口中的查看详细信息,然后单击详细信息窗口中的消息。您将看到一条警告消息已输出,告诉您 areaName 的输入有空格并已更改为 OaklandBerkeley,如图 6.34 所示。

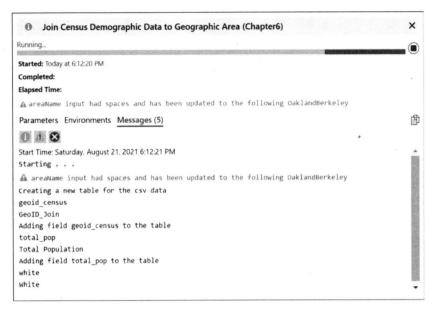

图 6.34　奥克兰伯克利的警告信息

4. 测试完成后，您可以将 OaklandBerkeley_RaceHispani_Tract 特征类加载到地图中以查看数据。您将看到脚本工具创建了一个仅包含奥克兰和伯克利地区的新要素类，其中包含西班牙裔/种族数据。

您现在已经用三个不同的地理位置测试了脚本工具，并检查了 areaName 的 if 语句。您可以继续在其他地区检查它，看看它有多强大以及它可以处理什么。如果您对脚本工具可以与人口普查地理类型参数中的所有指定地理一起使用感到满意，则可以将此脚本工具部署到您的团队。这个脚本工具现在将允许您团队中的任何人下载西班牙裔/种族数据的人口普查 CSV 并将其加入人口普查地理。它可以在您的组织中传递，使不了解 Python 的成员可以快速完成他们需要的任何领域的任务。

6.4　总　　结

在本章中，您了解了为什么将脚本或 Notebook 转换为脚本工具很有用，以及如何做到这一点。您在 ArcGIS Pro 的脚本工具对话框中了解了可供您使用的不同参数，然后您将已经编写好的 Notebook 变成了脚本工具。您了解了如何向脚本工具添加自定义消息，其中包括可以为用户提供更改输入所需的信息的警告和错误消息。最后，您在各种不同的场景中测试了完成的脚本工具，以检查它是否正常工作。

在下一章中，您将学习如何使用 arcpy.mp 模块自动执行与创建地图有关的许多任务。

第7章 自动化地图制作

arcpy.mp 模块用于处理 ArcGIS Pro 项目中的地图、图层和布局。它是随 ArcGIS Pro 引入的，用于替换 ArcMap 中的 arcpy.mapping 模块。ArcGIS Pro 的新功能允许 arcpy.mp 模块中的附加功能。虽然目标仍然是协助地图自动化，但添加的功能允许您更好地控制地图自动化中的符号系统设置。创建可以显示地理空间分析的地图是 GIS Professional 的一项重要任务，arcpy.mp 模块可帮助您自动化和大规模更新地图。在本章中，您将了解以下内容：

- 在项目中引用项目和地图；
- 更新地图中图层的数据源；
- 从地图中添加、删除和移动图层；
- 调整地图中图层的符号系统；
- 使用不同的布局元素：图例、指北针、比例尺和文本；
- 导出地图。

所有这些任务都将在 Notebooks 中完成，为您提供示例代码以应用于您自己的项目。

 要完成本章的练习，请下载并解压本书 GitHub 存储库中的 Chapter7.zip 文件夹：https://github.com/PacktPublishing/Python-for-ArcGIS-Pro/tree/main/Chapter7。

7.1 在项目中引用项目和地图

arcpy.mp 模块可以帮助您自动执行制图任务，但仍需要在 ArcGIS Pro 中创建地图。您仍希望在 ArcGIS Pro 中创建地图，创建后，arcpy.mp 可用于自动执行任务，例如添加、删除和设置图层样式，以及跨地图和项目导出地图。

ArcGIS Pro 工程存储为 .aprx 文件。.aprx 文件包含任何地图及其相关图层，以及任何布局及其相关布局元素。在本节中，您将从一个包含两个地图和一个布局的项目开始，如图 7.1 所示。

1. 打开 ArcGIS Pro，导航到解压 Chapter7.zip 文件夹的位置，然后打开 Chapter7.aprx，您将在项目中看到两个地图：Map 和 Map1。

2. 第一张地图 Map 包含来自 CalFire(OaklandFVeg)的奥克兰植被、来自第 2 章的交流运输路线(Summer21RouteShape)和交流中转站(UniqueStops_Summer21)，以及第 4 章和第 6 章的阿拉米达县种族/西班牙裔数据(AlamedaCounty_RaceHispanic-

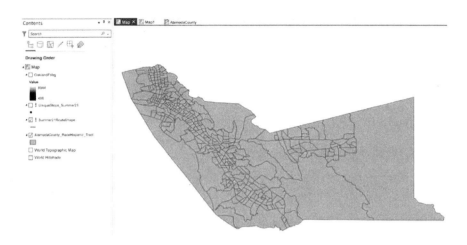

图 7.1 起始地图

Tract)。此外,它还有两个基础图:世界地形图和世界山体阴影。

 请注意,AC Transit Routes 和 Stops 数据不显示,并且旁边有一个红色感叹号,表示与这些图层的链接已断开。您将在下一节中了解如何使用 arcpy. mp 模块修复断开的链接。

3. 单击名为 AlamedaCounty 的布局标题。这是一个基本布局,带有标题、指北针、比例尺和图例,以配合地图。您将在本章中对所有这些进行更改,如图 7.2 所示。

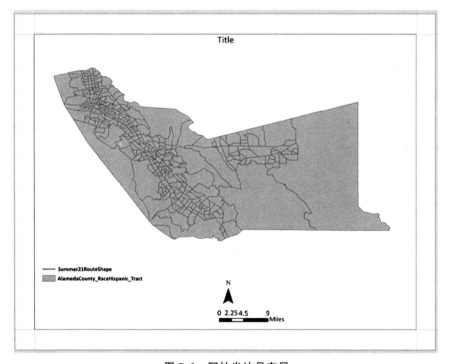

图 7.2 阿拉米达县布局

要对地图和布局进行任何编辑，您需要参考项目，然后是项目中的地图和布局。引用项目是使用 arcpy. mp. ArcGISProject()完成的，可以通过两种方式实现：

- 使用存储项目的完整路径来引用项目。例如，在这个项目中，代码如下所示：

```
project = arcpy.mp.ArcGISProject(r "C:\PythonBook\Chapter7\ Chapter7.aprx")
```

- 在 ArcGIS Pro 中引用当前工程。这将始终如下所示：

```
project = arcpy.mp.ArcGISProject("CURRENT")
```

 使用"CURRENT"引用工程时，您必须在 ArcGIS Pro 中工作。运行独立脚本时，"CURRENT"将不起作用。

引用项目的方式取决于脚本的目标是什么：

- 如果您正在编写要在 ArcGIS Pro 之外运行的独立脚本，则必须引用具有完整路径的工程。该脚本不会以其他方式运行，因为它无法识别正在运行的"当前"项目。
- 如果您正在编写要在 ArcGIS Pro 实例中运行的脚本工具或 Notebook，则"CURRENT"会更好，因为它总是会引用您打开的项目。

 为什么在引用项目时不总是使用完整路径？

完整路径将始终确保您的脚本能够正常工作。但是直接在 ArcGIS Pro 中工作时，"CURRENT"确实有一些优势。一方面，地图视图将自动刷新您在使用"当前"时所做的任何更改。另一个原因是，在设计脚本工具以在 ArcGIS Pro 中对打开的工程进行工作时，没有理由询问用户工程的路径，因为他们正在其中工作。

在本章中，您将在 ArcGIS Pro 中使用 Notebook，因此示例将使用"CURRENT"方法引用项目。

使用 arcpy. mp. ArcGISProject()函数时会创建一个 ArcGISProject 对象。此对象允许您访问项目中的不同属性、类和方法。要使用地图、图层和布局，您将通过项目访问它们可用的属性、类和方法。

当您使用这些来修改项目时，您将希望保存更改或保存新项目。save()方法适用于打开的项目对象，并将更改保存到该项目。saveACopy()方法用作 ArcGIS Pro 中的"另存为"选项，并采用完整路径（包括名称和.aprx 扩展名）来保存新项目。

在脚本中引用项目时，会在项目上加锁。此锁定将防止其他任何人在脚本运行时修改项目。如果脚本运行完成，则解除锁定。

也可以在脚本中删除锁定，方法是在工作完成时使用 del 语句删除 ArcGISProject 对象。最好是在您完成 ArcGISProject 对象后删除它，以确保解除锁定。

在下一部分中，您将参考您的项目和您在开始时打开的地图以修复损坏的链接。

7.2 更新和修复数据源

更新地图中的数据可能是一个耗时的过程。可能需要多次单击才能进入数据集的属性,以将数据源更改为新数据集。当由于地理数据库移动导致多个链接断开时,这会令人沮丧。

幸运的是,arcpy. mp 模块有一个类允许您访问地图中的图层。您将在本章中探索图层类中的许多可用属性。首先,您将了解如何使用图层类的 updateConnectionProperties()方法来修复断开的链接。

修复损坏的链接

当您打开地图时,在多个图层上看到断开链接的红色感叹号可能会令人沮丧。数据未显示,您必须单击多个图层的属性来修复断开的链接。arcpy. mp 模块的 layers 类中的 updateConnectionProperties()方法可以简化流程,用于自动更新 layer 的链接。

在第 7 章项目的地图中,有两层链接断开。正如我们在本章开头看到的那样,它们是 AC Transit Stops 和 Routes 层,如图 7.3 所示。

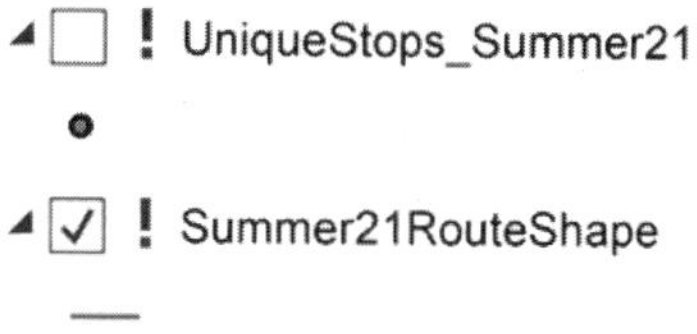

完成以下过程以修复这些链接:

1. 如果您从上述部分关闭了 ArcGIS Pro,请打开 ArcGIS Pro,导航到解压缩 Chapter7. zip 文件夹的位置,然后打开 Chapter7. aprx。

图 7.3　地图中的断开链接

2. 您会在工程中看到两张地图:Map 和 Map1,确保地图是活动地图,因为上面的链接断开了。

3. 在 Catalog 选项卡的 Projects 中,右击 Chapter7 并选择 New > Notebook 创建一个新的 Notebook。

4. 将 Notebook 重命名为 FixBrokenLinks。

5. 第一个单元格将保存变量 mapName,这是您将搜索以查找断开链接的地图名称。输入以下内容:

```
mapName = "Map"
```

运行单元格。

6. 第二个单元格将保存变量 newLinkPath,这是包含图层的地理数据库的路径。在这种情况下,它只是一个包含两个图层的地理数据库。输入以下内容:

```
newLinkPath = r"C:\PythonBook\Chapter7\TransitData.gdb"
```

运行单元格。

7. 在下一个单元格中,您将引用 CURRENT 项目来创建 ArcGISProject 对象:一个使用 listMaps 对象的地图对象，以及一个使用 listLayers 对象的所有图层的列表。然后，您将遍历所有图层对象并使用图层名称和 isBroken 属性列出图层名称以及链接是否断开。输入以下内容：

```
project = arcpy.mp.ArcGISProject("CURRENT")
m = project.listMaps(mapName)[0]
layers = m.listLayers()
print(layers)
for layer in layers:
    print(layer.name)
    print(layer.isBroken)
    print(" ------- ")
```

运行单元格。打印输出语句将帮助您查看代码的结果。下面是前几行代码的输出：

[< arcpy. _ mp. Layer object at 0x0000026E243AB588 > , < arcpy. _ mp. Layer object at 0x0000026E243AB908 > , <arcpy._mp.Layer object at 0x0000026E243ABB88 > , <arcpy._mp.Layer object at 0x0000026E243AB8C8 > ,

< arcpy. _ mp. Layer object at 0x0000026E243ABD48 > , < arcpy. _ mp. Layer object at 0x0000026E243AB2C8 > , <arcpy._mp.Layer object at 0x0000026E25F7A088 >]

DimondBridgeViewTrail

False

OaklandFVeg

False

UniqueStops_Summer21

True

Summer21RouteShape

True

这些图层存储着打印输出时不是很有用的对象。访问图层对象的属性是从图层对象中获取有用信息的最佳方式。您可以访问图层的更多属性，本章将探索更多属性。

8. 在下一个单元格中，您将遍历图层并使用条件来测试图层是否已损坏。如果一个层被破坏，您将打印输出该层的名称和 connectionProperties 属性。

 connectionProperties 是只读属性，因此您不能通过向其写入新值来更新它；您必须为此使用 updateConnectionProperties 方法。

输入以下内容：

```
for layer in layers:
    if layer.isBroken is True:
```

```
print(layer.name)
print(layer.connectionProperties)
```

运行单元格。print 语句的结果是层的名称作为字符串和连接属性作为字典：

UniqueStops_Summer21

{'dataset': 'UniqueStops_Summer21', 'workspace_factory': 'File Geodatabase', 'connection_ info': {'database': 'C:\\PythonBook\\ Chapter7_old\\Chapter7\\TransitData.gdb'}}

Summer21RouteShape

{'dataset': 'Summer21RouteShape', 'workspace_ factory': 'File Geodatabase', 'connection_ info': {'database': 'C:\\PythonBook\\ Chapter7_old\\Chapter7\\TransitData.gdb'}}

connectionProperties 字典具有以下 Key/值对：

- Key：'dataset'，值：图层名称的字符串。
- Key：'workspace_factory'，值：存储图层的工作空间类型的字符串。这可以是很多东西，包括"形状文件"、"文件地理数据库"和"SDE"。
- Key：connection_info，值：可以包含多个键/值对的字典，具体取决于"work-space_factory"。对于 shapefile 和文件地理数据库，它仅包含一个数据库键，其值为 shapefile 文件夹的路径或地理数据库的完整路径。

 当工作空间工厂是企业级地理数据库的 SDE 时，connection_info 字典有更多的键/值对。有关更多详细信息，请参阅更新和修复数据源的文档，位于此处：https://pro. arcgis. com/en/pro—app/latest/arcpy/mapping/updatedandfixingdatasources. htm。

9. 在您刚刚运行的同一个单元中，您将为每个层创建一个新的连接属性并添加到您的循环中。您将首先创建当前连接属性的副本，以便您拥有正确的字典模式。然后，您将只更新 connection_info 键中的数据库值。在上面最后一行的下方，使用相同的缩进，输入以下内容：

```
newConnProp = layer.connectionProperties
newConnProp["connection_info"]["database"] = newLinkPath
print(newConnProp)
print(" -----------------")
```

运行单元格。检查 print 语句的结果以确保新的连接字典具有正确的数据路径：

UniqueStops_Summer21

{'dataset': 'UniqueStops_Summer21', 'workspace_factory': 'File Geodatabase', 'connection_ info': {'database': 'C:\\PythonBook\\ Chapter7_old\\Chapter7\\TransitData.gdb'}}

{'dataset': 'UniqueStops_Summer21', 'workspace_factory': 'File Geodatabase', 'connection_ info': {'database': 'C:\\PythonBook\\ Chapter7\\TransitData.gdb'}}

Summer21RouteShape

{'dataset': 'Summer21RouteShape', 'workspace_ factory': 'File Geodatabase', 'connection_ info': {'database': 'C:\\PythonBook\\ Chapter7_old\\Chapter7\\TransitData.gdb'}}

{'dataset': 'Summer21RouteShape', 'workspace_ factory': 'File Geodatabase', 'connection_

info': {'database': 'C:\\PythonBook\\ Chapter7\\TransitData.gdb'}}
    ----

10. 现在您可以使用 updateConnectionProperties()方法来更新连接属性。up-dateConnectionProperties()方法有两个强制参数：

- current_connection_info：图层的当前连接属性。
- new_connection_info：要为图层更新的连接属性。

它还具有三个可选参数：

- auto_updating_joins_and_relates：默认设置为 True。当设置为 False 时,它不会更新加入或与图层相关的源。
- validate：默认设置为 False。当设置为 True 时,updateConnectionProperties()方法将不会验证 new_connection_info 是否存在。即使连接尚不存在,也会强制它更新到 new_connection_info。
- ignore_case：默认设置为 False。当设置为 True 时,它将使层的搜索不区分大小写。如果您不确定当前连接层的情况,它可以帮助您找到连接。

要更新连接,在与上面相同的单元格中,使用相同的缩进并在最后一行下方输入以下内容：

```
layer.updateConnectionProperties(
    layer.connectionProperties, newConnProp
)
```

运行单元格。Out 单元格中的结果看起来与上面相同,但内容窗格中图层旁边的红色感叹号消失了,数据现在显示在地图上,如图 7.4 所示。

图 7.4　固定链接的层

11. 最后一步是保存工程并从 Python 中删除 ArcGIS Pro 工程对象以解除锁定。在上述单元格下方的新单元格中,输入以下内容：

```
project.save()
delproje
```

运行单元格。

您现在已经修复了地图中损坏的链接。此外,您已将代码保存为 Notebook,现在可以在任何项目中打开它,更改 mapName 和 newLinkPath 的变量,并运行它来更新该项目中任何损坏的链接。

您刚刚开始使用所有图层属性。在下一节中,您将继续熟悉使用图层。

7.3 图层使用

您已经通过修复损坏的链接对图层进行了一些工作。在本节中,您将了解有关图层对象及其类和函数的更多信息,以及它如何与地图对象交互。首先,您将学习如何在地图中添加、移动和删除图层。

7.3.1 添加、移动和删除图层

您可以使用地图对象上的不同方法将图层添加到地图:

- addBasemap(basemap_name):将基础图图层添加到地图。
- addDataFromPath(data_path):将图层从本地路径或 URL 添加到地图。
- addLayer(add_layer,{position}):在"AUTO_ARRANGE"(默认)、"TOP"或"BOTTOM"的定义位置将另一个地图或图层文件(.lyrx)中的图层添加到地图。
- insertLayer(reference_layer,insert_layer,{insert_position}):在地图中的参考图层"之前"(默认)或"之后"添加图层。

　　addLayer 和 insertLayer 方法需要来自另一个地图的图层,从任何项目中的任何地图或图层文件中引用。它们不适用于 shape 文件、要素类或 URL。那些必须改用 addDataFromPath 方法。

除了向地图添加图层外,您还可以使用 moveLayer(reference_layer,move_layer,{insert_position})移动图层。这将在内容列表中向上或向下移动图层。与 insertLayer()方法一样,insert_position 参数是 reference_layer 的"BEFORE"或"AFTER"。可以使用 removeLayer(remove_layer)方法从地图中删除图层。

为了探索这一点,您将创建一个 Notebook 来存储这些不同方法的示例代码。

1. 如果您在上一节中关闭了 ArcGIS Pro 会话,请再次打开它,导航到解压 Chapter7.zip 文件夹的位置,然后打开 Chapter7.aprx。

2. 在 Catalog 选项卡的 Projects 选项卡中,右击 Chapter7 并选择 New > Notebook 创建一个新的 Notebook。

3. 将 Notebook 重命名为 AddRemoveData。

4. 第一个单元格将保存变量 mapName,即您将添加、移动和删除图层的地图名称。输入以下内容:

```
mapName = "Map"
```

运行单元格。

5. 下一个单元格将包含您将添加到地图的不同图层的路径。输入以下内容:

```
cpadUnits = r"C:\PythonBook\Chapter7\CPAD_2020b_Units.shp"
```

```
oaklandBerkeley = r"C:\PythonBook\Chapter7\OaklandBerkeley_ RaceHispanic_Place.lyrx"
cpadOakland = r"C:\PythonBook\Chapter7\Chapter7.gdb\CPAD_2020b_ Units_Oakland"
```

运行单元格。

6. 在下一个单元格中，您将创建 ArcGISProject 对象和地图对象。输入以下内容：

```
project = arcpy.mp.ArcGISProject("CURRENT")
m = project.listMaps(mapName)[0]
```

运行单元格。

7. 在下一个单元格中，您将添加一个新基础图。当您使用 addBasemap()方法时，实际上是在替换地图中已有的基础图。basemap_name 参数与您在 ArcGIS Pro 中从基础图库添加基础图时看到的名称相同，如图 7.5 所示。

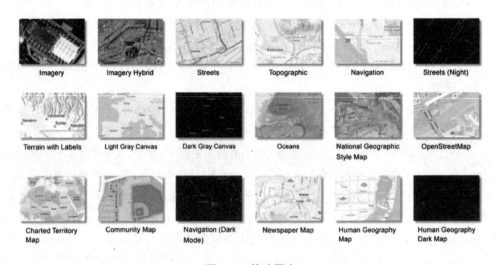

图 7.5　基础图库

您将添加 Streets 基础图。输入以下内容：

```
m.addBasemap("Streets")
```

运行单元格。您将看到基础图已替换为世界街道地图基础图，如图 7.6 所示。

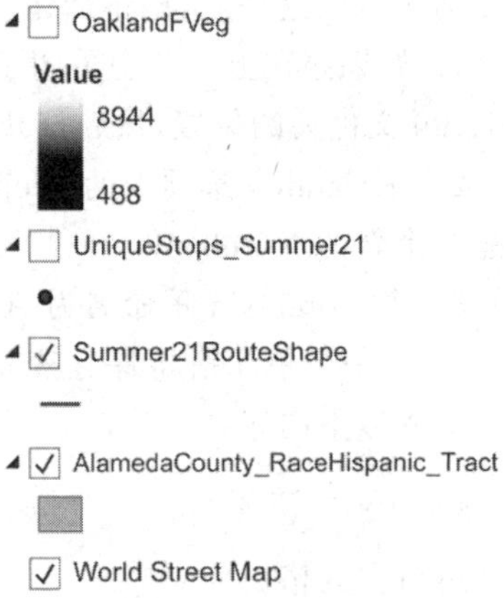

8. 在下一个单元格中，您将从其完整路径添加一个要素类。输入以下内容：

```
m.addDataFromPath(cpadUnits)
```

运行单元格。Out 单元格将输出一个图层对象，CPAD 图层将添加到您的地图的顶部位置，如图 7.7 所示。

9. 在下一个单元格中，您将使用 addLayer()

图 7.6　更新的基础图

添加一个图层文件。要添加图层,您需要从.lyrx 文件创建图层。您还可以指定要添加图层的"TOP"(默认)或"BOTTOM"位置。

要从图层文件创建图层并将其添加到底部,请输入以下内容:

```
addLyr = arcpy.mp.LayerFile(oaklandBerkeley)
m.addLayer(addLyr,"BOTTOM")
```

运行单元格。请注意,当您添加到"BOTTOM"时,图层会添加到基础图下方,如图 7.8 所示。

图 7.7　添加层	图 7.8　添加到地图底部的图层

这不是图层的最佳位置;它位于基础图下方,不会被看到。

10. 要移动图层,您需要在地图中引用您希望它高于或低于的图层。您将使用带有图层名称作为通配符的 listLayers() 方法将此图层移动到 AlamedaCounty_RaceHispani_Tract 图层上方。这将创建一个只有一层的列表;您将使用 0 的列表索引值从列表中提取该图层。然后您必须执行相同的操作来为刚添加的 OaklandBerkeley_RaceHispanic_Place 图层创建图层对象。

在下一个单元格中,输入以下内容:

```
refLayer = m.listLayers("AlamedaCounty_RaceHispanic_Tract")[0]
oakBerkLyr = m.listLayers("OaklandBerkeley_RaceHispanic_Place")[0]
m.moveLayer(refLayer, oakBerkLyr,"BEFORE")
```

运行单元格。现在,OaklandBerkeley_RaceHispanic_Place 图层已移至 AlamedaCounty_RaceHispanic_Tract 图层上方。

 　关键字"BEFORE"会将图层移动到参考图层上方,"AFTER"会将其移动到参考图层下方。

11. 在下一个单元格中,您将插入一个图层。insertLayer() 方法采用层而不是路径。addLayer 和 insertLayer 都可以使用其他地图中已经存在的图层,无论是在您的项目中还是在其他项目中。单击 Map1,您将看到有一个样式图层 CPAD_2020b_Units_Oakland。您将把这个图层插入到 Map 中,将其放置在刚添加的 OaklandBerkeley_RaceHispanic_Place 图层之上。这将通过从 Map1 创建另一个地图对象、从 Map1 中的

CPAD_2020b_Units_Oakland 图层创建图层对象并使用 insertLayer( )方法来完成。输入以下内容：

```
m2 = project.listMaps("Map1")[0]
insertLyr = m2.listLayers("CPAD_2020b_Units_Oakland")[0]
m.insertLayer(oakBerkLyr,insertLyr,"AFTER")
```

运行单元格，并观察 CPAD_2020b_Units_Oakland 插入到下方 OaklandBerkeley_RaceHipanic_Place 图层，如图 7.9 所示。

12. 现在您已经插入并移动了图层，可以删除其他您不需要的图层。您将创建一个包含所有要删除图层的列表，然后遍历该列表以删除每个层，而不是一次删除它们。您将删除以下所有数据集：CPAD_2020b_Units、CPAD_2020b_Units_Oakland 和 OaklandBerkeley_RaceHispanic_Place。您可以使用 listLayers 方法找到每个图层并将其添加到列表中。输入以下内容：

```
cpadUnits = m.listLayers("CPAD_2020b_Units")[0]
cpadOakland = m.listLayers("CPAD_2020b_Units_Oakland")[0]
oakBerRaceHis = m.listLayers("OaklandBerkeley_RaceHispanic_Place")[0]
removeList = [cpadUnits, cpadOakland, oakBerRaceHis]
for layer in removeList:
    print(layer.name)
    m.removeLayer(layer)
```

运行单元格。列表中的所有图层都将被删除。地图中的图层现在应该如图 7.10 所示。

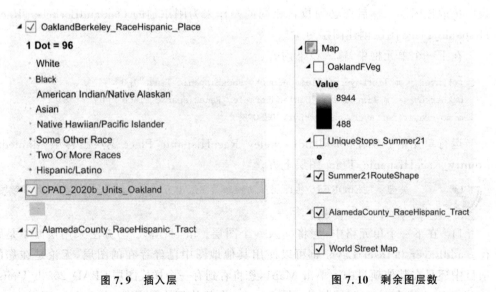

图 7.9　插入层　　　　　　　　　图 7.10　剩余图层数

13. 现在您已完成添加、移动和移除图层，您可以保存工程并删除 ArcGISProject

对象以移除任何模式锁定。输入以下内容：

```
project.save()
delproject
```

运行单元格。

您现在在 Notebook 中有示例代码，可用于在项目中的地图中添加、移动和删除图层。这样可以快速更新地图；当您需要移动图层时，您只需打开 Notebook 进行修改，然后保存更新的地图。当您需要对多个地图进行相同的更改时，它甚至更有价值，因为您可以遍历地图，添加、移动或删除这些地图上的同一图层。您还可以添加通过分析过程创建的图层并导出地图；您将在第 12 章"案例研究：高级地图自动化"中看到如何做到这一点。

 创建要删除的层列表的过程也可用于创建要添加的层列表。您必须创建图层文件或数据完整路径的列表，因为图层文件是使用 insertLayer 方法添加的，而数据的完整路径是使用 addDataFromPath 方法添加的。

在下一小节中，您将了解如何使用 Python 更改图层的符号系统。

7.3.2 图层符号系统

在地图中对图层进行符号化是创建精美的制图设计的方式。在 ArcMap 中，您使用 Python 执行此操作的方式受到限制。更新图层符号系统的唯一方法是应用先前创建的图层文件的符号系统。这意味着您必须使用所需的符号系统创建图层文件，然后使用 arcpy. mapping 模块将图层的符号系统更新为图层文件的符号系统。您无法通过 arcpy. mapping 模块访问 ArcMap 中的大多数符号系统设置。

在 ArcGIS Pro 提供的新 arcpy. mp 模块中，您可以使用更多选项来创建符号系统。在本小节中，您将探索如何使用符号系统类的渲染器和着色器属性更改要素图层和栅格图层的符号系统。渲染器用于符号化地图上的矢量数据。渲染将应用于地图上要素图层的符号系统属性，以创建不同的符号系统。着色器用于对地图上的栅格数据进行符号化。着色器应用于地图上栅格图层的符号系统属性以创建不同的符号系统。

要素图层具有以下渲染器：
- SimpleRenderer：使用一个符号表示单个值；
- UniqueValuesRenderer：符号化基于单个属性的唯一值；
- GradedColorsRenderer：基于单个属性对渐变颜色进行符号化；
- GradedSymbolsRenderer：基于单个属性对分级符号进行符号化。

栅格图层具有以下着色器：
- RasterUniqueValueColorizer：通过基于单个栅格属性的唯一值着色；
- RasterClassifyColorizer：为基于单个栅格属性的值按组着色；
- RasterStretchColorizer：着色，在单个光栅值上创建一个配色方案的延伸。

将这些要素图层渲染器和栅格着色器与 ArcGIS Pro 中可用的渲染器和栅格着色

器进行比较,您将看到并非全部可用,如图 7.11、图 7.12 和图 7.13 所示。

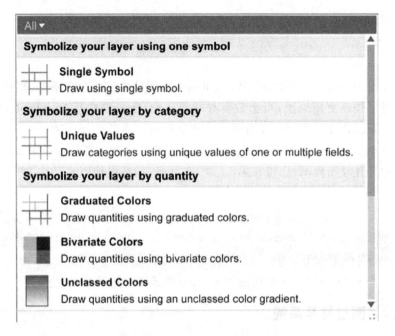

图 7.11　要素类符号系统选项

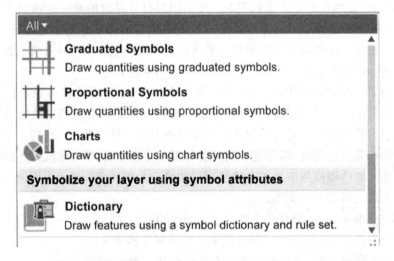

图 7.12　要素类符号系统选项(续)

 对于要素类,以下内容无法通过 Python 获得:未分类颜色、比例符号、点密度、图表和字典。

　　为了使用渲染器或着色器,您需要检查图层或栅格是否支持它,但并非所有部分都支持。您可以使用 Python 中内置的 has 属性方法 hasattr() 来检查对象是否具有属性。

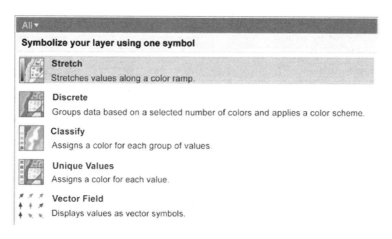

图 7.13　栅格符号系统选项

在本练习中,您将查看图层的符号系统属性是否具有渲染属性(如果图层是要素图层)或着色器属性(如果图层是栅格图层)。您将使用 UniqueValuesRenderer、GraduateColorsRenderer 和 RasterUniqueValuesColorizer,创建一个包含使用这些渲染器/着色器的示例代码的 Notebook。

1. 如果您在上一小节中关闭了 ArcGIS Pro 会话,请再次打开它,导航到解压 Chapter7.zip 文件夹的位置,然后打开 Chapter7.aprx。

2. 在 Catalog 选项卡的 Projects 中,右击 Chapter7 并选择 New > Notebook 创建一个新的 Notebook。

3. 将 Notebook 重命名为 Symbolize。

4. 第一个单元格将保存项目和地图的变量。输入以下内容:

```
project = arcpy.mp.ArcGISProject("CURRENT")
mapName = "Map"
m = project.listMaps(mapName)[0]
```

运行单元格。

5. 在下一个单元格中,您将为要符号化的每个图层名称创建变量。输入以下内容:

```
census = "AlamedaCounty_RaceHispanic_Tract"
busRoute = "Summer21RouteShape"
vegRaster = "OaklandFVeg"
```

运行单元格。

6. 在下一个单元格中,您将创建变量来保存每个图层,并使用 listLayers 方法访问每个图层。您将在最后添加打印输出语句以验证您拥有正确的图层。输入以下内容:

```
censusLyr = m.listLayers(census)[0]
busRouteLyr = m.listLayers(busRoute)[0]
```

```
vegLyr = m.listLayers(vegRaster)[0]
print(busRouteLyr)
print(censusLyr)
print(vegLyr)
```

运行单元格。应在 Out 单元格中打印输出以下结果：

```
Summer21RouteShape
AlamedaCounty_RaceHispanic_Tract
OaklandFVeg
```

7. 在接下来的三个单元格中，您将创建一个包含每个图层的符号系统属性的变量，使用 hasattr()方法测试它是否具有渲染器或着色器属性，然后打印输出现有的渲染器或着色器。

在下一个单元格中，输入以下内容：

```
censusLyrSym = censusLyr.symbology
print(hasattr(censusLyrSym,"renderer"))
print(censusLyrSym.renderer.type)
```

运行单元格。应在 Out 单元格中打印输出以下结果：

```
True
SimpleRenderer
```

8. 在下一个单元格中，输入以下内容：

```
busRouteLyrSym = busRouteLyr.symbology
print(hasattr(busRouteLyrSym,"renderer"))
print(busRouteLyrSym.renderer.type)
```

运行单元格。应在 Out 单元格中打印输出以下结果：

```
True
SimpleRenderer
```

9. 在下一个单元格中，输入以下内容：

```
vegLyrSym = vegLyr.symbology
print(hasattr(vegLyrSym,"colorizer"))
print(vegLyrSym.colorizer.type)
```

运行单元格。应在 Out 单元格中打印输出以下结果：

```
True
RasterStretchColorizer
```

10. UniqueValueRender 需要至少分配两个属性才能工作：字段和值的颜色。fields 属性是一个列表值，因为您可以使用多个字段进行符号化。要选择颜色，您可以创建 if 语句以将特定 RGB 值应用于每个唯一字段，或使用色带。colorRamp 属性是通过从项目中可用的色带列表中选择一个色带来设置的。通过使用 listColorRamps( )方法并传入颜色渐变的名称来调用此属性。要查看所有可用的色带,请在下一个单元格中输入以下内容:

```
forramp in project.listColorRamps();
print(ramp.name)
```

运行单元格。您将看到所有可用的不同颜色渐变的长列表。下面是您应该在 Out 单元格中看到打印输出的前十个:

```
Accent (3 Classes)
Accent (4 Classes)
Accent (5 Classes)
Accent (6 Classes)
Accent (7 Classes)
Accent (8 Classes)
Aspect
Basic Random
Bathymetric Scale
Bathymetry #1
```

这些名称对应于您在符号系统窗口的颜色方案下拉列表中选中显示名称框时看到的名称,如图 7.14 所示。

11. 在下一个单元格中,您将用不同的颜色表示不同的公交路线。这将使用 UniqueValueRenderer 和 PUB_RTE 字段并将颜色设置为"基本随机"色带来完成。list-ColorRamps( )方法将色带作为参数,并返回一个仅包含该色带的列表。然后,您将使用 0 的列表索引来提取色带。

要更改图层对象的符号系统,您可以访问包含符号系统的变量并对该变量进行更新。

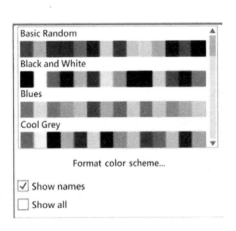

图 7.14　色带名称

但是,您要更改的是该变量的符号系统属性,而不是图层的符号系统属性。完成更新包含符号系统属性的变量后,您将图层的符号系统属性设置为等于新创建的符号系统变量。在下一个单元格中,输入以下内容:

```
busRouteLyrSym.updateRenderer('UniqueValueRenderer')
busRouteLyrSym.renderer.fields = ["PUB_RTE"]
print(busRouteLyrSym.renderer.fields)
busRouteLyrSym.renderer.colorRamp =
project.listColorRamps("Basic Random")[0]
busRouteLyr.symbology = busRouteLyrSym
```

运行单元格。由于您添加了一条打印输出语句来打印输出用于符号化的字段名称,因此您应该看到['PUB_RTE']打印输出来了。除此之外,Summer21RouteShape 图层现在应该用不同的颜色对每条路线进行符号化,如图 7.15 和图 7.16 所示。

图 7.15 唯一值渲染器目录

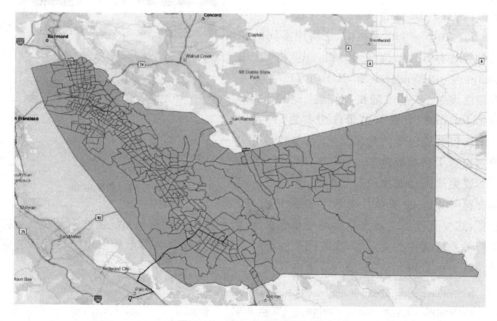

图 7.16 唯一值渲染器映射

12. 在下一个单元格中,您将更改 AlamedaCounty_RaceHipanic_Tract 图层的符号系统。您将把符号系统变量中的渲染器更新为 GraduateColorsRenderer,并更新与

GraduateColorsRenderer 关联的渲染器属性。

为此,您需要将分类字段属性设置为"percent_minority"字段。然后,您将使用 breakCount 属性将中断数设置为 4。最后,您将使用 listColorRamps 对象将 color-Ramp 属性设置为"条件编号"色带。您将添加打印输出语句以在代码运行时对其进行跟踪。输入以下内容:

```
censusLyrSym.updateRenderer('GraduatedColorsRenderer')
print(censusLyrSym.renderer.type)
censusLyrSym.renderer.classificationField = "percent_minority"
print(censusLyrSym.renderer.classificationField)
censusLyrSym.renderer.breakCount = 4
censusLyrSym.renderer.colorRamp =
project.listColorRamps('Condition Number')[0]
censusLyr.symbology = censusLyrSym
```

运行单元格。由于您添加了一条打印输出语句来打印输出 GradedColorsRenderer 的渲染器类型和 percent_minority 的分类字段,您将在 Out 单元格中看到以下内容:

```
GraduatedColorsRenderer
percent_minority
```

AlamedaCounty_RaceHispani_Tract 图层现已更新,并在四个类别中进行了符号化,具有从绿色到红色的颜色渐变。您的内容和地图将如图 7.17 和图 7.18 所示。

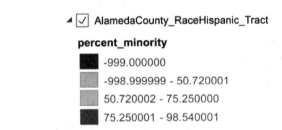

图 7.17　GraduateColorsRenderer 目录(绿色为低值,红色为高值)

请注意,从可访问性的角度来看,此色带不适用于红绿色盲患者。

13. 在 ArcGIS Pro 中设置分级颜色符号系统时,您还可以选择设置分类方法。您也可以使用 Python 来做到这一点。分类方法属性可以设置为以下任何一种:

- DefinedInterval:设置一个已定义的区间分类方案,其中每个类都具有相同数量的单位的区间大小。例如,如果定义的区间为 10,则每个类将有 10 个单位,并且类的数量由样本大小决定。
- EqualInterval:设置等间隔分类方案,其中每个类范围都具有相同的间隔大小。它是通过定义类的数量来设置的,并且范围是基于值创建的。例如,如果您有 0~50 的值并将其设置为 5 个类,则您的类范围将是 0~10、11~20、21~30、31~40 和 41~50。

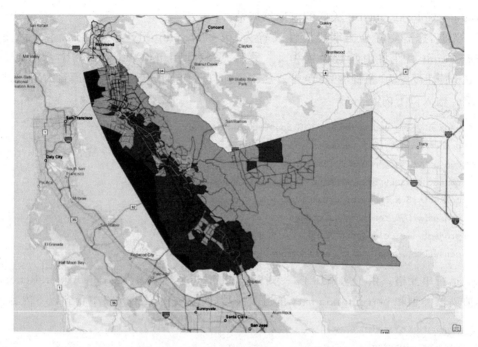

图 7.18　GradatedColorsRenderer 贴图

- GeometricInterval：设置几何区间分类方案，区间大小基于一种算法，可确保类中具有大致相同数量的值，并且区间之间的变化在某种程度上是一致的。
- ManualInterval：设置用户定义的分类方案，间隔由用户定义的值指定。
- NaturalBreaks：设置了 Jenks Natural Breaks 分类方案，该方案使用 Jenks Natural Breaks 算法找到将相似值分组在一起并显示类之间差异的最佳方法。
- Quantile：分位数设置分位数分类方案，在每个类中放置相同数量的数据点。例如，如果您的样本大小为 50，并且您将其设置为 5 个类，则每个类包含 10 个值。
- StandardDeviation：设置标准差分类方案，计算数据的均值和标准差，并创建具有相等值作为标准差比例的分类间断。

　有关 ArcGIS Pro 中所有可用分类方案的详细信息，请访问此处的文档：https://pro. arcgis. com/en/pro-app/latest/help/mapping/layer-properties/data-classification-meth-ods. htm。

您将验证将哪种分类方法设置为默认值，因为您在将渲染器设置为 GradedColor-sRenderer 时没有选择一种。输入以下内容：

```python
print(censusLyrSym. renderer. classificationMethod)
```

运行单元格。结果将在 Out 单元格中如下所示：

```
NaturalBreaks
```

Jenks Natural Breaks 分类是未指定时的默认分类。

14. Jenks Natural Breaks 分类方法在符号化数据方面做得很好,除了它的最低值为-999外。回想一下,您已将人口为 0 的地区设置为-999%的少数族裔,以表明没有人居住在这些地区。

您将使用 classBreaks 属性来设置新的中断值。这将允许您将最小值显示为 0。您将定义第一个中断值和要使用的间隔,然后遍历不同的分类中断,增加第一个值和中断值。循环完成运行后,您将符号系统属性设置为包含更新的分类中断的新变量。最后,您将使用图层的透明度属性设置图层的透明度。输入以下内容:

```
breakValue = 25
firstVal = 0
for brk in censusLyrSym.renderer.classBreaks:
    brk.upperBound = breakValue
    brk.label = "{0} - {1}".format(str(firstVal),str(breakValue))
    breakValue += 25
    firstVal += 25
censusLyr.symbology = censusLyrSym
censusLyr.transparency = 40
```

运行单元格。由于您没有添加任何打印输出语句,因此不会有输出,但是目录和地图中的符号系统会发生变化,如图 7.19 和图 7.20 所示。

图 7.19 现在将 0%～50%的少数群体分为 0%～25%和 25%～50%。这使您可以比以前的版本更好地看到这些差异,以前的版本只有一个 0%～50%的类。

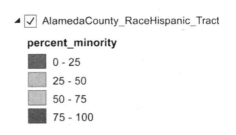

图 7.19 目录中的手动换行符

15. 您已将断点值更改为手动值,这也会将分类方法属性更改为手动间隔。要检查这一点,请输入以下内容:

```
print(censusLyrSym.renderer.classificationMethod)
```

运行单元格。返回的值将是手动值 ManualInterval。

16. 下一个要符号化的图层是 OaklandFVeg 栅格图层,它显示了奥克兰不同的土地覆盖。您将 vegLyrSym 符号系统变量上的着色器更新为 RasterUniqueValueColorizer。然后,您将使用着色器的字段属性来选择要用于着色的字段。接下来,您将使用 ArcGISProject 对象的 listColorRamps()方法提取"基本随机"色带并将其设置为符号系统变量的 colorRamp 属性。最后,您将通过将图层设置为等于您创建的新符号系统变量来更新图层的符号系统。您将添加一个打印输出语句来跟踪过程并确保值符合您的预期。输入以下内容:

```
vegLyrSym.updateColorizer("RasterUniqueValueColorizer")
```

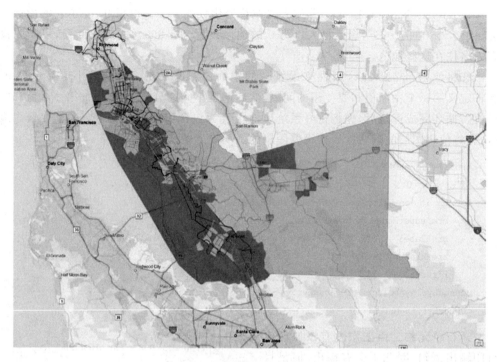

图 7.20　地图上的手动中断

```
print(vegLyrSym.colorizer.type)
vegLyrSym.colorizer.field = "WHR10NAME"
vegLyrSym.colorizer.colorRamp =
project.listColorRamps("Basic Random")[0]
vegLyr.symbology = vegLyrSym
```

　　运行单元格。内容列表和地图中的 OaklandFVeg 图层将更新符号系统。由于使用了随机色带，因此您的颜色看起来与下图不同，如图 7.21 和图 7.22 所示。

　　17. 当您有很多类别并且颜色选择并不重要时，使用基本随机颜色渐变可能会很好。但是，对于土地覆盖，蓝色没有水而灰色城市区域看起来有点奇怪，因此您将通过访问每个项目来更改这些颜色。要访问这些项目，您必须先访问它们所在的组。您始终至少有一个组，因为您的项目显示在默认组中。

图 7.21　奥克兰植被目录

　　组是对符号系统中相似类型的数据进行分组的方法，并为它们提供一个标题以显示这种相似性。例如，您可以创建一个 Forest 组并将所有林地覆盖类型放在该组中。

　　您将检查每个项目的水或城市标签，找到后，使用 RGB 值更改项目的颜色。

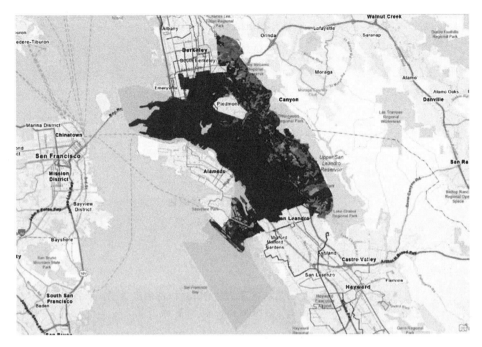

图 7.22　奥克兰植被符号图

 您实际上是在使用 RGBA,因为您也在设置透明度的 alpha 值。alpha 值从 0(完全透明)～100(完全不透明)。

最后一步是将图层符号系统设置为等于具有更新颜色的新符号系统变量。输入以下内容:

```
for group in vegLyrSym.colorizer.groups:
    for item in group.items:
        if item.label == "Water":
            item.color = {'RGB':[0, 0, 255,100]}
        elif item.label = = "Urban":
            item.color = {'RGB':[153, 153, 153,100]}
vegLyr.symbology = vegLyrSym
```

运行单元格。OaklandFVeg 图层现在将蓝色用于水,灰色用于城市,如图 7.23 所示。

 您如何确定 RGB 值是多少?
有许多不同的网站可以帮助您确定颜色的 RGB 值。来自 w3. schools 的 HTML 颜色选择器,网址为 https://www.w3schools.com/colors/colors_picker.asp,是一个不错的选择。您可以选择一种颜色并查看该颜色的 RGB 值,还可以选择更亮和更暗的选项。

18. 最后,要保存您的地图并释放项目上的模式锁定,请输入以下内容:

WHR10NAME

■ Urban

■ Herbaceous

■ Hardwood

■ Water

■ Wetland

■ Shrub

■ Conifer

图 7.23 水和城市的更新颜色

```
project.save()
delproject
```

运行单元格。

 可以修改用于使用着色器更新单个颜色的方法以使用渲染器。您将遍历图层中的组，用渲染器替换着色器。然后，在遍历项目时，您将使用 item.symbol.color 代替您在着色器练习中使用的 item.color。

您现在已经看到了许多关于如何在地图中更新图层符号系统的不同示例。您可以在分级颜色渲染器中使用默认分类间隔，也可以设置自己的手动间隔。您还有如何访问和更改栅格图层中特定颜色的示例。虽然这些方法似乎并不比在 ArcGIS Pro 中执行相同的任务更有效，但当它们应用于跨多个地图和项目进行相同的符号系统更改时，这些 Notebook 的真正威力就会显现出来。

7.4 布 局

既然您知道如何更新图层上的符号系统，您就可以开始使用布局了。布局是您为将地图导出到文件而创建的。它们包括图层和元素，例如图例、指北针、比例尺、标题和文本。您可以使用 Python 修改所有这些布局元素。除了修改布局元素之外，您还可以使用 Python 将布局导出为不同的文件类型，例如 PDF、JPG、PNG 等。将地图导出到文件是地图制作的最后一步，因为您可以打印输出地图或将其插入到文档中。

在本节中，您将了解如何对图层进行其他修改，例如创建定义查询和更改图层名称以使您的地图信息更丰富、更易于阅读。您将学习如何在地图中打开和关闭图层。然后，您将看到如何修改所有不同的布局元素。最后，您将看到如何导出地图。您将继续使用您目前使用的相同 Map 和 AlamedaCounty 布局在第 7 章项目中工作。

7.4.1 图 层

在前面的部分中，您已经使用图层来更新其数据源、添加和删除它们、移动它们以及更改它们的符号系统。在本小节中,您将看到如何更改它们的名称、打开或关闭它们以及应用定义查询。所有这些都将允许您继续操作图层在地图和图例上的外观。

1. 如果您在上一节中关闭了 ArcGIS Pro 会话,请再次打开它,导航到解压 Chapter7. zip 文件夹的位置,然后打开 Chapter7. aprx。

2. 在 Catalog 选项卡的 Projects 中,右击 Chapter7 并选择 New > Notebook 创建一个新的 Notebook。

3. 将 Notebook 重命名为 LayoutElements。

4. 第一个单元格将保存项目、地图和布局的变量。输入以下内容:

```
project = arcpy.mp.ArcGISProject("CURRENT")
mapName = "Map"
layoutName = "AlamedaCounty"
m = project.listMaps(mapName)[0]
layout = project.listLayouts(layoutName)[0]
```

运行单元格。

5. 在下一个单元格中,您将为 AlamedaCounty_RaceHispani_Tract、Summer21RouteShape 和 OaklandFVeg 图层创建与 SymbolizeNotebook 练习中相同的变量。输入以下内容:

```
census = "AlamedaCounty_RaceHispanic_Tract"
busRoute = "Summer21RouteShape"
vegRaster = "OaklandFVeg"
censusLyr = m.listLayers(census)[0]
busRouteLyr = m.listLayers(busRoute)[0]
vegLyr = m.listLayers(vegRaster)[0]
```

运行单元格。

6. 您可以通过更改其可见属性来打开和关闭图层。visible 属性是一个布尔类型,当图层可见时为 True,不可见时为 False。您将通过输入以下内容检查所有三层的可见性:

```
print(censusLyr.visible)
print(busRouteLyr.visible)
print(vegLyr.visible)
```

运行单元格。根据您在视图中打开或关闭的图层,您应该会看到打印输出的 True 和 False 组合。如果您仍然打开上一个练习中的所有图层,您将在 Out 单元格中看到以下内容:

```
True
True
True
```

7. 您可以通过将 visible 属性设置为 True 或 False 来更改图层的可见性,具体取决于您是否要绘制图层。对于您正在处理的布局,您不希望绘制 vegLyr,因此您将通过输入以下内容将其设置为 False:

```
vegLyr.visible = False
print(vegLyr.visible)
```

运行单元格。现在将取消选中内容中的 OaklandFVeg 图层,如图 7.24 所示。

8. 在查看阿拉米达县布局时,很难看到这个比例的所有公交线路,图例太多了,如图 7.25 所示。

您将更改公交路线图层,使其仅显示跨湾公交路线。为此,您可以为 busRouteLyr 层编写一个定义查询,该查询仅查询 PUB_RTE 字段的跨湾路线。

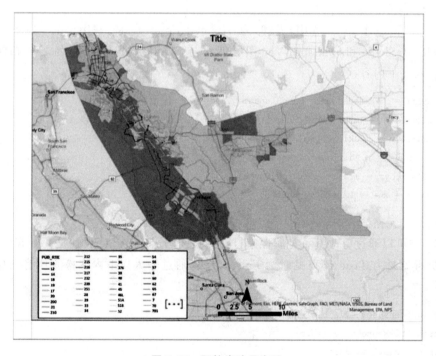

图 7.24 可见属性设置为 False 的图层

图 7.25 阿拉米达县布局

这是使用图层的定义查询属性完成的。回想一下前面的章节,所有 AC Transit 跨湾路线都以字母开头。输入以下内容:

```
busRouteLyr.definitionQuery = "PUB_RTE In ('F','G','J','L','LA','NL','NX','O','P','U','V','W')"
```

运行单元格。您不会在内容选项卡中看到任何变化,因为您仍在使用颜色进行符号化。但是,在 AlamedaCounty 布局中,您只会看到跨湾公交线路,而图例仍显示所有公交线路。这将在稍后使用 LegendElement 的 LegendItem 属性进行更改。

现在您已经减少了显示的总线数量,是时候了解 ArcPy 中可用的不同布局元素了。

7.4.2　布局元素

布局对象有许多可供您修改的属性和方法。例如,您可以通过 name、pageHeight、pageUnits 和 pageWidth 属性查看和写入名称和页面尺寸。

> pageUnits 必须设置为 CENTIMETER、INCH、MILLIMETER 或 POINT;然后 pageHeight 和 pageWidth 值基于这些单位。

除了这些属性之外,还有一些方法可用于将布局导出到不同的文件,我们将在本小节后面介绍格式。

您还可以使用 listElements 方法访问布局中的所有元素。listElements 方法返回布局对象中所有布局元素的列表。它需要两个可选参数来过滤返回的元素列表:element_type 和通配符。不同的 element_type 值如下:

- GRAPHIC_ELEMENT:过滤列表中仅包含页面布局上的图形元素。图形元素包括在地图上绘制的任何线或多边形元素。
- LEGEND_ELEMENT:过滤页面布局上的图例元素列表。
- MAPFRAME_ELEMENT:过滤页面布局上地图框的列表。
- MAPSURROUND_ELEMENT:过滤页面布局上不同地图环绕元素的列表。地图环绕元素包括指北针、比例尺和整齐线。
- PICTURE_ELEMENT:过滤页面布局上不同图片元素的列表。图片元素包括添加到地图布局上的 JPG 或 PNG 文件。
- TEXT_ELEMENT:过滤页面上不同文本元素的列表。文本元素包括地图上的任何标题或副标题。

您将继续使用 LayoutElements Notebook 来探索这些不同的属性和方法。

1. 在 LayoutElements Notebook 的下一个单元格中,您将打印输出名称、pageUnits、pageHeight 和 pageWidth。输入以下内容:

```
print(layout.name)
print(layout.pageUnits)
print(layout.pageHeight)
print(layout.pageWidth)
```

运行单元格。您将在 Out 单元格中看到以下内容:

```
AlamedaCounty
INCH
8.5
11.0
```

2. 布局将显示阿拉米达县的跨湾巴士路线,因此您应该更改布局名称以反映这一点。布局名称属性更新后,您还需要更新 layoutName 变量以匹配属性名称。您将添加一个打印输出语句来检查您的代码是否正常工作。输入以下内容:

```
layout.name = "AlamedaCountyTransbayBus"
layoutName = layout.name
print(layoutName)
```

运行单元格。print 语句显示了新的布局名称,并且项目中的布局名称发生了变化,如图 7.26 所示。

图 7.26　更改的布局名称

3. 在下一个单元格中,您将创建所有不同布局元素的列表,打印输出它们的名称和元素类型。输入以下内容:

```
lytElems = layout.listElements()
for elem in lytElems:
    print("{0} is a {1} element".format(elem.name,elem.type))
```

运行单元格。打印输出语句将显示打印输出的名称,与布局的"内容"选项卡中的名称相匹配。您将在 Out 单元格中看到以下内容:

```
Text is a TEXT_ELEMENT element
Legend is a LEGEND_ELEMENT element
Scale Bar is a MAPSURROUND_ELEMENT element
North Arrow is a MAPSURROUND_ELEMENT element
Map Frame is a MAPFRAME_ELEMENT element
```

4. 为布局中的元素取有用的名称很重要。这将帮助您识别代码中的正确元素。名为"Text"的文本元素不是很具有描述性。您将通过访问文本元素并更改其名称属性将该名称更改为"标题"。输入以下内容:

```
textElem = layout.listElements("TEXT_ELEMENT","Text")[0]
textElem.name = "Title"
print(textElem.name)
```

运行单元格。您将在 Out 单元格中看到以下内容：

Title

Contents 选项卡中的布局元素名称也将更改为 Title,如图 7.27 所示。

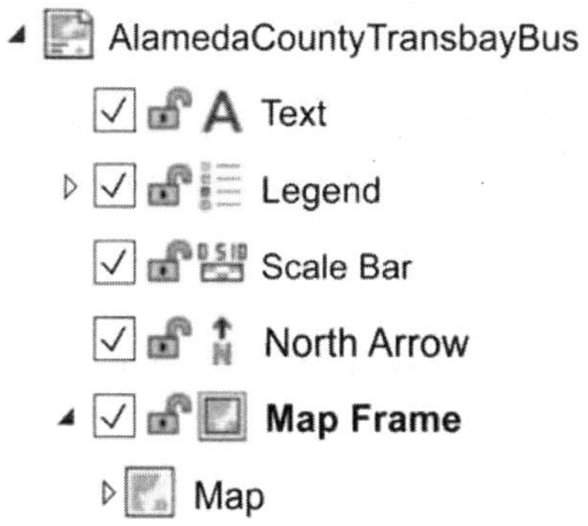

▲ 🖼 AlamedaCountyTransbayBus

    ☑ 🔓 A Text

    ▷ ☑ 🔓 ☷ Legend

    ☑ 🔓 ☷ Scale Bar

    ☑ 🔓 ↑ North Arrow

  ▲ ☑ 🔓 🖼 **Map Frame**

    ▷ 🖼 Map

图 7.27　更新的文本元素名称

现在您已经了解了不同的布局元素以及如何列出它们,您将更详细地了解每一个。

7.4.2.1　图　例

您将使用的第一个布局元素是 LegendElement,它具有许多与之关联的属性和方法。这些属性允许您对图例进行调整。下面列出了您可能最常使用的一些属性:

- mapFrame:图例所引用的地图。这必须设置为地图框数据类型。
- 名称:图例的名称。
- elementPositionX:锚点位置的 x 位置。单位与布局对象的 pageUnits 属性中设置的单位相同。
- elementPositionY:锚点位置的 y 位置。单位与 pageUnits 中设置的单位相同。

     elementPostionX 和 elementPositionY 是根据锚点设置的。只能在 ArcGIS Pro 中设置锚点。

- elementHeight:元素的高度。单位与 pageUnits 中设置的单位相同。
- elementWidth:元素的宽度。单位与 pageUnits 中设置的单位相同。
- fitingStrategy:应用于图例的拟合策略方法,如图 7.28 所示。可接受的值为 Adjust font size、Adjust columns、Adjust columns and font size、Adjust frame 和 Manual columns。

Adjust font size

Adjust columns

Adjust columns and font size

Adjust frame

Manual columns

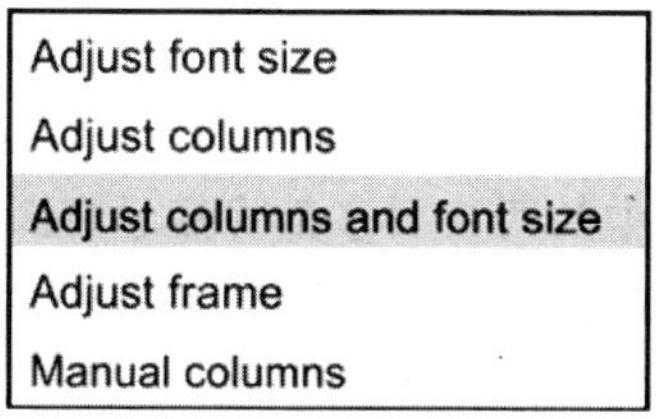

图 7.28　拟合策略选项

FittingStrategy 方法与 Legend Arrangement Options 选项卡的 Fitting Strategy 下拉列表中的方法相同:

- columnCount:图例中的列数。仅适用于拟合策略方法,可设置为 Adjust font size、Adjust frame 或 Manual columns。
- title:图例的标题。
- showTitle:一个布尔值,设置为 True 时显示标题,设置为 False 时删除标题。
- items:LegendItem 类的列表,可以通过使用 LegendItem 类来修改图例项的属性。

 LegendElement 还有其他可用的属性。有关它们的更多信息,请参阅 Legend-Element 文档,网址为 https://pro. arcgis. com/en/pro-app/latest/arcpy/mapping/legendelement-class. htm。

除了与 LegendElement 关联的属性外,您还可以使用一些方法:

- addItem(layer,{add_position}):将向图例添加一个层。可选的 add_position 参数可以设置为图例层堆栈的"TOP"(默认)或"BOTTOM"。
- moveItem(reference_item,move_item,{move_position}):将根据 reference_item 将 move_item 移动到 move_position。move_position 是"AFTER"或"BEFORE"(默认)。'AFTER' 将 move_item 置于 reference_item 之下,而 'BEFORE' 将 move_item 置于 reference_item 之上。
- removeItem(remove_item):将从图例中删除 remove_item。

LegendElements 对象的 items 属性返回 LegendItem 对象的列表。图例中的每个项目都有一个对象。每个 LegendItem 都有可以使用 Python 修改的属性。LegendItem 属性是您可以访问 ArcGIS Pro 中每个图例项目的许多不同图例选项。可用的属性是:

- arrangement:图例项的排列。
- column:图例项的列号位置。它仅在 FittingStrategy 设置为 Manual columns。
- name:图例项名称的只读值。要更改图例项目名称,您必须更改图层名称。
- patchHeight:图例项补丁的高度。单位是点。
- patchWidth:图例项补丁的宽度。单位是点。
- showFeatureCount:一个布尔值,将在图例项旁边显示特征项的计数。True 值将显示特征计数,False 将删除它。
- showVisibleFeatures:布尔值,当设置为 True 时,图例项将仅显示可见特征;当设置为 False 时,图层中的所有要素都将显示在图例中。
- visible:布尔值,当设置为 True 时,将显示图例项;当设置为 False 时,它将被删除。
- type:返回类型,即 LEGEND_ITEM。

看看 AlamedaCountyTransbayBus 布局中的图例,您会发现它需要完成一些工作。它当前显示图层中的所有公交线路,尽管图中仅显示了跨湾路线,它也无法显示 AlamedaCounty_RaceHispani_Tract 数据的项目。在本练习中,您将探索上面的一些属性并创建一个更好看的图例。

1. 继续在 LayoutElements Notebook 中工作,在下一个单元格中,您将使用 listElements()方法访问图例并显示图例标题、高度、宽度和拟合策略属性。输入以下内容:

```
legend = layout.listElements("LEGEND_ELEMENT","Legend")[0]
print(legend.title)
print(legend.showTitle)
print(legend.elementHeight)
print(legend.elementWidth)
print(legend.fittingStrategy)
```

运行单元格。您将在 Out 单元格中看到以下内容:

```
Legend
False
1.66
3.86
AdjustColumnsAndFont
```

2. 在下一个单元格中,您将把 fittingStrategy 更改为 AdjustFontSize。输入以下内容:

```
legend.fittingStrategy = "AdjustFontSize"
print(legend.fittingStrategy)
```

运行单元格。您将在 Out 单元格中看到以下内容:

```
AdjustFontSize.
```

AlamedaCountyTransbayBus 布局中的图例应该已经改变,看起来如图 7.29 所示。

图 7.29　图例设置为 AdjustFontSize

这看起来并没有更好,并且旧的拟合策略 AdjustColumnsAndFont 将更受欢迎,因为 ArcGIS Pro 会在您删除时自动更改列大小和字体大小,以及在接下来的步骤中来自图例的数据。

3. 通过输入以下内容将拟合策略恢复为旧设置:

```
legend.fittingStrategy = "AdjustColumnsAndFont"
print(legend.fittingStrategy)
```

运行单元格。您将在 Out 单元格中看到以下内容:

```
AdjustColumnsAndFont
```

图例应该恢复到原来的样子。

4. 要调整图例使其仅显示地图上显示的公交路线,您将遍历 LegendItem 列表中的所有项目对象。在循环中,您将测试项目的名称是否为"Summer21RouteShape"。找到该名称后,您将打印输出项目名称以确认已找到,将 showVisibleFeatures 属性设置为 True,然后打印输出 showVisibleFeature 属性以验证它是否已更改。输入以下内容:

```
for item in legend.items:
    if item.name == "Summer21RouteShape":
        print(item.name)
        item.showVisibleFeatures = True
        print(item.showVisibleFeatures)
```

运行单元格。您应该在 Out 单元格中看到以下内容:

```
Summer21RouteShape
True
```

图例现在应该如图 7.30 所示。

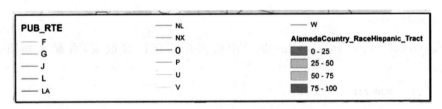

图 7.30　showVisibleFeatures 设置为 True 的图例

它现在显示了跨湾路线,但标题仍然是 PUB_RTE 的字段名称,这不是很有用。

 　　图例中的标题不能在 LegendElement 或 LegendItem 中更改;它们必须在图层本身中进行更改。

可以使用您之前了解的图层符号系统更改标题。组标题是渲染器对象的一部分。

5. 要更改标题,您将为公交路线图层创建符号系统变量,然后遍历从渲染器的组对象返回的组,查找组标题"PUB_RTE"。找到该组标题后,您将在符号系统变量中将其更改为"Transbay Routes"。然后,您将公交路线图层符号系统设置为符号系统变量。输入以下内容:

```
busRouteLyrSym = busRouteLyr.symbology
for group in busRouteLyrSym.renderer.groups:
    print(group.heading)
    if group.heading == "PUB_RTE":
    group.heading = "Transbay Routes"
    print(group.heading)
busRouteLyr.symbology = busRouteLyrSym
```

运行单元格。您将在 Out 单元格中看到以下内容:

```
PUB_RTE
Transbay Routes
```

图例应更新为如图 7.31 所示。

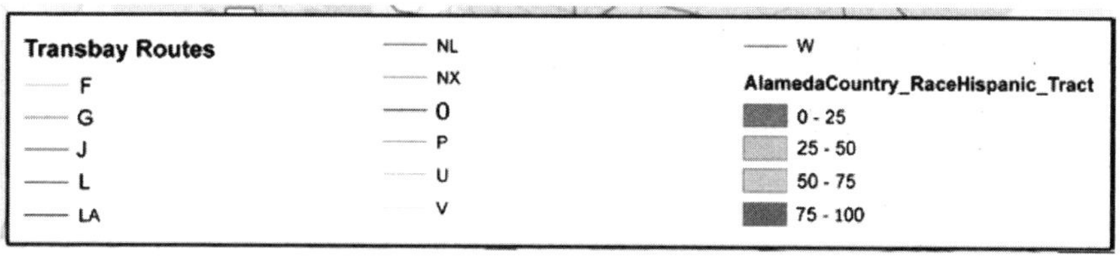

图 7.31　带有更新标题的图例

6. 人口普查图层标题也需要更新,因为它没有标题。GradedColorsRender 没有组对象,因此您将更新图层名称。输入以下内容:

```
censusLyr.name = "Percent Minority by Tract"
```

运行单元格。图例现在应该如图 7.32 所示。

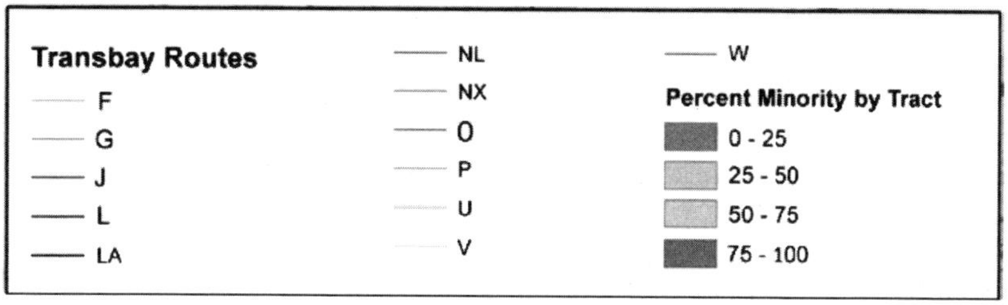

图 7.32　带有更新标题的图例

您可能会注意到图例中标题(Transbay Routes)和图层名称(Percent Minority by Tract)之间的字体大小差异。这是因为您使用的是 AdjustColumnsAndFont,并且标题和图层名称的字体大小不同。您将在第 12 章中详细了解如何确保在 ArcGIS Pro 中更好地设置图例以供 Python 操作。

 尽可能多地设置图例显示非常重要。无法使用 ArcPy 更改要显示的图例项、字体和字体大小等功能。

7. 可以使用 elementPositionX 和 elementPositionY 属性移动图例。图例的锚点设置在左下角。您将移动 x 和 y 位置,通过将位置设置为 0.7,在地图边缘和图例开始之间留出 0.1 ft 的空间,这允许在图例边界和地图之间留出 0.1 ft 的空间边界。这是因为图例的背景和边框有 0.1 ft 的间隙,并且地图边缘设置了 0.5 ft 的边距。在下一个单元格中,输入以下内容:

```
legend.elememtPositionX = 0.7
legend.elementPositionY = 0.7
```

运行单元格。图例现在已移动到您想要的位置。

您已经了解了如何对图例进行许多更改。您还看到了使用 ArcPy 可以做的一些限制。ArcPy 可以帮助自动生成地图,但您仍需要花时间确保布局在制图上合理且已正确设置。这将在第 12 章"案例研究:高级地图自动化"中进一步探讨。

7.4.2.2 指北针、比例尺和文本

指北针和比例尺都是地图环绕元素。因此,它们具有可通过 ArcPy 调整的有限属性。您无法通过 ArcPy 更改指北针类型或比例尺类型。它们必须在 ArcGIS Pro 中设置为您想要的。但是,您可以移动它们并更改它们的大小。

 请注意,如果您更改比例尺的大小,您将更改其显示的比例。

文书中元素有更多选择。除了能够在布局中移动文书元素之外,您还可以更新元素中的文本及其字体大小。您无法更改字体,它必须在 ArcGIS Pro 中设置。

在本练习中,您将在布局周围移动比例尺和指北针,并更改标题元素的文本。

1. 继续在 LayoutElements Notebook 中工作,在下一个单元格中,您可以使用 listElements()方法访问指北针、比例尺和标题。输入以下内容:

```
scalebar = layout.listElements("MAPSURROUND_ELEMENT","Scale Bar")[0]
northArrow =
layout.listElements("MAPSURROUND_ELEMENT","North Arrow")[0]
title = layout.listElements("TEXT_ELEMENT","Title")[0]
```

运行单元格。不会返回任何内容。

2. 在下一个单元格中,您将使用 elementPositionX 和 elementPositionY 属性移动比例尺。比例尺的锚点设置在右下角。您将 x 位置移动到 10.4 的框架内,y 位置也移动到 0.6 的框架内。输入以下内容:

```
scalebar.elementPositionX = 10.4
scalebar.elementPositionY = 0.6
```

运行单元格。不会返回任何内容,但比例尺应该已经移到了图形的边缘,如图 7.33 所示。

3. 接下来,将指北针移动到比例尺中间的上方。指北针的锚点位于底部中间。由于比例尺的宽度以 ft 为单位返回,您可以将其除以 2 以获得一半比例尺的长度。然后将该值添加到比例尺的 x 位置,以找到作为比例尺中点的 x 位置。您将指北针的 x 位置设置为该值。要设置指北针的 y 位置,您将使用比例尺的 y 位置、它的高度,并为其添加 0.25 ft。这会将指北针 y 位置设置为比例尺上方 0.25 ft。输入以下内容:

```
northArrow.elementPositionX = scalebar.elementPositionX -
(scalebar.elementWidth/2)
northArrow.elementPositionY = scalebar.elementPositionY +
scalebar.elementHeight + .25
```

运行单元格。不会返回任何内容,但指北针应该已经移过比例尺的中间,如图 7.34 所示。

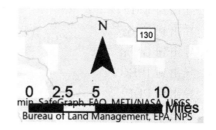

图 7.33　移动的比例尺　　　　　　图 7.34　移动的指北针

4. 标题元素有占位符文本。您可以使用 TEXT_ELEMENT 的 text 属性访问该文本。由于您在这里有一个占位符,您只需将 text 属性设置为一个新字符串。输入以下内容:

```
title.text = "AC Transit Trans-Bay Bus Routes and Percent Minority in Alameda County"
```

运行单元格。不会返回任何内容,但图中的标题会发生变化。

由于锚点位于顶部中心,因此标题保持居中,如图 7.35 所示。

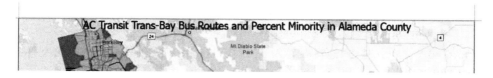

图 7.35　更新的标题

如果要确保更改文本后标题在正确的位置,可以使用 elementPositionX 和 elementPositionY 来检查锚点是否正确。

您可以设置一个变量来保存标题文本,然后在其上使用标准 Python 函数,例如 re-place()、字符串索引或任何其他适用于字符串的函数。完成创建新文本后,将 text 属性设置为等于包含新标题文本的变量。

您现在已经更新了图层的符号系统、更新了图例、移动了指北针和比例尺,并更新了标题。布局现在可以导出了。在下一小节中,您将学习如何将布局导出为不同的格式。

7.4.3 导出布局

将布局导出到不同的文件类型是一个有用的自动化过程。通常,您的 arcpy.mp 脚本会在地图和布局上做一些工作,并且导出到文件结束。每种文件格式都有不同的导出方法。以下是所有可用的方法:

- 导出到 AIX;
- 导出到 BMP;
- 导出到 EMF;
- 导出到 EPS;
- 导出到 GIF;
- 导出到 JPEG;
- 导出到 PDF;
- 导出到 PNG;
- 导出到 SVG;
- 导出到 TGA;
- 导出到 TIFF。

所有方法都具有相同的必需参数:导出文件的全名,包括路径。

所有的方法也都有解析的参数。大多数情况下,默认设置为每 ft 96 点(DPI)。除此之外,不同的方法在颜色、质量和压缩等方面有不同的论据。您将使用的最常见的导出文件是 JPEG、PNG 和 PDF。在本练习中,您将在新 Notebook 中将布局导出为所有三种格式。

1. 在 Catalog 的 Projects 选项卡中,右击 Chapter7 并选择 New > Notebook 创建一个新的 Notebook。

2. 将 Notebook 重命名为 ExportLayouts。

3. 在第一个单元格中,您需要导入 os 模块,这将帮助您创建完整的导出文件的路径。输入以下内容:

```
importos
```

运行单元格。

4. 在下一个单元格中,您将为文件的输出位置创建一个变量。输入:

```
outputLoc = r"C:\PythonBook\Chapter7"
```

运行单元格。

5. 在下一个单元格中，您将根据打开的当前项目创建一个 ArcGISProject 对象。然后，您将创建项目中所有布局的列表。输入以下内容：

```
project = arcpy.mp.ArcGISProject("CURRENT")
layouts = project.listLayouts()
```

运行单元格。

6. 下一个单元格用于导出为 JPEG。在所需的文件名参数之外，exportToJPEG() 方法有五个额外的可选参数：

- resolution：导出文件的 DPI。如果未设置，则默认值为 96。
- jpeg_color_mode：可以设置为 8 – BIT_GRAYSCALE 或 24 – BIT_TRUE_COLOR（默认）。
- jpeg_quality：设置应用于 JPEG 的压缩量：一个介于 0~100 之间的值。100 提供最佳质量，但会创建大文件。如果未设置，则默认值为 80。
- embeded_color_profile：将嵌入颜色配置文件信息的布尔值进入 JPEG 的元数据。如果未设置，则 True 为默认值。
- clip_to_elements：一个布尔值，当设置为 True 时，它将布局裁剪到包含所有布局元素的最小边界框。如果未设置，则默认值为 False。

您将为此示例设置分辨率。要导出布局，您需要访问布局列表中的布局对象。您将通过遍历列表并使用布局名称为导出文件创建名称来完成此操作。然后，您将导出文件。您将添加一个打印输出语句以查看您正在导出的文件的全名。输入以下内容：

```
for layout in layouts:
    name = layout.name
        jpgName = os.path.join(outputLoc,name + ".jpg")
        print(jpgName)
        layout.exportToJPEG(jpgName, resolution = 250)
```

运行单元格。您应该看到 C:PythonBook\Chapter7\AlamedaCountyTransbay-Bus.jpg 打印输出并且文件应该在那个位置。

7. 在下一个单元格中，您将导出为 PNG。在所需的文件名参数之外，exportToPNG() 方法有四个额外的可选参数：

- resolution：与 exportToJPEG() 中的相同。
- color_mode：可以设置为 8 – BIT_ADAPTIVE_PALETTE、8 – BIT_GRAYSCALE、24 – BIT_TRUE_COLOR 或 32 – BIT_WITH_ALPHA（默认）。
- transparent_background：一个布尔值，当 True 时可以将白页背景设置为透明。如果未设置，则默认值为 False。
- clip_to_elements：与 exportToJPEG() 中的相同。

您将为此示例设置分辨率。导出过程与 exportToJPEG() 相同，唯一的区别是使用的方法和变量名。输入以下内容：

```
fo rlayout in layouts：
    name = layout.name
    pngName = os.path.join(outputLoc,name + ".png")
    print(pngName)
    layout.exportToPNG(pngName,resolution = 250)
```

运行单元格。您应该看到 C:PythonBook\Chapter7\AlamedaCountyTransbay-Bus.png,打印输出并且文件应该在那个位置。

8. 在下一个单元格中,您将导出为 PDF。对于导出为 PDF,默认分辨率设置为 300 DPI。exportToPDF 工具有许多附加参数,其中一些允许您控制图像的压缩和质量。

有关所有可用参数的完整说明,请参阅此处的文档:https://pro.arcgis.com/en/pro-app/latest/arcpy/mapping/layout-class.htm。在大多数情况下,您只需使用默认值,无需担心更改它们。

导出过程与 exportToJPEG() 和 exportToPNG() 相同。唯一的区别是使用的方法和变量名。输入以下内容：

```
for layout in layouts：
    name = layout.name
    pdfName = os.path.join(outputLoc,name + ".pdf")
    print(pdfName)
    layout.exportToPDF(pdfName,resolution = 250)
```

运行单元格。您应该看到 C:PythonBook\Chapter7\AlamedaCountyTransbay-Bus.pdf,打印输出并且文件应该在那个位置。

您已经了解了如何使用三种更常见的导出方法。这三种方法都以相同的方式工作,其他方法也没有什么不同。这些示例仅导出一个布局,但在具有多个布局的地图中,代码将导出所有布局。您可以通过创建代码来遍历项目文件夹、进行一些更新并导出布局。您还可以使用它来创建自定义地图系列并在布局更新时导出每个页面。

7.5 总 结

在本章中,您学习了如何使用 arcpy.mp 模块在 ArcGIS Pro Notebook 中引用工程和地图。您还学习了如何使用 arcpy.mp 模块向地图添加、删除和移动图层。您探索了使用模块提供的不同渲染器和着色器类来符号化矢量和栅格数据的不同选项。您了解了可以使用 LegendElement 和 LegendItem 类调整哪些图例属性。您还学习了如何移动比例尺和指北针,并通过 MapSurroundElement 类访问它们来更改文本元素中的文本。您使用布局类中的导出方法将布局导出为 JPEG、PNG 和 PDF。您看到的示例代码可以应用于一个项目中的一个地图、一个项目中的多个地图,甚至可以通过添加循环来循环所有地图或项目的多个项目。在第 12 章中,您将看到更多使用这些技能的高级示例。

请务必记住,布局中的良好制图始于在 ArcGIS Pro 中构建布局;但是 Python 可以帮助您更有效地更新这些元素,尤其是当您在许多地图和项目中进行相同的更改时。

在下一章中,您将学习如何将 pandas 数据工具包与 ArcGIS API for Python 集成以执行地理空间分析。

第 3 部分

地理空间数据分析

第8章　Pandas、数据框和矢量数据

数据分析是 Python 的一种流行用法。由于 Python 可以读取和写入大量数据格式,具有强大的内置数学功能,并且具有为特定分析和统计领域编写的大量第三方模块,因此在分析师和科学家中广受欢迎。

最受欢迎的数据分析模块之一是 Pandas。它已成为数据分析和数据科学的标准工具,并已扩展到地理空间分析和地理数据科学。

在本章中,我们将介绍以下主题:

- 什么是 DataFrame;
- 使用 Pandas 的基础知识,包括读取和写入文件;
- 使用 Pandas 执行数据分析和操作;
- 使用启用空间的数据帧(SEDF)。

 要完成本章的练习,请下载并解压第 8 章。本书 GitHub 存储库中的 zip 文件夹:
https://github.com/PacktPublishing/Python-for-ArcGIS-Pro/tree/main/Chapter8。

8.1　Pandas 简介

Pandas 是一个用于数据分析和操作的 Python 模块。它是一个开源模块,可以与 ArcGIS Pro 分开安装和使用;事实上,它是最流行的 Python 数据分析模块。由于它非常有用且广为人知,因此在安装 ArcGIS Pro 时它与 Python 一起提供。

它起源于金融界,统计分析经常被使用。2007 年,需要更强大的工具来执行定量分析,一位名叫 Wes McKinney 的金融分析师和程序员开发了 Pandas 的第一个版本。它于 2012 年开源,并很快被公认为是一个强大而灵活的数据工具。

8.1.1　Pandas 数据框

Pandas 的基本数据结构是 Pandas DataFrame。Pandas DataFrame 本质上是一个数据表,很像 ArcGIS 属性表或 Excel 表,但具有大量内置功能,可以轻松操作和管理数据。

8.1.2　Pandas 系列

DataFrames 由单独的数据"列"组成。在 Pandas 中,数据列称为 Pandas 系列。它是一维数据数组,可以是任何数据类型,但只有一种数据类型组合系列组可以创建一个

DataFrame。

与 Python 非常相似,Series 是分组在数组中的一组值,该数组具有方向(意味着值按特定顺序排列)并且只有一个维度;但与数据列表不同的是,Series 中的值必须全部属于相同的数据类型。

在这个例子中,valueslist 数据列表被传递给 Pandas Series 函数来创建一个Series:

```
importpandas as pd
valueslist = [3,5,6,7,9]
a_series = pd.Series(valueslist)
```

该系列包含所有整数的数据值。数据类型既可以隐式传递,如上例所示,也可以作为参数 dtype 显式传递。其他可选参数包括系列名称或其索引:

```
valueslist = [3,5,6,7,9]
b_series = pd.Series(valueslist, dtype = float, name = 'values')
```

通过组合一个或多个 Pandas Series,您可以创建一个 Pandas DataFrame:

```
df = pd.DataFrame({"a":a_series,"b": b_series})
```

组合 Pandas Series 的另一种方法是使用 concat 函数,它将根据所使用的轴方向将 Pandas Series 连接到 DataFrame 或一个 Series 中。轴为 1 会将传递给 concat 的可迭代列表中的所有系列放入 DataFrame 中:

```
pd.concat([a_series, b_series],axis = 1)
```

从这些一维 Pandas 系列(将这些视为"列"),我们可以创建组合任何类型数据的Pandas DataFrame,从字符串到数字,甚至是空间数据等二进制数据类型。

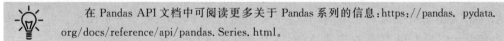

在 Pandas API 文档中可阅读更多关于 Pandas 系列的信息:https://pandas. pydata. org/docs/reference/api/pandas. Series. html。

数据帧(Pandas DataFrame 只是其中一种实现)的技术定义是具有大小和方向的等长列表。列表中的向量类似于列,向量的大小或长度是行数。由于每一列都是一个单独的向量,它们可以是不同的数据类型。这允许一个数据框保存多种数据类型,每一种都在自己的列中。

数据框的概念不仅仅存在于 Pandas 中。其他数据处理库,例如 Apache Spark 和 Apache Sedona,使用数据帧将数据存储在内存中。R 统计语言也建立在数据帧之上。它是一个流行且强大的数据概念,构成了现代数据工程的基础。

8.1.3 启用空间的 DataFrame

Esri 创建了 Spatially Enabled DataFrame (SEDF)对象以允许您将空间对象类型添加到 Pandas DataFrames。该对象用于在 Pandas 框架内执行地理空间操作。它的作用类似于 Pandas DataFrame,只是有一个"SHAPE"列可用于执行地理空间分析,例如缓冲区、剪辑或空间连接。

在本章中,我们将使用 SEDF 对象进行一些空间 ETL:从数据源中提取数据,将其转换为 Spatially Enabled DataFrame 并执行分析,然后将其加载到新的数据源中。

 在此处阅读有关启用空间的数据帧的更多信息:https://developers.arcgis.com/python/guide/introduction-to-the-spatially-enabled-dataframe/。

Pandas 可以从 CSV、Excel 文件、JSON 数据、数据库等中读取数据,甚至在安装 ArcGIS Pro 时也可以从要素类中读取数据,从而使其可用于空间和非空间数据工程任务。它为 Jupyter Notebooks 中的一次性数据分析或 Python 脚本中的数据处理提供的自由度在 Python 模块生态系统中是无与伦比的。

Esri 使得在有或没有 ArcPy 模块的情况下使用 SEDF 成为可能。如果您已安装了 PySHP、Shapely 和 Fiona 这三个用于读取、写入和编辑空间数据的开源模块,则您可以将 SEDF 与 ArcGIS API for Python 模块一起使用。这意味着您可以在 MacBook 上执行脚本或 Jupyter Notebook,因为不再需要在计算机上安装仅限 Windows 的 ArcPy 模块。

 在此处阅读有关 Pandas 和 ArcGIS 的更多信息:https://developers.arcgis.com/python/guide/part3-introductionvto-pandas/。

8.1.4 Pandas 的安装

在安装 ArcGIS Pro 时,Pandas 与 Python 一起安装,但也可以使用 pip 安装。在命令行或终端中,输入以下命令:

```
pip install pandas
```

这将使从 Python 包索引(PyPI)获取最新的 Pandas 版本成为可能。

使用包管理器 Conda 也是安装 Pandas 的一种流行方法。pip 管理器包含在 Python 中,并且更为普遍,但 Conda 包管理器在科学和数据科学社区中是众所周知的。

与 pip 类似,Conda 可以在命令行中使用。如果您安装了 Conda,请使用以下命令安装 Pandas:

```
pip install pandas
```

8.1.5 将数据输入(和输出)Pandas DataFrame

虽然 Pandas 库值得用一整本或更多书来描述,即使只是关于它对地理空间和属性数据的使用,但我们将专注于您可以立即使用的主要功能来改进您的地理空间数据处理。第一个是将数据从 CSV 或 JSON 文件,甚至是 shapefile 或要素类中获取到数据框中。

 在此处阅读有关 Pandas 和数据科学的更多详细信息:https://jakevdp.github.io/PythonDataScienceHandbook/03.00—introduction-to-pandas.html。

8.1.5.1 从文件中读取数据

以下是一些基本示例,展示了如何从各种来源(包括 CSV、要素类或 ArcGIS Online 图层)将数据读取到 Pandas DataFrame 中,这些都是 Pandas 中包含的众多文件读取选项之一。所有这些方法的结果都是一个数据框,它通常分配给变量 df,但也可以分配给任何有效的变量。

- 将 Pandas 作为变量 pd 导入是众所周知的简写。这使得编写和访问 Pandas 库的子模块和方法变得更加容易:

```
import pandas as pd
```

- CSV 或逗号分隔值是以纯文本形式存储的常见数据文件:

```
df = pd.read_csv('example.csv')
```

- 读取 JSON 数据也很常见。请注意,pd.read_json 方法已停止使用,取而代之的是 pd.io.json.read_json 方法:

```
df = pd.io.json.read_json('example.json')
```

- 从数据库导入数据在企业级代码中很常见。read_sql 方法需要连接才能与数据库通信。这些连接通常需要第二个模块,在本例中是 psycopg2(用于连接到 PostgreSQL 数据库)。其他可能的模块包括 SQLAlchemy 或 mysql.connector。

将 select 语句或特定表的名称传递给函数:

```
import pandas as pd
import psycopg2 as pg
engine = pg.connect("dbname = 'db_name' user = 'pguser' host = '127.0.0.1' port = '5432'
password = 'pgpass'")
df = pd.read_sql('select * from my_table', con = engine)
```

- 要访问空间数据,ArcGIS Pro 中 Python 版本中包含的 Pandas 具有 DataFrame.spatial 子模块,它有 from_featureclass 方法:

```
import pandas as pd
from arcgis.features import GeoAccessor, GeoSeriesAccessor
df = pd.DataFrame.spatial.from_featureclass('a.shp')
```

- 如果您的计算机没有安装 ArcPy,ArcGIS API for Python,则要求您登录到您的 ArcGIS Online 账户才能读取 shapefile。这可以在 ArcGIS Pro Python 环境中使用 gis=GIS("Pro")完成,也可以像这样在脚本中完成:

```
from arcgis import GIS
gis = GIS("http://www.arcgis.com/", "username", "password")
```

使用 ArcGIS API for Python(arcgis 模块)访问 ArcGIS Online 图层是一种常见做

法。使用该模块,您可以添加、更新或删除在线存储的图层,这可以为您节省大量时间和信用。在以下示例中,您将使用 arcgis 模块访问 ArcGIS Online 云中的图层。

　1. 导入模块:

```
from arcgis import GIS
gis = GIS("Pro")
```

　2. 使用 layer ID,您可以访问一个 layer,把它变成一个 DataFrame:

```
layerid = '85d0ca4ea1ca4b9abf0c51b9bd34de2e'
geocontent = gis.content.get(layerid)
```

　3. 从变量中选择感兴趣的层:

```
glayer = geocontent.layers[0]
```

　4. 将选中的图层传递给 Pandas DataFrame. spatial 方法来创建 DataFrame:

```
from arcgis.features import GeoAccessor, GeoSeriesAccessor
df_layer = pd.DataFrame.spatial.from_layer(glayer)
```

这些方法通常用于常见的现代分析工作流程,其中数据存储在云中以供 Web 应用程序使用,但下拉到本地计算机进行处理,或者在创建新数据集后作为层推送到云中。

8.1.5.2　将数据写入文件

Pandas DataFrames 有很多写方法,下面只展示几个常用的方法。这些方法不依赖于 read 方法,这意味着您可以(例如)将数据库中的数据读取到 Pandas DataFrame 中,然后从同一数据框中输出 CSV。

　• 要将数据框写入 CSV,请使用以下方法:

```
df.to_csv('output.csv')
```

　• 从数据框创建 JSON 文件,请使用以下方法:

```
df.to_json('output.json')
```

　• 写入数据库有点复杂,因为它需要连接到数据库。在以下示例中,SQLAlchemy 用于连接 SQLite 数据库:

```
from sqlalchemy import create_engine
engine = create_engine('sqlite://dbname')
df.to_sql('my_table', engine)
```

　• 可以创建空间数据格式,例如 shapefile 和要素类,但仅来自启用空间的 DataFrame。这些数据框有一个特殊的方法,spatial. to_featureclass:

```
df.spatial.to_featureclass('output.shp')
```

这些只是可用于访问文件中的数据并将其加载到 Pandas DataFrames 中的一些方法。

8.2 练习：使用 Pandas 从 GeoJSON 到 CSV 再到 SHP

在本练习中，您将使用存储在 GeoJSON 文件中的地址示例来探索 Pandas，地址文件来自 openaddresses. io，代表宾夕法尼亚州的一个县。您将使用 Pandas 和 Notebooks 的基本功能将数据从 OpenAddresses 提供的原始格式转换为要素类。在此过程中，您将创建显示地址数据的地图。

Pandas 可以在独立的 Python 脚本中使用，但对于本示例，我们将使用 Notebook，这是一种常用方法。

1. 打开 ArcGIS Pro 并启动一个新工程，然后从插入选项卡添加一个新 Notebook，将 Notebook 重命名为 Chapter8。

2. 在第一个单元格中，您将导入 arcpy 和 arcgis，以及 pandas。输入以下内容：

```
import arcgis, arcpy
import pandas as pd
```

3. 在同一个单元格中，您会将 cameron-addresses-county. geojson 文件读入 Pandas DataFrame。您将打开文件并使用 pd. io. json 将其分配给数据框。虽然此文件是 GeoJSON，但 Pandas 会将其视为纯 JSON 文件。但是，它需要以逐行格式读取 JSON。为此，您将 lines＝True 参数传递给 Pandas，以便它将 JSON 文件中的每一行作为生成的 Pandas DataFrame 中的单独行来读取。您将读取对象的结果分配给变量 df_json。

输入以下内容，确保调整文件路径以匹配您将第 8 章数据下载到的位置：

```
df_json = pd. io. json. read_json("cameron - addresses - county.geojson",
                                 lines = True)
```

运行单元格。

4. 在下一个单元格中，您将使用. head()方法测试新加载的 DataFrame，该方法获取 DataFrame 的前五行。这有助于检查 DataFrame 的行和列，以确保它们的结构符合预期。输入以下内容：

```
df_json.head()
```

运行单元格。您应该看到以下输出，如图 8.1 所示。

 同样，您可以使用 df_json. tail()查看最后五行。如果您将整数传递给 head()或 tail()，它将显示该行数；默认值为 5。

5. 您可以通过将所需列的名称传递给括号中的数据框来访问这些列。这将允许我们仅访问该列中的数据，而不是访问数据框中所有列中的所有数据。我们通过它才能对感兴趣的列执行特定操作。

```
In [4]:  import arcgis, arcpy
         import pandas as pd

         df_json = pd.io.json.read_json(r'cameron-addresses-county.geojson',
                                        lines=True)
```

```
In [5]:  df_json.head()
```

Out[5]:

	type	properties	geometry
0	Feature	{'hash': '93dd7b7e3ee3e8af', 'number': '501', ...	{'type': 'Point', 'coordinates': [-78.1422444,...
1	Feature	{'hash': '853eb0c5f6e70fe3', 'number': '64', '...	{'type': 'Point', 'coordinates': [-78.143584, ...
2	Feature	{'hash': '99a13ba635404d80', 'number': '9760', ...	{'type': 'Point', 'coordinates': [-78.1711061,...
3	Feature	{'hash': '70319cf9e435b858', 'number': '', 'st...	{'type': 'Point', 'coordinates': [-78.1429278,...
4	Feature	{'hash': '759f051e7a587eb2', 'number': '465', ...	{'type': 'Point', 'coordinates': [-78.1427173,...

图 8.1　ArcGIS Pro 中的一个新 Notebook，读取的文件和 df. head( )用于显示前五行

在下一个 Notebook 单元格中输入以下内容：

```
df_json["properties"]
```

运行单元格。您应该只看到数据框的属性列。

现在数据已导入电子表格，必须对其进行展平或规范化，以便能够使用 Pandas 工具访问 JSON 结构中的数据。

8.2.1　规范化嵌套的 JSON 数据

显示的行具有三列（"类型"、"属性"和"几何"）。虽然这是正确的，但这不是我们希望数据以供我们使用的形式。df_json["properties"]和 df_json["geometry"]都包含嵌套的 JSON 数据，我们希望将其视为数据行，以便可以在数据框中对其进行处理。

解决方案是使用名为 json_normalize 的 Pandas 函数，它可以获取嵌套的 JSON 对象（其他 JSON 对象中的 JSON 对象）并将每个 JSON 对象展开为一行。我们将不得不这样做两次，因为 df_json["properties"]和 df_json["geometry"]都有我们想要扩展的嵌套 JSON 数据，然后重新组合到最终数据帧中。

6. 在同一个 Notebook 中继续，您将 df_json["properties"]列传递给 pd.json_normalize 函数，该函数创建一个仅包含来自该列的数据的新数据框（df_properties）。在下一个 Notebook 单元格中输入此代码：

```
df_properties = pd.json_normalize(df_json['properties'])
df_properties
```

在 Jupyter Notebooks 中，如果在代码单元格的最后一行输入数据框的名称，则数据框将显示在单元格下方的输出窗口中。这很有用，因为它允许我们查看新的 df_properties 数据框，因此我们可以确认数据现在已正确格式化。

运行单元格。您应该看到以下输出,如图 8.2 所示。

```
In [8]:  df_properties = pd.json_normalize(df_json['properties'])
         df_properties
```

Out[8]:

	hash	number	street	unit	city	district	region	postcode	id
0	93dd7b7e3ee3e8af	501	CASTLE GARDEN RD						7579
1	853eb0c5f6e70fe3	64	BELDIN DR						4502
2	99a13ba635404d80	9760	MIX RUN RD						8448
3	70319cf9e435b858								
4	759f051e7a587eb2	465	CASTLE GARDEN RD						6447
...	...	...	...	...	...	...	...	...	...
7492	ca7d22c4f71a10ce	14918	MONTOUR RD		LEIDY TWP				
7493	8d74e4cf313fbae	14881	MONTOUR RD		LEIDY TWP				
7494	4329357ebc44aa92	14847	MONTOUR RD		LEIDY TWP				
7495	c8089ef2d8c609dc	7094	HUNTS RUN RD		PORTAGE TWP				
7496	9877bd7a32f16636	715	HAWK RD		PORTAGE TWP				

7497 rows × 9 columns

图 8.2　创建并显示新的 **df_properties** 数据框

7. 现在您需要对 df_json["geometry"]列重复标准化过程。在下一个单元格中,输入以下代码以从 df_json["geometry"]列创建一个新数据框:

```
df_geometry = pd.json_normalize(df_json['geometry'])
df_geometry
```

运行单元格。您应该看到以下输出,如图 8.3 所示。

```
In [9]:  df_geometry = pd.json_normalize(df_json['geometry'])
         df_geometry
```

Out[9]:

	type	coordinates
0	Point	[-78.1422444, 41.3286117]
1	Point	[-78.143584, 41.3284045]
2	Point	[-78.1711061, 41.3282128]
3	Point	[-78.1429278, 41.3282883]
4	Point	[-78.1427173, 41.3282733]
...	...	...
7492	Point	[-77.9876854, 41.4644137]
7493	Point	[-77.9880042, 41.4635429]
7494	Point	[-77.9873448, 41.4631624]
7495	Point	[-78.1092122, 41.5282621]
7496	Point	[-78.0997947, 41.5182375]

```
In [ ]:
```

图 8.3　列现在被规范化(keys 现在是列标签,值是行)

此数据框将具有与原始数据框(df_json)相同的行数,但因为它是规范化的——这意味着嵌套的 JSONkeys 现在是列标签,嵌套的 JSON 值现在是行值——数据更容易访问和执行 Pandas 数据操作。数据还必须标准化(最终)作为 shapefile 写出。

8.2.2 连接数据框

现在我们已经获取了原始 df_json 数据帧并将其拆分为两个标准化数据帧(df_properties 和 df_geometry),我们需要将数据帧重新连接在一起,以将属性数据与几何数据重新结合。

为此,我们将使用 Pandas 连接功能,它可以将两个数据框连接在一起成为一个新的数据框。连接函数有许多可选参数,但是因为我们在要连接的两个数据帧中的行数相同,并且它们使用相同的索引值(意味着一个数据帧中索引 N 处的一行对应于另一个数据帧中索引 N 处的行),我们可以将数据帧传递给连接函数并忽略其他参数。

8. df_geometry 数据框中不需要"type"列,因此您可以使用 join 函数将 df_geometry["coordinates"]列添加到 df_properties 数据框中。在下一个单元格中,输入:

```
df_data = df_properties.join(df_geometry['coordinates'])
df_data
```

运行单元格。生成的数据框(df_data)现在包含来自 df_properties 数据框和 df_geometry['coordinates']列的所有属性值,如图 8.4 所示。

```
In [10]: df_data = df_properties.join(df_geometry['coordinates'])
         df_data
Out[10]:
```

	hash	number	street	unit	city	district	region	postcode	id	coordinates
0	93dd7b7e3ee3e8af	501	CASTLE GARDEN RD						7579	[-78.1422444, 41.3286117]
1	853eb0c5f6e70fe3	64	BELDIN DR						4502	[-78.143584, 41.3284045]
2	99a13ba635404d80	9760	MIX RUN RD						8448	[-78.1711061, 41.3282128]
3	70319cf9e435b858									[-78.1429278, 41.3282883]
4	759f051e7a587eb2	465	CASTLE GARDEN RD						6447	[-78.1427173, 41.3282733]

图 8.4　连接操作的结果

正如您在图 8.4 中看到的,数据已经使用上述两个操作进行了归一化和连接。但是,您需要再执行一项操作才能将数据转换为最终格式。

9. 将纬度和经度添加到数据框中的过程有两个步骤。首先,df_data['coordinates']列实际上存储为"对象"数据类型。Pandas 函数 to_list 允许我们将数据从对象类型转换为列表,然后创建一个包含两列("long"和"lat")的新数据框。由于"坐标"列是列表类型的数据,您需要将列表中的值拆分为它们自己的列:一列用于经度,另一列用于纬度。幸运的是,Pandas 可以轻松执行此类操作。在下一个单元格中,输入以下内容:

```
df3 = pd.DataFrame(df_data['coordinates'].to_list())
```

```
                        columns = ['long','lat'])
df3
```

运行单元格。您应该看到以下内容,如图 8.5 所示。

图 8.5　带有坐标列的新数据框现在分成两个新列

10. 然后我们可以将新的 df3 数据帧连接回 df_data 数据帧,并将结果重新分配给将覆盖原始 df_data 数据帧的变量。在下一个单元格中,输入以下内容:

```
df_data = df_data.join(df3)
df_data
```

运行单元格。您应该看到以下内容,如图 8.6 所示。

图 8.6　新加入的数据框

8.2.3　删除列

数据框现在添加了新的 long 和 lat 列,但是在数据准备好之前我们应该删除一些无关的列,因为最终产品不需要它们。幸运的是,Pandas 可以轻松删除列并创建一个新的数据框,而无需使用不需要的列。

11. 由于坐标列已拆分为长列和纬度列,我们可以将其删除。坐标列也是用于创建 shapefile 的错误数据类型。此外,此分析不需要 openaddresses.io 提供的 id 和 hash 列,可以将其删除。使用数据框删除功能,您可以指定要删除的列。在下一个单元格中,输入以下内容:

```
df_data = df_data.drop(columns = ['id','coordinates','hash'])
df_data
```

结果是运行时内存中原始数据帧的副本。如果要替换原始变量（而不是将其分配给新变量），可以使用"inplace＝True"参数。

运行单元格。您应该看到以下输出，如图 8.7 所示。

图 8.7　现在从数据框中删除了额外的列

8.2.4　创建 CSV

现在 df_data 数据框是您想要的格式，您可以使用 Pandas 写入功能创建一个输出文件。虽然有许多不同的输出可能性，但我们现在将创建一个 CSV。

12. 要创建 CSV，请使用 Pandas to_csv 函数，指定您想要的文件路径要保存到的 CSV。在下一个单元格中，输入以下内容：

```
df_data.to_csv(r'C:\Projects\output.csv')
```

运行单元格并查看结果输出。它有一个问题，虽然它输出行索引，但索引列没有数据标签，这会导致 CSV 文件格式错误，如图 8.8 所示。

图 8.8　CSV 的输出，第一列没有数据标签（列名）

13. 要解决此问题，您可以使用索引列的名称属性为索引列添加名称。在下一个单元格中输入以下内容。我选择了名称"oid"，但它可以是任何有效的字符串：

```
df_data.index.name = 'oid'
```

14. 既然已经添加了数据标签（或列名），故可以再次写入 CSV，列名将正确。重新运行包含 df_data.to_csv()行的单元格并查看输出，如图 8.9 所示。

```
pid,number,street,unit,city,district,region,postcode,long,lat
0,501,CASTLE GARDEN RD,,,,,,-78.1422444,41.3286117
1,64,BELDIN DR,,,,,,-78.143584,41.3284045
2,9760,MIX RUN RD,,,,,,-78.1711061,41.3282128
3,,,,,,,,-78.1429278,41.3282883
4,465,CASTLE GARDEN RD,,,,,,-78.1427173,41.3282733
```

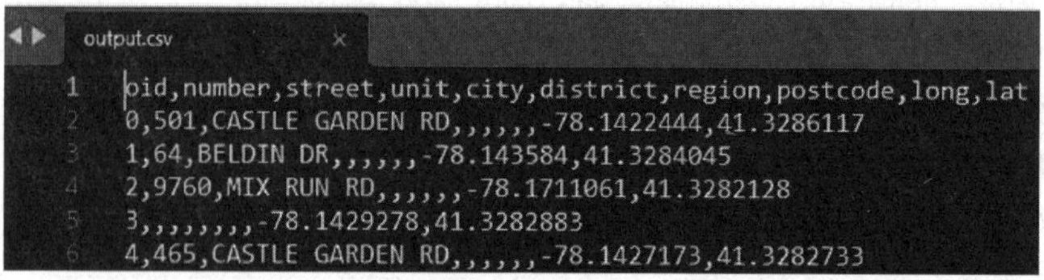

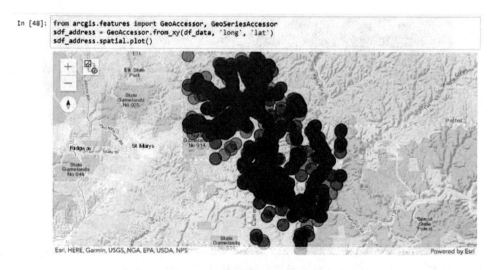

图 8.9　具有正确列名数量的正确输出

8.2.5 从 DataFrame 创建空间启用 DataFrame

由于我们的数据框有 long 和 lat 列，我们可以从原始 Pandas DataFrame 创建一个 Spatially Enabled DataFrame。为此，我们将使用 ArcGIS API for Python 的一个特殊功能 GeoAccessor，它将空间列添加到数据框中。在这种情况下，我们希望能够在地图上看到数据。GeoAccessor 可以轻松地从文件或数据框中读取数据。

15. 继续使用同一 Notebook，您将在地图上绘制最后一部分的 df_data 数据框。导入相关模块后，您将创建一个名为 sdf_address 的新 SEDF，并使用 GeoAccessor 的 from_xy 方法生成一个新的 SHAPE 列。此方法接受一对 X/Y 列，在 df_data 数据帧的情况下，它们被命名为 long 和 lat。

您将使用 spatial. plot 方法绘制数据。在下一个单元格中，输入以下内容：

```
from arcgis.features import GeoAccessor
sdf_address = GeoAccessor.from_xy(df_data,'long', 'lat')
sdf_address.spatial.plot()
```

运行单元格，得到图 8.10。

图 8.10　在 Notebook 的地图上绘制的新的 Spatially Enabled DataFrame

16. 接下来，您将使用我们之前看到的 spatial.to_featureclass 方法，从具有空间列的新数据框创建一个 shapefile。在下一个单元格中输入：

```
sdf_address.spatial.to_featureclass(r'C:\Projects\test.shp')
```

运行单元格。您应该看到以下输出：

```
'C:\\Projects\\test.shp'
```

由于新数据框是启用空间的数据框，因此可以将其保存为 shapefile、要素类甚至 GeoJSON 等格式。使用该数据类型的正确扩展名指定输出类型。

17. 将数据保存为 shapefile 后，使用添加数据界面将数据添加到 ArcGIS Pro 地图，如图 8.11 所示。

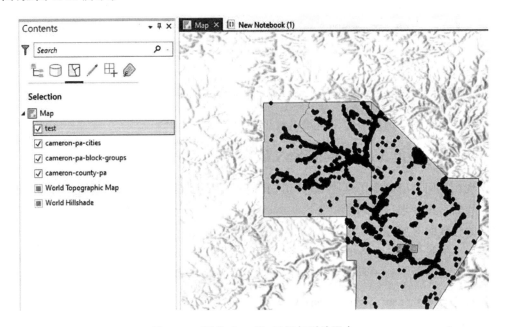

图 8.11　新的 shapefile 已添加到地图中

新的 Spatially Enabled DataFrame 仍然是 Pandas DataFrame。可以对这些数据帧执行空间和非空间操作。

18. 对于示例地址数据，您可以使用 Pandas 功能删除没有有效地址的数据行。在下一个单元格中，您将导入另一个 Python 模块 numpy，并使用 Pandas 替换函数将空格转换为 NaN 值（这是 Pandas 的 NULL 值）。输入以下内容：

```
import numpy as np
sdf_address['number'] = sdf_address['number'].replace(r'^\s * $ ',
                                                      np.NaN,
                                                      regex = True)

sdf_address
```

请注意,您正在使用正则表达式(regex)来定位数据框数字列中的所有空格。正则表达式是一个复杂的主题,最好在别处讨论,但通常它们用于模式匹配。

将正则表达式和替换值(np. NaN)传递给 replace 函数,并将结果写回数字列。运行单元格。您应该看到以下输出,如图 8.12 所示。

```
In [60]: import numpy as np
         sdf_address['number'] = sdf_address['number'].replace(r'^\s*$', np.NaN, regex=True)
         sdf_address
```

3	NaN			-78.142928	41.328288	{'spatialReference': {'wkid': 4326}, 'x': -78...
4	465	CASTLE GARDEN RD		-78.142717	41.328273	{'spatialReference': {'wkid': 4326}, 'x': -78...
...						
7492	NaN	14918 MONTOUR RD	LEIDY TWP	-77.987685	41.464414	{'spatialReference': {'wkid': 4326}, 'x': -77...
7493	NaN	14881 MONTOUR RD	LEIDY TWP	-77.988004	41.463543	{'spatialReference': {'wkid': 4326}, 'x': -77...
7494	NaN	14847 MONTOUR RD	LEIDY TWP	-77.987345	41.463162	{'spatialReference': {'wkid': 4326}, 'x': -77...
7495	7094	HUNTS RUN RD	PORTAGE TWP	-78.109212	41.528262	{'spatialReference': {'wkid': 4326}, 'x': -78...
7496	715	HAWK RD	PORTAGE TWP	-78.099795	41.518237	{'spatialReference': {'wkid': 4326}, 'x': -78...

7497 rows × 10 columns

图 8.12　数字列中的空字符串已被替换

观察数字列中的所有空字符串已被识别和替换。

8.2.6　使用 dropna 删除 NaN 值

现在我们已经确定了这些 NaN 值,我们可以使用 Pandas 的一个特殊功能:dropna。我们不想处理这些列中包含这些 NULL 值的任何行,并且此函数是减少包含不良数据的行数的有效方法。

19. 在下一个单元格中,您将在数据框中使用 dropna 函数,并使用可选的子集参数指定应删除数字列中具有 NaN 值的行。输入以下内容:

sdf_address = sdf_address.dropna(subset = ['number'])

sdf_address

运行单元格。您应该看到以下输出,如图 8.13 所示。

```
In [63]: sdf_address = sdf_address.dropna(subset=['number'])
         sdf_address
```

4	465	CASTLE GARDEN RD		-78.142717	41.328273	{'spatialReference': {'wkid': 4326}, 'x': -78...
5	61	BELDIN DR		-78.143346	41.328231	{'spatialReference': {'wkid': 4326}, 'x': -78...
...						
7476	442	BENNETTS CREEK RD		-78.190609	41.339482	{'spatialReference': {'wkid': 4326}, 'x': -78...
7477	329	OLD MILL RD		-78.132313	41.329510	{'spatialReference': {'wkid': 4326}, 'x': -78...
7478	7855	BRIDGE ST		-78.139496	41.334742	{'spatialReference': {'wkid': 4326}, 'x': -78...
7495	7094	HUNTS RUN RD	PORTAGE TWP	-78.109212	41.528262	{'spatialReference': {'wkid': 4326}, 'x': -78...
7496	715	HAWK RD	PORTAGE TWP	-78.099795	41.518237	{'spatialReference': {'wkid': 4326}, 'x': -78...

4633 rows × 10 columns

图 8.13　使用 dropna 函数后行数减少(近 3 000 人被删除)

该操作的结果是减少了 Pandas 数据框中的行数。这些可以使用 inplace＝true 参数就地完成(意味着无需将其分配给新的数据框变量)。您还可以使用 how 参数来控制是否删除包含至少一个 NaN 值(how＝'any')的行或列,或者是否仅在行或列中的所有值都是 NaN(how＝'all')时才删除它们。

8.2.7 查询数据框

Pandas 可以轻松地对数据帧执行查询。这些查询可用于创建子集和/或选择特定的行或列。使用查询选择特定数据行时,您会遇到两种主要方式。第一个是查询方法,一个内置在 DataFrames 中并使用点符号访问的函数。我们将很快介绍第二种方法。

20. 在这种情况下,您将使用查询方法查找街道名称所在的所有地址等于"城堡花园路"的内容。输入以下内容:

```
sdf_query = sdf_address.query("street = = 'CASTLE GARDEN RD'")
sdf_query
```

运行单元格。此查询的结果是一个新的 DataFrame (sdf_query)。这个新的 DataFrame 仍然是一个 Spatially Enabled DataFrame,因为它开始时是作为一个数据帧的,但它仅限于街道列与传递给查询函数的条件匹配的行,如图 8.14 所示。

Out[104]:		OBJECTID	SHAPE	city	district	lat	long	number	postcode	region	street	unit
	0	1	{"x": -8698754.85605153, "y": 5060933.31315760...			41.328612	-78.142244	501			CASTLE GARDEN RD	
	3	4	{"x": -8698807.499038724, "y": 5060883.1484360...			41.328273	-78.142717	465			CASTLE GARDEN RD	
	17	18	{"x": -8698868.023445867, "y": 5060812.0821932...			41.327794	-78.143261	423			CASTLE GARDEN RD	

图 8.14 查询结果显示满足查询条件的行

21. 通过使用 DataFrame 的 spatial. plot()方法,可以看到查询的结果。在下一个单元格中,输入以下内容:

```
sdf_query.spatial.plot()
```

运行单元格。您应该看到以下输出(并且可以忽略红色警告),如图 8.15 所示。

上面解释的查询函数是一种较新的 Pandas DataFrame 方法。进行查询并返回子集的较旧方法是使用括号来包含条件。

22. 在下一个单元格中,您将使用旧方法执行与上述相同的查询,将感兴趣的列传递给 DataFrame 并指定必须满足的条件。输入以下内容:

```
sdf_query = sdf_address[sdf_address["street"] == 'CASTLE GARDEN RD']
```

运行单元格。此方法与选择列子集的方法有关。通过将一组列传递给括号中的 DataFrame,我们只能查看这些记录。

23. 要查看新数据框中的前五条记录,可以在下一个单元格中再次使用 head()

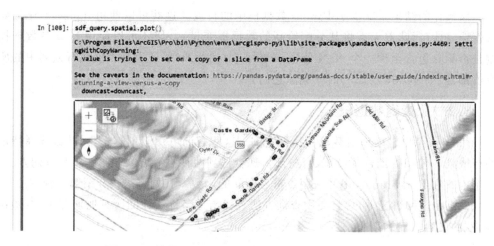

图 8.15 使用 spatial.plot()方法查看查询创建的数据框

方法：

```
sdf_query[["number","street"]].head()
```

运行单元格。您应该看到以下输出，如图 8.16 所示。

In [107]: `sdf_query[["number","street"]].head()`

Out[107]:

	number	street
0	501	CASTLE GARDEN RD
3	465	CASTLE GARDEN RD
17	423	CASTLE GARDEN RD
26	361	CASTLE GARDEN RD
34	303	CASTLE GARDEN RD

图 8.16 仅显示选定列的 DataFrame 子集

24. 同样，您可以通过指定列并将结果分配给变量来创建新的 DataFrame。在新单元格中，输入以下内容：

```
new_sdf = sdf_query[["number","street"]]
```

运行单元格。

这些方法可以轻松摆脱无关的行或列。选择并清理数据后，可以将其保存为文件，甚至可以发布到 ArcGIS Online。

 在此处阅读有关查询的更多信息：https://developers.arcgis.com/python/guide/working-with-feature-layers-and-features/。

8.2.8　将数据发布到 ArcGIS Online

Pandas DataFrames 和 ArcGIS API for Python 用于将数据推送到 ArcGIS On-line,使其可用于在线地图。可以使用 ID 调用 ArcGIS Online 上已存在的图层,并使用 Pandas 和 ArcGIS API for Python 在本地进行编辑。空间和属性数据都可以以这种方式进行编辑。

25. 继续使用迄今为止您一直在使用的同一笔记本。第一步是使用 ArcGIS API for Python 登录到您的 ArcGIS Online 账户,就像您迄今为止所做的那样。然后,可以使用 to_featurelayer 方法将本地数据框推送到 ArcGIS Online,该方法需要图层名称作为参数。在下一个单元格中,输入以下内容:

```
from arcgis import GIS
gis = GIS("Pro")
sdf_layer = sdf_address.spatial.to_featurelayer("sdf-address")
sdf_layer
```

运行单元格。您应该看到以下输出,如图 8.17 所示。

图 8.17　使用 to_featurelayer 方法将图层发布到 ArcGIS Online 的结果

如果您登录 ArcGIS Online,您将在内容选项卡中找到新的要素图层。它可以在地图上查看以确认图层发布事件的结果,如图 8.18 所示。

26. 同样,共享凭据后,可以通过引用图层 ID 并使用 ArcGIS API for Python 获取图层,在您的笔记本中本地调用和使用 ArcGIS Online 内容选项卡中的可用图层。在下一个单元格中,输入以下内容以对在上一步中发布的图层执行此操作:

```
from arcgis.gis import GIS
gis = GIS("Pro")
layer_id = sdf_layer.id
item = gis.content.get(layer_id)
flayer = item.layers[0]
flayer
```

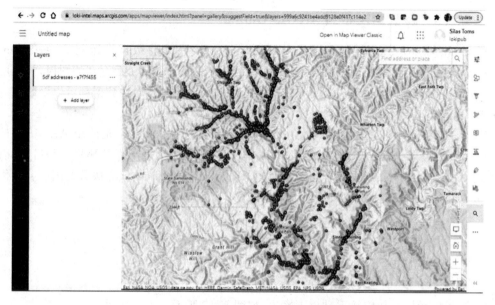

图 8.18　在 ArcGIS Online 中确认 SEDF 已发布

运行单元格。您应该得到以下输出，它告诉您要素图层已成为 AGOL 中的托管图层，如图 8.19 所示。

```
In [96]:  from arcgis.gis import GIS
          gis = GIS("Pro")
          layer_id = '999a6c9241be4add9128e0f417c114e2'
          item = gis.content.get(layer_id)
          flayer = item.layers[0]
          flayer

Out[96]:  <FeatureLayer url:"https://services3.arcgis.com/xnEvOtpnHkZAyTSk/arcgis/rest/services/ae3a5a/FeatureServer/0">
```

图 8.19　存储在 ArcGIS Online 中的图层已被访问

能够在本地创建数据、对其进行编辑并将其作为要素图层发布到 ArcGIS Online，然后再将数据拉下，再次对其进行编辑，将其推送回 ArcGIS Online，从而可以轻松控制和更新您的数据。

 在此处阅读有关托管图层的更多信息：https://doc. arcgis. com/en/arcgis- online/ manage-data/publish-features. htm.

8.2.9　将 ArcGIS Online 图层转换为 DataFrame

使用 arcgis 模块从 ArcGIS Online 检索图层后，可以使用 Spatially Enabled DataFrame 的 spatial. from_layer 方法将其加载到 DataFrame 中。这将允许您对图层中包含的数据执行正常的 Pandas 操作，以及空间操作。

27. 在下一个单元格中，您将加载上一步中的要素图层并检查前几层。输入以下内容：

```
sdf_layer = pd.DataFrame.spatial.from_layer(flayer)
sdf_layer.head()
```

运行单元格。您应该看到以下行,如图 8.20 所示。

In [95]: sdf_layer = pd.DataFrame.spatial.from_layer(flayer)
sdf_layer.head()

Out[95]:

	OBJECTID	SHAPE	city	district	lat	long	number	postcode	region	street	unit
0	1	{"x": -8698754.85605153, "y": 5060933.31315760...			41.328612	-78.142244	501			CASTLE GARDEN RD	
1	2	{"x": -8698903.979641397, "y": 5060902.5976116...			41.328404	-78.143584	64			BELDIN DR	
2	3	{"x": -8701967.725798959, "y": 5060874.1798889...			41.328213	-78.171106	9760			MIX RUN RD	
3	4	{"x": -8698807.499038724, "y": 5060883.1484360...			41.328273	-78.142717	465			CASTLE GARDEN RD	
4	5	{"x": -8698877.518998435, "y": 5060876.8482161...			41.328231	-78.143346	61			BELDIN DR	

图 8.20　将 ArcGIS Online 中的要素图层转换为 DataFrame

28. ArcGIS Online 中的图层可以以与数据框非常相似的方式进行查询,甚至在转换为数据框之前也是如此。在下一个单元格中,您将从 ArcGIS Online 查询要素图层,然后使用 sdf 方法将其转换为启用空间的 DataFrame。sdf 方法允许您直接从要素图层创建数据框。输入以下内容:

```
df = flayer.query(where = "street = 'CASTLE GARDEN RD'").sdf
df
```

　请注意,条件中使用了 where 关键字,这与 DataFrame 的查询函数不同。

运行单元格。您应该看到以下内容,如图 8.21 所示。

In [97]: df = flayer.query(where="street = 'CASTLE GARDEN RD'").sdf
df

Out[97]:

	OBJECTID	number	street	unit	city	district	region	postcode	long	lat	SHAPE
0	1	501	CASTLE GARDEN RD						-78.142244	41.328612	{"x": -8698754.85605153, "y": 5060933.31315760...
1	4	465	CASTLE GARDEN RD						-78.142717	41.328273	{"x": -8698807.499038724, "y": 5060883.1484360...
2	18	423	CASTLE GARDEN RD						-78.143261	41.327794	{"x": -8698868.023445867, "y": 5060812.0821932...
3	27	361	CASTLE GARDEN RD						-78.144270	41.327391	{"x": -8698980.378207926, "y": 5060752.3270650...
4	35	303	CASTLE GARDEN RD						-78.145025	41.326820	{"x": -8699064.402159575, "y": 5060667.7425416...

图 8.21　查询要素图层并将其分配给 DataFrame

返回的数据框只会包含满足条件语句的数据行。

8.2.10 索引和切片 DataFrame 行和列

有时您可能需要通过引用行索引来获取一行或行的子集。这称为切片，其执行方式与切片 Python 列表类似。

使用 DataFrames 的. loc 函数，您可以将行索引传递给 DataFrame（或 Spatially Enabled DataFrame）以访问这些行。例如，sdf_row = sdf_address. loc[100]将为您提供索引 100 处的行。

29. 在下一个单元格中，您将通过传递开始和停止行索引从 sdf_address 数据帧中获取行子集。输入以下内容：

```
sdf_slice = sdf_address.loc[100:110]
sdf_slice
```

运行单元格。您应该看到您选择的行，如图 8.22 所示。

```
In [116]: sdf_slice = sdf_address.loc[100:110]
          sdf_slice
Out[116]:
```

	number	street	unit	city	district	region	postcode	long	lat	SHAPE
100	275	STEAM MILL RD						-78.173693	41.456348	{"spatialReference": {"wkid": 4326}, "x": -78....
101	6709	MAY HOLLOW RD						-78.247728	41.476234	{"spatialReference": {"wkid": 4326}, "x": -78....
102	7424	LOW GRADE RD						-78.144548	41.329661	{"spatialReference": {"wkid": 4326}, "x": -78....
103	9008	MIX RUN RD						-78.184851	41.329107	{"spatialReference": {"wkid": 4326}, "x": -78....
104	9839	MIX RUN RD						-78.169372	41.328625	{"spatialReference": {"wkid": 4326}, "x": -78....
105	2578	CLEAR CREEK RD						-78.328743	41.513034	{"spatialReference": {"wkid": 4326}, "x": -78....
106	119	ROSE LN						-78.305540	41.537632	{"spatialReference": {"wkid": 4326}, "x": -78....
107	107	BO MAR DR						-78.297447	41.537670	{"spatialReference": {"wkid": 4326}, "x": -78....
108	735	ROUTE 46						-78.281283	41.537746	{"spatialReference": {"wkid": 4326}, "x": -78....
109	4271	RICH VALLEY RD						-78.327787	41.537522	{"spatialReference": {"wkid": 4326}, "x": -78....
110	1018	RICH VALLEY RD						-78.255853	41.521735	{"spatialReference": {"wkid": 4326}, "x": -78....

图 8.22 使用 loc 函数对数据框进行切片以获得一组行

30. 类似地，这些切片和索引访问方法可以与列选择相结合，以获取仅用于特定列的部分行。在下一个单元格中，您将为上一步中指定的行号选择"number"、"street"、"long"和"lat"列。输入以下内容：

```
sdf_slice = sdf_address.loc[100:110][['number','street','long','lat']]
sdf_slice
```

运行单元格。您应该看到以下输出，如图 8.23 所示。

如您所见，loc 函数使切片和访问特定行变得容易。通过将列名列表传递给方括号中的 DataFrame 也可以轻松访问特定列。

31. 使用名为 cameron-county-pa. shp 的 shapefile，您将创建一个 Spatially Enabled DataFrame。然后，您将使用 loc 执行切片以访问 SEDF 的"SHAPE"行。在下一个单元格中，输入以下内容：

```
In [117]:   sdf_slice = sdf_address.loc[100:110][['number','street','long','lat']]
            sdf_slice
```

Out[117]:

	number	street	long	lat
100	275	STEAM MILL RD	-78.173693	41.456348
101	6709	MAY HOLLOW RD	-78.247728	41.476234
102	7424	LOW GRADE RD	-78.144548	41.329661
103	9008	MIX RUN RD	-78.184851	41.329107
104	9839	MIX RUN RD	-78.169372	41.328625
105	2578	CLEAR CREEK RD	-78.328743	41.513034
106	119	ROSE LN	-78.305540	41.537632
107	107	BO MAR DR	-78.297447	41.537670
108	735	ROUTE 46	-78.281283	41.537746
109	4271	RICH VALLEY RD	-78.327787	41.537522
110	1018	RICH VALLEY RD	-78.255853	41.521735

图 8.23　这个切片也是列的子集

sdf_county = pd.DataFrame.spatial.from_featureclass(r"cameron – county – pa. shp")

sdf_county.loc[0]['SHAPE']

运行单元格。您应该看到以下输出，如图 8.24 所示。

```
In [44]:   sdf_county = pd.DataFrame.spatial.from_featureclass(r"cameron-county-pa.shp")
           sdf_county.loc[0]['SHAPE']
```

Out[44]:

图 8.24　使用 loc 从县数据框中获取第一行

spatial. plot 方法也可以用来查看数据，这是 Notebooks 的优点之一，因为数据框和可视化在同一个空间中可用。在下一个单元格中，输入以下内容：

sdf_county. spatial. plot()

运行单元格。您应该在地图上看到可视化的数据，如图 8.25 所示。

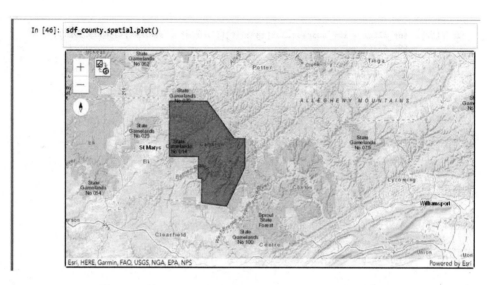

图 8.25　使用 Spatially Enabled DataFrames 可视化多边形

8.3　总　结

在本章中,向您介绍了 Pandas 和 DataFrames,您还了解了 ArcGIS 的 Spatially Enabled DataFrame 的概念。您探索了将数据读取到 Pandas 中,使用了多种旨在读取不同文件类型的方法。您还查看了使用拼接和列操作来操作数据。您学习了如何以两种不同的方式查询数据,以及如何从转换后的数据中输出新的数据集。

在下一章中,我们将探索通过 ArcPy 和 ArcGIS API for Python 使用栅格数据。

第9章 使用 Python 进行栅格分析

arcpy 和 arcgis 模块的类和方法中都包含栅格工具。对于 arcpy,空间分析工具箱中提供了公开的工具,以及一些称为运算符的执行地图代数的独特方法。对于 arcgis 模块,工具在 arcgis.raster 类中可用。

在本章中,我们将使用 ArcGIS Pro 中的 Notebook 和数字高海拔模型(DEM)TIF 文件以探索如何使用 Python 处理栅格数据。我们将涵盖以下主题:

- 栅格数据对象及其属性;
- ArcPy 栅格工具:空间分析工具集和地图代数;
- 使用 arcgis.raster。

每个部分都涵盖一个不同的组件,不需要完成前面的组件。

 要完成本章中的练习,请从本书的 GitHub 存储库下载并解压缩 Chapter9.zip 文件夹:https://github.com/PacktPublishing/Python-for-ArcGIS-Pro/tree/main/Chapter9。

9.1 栅格数据对象

可以使用 ArcPy 读取和写入栅格数据。该模块允许您创建新的栅格对象、向其中添加数据并将其保存为栅格数据集,或者将现有栅格读入内存以对其执行分析。

ArcPy 还允许您使用现有栅格创建具有与原始模式相同的模式的新栅格对象。

当使用 Python 将栅格读入内存时,栅格被称为栅格对象。栅格对象可以是只读的,这意味着它不能被覆盖,或者它可以具有读/写权限,以便在保存栅格对象时可以更改原始栅格中的数据。

在本节中,您将使用 Notebook 来探索 arcpy 模块中可用的栅格工具。打开 Arc-GIS Pro 并启动一个新工程,然后从插入选项卡添加一个新 Notebook,将 Notebook 重命名为 Chapter9。使用 Notebook 将允许您查看使用这些工具的输出。

9.1.1 创建新的空白栅格

当需要新栅格时,必须提供一些参数来创建输出栅格数据集。其中包括输出文件夹和文件名、单元格大小、波段数、像素类型(表示可用的颜色阴影)和空间投影(默认为 ArcGIS 环境中的空间参考集)等基础知识,以及其他必需和可选的参数。

此示例显示了传递给名为 CreateRasterDataset 的 ArcPy 工具的必需参数和可选参数。还有许多其他值可以传递给该工具,我们选择这些只是为了演示它们的顺序和用途。

1. 在 Notebook 单元格中，输入以下行并调整文件路径以匹配您的系统：

```python
import arcpy
out_path = r'C:\projects\'
out_name = 'raster1.tif'
cell_size = '20'
pixel_type = '16_BIT_UNSIGNED'
spatial_ref = arcpy.SpatialReference(2227)
num_of_bands = '1'
config_keyword = '' # optional
pyramids = '' # optional
tile_size = '256' # optional
compression = 'NONE' # optional
pyramid_origin = '' # optional


out_raster = arcpy.management.CreateRasterDataset(out_path, out_name,
cell_size, pixel_type, spatial_ref, num_of_bands, config_keyword,
pyramids, tile_size, compression, pyramid_origin)
```

参数必须按所示顺序传递给 CreateRasterDataset 函数。至于文件类型，选择的扩展名将定义创建的光栅文件的类型。在上面的示例中，我们选择创建一个 TIF 栅格，单元格大小为 20。选择的空间参考系统以英尺为单位，因此单元格大小表示 20 ft。

 在此处阅读有关必需参数和可选参数的更多信息：https://pro. arcgis. com/en/pro-app/latest/tool-reference/data-management create-raster-dataset. htm。

9.1.2 读取和复制栅格属性

要在创建新栅格时从另一个栅格捕获详细信息，请使用现有栅格对象的 getRasterInfo 方法。此方法简化了创建新栅格的过程，因为单元格大小、空间参考和所有其他详细信息都从现有栅格复制到新栅格对象中；但是，不会复制数据。

要使用此方法，首先使用栅格工具将现有栅格读入内存以创建栅格对象。然后，使用栅格对象并将其 getRasterInfo 属性传递给栅格工具以创建新栅格。

2. 在 Notebook 单元格中输入以下代码，调整文件路径以匹配系统上现有的栅格（例如，我们刚刚创建的栅格）：

```python
from arcpy import Raster
orig_raster = Raster(r'C:\project\oldraster')
orig_raster_info = orig_raster.getRasterInfo()
new_raster = Raster(orig_raster_info)
```

运行单元格。

在此处查看有关栅格对象的更多信息：https://pro.arcgis.com/en/pro-app/latest/arcpy/classes/raster-object.htm。

9.1.3　从现有栅格创建栅格对象

通过将字符串文件路径传递给 arcpy.Raster 类，我们可以访问数据，包括其元数据和数组数据本身。

raster readOnly 属性默认设置为 True，以避免意外覆盖栅格或其单元格，但可以在创建栅格对象时将其设置为 False。

下面是访问现有栅格和创建栅格对象的示例。我们将使用本章 ZIP 文件中包含的 USGS DEM 数据（TIF）。

3. 在 Notebook 单元格中输入以下内容，确保调整文件路径以匹配您复制 TIF 的位置：

```python
import arcpy
data = r'USGS_13_n38w123_20210301.tif'
raster_obj = arcpy.Raster(data)
raster_obj
```

运行该单元应为您提供以下输出，如图 9.1 所示。

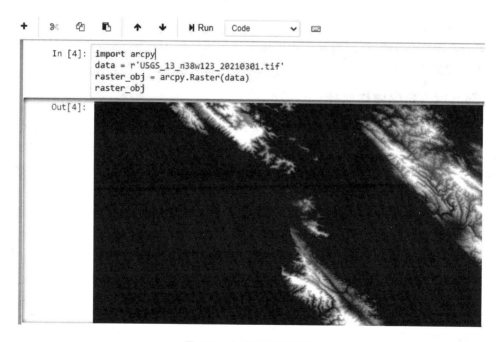

图 9.1　生成的光栅对象

快速提醒一下，上面屏幕截图中的最后一行（raster_obj）在 Out 单元格中创建了一个输出。在这种情况下，输出是栅格对象可视化。可以认为它相当于脚本的打印输出语句。

9.1.4 保存栅格

对光栅对象所做的所有工作都将在内存中执行,除非将其保存到硬盘驱动器中,否则它不会永久保存。即使在 ArcGIS Pro 中将栅格添加到工程的地图组件中,除非明确保存,否则下次打开工程时它将不可用,并且您会在图层旁边看到可怕的红色感叹号地图,如图 9.2 所示。

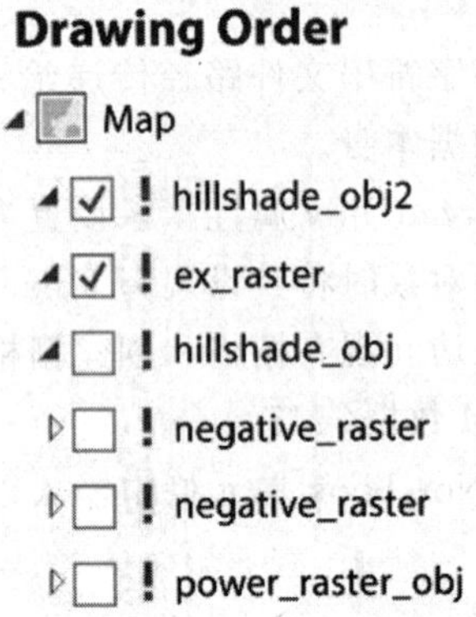

要将光栅对象保存到硬盘驱动器,请使用光栅对象的保存方法。

4. 在 Notebook 单元格中,输入以下内容,将文件路径调整为要保存到的位置:

Drawing Order

- Map
  - ☑ ! hillshade_obj2
  - ☑ ! ex_raster
  - ☐ ! hillshade_obj
  - ☐ ! negative_raster
  - ☐ ! negative_raster
  - ☐ ! power_raster_obj

图 9.2 当数据集不可用时显示红色感叹号

```
import arcpy
data = r'USGS_13_n38w123_20210301.tif'
raster_obj = arcpy.Raster(data)
raster_obj.save(r"C:\Projects\raster_save.tif")
```

运行单元格。

保存栅格对象后,可以将其再次添加到地图或读回 Notebook 中的内存。这将允许您探索栅格属性。

9.1.5 访问栅格属性

在内存中拥有栅格对象后,您可以探索栅格的属性。这些属性包括地理详细信息,例如空间坐标系和空间范围,或特定于栅格的属性,例如波段数或 NoData 值。有些属性是关于栅格本身的,有些是关于栅格中包含的单元格值的。其中一些方法和属性是只读的,而另一些是可调整的。

使用内置的 dir 函数,您可以探索栅格对象的可用方法和属性。这将允许您在分析或评估数据集时使用方法和属性。

5. 在下一个单元格中,键入以下内容以阅读本章的栅格对象并探索其属性:

```
importarcpy
data = r'USGS_13_n38w123_20210301.tif'
raster_obj = arcpy.Raster(data)
dir(raster_obj)
```

dir 函数的输出如图 9.3 所示,列出了 Raster 类的所有函数,从以双下划线开头(和结尾)的内部函数开始。公共函数位于这些内部函数之后,每个函数都允许您访问栅格对象的属性(例如范围属性)或内置函数(例如保存函数)。这些函数使用点表示法访问,其中在栅格对象之后放置一个句点,然后编写函数,如图 9.3 所示。

```
In [20]: dir(raster_obj)

Out[20]: ['RAT', '__abs__', '__add__', '__and__', '__bool__', '__class__', '__delattr__', '__delitem__', '__dict__',
'__dir__', '__divmod__', '__doc__', '__eq__', '__floordiv__', '__format__', '__ge__', '__getattribute__', '__
getitem__', '__gt__', '__hash__', '__iadd__', '__iand__', '__ifloordiv__', '__ilshift__', '__imod__', '__imul
__', '__init__', '__init_subclass__', '__invert__', '__ior__', '__ipow__', '__irshift__', '__isub__', '__iter
__', '__itruediv__', '__ixor__', '__le__', '__lshift__', '__lt__', '__mod__', '__module__', '__mul__', '__ne_
_', '__neg__', '__new__', '__or__', '__pos__', '__pow__', '__radd__', '__rand__', '__rdivmod__', '__reduce_
_', '__reduce_ex__', '__repr__', '__rfloordiv__', '__rlshift__', '__rmod__', '__rmul__', '__ror__', '__rpow_
_', '__rrshift__', '__rshift__', '__rsub__', '__rtruediv__', '__rxor__', '__setattr__', '__setitem__', '__siz
eof__', '__str__', '__sub__', '__subclasshook__', '__truediv__', '__weakref__', '__xor__', '__repr_png_', 'add
Dimension', 'appendSlices', 'bandCount', 'bandNames', 'bands', 'blockSize', 'catalogPath', 'compressionType',
'exportImage', 'extent', 'format', 'functions', 'getBandProperty', 'getColormap', 'getDimensionAttributes',
'getDimensionNames', 'getDimensionValues', 'getHistograms', 'getProperty', 'getRasterBands', 'getRasterInfo',
'getStatistics', 'getVariableAttributes', 'hasRAT', 'hasTranspose', 'height', 'isInteger', 'isMultidimensiona
l', 'isTemporary', 'maximum', 'mdinfo', 'mean', 'meanCellHeight', 'meanCellWidth', 'minimum', 'name', 'noData
Value', 'noDataValues', 'path', 'pixelType', 'properties', 'read', 'readOnly', 'removeVariables', 'renameBan
d', 'renameVariable', 'save', 'setBandProperty', 'setColormap', 'setHistograms', 'setProperty', 'setStatistic
s', 'setVariableAttributes', 'slices', 'spatialReference', 'standardDeviation', 'uncompressedSize', 'variable
Names', 'variables', 'width', 'write']
```

图 9.3　使用内置 dir 函数的结果

例如,您可以使用范围函数获取栅格的范围及其组成的最小值和最大值(称为 XMin、YMin、XMax 和 YMax)。如果需要创建栅格范围的矢量表示,则可以使用这些属性从这些输入创建 ArcPy Point 对象。

6. 为此,在下一个单元格中,输入以下内容:

```
lowerLeft = arcpy.Point(raster_obj.extent.XMin, raster_obj.extent.YMin)
print(lowerLeft)
```

运行单元格。栅格对象的范围属性 XMin 和 YMin 可直接访问并传递给 arcpy. Point 函数。

9.1.5.1　访问栅格和单元格值属性

可以访问栅格的许多属性来评估栅格中包含的单元格值。其中包括平均值、最小值和最大值以及 NoData 值等属性。在本章使用的示例栅格中,单元格值表示高海拔数据,因此了解最大值或最小值非常有用。

7. 在下一个单元格中,使用各自的属性调用最小和最大单元格值:

```
import arcpy
data = r'USGS_13_n38w123_20210301.tif'
raster_obj = arcpy.Raster(data)
print(raster_obj.minimum, raster_obj.maximum)
```

运行这个单元应该会给您:

－103.81411743164062 985.8399047851562

8. 使用内置的均值法也很容易获得所有栅格单元格的平均值:

```
print(raster_obj.mean)
```

这给了我们:

72.00359745334588

9. 对于栅格,通常存在没有数据的单元格。不同的栅格格式使用不同的值来表示这些 NoData 单元格。有时,一个栅格中甚至会使用多个 NoData 值。

```
print(raster_obj.noDataValue)
```

要访问特定的 NoData 值,请使用 noDataValue 或 noDataValues 方法:

- 3.4028234663852886e + 38

此栅格使用浮点数作为 NoData 值。

10. 由于有时有多个值用作 NoData 值,所以存在 noDataValues 方法,并将返回一个元组(除非有一个 NoneType 用作 NoData 值):

```
print(raster_obj.noDataValues)
```

这给了我们以下信息:

(- 3.4028234663852886e + 38,)

11. 栅格对象的高度和宽度分别表示从某个地理原点开始在 y 和 x 维度上的单元格数。栅格必须是矩形,但不一定是正方形。这意味着高度和宽度并不总是相等:

```
print(raster_obj.height,raster_obj.width)
```

在这种情况下,运行单元格会显示高度和宽度是相同的:

10812 10812

12. 其他栅格信息可用属性方法:

```
raster_obj.properties
```

运行单元格。这是示例栅格的输出:

{'KIND': 'IMAGE', 'BAND_COUNT': 1, 'HAS_TABLE': False, 'HAS_XFORM': False, 'DataType': '*'}

可以使用 ArcPy 的 GetCellValue 函数直接访问任何特定单元格的值。您不必首先创建光栅对象,而是通过将光栅文件路径作为第一个参数传递来直接访问光栅。第二个参数是 x/y 表示法中的单元格位置。第三个(可选)参数是波段参数,可用于获取单元格在留空时在所有波段中的值,或者在包含时仅在特定波段中获取单元格的值。

13. 在下一个 Notebook 单元格中,键入以下内容以访问特定栅格单元格的值。x 和 y 值(第二个参数)必须与栅格位于同一空间参考系中:

```
result = arcpy.GetCellValue_management(r'USGS_13_n38w123_20210301.tif', " - 122.45 37.767", "1")
cellvalue = int(result.getOutput(0))
```

运行它会为我们提供特定单元格的值:

```
'87.660217'
```

这些工具使您可以轻松评估栅格并访问每个单元格包含的数据。栅格的属性将决定允许的操作,因此访问它们是您将执行的每个分析的重要组成部分。

9.1.5.2　地理属性

有许多地理属性可用于帮助了解栅格所代表的地球区域。在本章使用的数字高海拔数据集中,栅格表示从西部的马林县到东部的奥克兰的旧金山湾区。

14. 栅格的范围代表栅格所占据的地理空间。在下一个单元格中输入以下内容:

```
print(raster_obj.extent)
```

运行单元格。范围将在栅格空间参考系统的坐标中报告。在本例中,栅格使用基于 1983 年北美基准面的地理坐标系,因此以经度和纬度报告:

```
-123.000555555794 36.999444440379 -121.999444440278 38.000555555895
NaN NaN NaN NaN
```

15. 要访问空间参考系统本身,使用了 spatialReference 方法:

```
raster_obj.spatialReference
```

运行它会给您一个如图 9.4 所示的表。

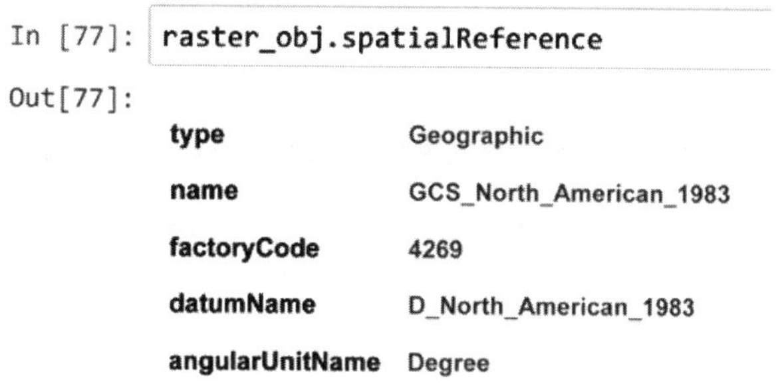

In [77]:	raster_obj.spatialReference	
Out[77]:		
	type	Geographic
	name	GCS_North_American_1983
	factoryCode	4269
	datumName	D_North_American_1983
	angularUnitName	Degree

图 9.4　spatialReference 属性的组成部分

栅格属性对于理解数据集很重要。ArcPy 可以轻松访问这些属性,甚至还可以调整它们。

9.2　ArcPy 栅格工具

现在您已经了解了如何创建光栅对象,接下来让我们来探索光栅对象与光栅工具的使用。这些工具与 ArcToolbox 中可用的工具相同,并且通过传递与通过 ArcGIS Pro 使用用户界面时相同的参数来执行。

但是,通过使用 Python,我们可以自动执行分析并将其作为脚本运行,或者在 Arc-

GIS Pro 的 Jupyter Notebook 环境中运行这些工具。

在本节中,您将使用数字高海拔模型来探索可用的工具。这些工具包括坡度、山体阴影和条件,仅举几例。其中一些工具无需空间分析许可即可使用,但 ArcGIS Pro 中的大多数高级栅格工具都需要空间分析。您可以使用在本章开头创建的同一 Notebook 进行代码探索。

9.2.1 空间分析工具集和 sa 模块

空间分析工具集支持高级空间建模和分析。它在 ArcPy 中表示为 sa 模块。我们已经在第 2 章"ArcPy 基础知识"中介绍了该模块,我们将在本小节中回顾和扩展我们所知道的内容。访问这些工具需要空间分析扩展许可。

要启用许可证,您可能需要登录 arcgis.com 并转到您账户中的许可证菜单,如图 9.5 所示。

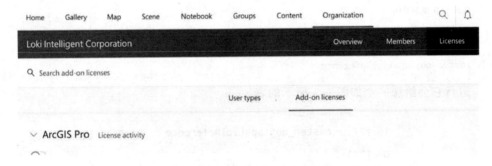

图 9.5   arcgis.com 的组织页面,右上角有许可证部分

向下导航到 Spatial Analyst 许可部分,单击管理。然后,单击开/关以启用许可证,如图 9.6 所示。

图 9.6   ArcGIS Online 中的空间分析许可卡

签出许可证后,即可成功使用扩展程序。使用 ArcPy 的 CheckOutExtension 方法,在 Notebook 中签出扩展:

```
import arcpy
arcpy.CheckOutExtension("Spatial")
```

返回的"CheckedOut"消息确认该扩展已获得许可并且可以使用。

9.2.1.1　生成栅格对象

ArcToolbox 中的所有工具都可以与内存中的栅格对象一起使用。

1. 例如,我们可以从栅格对象创建一个坡度栅格:

```
import arcpy
data = r'USGS_13_n38w123_20210301.tif'
raster_obj = arcpy.Raster(data)
slope_raster = arcpy.sa.Slope(raster_obj)
slope_raster
```

结果是一个斜率数据集,可以通过运行单元格直接在 Notebook 中查看,如图 9.7 所示。

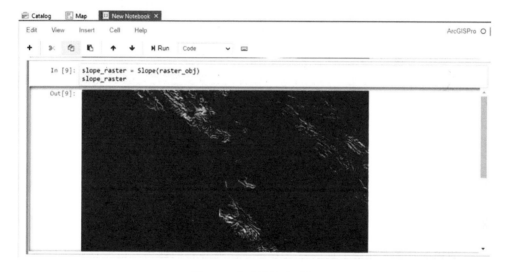

图 9.7　生成的坡度对象

坡度数据集也会自动添加到地图组件中,如图 9.8 所示。

请记住,这些是内存中的对象,而不是将其保存在任何地方。要保存这些类型的栅格对象,您需要使用对象的 save 方法,正如我们一直在做的那样:

```
slope_raster.save(r"C:\Projects\rast_slope_obj.tif")
```

9.2.1.2　统计栅格创建工具

有时您需要使用常数值、分布值或随机值创建用于统计分析的栅格,ArcPy 也允许这样做。这些函数将生成为每个单元格分配一个值的栅格、应用正态高斯分布的栅格或随机栅格,这将为输出栅格中的所有单元格值分配一个随机值。这些对于将其他栅格值添加到空白栅格画布或创建随机值以进行测试很有用。

输出空间参考系统(以及其他参数)由环境变量或地图视图的空间参考控制。如果没有已知的空间坐标系,则输出栅格的空间参考将设置为未知。

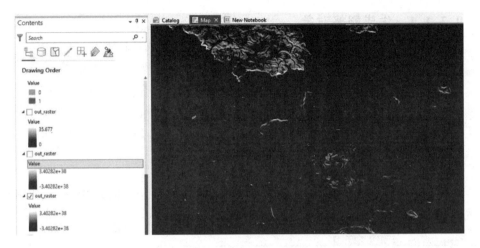

图 9.8　地图组件及其目录

如上所述,您需要签出空间分析许可证。

2. 例如,创建常量栅格工具允许您生成特定数据类型(浮点数据或整数数据)和常量值的栅格。

单元格大小和范围是可选参数,可以使用环境变量进行设置,但包含在此处。在下一个单元格中,输入以下内容:

```
import arcpy
const_raster = arcpy.sa.CreateConstantRaster(13, "INTEGER", 2, Extent(0, 0, 500, 500))
const_raster.save("C:/projects/constant_raster")
```

运行单元格。

3. 使用创建正态栅格工具创建具有正态高斯分布的栅格。该栅格将为所有单元格分配一个浮点值。在下一个单元格中,输入以下内容:

```
from arcpy.sa import Extent, CreateNormalRaster
normal_raster = CreateNormalRaster(1, Extent(0, 0, 200, 200)) * 3.7 + 24
normal_raster.save(r "C:\arcpy\normal_raster")
```

运行单元格。

4. 对于随机栅格,使用创建随机栅格工具。参数(种子值、单元格大小和范围)是可选的。在下一个单元格中,输入以下内容:

```
from arcpy.sa import Extent, CreateRandomRaster
outRandRaster = CreateRandomRaster(45, 10,Exten(0, 0, 250, 250))
outRandRaster.save(r "C:\arcpy\random_raster")
```

运行单元格。

 在此处了解有关此创建统计栅格方法的更多信息:https://pro.arcgis.com/en/pro-app/latest/tool-reference/spatial-analyst/an-overview-of-the-raster-creation-tools.htm.

9.2.1.3 条件句

如果要使用条件语句选择单元格值,请改用 ExtractByAttributes 工具。使用 Value 关键字,我们可以选择满足条件的单元格,生成的栅格将为所有不满足条件的单元格分配 NoData 值。

5. 在本例中,我们将选择海拔模型中所有低于 200 m 的区域:

```
extract_raster = arcpy.sa.ExtractByAttributes(raster_obj,
                                               "Value <= 200")

extract_raster
```

运行单元格。代码的结果显示了一个栅格对象,其中仅保留值低于 200 m 的单元格。所有其他单元格(白色单元格)都是 NoData 单元格,如图 9.9 所示。

图 9.9 非白色单元格代表 200 m 以下的值

下面的屏幕截图显示了单击 Map 组件中 extract_raster 上的白色单元格时返回的信息。

内容列表中的原始栅格与信息弹出窗口中的值 227.95 m 表示相同的单元格,如图 9.10 所示。

9.2.1.4 山体阴影工具

空间分析工具集中的另一个常用工具是山体阴影工具。它需要一个输入栅格对象和一些可选参数,包括方位角(光源的角度)、光源的高度角、模型阴影类型和 Z 因子(每个表面中的地面单元数量)z 单位或高海拔单位)。输出是一个 Hillshade 对象,可以保存到磁盘并用于创建地形模型。

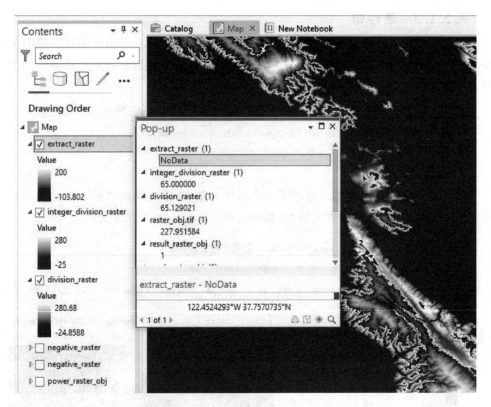

图 9.10 单击地图显示提取栅格上一个单元格的值为 **NoData**,其中原始(raster_obj.tif)高于 **200**

在下面的示例中,我们将从一个栅格对象和一组参数创建一个山体阴影。

6. 在下一个单元格中,输入以下内容:

```
import arcpy
azimuth = 200
altitude = 45
model_shadows = 'NO_SHADOWS'
z_factor = 1
hillshade_obj = arcpy.sa.Hillshade(raster_obj, azimuth, altitude,
model_shadows, z_factor)
hillshade_obj
```

运行单元格。此屏幕截图显示了您应该获得的结果,如图 9.11 所示。

运行此工具时,结果有时会很难看,因为零以下的数据也变成了"山丘"。

它会导致奇怪且不需要的山体阴影结果,如图 9.12 所示。

为避免这种情况,您可以将该工具与 ExtractByAttributes 工具结合使用,仅对满足条件的单元格执行山体阴影操作。由于 ExtractByAttributes 工具返回输出栅格,因此可以将其作为输入添加到山体阴影工具中。

7. 在下面的这段代码中,我们看到两个操作合并为一行。ExtractByAttributes 工

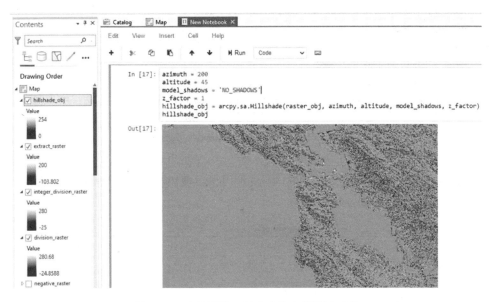

图 9.11　山体阴影工具生成的山体阴影对象

图 9.12　由数据工件创建的带有奇数"山丘"的山体阴影

具首先执行。提取所有大于 1 的单元格值，并将生成的栅格对象传递给 Hillshade
对象：

```
from arcpy.sa import Hillshade, ExtractByAttributes
azimuth = 200
altitude = 45
model_shadows = 'NO_SHADOWS'
z_factor = 1
hillshade_obj2 = Hillshade(ExtractByAttributes(raster_obj,
                                        "Value >= 1"),
                azimuth, altitude, model_shadows, z_factor)
hillshade_obj2
```

运行单元格。两个操作的结果(hillshade_obj2)被添加到项目的 Map 组件的 Table of Contents 中,如图 9.13 所示。

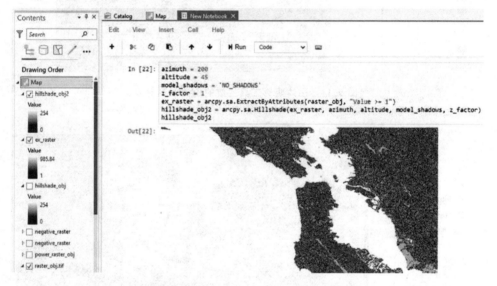

图 9.13 山体阴影已添加到左侧的目录中

 请记住,添加到 Map 组件的图层仅在内存中,不会保存到磁盘,除非您明确使用栅格对象的保存方法。

这将产生一个更漂亮的山体阴影,如图 9.14 所示。

9.2.1.5 条件工具

sa 模块中另一个非常有用的工具是 Con 或 Conditional 工具,我们在第 2 章 "ArcPy 基础知识"中简要介绍了它的作用。它允许您对栅格单元执行 if/else 评估,并在条件为真时分配一个值,以及在条件为假时分配一个可选值。

例如,如果一个单元格的值为 5,并且条件规定所有低于 10 的值都将替换为值 3,则条件为真,单元格值将调整为 3。但是,如果单元格值是 11,对于相同的条件,条件为假,或者什么都不会发生,或者它将被为假条件指定的值替换。

有两种方法可以组织此工具。一种方法反映了如何使用 ArcToolbox 界面填充工

254

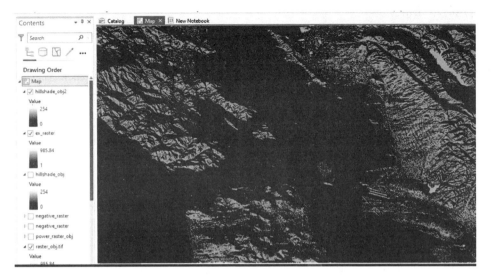

图 9.14　仅使用 1 m 以上的海拔产生的更漂亮的山体阴影

具，另一种方法使用类似地图代数的语句。第二种方法避免了条件对默认字段名称（如 VALUE）的依赖，因为有时您在执行分析时可能不知道该字段的名称，并且可能与默认值不同。

8. 这是第一种方法，其中第一个参数是输入栅格对象，第二个参数是栅格对象单元格的值，第三个参数是条件为假时用于单元格的值，最后一个参数是有条件的。

如果要选择 200 ft 以上的所有海拔，可以使用以下语句：

```
from arcpy.sa import Con
from arcpy import Raster
data = r'USGS_13_n38w123_20210301.tif'
input_raster = Raster(data)
result = Con(input_raster, input_raster,0, "VALUE > 200")
```

运行单元格。

9. 这是第二种方式，称为地图代数形式。不是使用带关键字 VALUE 的 where 条件，而是对栅格对象本身使用大于运算符（请参阅下一节）来创建条件。满足条件的单元格将填充原始输入栅格中的值。不满足条件的值被分配一个 NoData 值：

```
result2 = Con(input_raster > 200, input_raster)
```

运行单元格。

Con 工具可以与 IsNull 等其他工具结合使用，这将允许您评估栅格中的 Null 单元格值并根据需要替换它们或忽略它们。

10. 在此示例中，如果条件为真，则 Null 值将替换为零值（换句话说，单元格值为 Null）；否则，单元格值不会被替换：

```
result2 = Con(IsNull(input_raster),0, input_raster)
```

运行单元格。

同样,Con 工具可以在另一个 Con 工具中使用,并与其他运算符组合,在一个语句中创建完整的分析流程。如果您需要选择靠近海平面或靠近山顶的区域,但要避开介于两者之间的区域,则可以使用这种类型的过程。它将允许进行多重比较以替换值,然后重新评估结果。

11. 要查看实际情况,请输入以下内容:

```
result3 = Con(input_raster1 < 34,1, Con((input_raster1 >= 34) &
(input_raster1 < 37),2, Con((input_raster1 >= 37) & (input_raster1 <
45),3, Con(input_raster1 >= 45,4))))
```

运行单元格。在此代码中,条件语句一起工作以创建输出。提供给主条件工具或外部条件工具的第一个值是 input_raster1 <34 操作的结果,这意味着所有低于 34 的单元格值都被赋值为 1,所有等于或高于 34 的单元格都被赋值为下一个条件。在下一个条件中,大于或等于 34 但小于 37 的单元格被赋值为 2;所有其他单元格都被赋予下一个条件的值。在这第三个条件中,那些大于或等于 37 和小于 45 的单元格值被分配值 3。最后的 Con 工具所有大于或等于 45 的单元格值被分配值 4。这样,DEM 是分为 4 个"箱",每个箱都与一个高海拔带相关联。

当与地图代数运算符结合使用时,条件工具更加有用,我们将在下面讨论。

9.2.2　地图代数

ArcPy 使在栅格上使用地图代数变得容易。地图代数运算符允许对栅格单元格的值进行数学或条件运算,包括将值相乘或根据这些值和条件语句选择特定单元格。

为了探索我们将如何在 Notebook 中使用地图代数,让我们看一下以下示例,其中通过对现有栅格对象应用条件值从现有栅格创建新的栅格对象。当您需要在 DEM 中仅选择高海拔区域时,这可能适用,作为栅格海拔工作流的一部分。

12. 在下一个单元格中,输入以下内容:

```
new_raster_obj = raster_obj > 30
new_raster_obj
```

运行单元格。此操作的结果是一个布尔值,显示满足或不满足条件的 True 或 False 区域,生成的栅格的屏幕截图如图 9.15 所示。

类似地,可以直接对栅格对象应用数学运算,例如将栅格对象乘以 4。这对于创建夸张的 DEM 或缩放栅格以匹配其他栅格非常有用。

13. 在下一个单元格中,输入以下内容:

```
times_raster = raster_obj * 4
times_raster
```

运行单元格。下面的屏幕截图包含一个显示同一单元格值的信息弹出窗口,如图 9.16 所示。

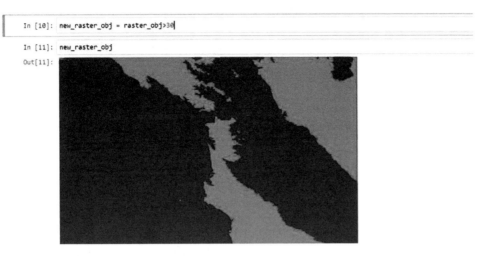

图 9.15 这个布尔结果显示高于(亮)或低于(暗)30 m 的区域

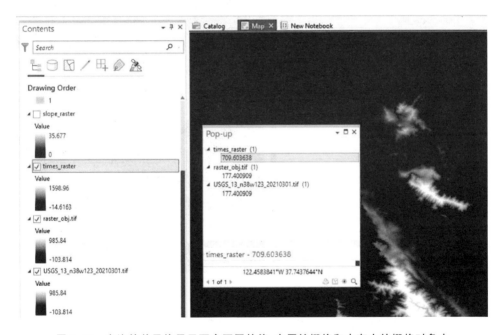

图 9.16 查询的单元格显示两个不同的值:在原始栅格和内存中的栅格对象中
约为 117,乘法运算结果中的单元格是该值的 **4** 倍

另一个例子是将两个光栅对象加在一起。以这种方式生成的栅格对象将使用此格式表示所有单元格值的相加。假设您的项目中有两个栅格(raster1 和 raster2),您可以这样做:

```
raster_obj_addition = Raster("raster1") + Raster("raster2")
```

让我们看一个带有实际栅格的示例:

14. 首先，我们创建一个布尔栅格，它表示原始栅格对象内所有高于 100 的区域的 True 值：

```
high_raster_obj = raster_obj > 100
high_raster_obj
```

运行单元格。生成的布尔栅格有两个不同的区域：高于 100 m 的单元格和低于 100 m 的单元格（换句话说，语句 raster_obj >100 为真或假的单元格），如图 9.17 所示。

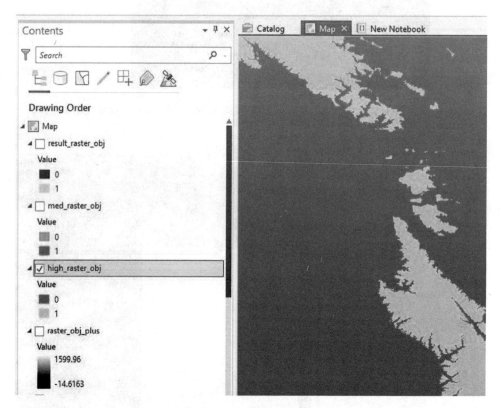

图 9.17　栅格结果的单元格大于 100(较浅)或小于 100(较深)

15. 然后，如果单元格的值小于 70，则我们创建一个为 True 的栅格对象：

```
med_raster_obj = raster_obj < 70
med_raster_obj
```

运行单元格。这会产生一个带有两个区域的布尔值，分别代表满足语句条件和不满足语句条件的单元格，如图 9.18 所示。

16. 最后，我们将它们加在一起：

```
result_raster_objs = med_raster_obj + high_raster_obj
result_raster_objs
```

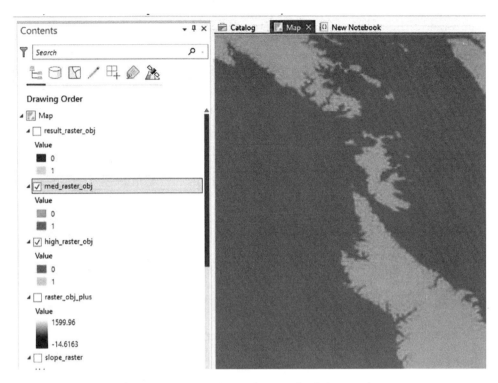

图 9.18 栅格结果的区域大于 **70**(真)或小于 **70**(假)

运行单元格。生成的栅格对象不是布尔值,尽管它包含值为 1 或 0 的单元格。当栅格单元格为 1 时,将高栅格对象的零区域添加到中等栅格对象的 1 值区域。

在栅格单元格为 0 的情况下,两个父栅格对象中都只有零。它创建了一种轮廓,定义为原始 DEM 中 70～100 之间的区域,如图 9.19 所示。

9.2.2.1 地图代数的速记运算符

在处理栅格对象时,我们可以使用许多速记运算符。这些运算符允许内联代码在栅格对象上执行许多不同类型的地图代数运算。我们在上面看到了使用星号(﹡)的乘法,但还有更多。

17. 例如,要将栅格提高到数字 N 的幂,您可以使用两个星号(﹡﹡)。这使得夸大栅格高海拔高度或区分单元格值类变得容易:

```
power_raster_obj = raster_obj **2
power_raster_obj
```

运行单元格。操作的结果是一个栅格,其中每个单元格的值都已平方。

以下屏幕截图 9.20 显示了选定单元格的单元格值,其下方是原始栅格对象的单元格值。

使用预期的加号(＋)和减号(－)执行加法和减法。这可以与另一个栅格对象或整数或浮点值一起使用。当与另一个栅格一起使用时,如上所示,第二个栅格对象中的单

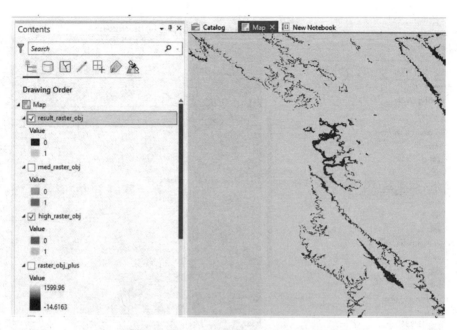

图 9.19 加法的结果,其中 70~100 之间的区域被赋予值 1

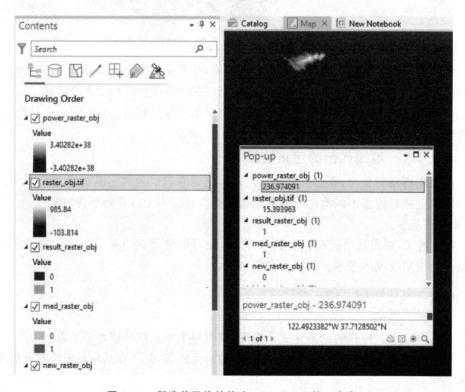

图 9.20 所选单元格的值为 15.393 963 的 2 次方

元格的值将从初始栅格中添加或减去。然后将结果分配给输出栅格对象,该对象是临时的,必须保存才能提交到磁盘。

(1) 负运算符

运算符的一个很酷的功能是其中一些可以放置在光栅对象的前面以创建新的光栅对象。可以以这种方式使用减号运算符来创建原始栅格对象的负数。

这将允许您在分析中同时添加正栅格和负栅格,或使用栅格创建逆 DEM。

18. 在下一个单元格中,输入以下内容:

```
negative_raster = -raster_obj
negative_raster
```

运行单元格。生成的栅格将山顶显示为山谷(黑暗区域为负),如图 9.21 所示。

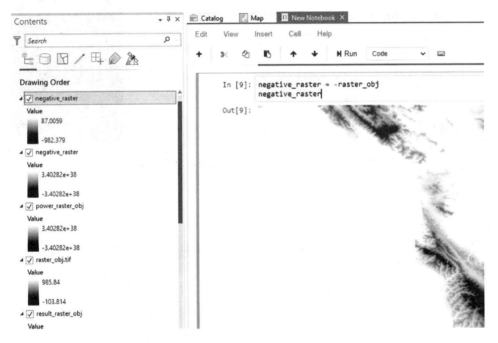

图 9.21　负栅格,其中最高值位于海底

(2) 分部运算符

除法是使用正斜杠(/)执行的,但要实现整数除法(运算产生整数单元格值),您需要使用双正斜杠(//)。例如,这将允许您降低山体阴影的高度。

19. 在本例中,我们将使用正斜杠运算符将每个单元格中的值除以 3.5:

```
division_raster = raster_obj / 3.5
```

这给了我们如图 9.22 所示的结果。

20. 在下一个示例中,我们将使用整数除法运算符,而不是使用除法运算符。这使得生成的单元格的值变成整数,即使除以浮点数时也是如此。您可能需要它来简化栅

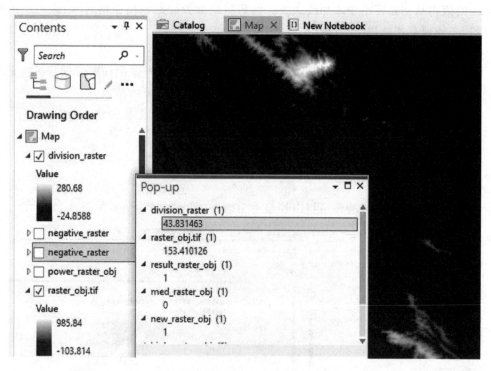

图 9.22　栅格的单元格值比原始栅格单元格值小 1/3.5

格添加分析或创建单元格"箱":

```
integer_division_raster = raster_obj // 3.5
```

运行单元格。生成的栅格对象只有整数值,目录如图 9.23 所示。

(3) 布尔运算符

另一组有用的运算符是布尔(True/False)运算符,它允许您对栅格单元格数据执行布尔运算。您可能需要找到满足一组条件的区域并将它们评估为真或假,然后将它们加在一起。

要执行布尔 OR,请使用管道符号(|)。此操作的结果将仅包含 1 或 0(真或假)单元格值,或 NoData 值:

```
raster_or_output = Raster("raster1") | Raster("raster2")
```

在上述状态下,栅格将以这样的方式组合,其中值大于零的匹配栅格单元格(在任一栅格上)将被分配为 True(1),两个栅格都等于 0 的单元格将被分配为 False(0),并且任一栅格上存在 NoData 值的值都将分配为 NoData。

使用与号(&)执行布尔 AND:

```
raster_and_output = Raster("raster1") & Raster("raster2")
```

与 OR 运算一样,此运算的结果将仅包含 1 或 0(真或假)单元格的值或 NoData

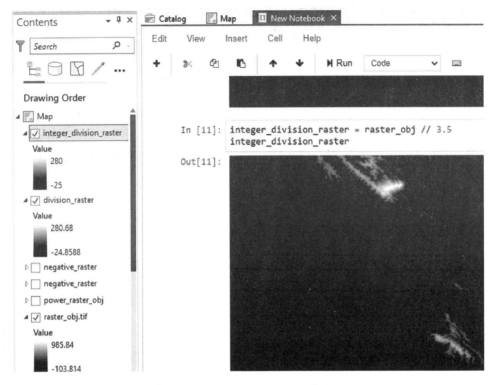

图 9.23　目录显示了两种除法运算的结果

值。但是，在这种情况下，它分配 True(1)，其中两个栅格在重叠时包含大于 0 的值；False(0)重叠单元格的值都为 0 或一个栅格的单元格为 0；NoData 中至少一个栅格的单元格值为 NoData。

大于和小于运算符分别使用(>)和(<)符号，但请记住，这些是布尔运算符，结果将是一个输出栅格对象，它将单元格值拆分为 True(1)或 False(0)，取决于设置的条件。这可能不是所需的输出，因此如果要使用条件语句选择单元格值，请改用空间分析模块中的 ExtractByAttributes 工具。

　在此处阅读有关使用地图代数运算符的更多信息：https://pro.arcgis.com/en/pro-app/latest/help/analysis/spatial-analyst/mapalgebra/working-with-operators.htm.

9.3　使用 arcgis.raster

ArcGIS API for Python(arcgis 模块)还包含用于栅格图层和影像图层的有用工具。与 arcpy 结合使用，可允许您将栅格或影像存储在云中，下拉栅格，对栅格执行分析或处理，然后将栅格放回 ArcGIS Online。

与 arcpy 非常相似，arcgis 有大量内置函数可让您与栅格数据进行交互。例如，这些函数允许您获取栅格的统计属性,例如平均或最大或最小单元格值,或者对单元格值执行数学运算。其中大部分函数是 arcgis 的栅格子类的一部分,可在 arcgis. raster. functions 中。

9.3.1 使用影像图层

在此示例中,我们将从 Web 加载图像图层到地图中并将其保存到磁盘。您可以在与上一小节相同的 Notebook 中继续。

1. 创建一个 GIS 对象,以使用 URL 从影像服务访问卫星影像。在新单元格中,输入以下内容:

```
from arcgis.gis import GIS
from arcgis.raster import *
gis = GIS("pro")
map_obj = gis.map()
imagery_obj = ImageryLayer("https://sentinel-cogs.s3.us-west-2.
amazonaws.com/sentinel-s2-l2a-cogs/1/C/CV/2018/10/ S2B_1CCV_2018100
4_0_L2A/B02.tif", gis=gis)
    imagery_obj
```

运行单元格。调用 URL 的结果是一个图像对象,如图 9.24 所示。

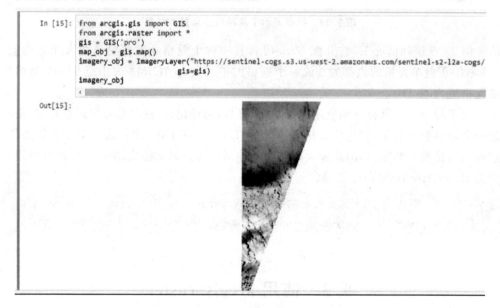

图 9.24 从图像服务中选择的图像

2. 要将图层添加到地图,请使用 add_layer 函数:

```
map_obj.add_layer(imagery_obj)
```

运行单元格。

3. 可以使用 export_image 方法将图像层保存到磁盘：

```
imagery_obj.export_image(size = [1400, 600],
                         export_format = "tiff",
                         f = "image",
                         save_folder = r"C:\my\save_folder",
                         save_file = "raster.tif")
```

运行单元格。输出格式也可以是 JSON、KMZ、图像，甚至是 NumPy 数组。在此示例中，它是图像类型（f = "image"）。其他可选参数包括压缩和纵横比。

就像我们对 arcpy 栅格工具的探索一样，这只是对 arcgis 模块中可用工具的初步了解。例如，可以使用内置函数创建图像统计信息。

4. 图像的范围可用于了解图像在地球上的位置（可能不明显），并通过范围属性访问：

```
imagery_obj.extent
```

运行单元格。这是结果：

```
{
  "xmin": 300000,
  "ymin": 1890220,
  "xmax": 409800,
  "ymax": 2000020,
  "spatialReference":{
    "wkid": 32701,
  "latestWkid": 32701
  }
}
```

您可以使用范围 JSON 创建一个新的 JSON 对象来计算直方图。它显示了空间参考标识符 WKID（众所周知的 ID）以及边界框范围包络坐标。

9.3.1.1　绘制直方图

直方图是图像像素值分布的汇总，组合成 bin。

它使您可以对影像服务或栅格对象中的可用影像进行统计分析。

必须使用 compute_histograms 函数计算直方图值。它需要一个几何对象（多边形或信封）作为 JSON 对象传递。此 JSON 使用与 JSON 范围相同的 WKID。

5. 在下一个单元格中，输入以下内容以使用上一步中的范围来计算直方图：

```
hist = imagery_obj.compute_histograms({
"xmin": 300000,
"ymin": 1890220,
"xmax": 301800,
```

```
"ymax": 1900020,
"spatialReference": {
  "wkid": 32701,
  "latestWkid": 32701
  }
})
hist
```

运行单元格。运行结果如图 9.25 所示。

```
In [23]: hist =imagery_obj.compute_histograms({
           "xmin": 300000,
           "ymin": 1890220,
           "xmax": 301800,
           "ymax": 1900020,
           "spatialReference": {
             "wkid": 32701,
             "latestWkid": 32701
           }
         })
         hist

Out[23]: {'histograms': [{'size': 256, 'min': 1, 'max': 14352, 'counts': [41, 0, 0, 0, 0, 0, 0, 0, 0, 70, 560, 1081, 1192, 917, 1006, 75
         9, 549, 447, 381, 323, 274, 267, 519, 693, 536, 393, 343, 325, 290, 286, 233, 227, 254, 222, 199, 163, 170, 215, 230, 236, 216,
         202, 206, 193, 224, 238, 248, 225, 194, 199, 155, 189, 149, 131, 122, 125, 118, 115, 96, 96, 100, 95, 81, 79, 89, 82, 79, 74, 8
         4, 70, 70, 72, 60, 70, 57, 51, 50, 62, 60, 64, 47, 60, 65, 65, 52, 60, 59, 49, 60, 56, 60, 64, 58, 47, 57, 58, 51, 80, 62, 69,
         72, 54, 63, 74, 65, 63, 63, 62, 54, 62, 73, 76, 65, 44, 55, 83, 69, 74, 57, 59, 68, 87, 67, 69, 66, 84, 67, 59, 90, 71, 57, 69,
         77, 80, 94, 72, 85, 66, 72, 87, 54, 69, 71, 101, 82, 103, 76, 105, 65, 83, 81, 90, 92, 95, 105, 101, 79, 137, 77, 103, 115, 11
         2, 121, 130, 107, 138, 150, 149, 175, 216, 190, 251, 277, 335, 329, 374, 415, 516, 444, 597, 755, 730, 850, 1003, 1121, 1180, 1
         362, 1714, 1597, 1267, 2111, 2026, 2124, 1341, 1845, 2061, 1661, 1478, 1428, 1396, 1168, 1118, 1163, 876, 1007, 978, 1095, 961,
         1273, 1280, 1348, 1369, 1898, 2350, 2624, 2830, 3659, 4458, 4044, 5639, 5868, 6300, 5379, 5368, 6403, 5880, 6609, 4047, 4594, 3
         259, 3189, 2628, 2017, 1136, 1393, 1130, 1283, 1191, 1444, 1358, 1085, 1157, 922, 648, 429, 341, 163, 78, 25, 11, 2, 4, 0, 0,
         0, 1]}]}
```

图 9.25　直方图计算结果

6. 使用包含在 ArcGIS Pro 的 Python 安装中的 Matplotlib 库,可以绘制直方图统计数据以显示像素值的集中度。

在下一个单元格中,输入以下内容:

```
import matplotlib.pyplot as plt
%matplotlib inline
plt.hist(hist['histograms'][0]['counts'],
         len(hist['histograms'][0]['counts']),
         density = True,
         histtype = 'bar',
         facecolor = 'b',
         alpha = 0.5)
plt.show()
```

运行单元格。此代码将直方图数据传递给库(没有"分箱")并创建数据的条形图,如图 9.26 所示。

这是评估您正在使用的影像数据或栅格的统计数据的一种快速方法,使用包含的 ArcGIS API for Python 工具和有用的 matplotlib 库,此处无法完整介绍。

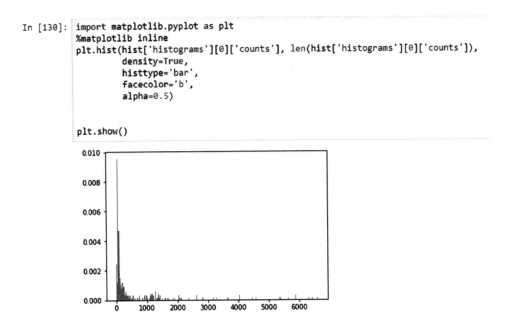

```
In [130]: import matplotlib.pyplot as plt
          %matplotlib inline
          plt.hist(hist['histograms'][0]['counts'], len(hist['histograms'][0]['counts']),
                  density=True,
                  histtype='bar',
                  facecolor='b',
                  alpha=0.5)

          plt.show()
```

图 9.26　使用 Matplotlib 绘制的直方图

9.3.2　使用栅格图层

arcgis. raster. Raster 函数以与 arcpy. Raster 函数类似的方式创建一个栅格对象。

7. 在下一个单元格中,输入以下内容以从 DEM 生成栅格对象:

```
araster_obj = arcgis.raster.Raster('USGS_13_n38w123_20210301.tif')
```

运行单元格。

8. 可以使用 extent 函数访问栅格的范围:

```
araster_obj.extent
```

这是运行单元后的结果:

{'xmin': − 123.00055555579371, 'ymin': 36.999444443707034, 'xmax':
− 121.99944444360563, 'ymax': 38.00055555589506, 'spatialReference':
{'wkid': 4269, 'latestWkid': 4269}}

9. 可以使用 get_statistics 方法访问栅格统计数据:

```
stats = araster_obj.get_statistics()
```

这是结果,显示了最小、最大和平均单元格值以及其他详细信息:

[{'min': − 103.81411743164, 'max': 985.83990478516, 'mean':
72.003597453322, 'standardDeviation': 141.66796857683, 'skipX': 1,
'skipY': 1, 'count': 0.0}]

10. 使用 save 方法将栅格保存到文件夹中：

araster_obj.save(output_name = 'C:/projects/test_raster.tif',gis = gis)

通过指定 gis 对象可写入 ArcGIS Online 而不是本地文件系统，也可以使用此保存方法将栅格写入云服务。

这些方法可以与栅格对象的 ArcPy 方法结合使用，以创建自定义栅格工作流。本章篇幅有限，只能涉及这些模块中可用的栅格工具的选择。

还有许多其他功能可用于处理和访问两个模块中的栅格属性。

在此处阅读有关将 arcgis 模块用于栅格的更多信息：https://developers. arcgis. com/python/api-reference/index. html。

9.4 总 结

在本章中，您学习了如何使用 ArcPy 将栅格读入内存或创建新栅格并保存结果。您学习了如何读取单元格值和地理值的栅格属性。您还学习了如何使用 sa 模块访问空间分析工具，以及如何对栅格执行操作以创建坡度或山体阴影栅格。您还查看了使用 arcgis. raster 从 Web 获取数据并将其保存在本地。

在下一章中，您将了解 NumPy 模块以及它如何与数组和 Notebook 一起使用以快速处理栅格数据并进行统计分析。

第 10 章　使用 NumPy 进行
地理空间数据处理

数据处理工具通常仅限于其他章节中讨论的预构建工具，或诸如 Shapely、Rasterio 或 GDAL 之类的开源工具。这些工具在处理速度和灵活性方面可能会受到限制。在创建地理空间数据工作流时，您通常必须创建自定义工具来快速处理数据，而其他库可能会受到限制。

NumPy 提供了第三种方式。用于科学计算，它是一个用 C 语言编写的令人难以置信的快速和强大的模块，带有 Python 代码"包装器"，因此可以在您现有的 Python 环境中使用。它旨在读取、分析和写入多维数据数组。

Esri 包含用于将栅格转换为 NumPy 数组并返回的简单工具，这使得将自定义 NumPy 函数添加到现有管道中变得容易。选择或裁剪栅格区域，执行数组数学运算，创建新数组并用数据填充它们，处理特定的栅格波段或单元格值，这些都是使用 NumPy 模块执行的合适过程。然后可以将结果写回为栅格输出并用于其他 ArcGIS Pro 工作流。

在本章中，我们将介绍以下主题：
- NumPy 数组在 Python 处理中的优势；
- 将栅格导入阵列；
- 使用 NumPy 工具替换栅格处理工具；
- 将数组保存为栅格；
- 使用数组的数学运算；
- 练习：使用 NumPy 对栅格数据进行统计分析；
- 使用 Matplotlib 从 NumPy 数组创建图表。

 要完成本章的练习，请下载并解压第 10 章。本书 GitHub 存储库中的 zip 文件夹：
https://github.com/PacktPublishing/Python-for-ArcGIS-Pro/tree/main/Chapter10。

10.1　NumPy 简介

NumPy 是 ArcGIS Pro 中包含的重要数据处理模块。NumPy 最初由 Travis Oliphant 编写，他还继续开发 Anaconda 项目。它是一个开源 Python 库，基于两个相互竞争的数字结构库，即 Numeric 和 Numarray。

NumPy 被编写为能够处理大型数据数组，并扩展 Python 的功能以进行数学和科学处理的软件。这使它成为一个非常有用的库，用于编写代码来读取、分析和写入栅格数据。

对于 ArcGIS Pro 用户和代码编写者，直接使用 NumPy 允许您创建 ArcGIS Pro 中包含的基本工具中不可用的自定义功能和工具。NumPy 的速度和数学能力开辟了执行分析和创建数据工作流的新方法。

这些自定义数据工作流通常会使用 Pandas，而 NumPy 是 Pandas 的核心。Pandas 建立在 NumPy 之上，它的数组结构称为 ndarray(或 *N* 维数组)，是用于 Pandas Series 数据结构的。正如我们在第 8 章中所了解的，Pandas Series 类似于一行数据，在本章中通常称为一行。

10.1.1　NumPy 数组的优点

NumPy ndarrays 是同质的(所有数据都是相同的数据类型)和多维的。这使得 ndarrays 对于 GIS 中使用的许多数据类型非常有用，包括连续的地理空间数据，例如栅格，这些数据通常具有多个维度，称为波段。

NumPy 的核心代码是用 C 语言编写的。这允许对大型数据数组进行更好的内存管理和更快的数据处理。Python 作为一种解释型语言，必须将其转换为字节码才能执行，这会使得代码在某些应用程序中运行得更慢。由于 C 代码的核心作用，NumPy 更高效、更快。

10.1.2　NumPy 数组与 Python 列表

NumPy 数组经常被比作 Python 内置的列表数据类型。列表和 ndarray 都是有序的数据结构，它们是可变的并用方括号括起来。但是，它们之间存在一些重大差异。

Python 列表可以包含不同类型数据的组合，而 NumPy 数组每个数组只能包含一种类型的数据。这意味着没有对列表中的每个对象进行类型检查。NumPy 数组在访问数据时也更快，并且在内存使用上更紧凑。

数组中的数据对象存储的元数据少得多，描述对象的元数据(大小、引用计数、对象类型和对象值存储在 Python 列表中)。因此，Python 列表会膨胀内存使用量，使得访问或迭代每个对象的速度要慢得多。

在此处阅读有关 NumPy 的更多信息：https://numpy.org/。
在此处阅读 NumPy 的基本介绍：https://numpy.org/doc/stable/user/absolute_beginners.html。

10.1.3　导入 NumPy

使用 NumPy 的第一步是导入模块。在 ArcGIS Pro 中打开一个新 Notebook，并在第一个单元格中输入以下内容：

```
import numpy as np
```

运行单元格。使用变量 np 来表示 numpy 模块不是必须的,但它是 Python 代码公认的简写形式,可以更轻松地访问 NumPy 的子模块和属性。

10.2 用于栅格的 NumPy 基础知识

将 NumPy 用于栅格非常简单。栅格是组织成规则行和列的数据,可能有多个数据带。这些数据行为可以使用 NumPy 数组精确再现,该数组可以有任意数量的行或列,以及多个维度。

10.2.1 创建数组

通常在 GIS 中,您必须为分析而创建栅格。这些数组可能需要为空白,允许您根据位置将输入值累积到连续表面;创建常量栅格的所有一个值;或与矢量数据输入(例如 GeoJSON 文件或 shapefile)合并。所有这些都可以通过 NumPy 数组实现。

有很多方法可以创建 NumPy 数组。其中一些是内置工具,还有一些是从现有数据集(如栅格、CSV 文件或 JSON 数据)派生数组的方法,如第 8 章对 Pandas 的探索中所见。也可以从矢量文件(例如 shapefile 或要素类,甚至是原始文本文件)中读取数据。

要创建每个值为 0 的任何形状的数组,有一个内置工具 numpy.zeros.不是传递一组值,而是传递一个只包含数组形状的元组,其中形状分别表示行数和列数。

此示例将创建一个统一数组,其中值为 0,具有 4 行和 6 列:

```
nparray_zeros = np.zeros((4,6))
```

结果数组如图 10.1 所示。

```
In [96]:  # one dimensional array where all values are either 0 or 1.
          # Pass a tuple with the number of rows/series (4 here) or number of columns (6 here)

          nparray_zeros = np.zeros((4,6))
          nparray_zeros

Out[96]:  array([[0., 0., 0., 0., 0., 0.],
                 [0., 0., 0., 0., 0., 0.],
                 [0., 0., 0., 0., 0., 0.],
                 [0., 0., 0., 0., 0., 0.]])
```

图 10.1　创建一个零数组

同样,您可以创建一个所有值均为 1 的数组。在此示例中,结果将是一个包含 6 行的数组,每行包含 7 个元素。我们想要一个多于一行的数组,所以我们使用 numpy.ndarray.ones 函数,它的默认数据类型是浮点数:

```
nparray_ones = np.ones((6,7))
```

数组如图 10.2 所示。

```
In [97]:   # np.ones will create an array with all values = 1. The data type defaults to float
           nparray_ones = np.ones((6,7))
           nparray_ones

Out[97]:   array([[1., 1., 1., 1., 1., 1., 1.],
                  [1., 1., 1., 1., 1., 1., 1.],
                  [1., 1., 1., 1., 1., 1., 1.],
                  [1., 1., 1., 1., 1., 1., 1.],
                  [1., 1., 1., 1., 1., 1., 1.],
                  [1., 1., 1., 1., 1., 1., 1.]])
```

图 10.2　创建一个数组

在下一个示例中，从一个包含 4 个元素的 Python 列表创建一个数组：

```
onelist = [2,4,6,8]
nparray = np.array(onelist)
```

您可以使用 randint 函数创建一个随机数组。它将产生一个指定形状的数组（参数称为大小，令人困惑），并将使用随机值填充数组，直到第一个参数。种子函数用于"播种"随机生成器（因为"随机"生成器并不是真正随机的，而是依靠种子值来创建生成的输出）：

```
np.random.seed(0)
nparray_3d = np.random.randint(10, size=(3, 4, 5))
```

该数组将类似于图 10.3。

```
In [100]:   # Create a random array
            np.random.seed(0)
            nparray_3d = np.random.randint(10, size=(3, 4, 5))
            nparray_3d

Out[100]:   array([[[5, 0, 3, 3, 7],
                    [9, 3, 5, 2, 4],
                    [7, 6, 8, 8, 1],
                    [6, 7, 7, 8, 1]],

                   [[5, 9, 8, 9, 4],
                    [3, 0, 3, 5, 0],
                    [2, 3, 8, 1, 3],
                    [3, 3, 7, 0, 1]],

                   [[9, 9, 0, 4, 7],
                    [3, 2, 7, 2, 0],
                    [0, 4, 5, 5, 6],
                    [8, 4, 1, 4, 9]]])
```

图 10.3　创建一个随机数组

范围也可用于创建数组，使用 NumPy 的 arange 方法。以下代码行将创建一个有 1 行的数组，其中包含数字 0～9：

```
nparray3 = np.arange(10)
```

如您所见,在 NumPy 中有许多不同的方法可以创建数组。

10.2.2　将栅格读入数组

要将栅格中的数据读入 NumPy 数组,ArcPy 有一个内置方法 RasterToNumPyArray。这允许您将任何类型的栅格读入数组并使用自定义 NumPy 处理执行分析。

RasterToNumPyArray 的输入可以是栅格对象,也可以是作为计算机上栅格路径的字符串。在下面的示例中,您会将栅格读入栅格对象并将栅格对象传递给 RasterToNumPyArray。

1. 在您的 Notebook 中,将以下行添加到新单元格中。调整文件路径变量以匹配第 9 章中放置高海拔 TIF 的位置:

```
import arcpy
file_path = r'USGS_13_n38w123_20210301.tif'
raster_obj = arcpy.Raster(file_path)
raster_obj
```

运行单元格。您应该看到以下输出,如图 10.4 所示。

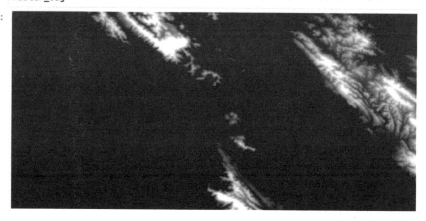

图 10.4　作为栅格对象的高海拔数据

2. 现在您有了栅格对象,可以将其转换为 NumPy 数组:

```
nparr_raster = arcpy.RasterToNumPyArray(raster_obj)
nparr_raster
```

运行单元格。您应该在输出单元格中看到 NumPy 数组,如图 10.5 所示。

现在将栅格转换为数组后,可以对栅格数据使用 NumPy 工具。我们将在本章后面更多地介绍这些内容。

```
In [120]:  nparr_raster = arcpy.RasterToNumPyArray(raster_obj)
           nparr_raster|

Out[120]:  array([[ 8.5578552e+01,  8.5281036e+01,  8.5320587e+01, ...,
                    3.2745525e+01,  3.2705288e+01,  3.2640228e+01],
                  [ 8.9238808e+01,  8.8557518e+01,  8.8136261e+01, ...,
                    3.2848251e+01,  3.2886658e+01,  3.2931221e+01],
                  [ 9.2715370e+01,  9.2176201e+01,  9.1481804e+01, ...,
                    3.2800846e+01,  3.2930138e+01,  3.3099201e+01],

                  ...,

                  [-9.9999900e+05, -9.9999900e+05, -9.9999900e+05, ...,
                    7.8969254e+01,  7.9099106e+01,  7.9647850e+01],
                  [-9.9999900e+05, -9.9999900e+05, -9.9999900e+05, ...,
                    8.3939728e+01,  8.3800331e+01,  8.4412811e+01],
                  [-9.9999900e+05, -9.9999900e+05, -9.9999900e+05, ...,
                    8.9324646e+01,  8.9062607e+01,  8.9005020e+01]], dtype=float32)
```

图 10.5　从栅格转换后的数组的 Notebook 表示

 如果您想深入了解 RasterToNumpyArray 函数的参数，请查看此处的官方文档：https://pro.arcgis.com/en/pro-app/latest/arcpy/functions/rastertonumpyarray-function.htm。

现在我们可以创建数组或导入数组，让我们使用内置的 NumPy 函数查看数组的属性。

10.2.3　数组属性

NumPy 数组都有大小、形状、维度和数据类型。这些会影响它们的使用和行为。

10.2.3.1　尺　寸

数组的大小是指其中的数据元素个数，可以通过总行数乘以总列数乘以维数来确定。使用数组的 size 属性 numpy.ndarray.size 调用数组的大小。

例如，考虑一个包含 2 行、4 列、维度为 1 的数组的大小：

```
datalist = [[2,4,6,8],[1,3,5,7]]
nparray = np.array(datalist)
print(nparray.size)
```

print 语句的结果将是 $2*4*1=8$。

10.2.3.2　形　状

数组的 shape 属性指的是一个最多包含 3 个值的元组，但是，可能只有 2 个。形状描述了数组的结构，而不是元素的总数，即大小。

如果数组只有一维（或光栅术语中的波段），则形状将描述数组包含的行数和列数。如果维度数大于 1，则形状数组将包含第三个值：首先是维度数，其次是行数，最后是列数。

如果我们从上面查看从列表创建的数组，则它的形状为(2,4)：

```
datalist = [[2,4,6,8],[1,3,5,7]]
```

```
nparray = np.array(datalist)
nparray.shape
```

这是结果：

```
(2, 4)
```

在以下示例中，创建了一个形状为 3 维、4 行和 5 列的数组，并用随机整数元素填充：

```
np.random.seed(0)
nparray_3d = np.random.randint(10, size=(3, 4, 5))
```

下面我们看到输出：

```
array([[[5, 0, 3, 3, 7],
        [9, 3, 5, 2, 4],
        [7, 6, 8, 8, 1],
        [6, 7, 7, 8, 1]],
       [[5, 9, 8, 9, 4],
        [3, 0, 3, 5, 0],
        [2, 3, 8, 1, 3],
        [3, 3, 7, 0, 1]],

       [[9, 9, 0, 4, 7],
        [3, 2, 7, 2, 0],
        [0, 4, 5, 5, 6],
        [8, 4, 1, 4, 9]]])
```

请注意，randint 函数会混淆地使用参数 size 来描述形状，但结果数组的 shape 和 size 属性会按预期报告：

```
print("shape: ",nparray_3d.shape,"\n", "size:", nparray_3d.size)
```

输出：

```
shape: (3, 4, 5)
size: 60
```

您可以在上面看到数组的 3 个维度，每个维度有 4 行 5 列。因为 $3×4×5$ 是 60，数组的大小为 60。

10.2.3.3　数据类型

dtype 属性允许您确认数组的数据类型。由于它是一个数组，而不是 Python 列表，因此数组中的所有数据都是同一类型，只会返回 1 个值。无论数据类型如何，所有数组都有一个 dtype 方法。让我们从上面检查 nparr_raster 数组的 dtype：

```
print(nparr_raster.dtype)
```

在这种情况下,dtype 是 float32。数组的数据类型将决定可以对数组执行哪些类型的数学运算。例如,如果您要在环境栅格上执行地图代数,您需要确保数据类型可以"添加"在一起。

对于大多数数组创建函数,可以使用 dtype 参数指定数据类型。像这样使用 dtype 参数:

```
onelist = [2,4,6,8]
nparray = np.array(onelist, dtype = float)
```

对于更多维度,它的工作原理相同:

```
twolist = [[2,4,6,8],[1,2,3,4]]
nparray = np.array(twolist, dtype = float)
```

结果如图 10.6 所示。

```
In [23]:  onelist = [2,4,6,8]
          nparray = np.array(onelist,dtype=float)
          nparray

Out[23]:  array([2., 4., 6., 8.])

In [29]:  twolist = [[2,4,6,8],[1,2,3,4]]
          nparray = np.array(twolist,dtype=float)
          nparray

Out[29]:  array([[2., 4., 6., 8.],
                 [1., 2., 3., 4.]])
```

图 10.6 为两个数组指定浮点数据类型

10.2.4 访问特定元素

使用 NumPy 可以轻松更新数组或一组元素的特定元素值。查找栅格的一部分并仅使用栅格的较小部分进行分析是 NumPy 简化的一个非常有用的功能。

要获取特定元素,您可以使用索引。如果数组的形状超过 1 行,则索引更具体。这对于更新连续栅格(例如降水)很有用。

在下面的示例中,数组的索引与 Python 列表的索引非常相似。结果是数组中的最后两个值,其 dtype 为 float:

```
onelist = [2,4,6,8]
nparray = np.array(onelist,dtype = float)
print(nparray[2], nparray[3])
```

输出:

```
6.0 8.0
```

在下一个示例中,数组的形状为(2,4)。要访问数据元素,您必须指定一个索引,该索引包括行号（从 0 开始），然后是行中的元素。下面，我们打印输出数组的形状、第二行的第四个元素和第一行的第三个元素：

```
twolist = [[2,4,6,8],[1,2,3,4]]
nparray = np.array(twolist,dtype = float)
print(nparray.shape, nparray[1,3], nparray[0,2])
```

Notebook 单元格中的代码如图 10.7 所示。

```
In [6]: twolist = [[2,4,6,8],[1,2,3,4]]
        nparray = np.array(twolist,dtype=float)
        print(nparray.shape, nparray[1,3], nparray[0,2])

        (2, 4) 4.0 6.0
```

图 10.7 获取数组的形状并访问元素

对于具有多于一维（或栅格的波段）以及多行和多列的数组，索引需要三个值：维度索引、行索引和列索引：

```
nparray = np.random.randint(10, size = (3, 2, 5))
```

这是结果：

```
array([[[8, 1, 1, 7, 9],
        [9, 3, 6, 7, 2]],

       [[0, 3, 5, 9, 4],
        [4, 6, 4, 4, 3]],

       [[4, 4, 8, 4, 3],
```

我们可以通过列出维度、行和列来使用索引从特定单元格中获取数据：

```
print(nparray[0,0,1], nparray[0,1,0], nparray[1,0,0])
```

这是这个特定随机数组的索引结果：

```
1 9 0
```

使用索引访问元素有助于更新特定值，一次一个。要访问或更新行的子集，请使用数组切片。

10.2.5 访问数组的子集

选择数组的一个子集通常很重要，而不只是访问一个元素。例如，在处理栅格时，选择栅格的一部分而不是处理可能非常大的整个栅格很有用。NumPy 数组使用切片的强大功能使这变得容易，从而可以仅对选定的子集执行分析。

切片机制与阵列的形状相匹配。如果只有一行，则需要传递一个索引"集合"或索引描述来选择;如果有不止一行,则需要两个索引集;如果有多个维度(考虑具有多个波段的栅格),则需要包含三个索引集。

用一行对数组进行切片很简单,并且反映了 Python 列表的切片。使用索引,您可以选择数组中值的子集作为新数组,并经常将它们分配给新变量:

```
onelist = [2,4,6,8]
nparray = np.array(onelist)
print(nparray[1:4])
```

这是我们切片操作的结果:

```
[4 6 8]
```

对多于一行的数组(描述大多数栅格)进行切片有点复杂。它需要两个单独的选择集,它们指示要选择的行和列。

第一组包括要选择的行的索引,第二组包括列的索引。这些索引可以是一个值(如果只选择一行或一列),但通常一次选择多于一行或一列。这是通过使用冒号分隔开始和结束索引来实现的。

此示例演示如何选择前 2 行的最后 4 列。首先,让我们制作数组:

```
nparray_2d = np.random.randint(10, size = (6, 6))
```

我们的数组如下所示:

```
array([[5, 9, 3, 0, 5, 0],
       [1, 2, 4, 2, 0, 3],
       [2, 0, 7, 5, 9, 0],
       [2, 7, 2, 9, 2, 3],
       [3, 2, 3, 4, 1, 2],
       [9, 1, 4, 6, 8, 2]])
```

让我们对前 2 行的最后 4 列进行切片:

```
nparray_2d[0:2, 2:6]
```

我们得到:

```
array([[1, 1, 2, 7],
       [9, 5, 0, 4]])
```

对具有多个维度的数组进行切片类似,但您需要包含第三组来描述您要选择的维度。让我们创建一个 3 维的随机数组,每组 3 行,每行包含 9 个元素(列):

```
nparray_3d = np.random.randint(10, size = (3, 3, 9))
```

这是数组:

```
array([[[3, 0, 0, 6, 0, 6, 3, 3, 8],
        [8, 8, 2, 3, 2, 0, 8, 8, 3],
```

```
         [8, 2, 8, 4, 3, 0, 4, 3, 6]],
        [[9, 8, 0, 8, 5, 9, 0, 9, 6],
         [5, 3, 1, 8, 0, 4, 9, 6, 5],
         [7, 8, 8, 9, 2, 8, 6, 6, 9]],
        [[1, 6, 8, 8, 3, 2, 3, 6, 3],
         [6, 5, 7, 0, 8, 4, 6, 5, 8],
         [2, 3, 9, 7, 5, 3, 4, 5, 3]]])
```

为了选择子集,第一个索引集(1)表示应该只选择第二个波段,第二个(:)表示应该包括从第一个索引开始的所有值(换句话说,每一行)。第三组(2:7)表示只应包括选定列中的元素:

```
nparray_3d[1,:,2:7]
```

这是结果:

```
array([[0, 8, 5, 9, 0],
       [1, 8, 0, 4, 9],
       [8, 9, 2, 8, 6]])
```

10.2.6 切片栅格

对从栅格生成的数组执行这些切片操作非常有用,因为它可以替换工作流中的栅格裁剪操作,这意味着您可以选择仅在栅格的一部分上工作。在以下示例中,我们会将栅格读入数组,对其进行切片、评估并保存。

1. 让我们导入栅格并将其转换为 NumPy 数组:

```
import arcpy
file_path = r'USGS_13_n38w123_20210301.tif'
raster_obj = arcpy.Raster(file_path)
nparr_raster = arcpy.RasterToNumPyArray(raster_obj)
print(nparr_raster.shape, nparr_raster.size)
```

运行单元格。可以让我们看到它的形状和大小:

```
(10812, 10812) 116899344
```

2. 我们将选择一个子集:

```
nparray_subset = nparr_raster[6000:, 6000:]
nparray_subset.shape
```

运行单元格。您应该看到:

```
(4812, 4812)
```

请注意,所选数据位于原始栅格数组的右下象限,其形状为(10 812,10 812)。切片操作后,新数组的形状为(4 812,4 812)。

3. 选择子集后,可以将生成的数组转换回要查看的栅格。在下一个单元格中,输入:

```
raster_nparray = arcpy.NumPyArrayToRaster(nparray_subset) raster_nparray
raster_nparray = arcpy.NumPyArrayToRaster(nparray_subset)
raster_nparray
```

这是生成的栅格,如图 10.8 所示。

```
In [53]: raster_nparray = arcpy.NumPyArrayToRaster(nparray_subset)
         raster_nparray

Out[53]:
```

图 10.8 "切片"栅格,代表原始栅格的 4 812×4 812 区域

4. 要保存栅格数组的子集,请使用 save 方法。为栅格输出指定名称和扩展名,使其成为有效文件:

```
raster_nparray.save("C:/Projects/subset.tif")
```

运行单元格。

切片非常常见,尤其是当您需要裁剪栅格以仅处理其中的一部分时。当您需要将数组重新连接在一起时,请使用连接工具。

10.2.7 连接数组

使用 numpy.concatenate 函数可以轻松组合形状相似的数组。concatenate 函数允许您调整连接的"轴",即连接两个数组的方法。默认轴(0)允许您在将第二个数组添加为新行时保持列的形状。让我们看一个例子:

```
onelist = [[2,4,6,8],[1,4,6,7]]
nparray = np.array(onelist)
```

```
twolist = [[3,5,1,9],[2,3,8,5]]
nparray2 = np.array(twolist)
np.concatenate((nparray, nparray2), axis = 0)
```

轴为 0 时,这是串联的结果:

```
array([[2, 4, 6, 8],
       [1, 4, 6, 7],
       [3, 5, 1, 9],
       [2, 3, 8, 5]])
```

使用轴 1 将增加列数:

```
np.concatenate((nparray, nparray2),axis = 1)
```

这是新的结果:

```
array([[2, 4, 6, 8, 3, 5, 1, 9],
       [1, 4, 6, 7, 2, 3, 8, 5]])
```

让我们用栅格数据来探索这个概念。

1. 输入以下代码,将高海拔栅格的子集数组创建成一个新的单元格。此子集数组从光栅数组的第 6 000 行和第 6 000 列开始:

```
file_path = 'USGS_13_n38w123_20210301.tif'
raster_obj = arcpy.Raster(file_path)
nparr_raster = arcpy.RasterToNumPyArray(raster_obj)
nparray_subset = nparr_raster[6000:, 6000:]
```

运行单元格。

2. 创建第二个子集数组:

```
nparray_subset2 = nparr_raster[:6000, 6000:]
raster_nparray2 = arcpy.NumPyArrayToRaster(nparray_subset2)
```

运行单元格。第二个子集数组从第 0 行(表示数组的第一行)开始,一直到第 5 999 行,并包括这些行的相同列(从第 6 000 列到最后一列)。

3. 现在,我们可以连接这些列。请注意,第二个子集首先添加到参数中,因为它"高于"第一个子集:

```
joined_array_axis0 =
np.concatenate([nparray_subset2,nparray_subset],axis = 0)
raster_joined_axis0 = arcpy.NumPyArrayToRaster(joined_array_axis0)
raster_joined_axis0
```

运行单元格,结果如图 10.9 所示。

结果数组是 12 000 行数据,每行有 6 000 列。这会产生一个沿 y 轴延伸的数组,这意味着列是串联的。

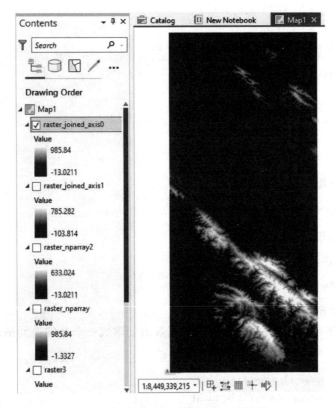

图 10.9　使用轴 0 的连接沿 y 轴连接

同样,使用轴 1 将允许您连接行而不是列。

4. 使用不同的切片创建一个新子集:

```
nparray_subset3 = nparr_raster[:4000, 2000:6000]
raster3 = arcpy.NumPyArrayToRaster(nparray_subse
```

运行单元格。在此切片中,行从 0~3 999,列从 2 000~5 999。

5. 在下一个切片中,列将从 6 000 到最后一列:

```
nparray_subset4 = nparr_raster[:4000, 6000:]
raster4 = arcpy.NumPyArrayToRaster(nparray_subset4)
```

运行单元格。

6. 要连接这两个子集,请使用轴 1:

```
joined_array2 = np.concatenate([nparray_subset3,
                                nparray_subset4],axis = 1)
raster_joined_axis1 = arcpy.NumPyArrayToRaster(joined_array2)
```

运行单元格。结果如图 10.10 所示。

连接允许数组在拆分后被"修复",并且在处理大数据管道中的数据时对组合数组

图 10.10   使用轴 1 的连接沿 x 轴连接

很有用。

10.2.8   从 NumPy 数组创建栅格

处理完数据后,使用 NumPyArrayToRaster 函数创建一个新的栅格对象,然后可以将其保存到您的硬盘中。确保调整输出文件路径以匹配您所需的文件夹:

```
raster_nparray = arcpy.NumPyArrayToRaster(nparray_subset)
raster_nparray.save("subset.tif")
```

这种从栅格到栅格对象再到阵列和返回的能力将使得创建自定义工具成为可能,这些工具利用 NumPy 处理地理空间数据时可用的速度增大。

10.2.9   使用 NumPy 进行数学运算

NumPy 数组的结构允许独特的数学运算。例如,一个数组上的乘法、加法或减法运算可以使用另一个数组,甚至是一个常数值来执行,该常数值会将数组的每个元素与相同的值相加或相减或相乘。

您可能需要创建值相乘的 DEM,以便生成的山体阴影更加极端,或者使用栅格数学将两个栅格相加。使用 NumPy,这就像在 Notebook 或脚本中的几行代码一样简单,如下所示。一个加法示例将有助于解释它。

1. 使用 numpy.arange 创建一个形状为(3,3)的数组并 reshape:

```
arr1 = np.arange(9.0).reshape((3,3))
arr1
```

运行单元格以查看数组。

2. 向它添加第二个数组,形状为(1,3),这意味着它在该行中有 1 行和 3 列。现在创建第二个数组：

```
arr2 = np.arange(3.0)
arr2
```

运行单元格以查看数组。

3. 现在将两个数组相加：

```
numpy.add(arr1, arr2)
```

运行单元格。加法运算的结果是原数组的第一列增加了第二个数组第一列的值；第二列增加了第二个数组第二列的值；最后，第三列增加了第二个数组中的第三个元素。以下是所有三个单元格的输出，如图 10.11 所示。

```
In [39]: arr1 = np.arange(9.0).reshape((3, 3))
         arr1
Out[39]: array([[0., 1., 2.],
                [3., 4., 5.],
                [6., 7., 8.]])

In [40]: arr2 = np.arange(3.0)
         arr2
Out[40]: array([0., 1., 2.])

In [41]: numpy.add(arr1,arr2)
Out[41]: array([[ 0.,  2.,  4.],
                [ 3.,  5.,  7.],
                [ 6.,  8., 10.]])
```

图 10.11 将两个数组相加

4. 另一种加法操作是将一个值添加到数组中的每个元素。这是通过使用 numpy.add 函数并提供一个值作为第二个参数而不是另一个数组来完成的：

```
numpy.add(arr1,5)
```

运行单元格。您应该看到以下输出，其中包含 arr1 的所有元素（定义在步骤 1）增加 5，如图 10.12 所示。

```
In [54]: numpy.add(arr1,5)
Out[54]: array([[ 5.,  6.,  7.],
                [ 8.,  9., 10.],
                [11., 12., 13.]])
```

图 10.12 将 5 添加到数组中

5. 执行加法运算（数组之间或数组与单个值之间）的另一种方法是使用这种直观的简写：

```
arr1 + 5
```

运行单元格。您应该看到与前一个单元格相同的输出,如图 10.13 所示。

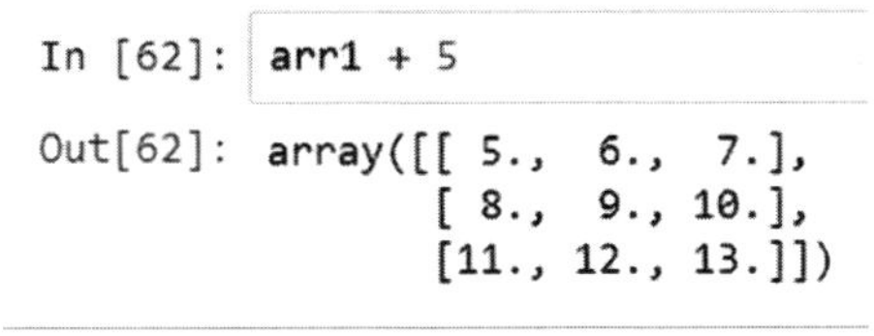

```
In [62]:  arr1 + 5

Out[62]:  array([[ 5.,  6.,  7.],
                 [ 8.,  9., 10.],
                 [11., 12., 13.]])
```

图 10.13   将 5 添加到数组中——简写方式

6. 同样,numpy.subtract 函数允许减法运算。如果一个数组作为第二个数组提供,它将根据匹配的列索引从每个元素中减去。如果第二个参数是整数或浮点数,则将从数组中的每个元素中减去该值。在下一个单元格中输入以下内容:

```
numpy.subtract(arr1,5)
```

运行单元格。结果如下:

```
array([[-5., -4., -3.],
       [-2., -1.,  0.],
       [ 1., 2., 3.]])
```

7. 如果您创建一个具有相同列数的新数组并使用它从原始数组中减去,则每列将减去第二个数组的该列中的值:

```
arr4 = np.arange(1,4.0)
numpy.subtract(arr1,ar
```

运行单元格。您应该看到:

```
array([[-1., -1., -1.],
       [ 2.,  2.,  2.],
       [ 5.,5.,5.]])
```

8. 与加法一样,可以使用的简写是直接使用正常的减法符号:

```
arr1 - arr4
```

运行单元格。您应该看到:

```
array([[-1., -1., -1.],
       [ 2.,  2.,  2.],
       [ 5.,5.,5.]])
```

要使用 NumPy 数组执行乘法,请使用 numpy.multiply 函数。与加减运算非常相似,您可以执行两个(或更多)数组或一个数组和一个值的乘法运算。

在这些示例中,乘法运算对第一个数组中的每个元素进行操作。这第二个参数可以是另一个数组或一个值。

1. 查看初始数组：

```
arr1, arr4
```

运行单元格为我们提供了：

```
(array([[0., 1., 2.],
        [3., 4., 5.],
        [6., 7., 8.]]),
 array([1., 2., 3.]))
```

2. 看看数组之间的乘法运算：

```
np.multiply(arr1, arr4)
```

运行单元格。我们得到：

```
array([[ 0.,  2.,  6.],
       [ 3.,  8., 15.],
       [ 6., 14., 24.]])
```

3. 现在，使用速记在数组之间进行相同的乘法运算：

```
arr1 * arr4
```

运行单元格。我们看到：

```
array([[ 0.,  2.,  6.],
       [ 3.,  8., 15.],
       [ 6., 14., 24.]])
```

类似的操作可用于将数组元素提升到数组或所提供值的幂。

1. 在下一个单元格中，将所有元素提高到 2 的幂：

```
arr1 **2
```

运行单元格。您的输出应该是：

```
array([[ 0., 1., 4.],
       [ 9., 16., 25.],
       [36., 49., 64.]])
```

2. 现在，将同一数组的所有元素提高到 3 次方：

```
arr1 **3
```

运行单元格。您应该看到：

```
array([[ 0., 1., 8.],
       [ 27., 64., 125.],
       [216., 343., 512.]])
```

3. 使用两个阵列，您可以将其中一个提高到另一个的幂：

```
arr1 ** arr4
```

运行单元格。您应该看到：

```
array([[  0.,   1.,   8.],
       [  3.,  16., 125.],
       [  6.,  49., 512.]])
```

其他可用的操作包括 numpy. sqrt，可用于获取所有元素的平方根；numpy. sin、numpy. cos 或 numpy. tan，它们将分别得到正弦、余弦或正切；以及 numpy. min 和 numpy. max，它们分别获得最小或最大元素。

 在此处阅读有关 NumPy 数学运算的更多信息：https://numpy. org/doc/stable/reference. routines. math. html。

10.2.10 数组查询

可以查询数组以找到满足条件的特定元素。这些查询可以通过几种不同的方式执行：使用内置的 numpy. where 函数或使用速记操作。

numpy. where 工具使用条件来处理数组。例如，让我们将它应用到一个从 0～9 的简单数字数组：

```
import numpy as np
arr1 = np.arange(10)
np.where(arr1 < 3, arr1, -1)
```

这是结果：

```
array([ 0., 1., 2., -1., -1., -1., -1., -1., -1., -1.])
```

此函数将根据数组（第二个参数）评估条件（第一个参数），并用第三个参数替换所有满足条件的元素。可以看到所有大于或等于 3 的元素都被替换成了 -1 值。

 在此处查看有关该功能的更多详细信息：https://numpy. org/doc/stable/reference/generated/numpy. where. html。

另一方面，速记操作使用方括号来包含条件。如果将简写条件操作赋值给一个变量，它将产生一个新数组，其中包含原始数组中满足条件的元素；否则，该操作可用于使用替换所有满足该操作的元素的新值填充数组。

考虑下面的这个例子。该数组有一个使用方括号传递给它的条件语句，并且那些满足条件的元素将替换为 NumPy 使用的 None 值（称为 numpy. nan）：

```
arr1[arr1 < 5]
```

结果是一个仅包含 arr1 小于 5 的那些元素的数组：

```
array([0., 1., 2., 3., 4.])
```

例如，在本章中我们一直使用的 DEM 文件中，有些单元格的值低于 0，这意味着它们低于海平面。如果我们想将海平面以下元素的值更改为 NoData 或 None 值，则使用 NumPy 非常容易：

```
import arcpy
file_path = r'USGS_13_n38w123_20210301.tif'
raster_obj = arcpy.Raster(file_path)
nparr_raster2 = arcpy.RasterToNumPyArray(raster_obj)
nparr_raster2[nparr_raster2 < 0] = None
nparr_raster2
```

该代码输出如图 10.14 所示。

```
In [104]:  nparr_raster2 = arcpy.RasterToNumPyArray(raster_obj)
           nparr_raster2[nparr_raster2<0] = None

In [105]:  nparr_raster2

Out[105]:  array([[85.57855 , 85.28104 , 85.32059 , ..., 32.745525, 32.705288,
                  32.64023 ],
                 [89.23881 , 88.55752 , 88.13626 , ..., 32.84825 , 32.886658,
                  32.93122 ],
                 [92.71537 , 92.1762  , 91.481804, ..., 32.800846, 32.930138,
                  33.0992  ],
                 ...,
                 [     nan,      nan,      nan, ..., 78.96925 , 79.099106,
                  79.64785 ],
                 [     nan,      nan,      nan, ..., 83.93973 , 83.80033 ,
                  84.41281 ],
                 [     nan,      nan,      nan, ..., 89.324646, 89.06261 ,
                  89.00502 ]], dtype=float32)
```

图 10.14　元素＜0 的栅格更改为 nan

另一个有用的操作是选择特定元素并执行乘法操作。在下一个示例中，将 30 以上的元素乘以 3：

```
nparr_raster = arcpy.RasterToNumPyArray(raster_obj)
nparr_raster[nparr_raster > 30] * 3
```

以下是预期的输出，如图 10.15 所示。

```
In [102]:  nparr_raster = arcpy.RasterToNumPyArray(raster_obj)
           nparr_raster[nparr_raster>30] * 3

Out[102]:  array([256.73566, 255.84311, 255.96176, ..., 267.97394, 267.1878 ,
                 267.01508], dtype=float32)
```

图 10.15　元素＞30 的栅格乘以 3

请注意，数组的形状保持不变；调用 nparr_raster.shape 给我们（10 812，10 812）。

10.3　练习：使用 NumPy 对栅格数据进行统计分析

在 GitHub 存储库的第 10 章文件夹中，您将找到一组代表纽约市污染的栅格。该数据涵盖了各种污染类型的 10 年年平均污染情况。您将在本节中使用 Nitrous Oxide 文件。这些文件从 2009 年（"aa1_no300m"）到 2018 年（"aa10_no300m"），分辨率为 300 m。

您将使用它们来探索使用 NumPy 可用的统计方法，包括均值、中值和标准差。您还将创建直方图和图表，描述 10 年监测期内污染数据的减少情况。

 数据是从此数据集下载的：https://catalog.data.gov/dataset/nyccas-air-pollution-rasters。

1. 在您的 Notebook 中创建一个新单元格，并确保您具有 2009 年栅格污染数据的文件路径。您需要将栅格数据转换为 NumPy 数组：

```
import arcpy
file_path = r'AnnAvg1_10_300mRaster\aa1_no300m'
arcpy.Raster(file_path)
```

运行单元格。您应该看到以下内容，如图 10.16 所示。

图 10.16　栅格对象显示了 2009 年纽约市的污染情况

2. 您将使用 RasterToNumPyArray 工具创建一个数组：

```
raster_adf = arcpy.Raster(file_path)
air_array = arcpy.RasterToNumPyArray(raster_adf)
air_array
```

这是结果：

```
array([[ -3.4028231e+38, -3.4028231e+38, -3.4028231e+38, ...,
         -3.4028231e+38, -3.4028231e+38, -3.4028231e+38],
       [ -3.4028231e+38, -3.4028231e+38, -3.4028231e+38, ...,
```

```
              − 3.4028231e + 38, − 3.4028231e + 38, − 3.4028231e + 38],
        [ − 3.4028231e + 38, − 3.4028231e + 38, − 3.4028231e + 38, ...,
              − 3.4028231e + 38, − 3.4028231e + 38, − 3.4028231e + 38],
        ...,
        [ 1.0976446e + 01, 1.0357784e + 01, 1.0420952e + 01, ...,
              − 3.4028231e + 38, − 3.4028231e + 38, − 3.4028231e + 38],
        [ − 3.4028231e + 38, 1.0228572e + 01, 1.0283316e + 01, ...,
              − 3.4028231e + 38, − 3.4028231e + 38, − 3.4028231e + 38],
        [ − 3.4028231e + 38, − 3.4028231e + 38, 1.0180457e + 01, ...,
              − 3.4028231e + 38, − 3.4028231e + 38, − 3.4028231e + 38]],
dtype = float32)
```

现在您有了一个数组,您可以使用 NumPy 内置的一些统计方法来理解数据。为此,您需要查询数组,并确保使用类似于 Python 无值的 NumPy nan 值忽略负值(表示 NoData)。它允许 NumPy 在计算统计信息时忽略该单元格的值。

3. 在这一步中,您将使用 NumPy where 函数仅获取大于 0 的值。提醒一下,该函数接受一个条件,如果条件为真则接受要应用的值;如果条件为假则接受适用的值。在下一个单元格中,输入:

```
no_nan_array = np.where(air_array > 0, air_array, numpy.nan)
```

运行单元格。在这种情况下,如果条件为真,则保留数组值;如果条件为假,则使用值 NumPy. nan。

4. 现在不正确的值已经被移除了,让我们来探索数据的平均值。要生成一氧化二氮污染物的平均值,您可以使用 np. nanmean 函数,它会忽略 nan 值。在下一个单元格中,输入:

```
np.nanmean(no_nan_array)
```

运行单元格。这是第一年的研究结果:

```
22.480715
```

5. 要生成一氧化二氮污染物的中值,我们可以使用 np. nanmedian 函数。在下一个单元格中,输入:

```
np.nanmedian(no_nan_array)
```

运行单元格。这是第一年的研究结果:

```
21.17925
```

6. 要生成一氧化二氮污染物的标准偏差,请使用 np. nanstd 函数:

```
np.nanstd(no_nan_array)
```

运行单元格。这是第一年的研究结果:

8.013502

您将在图表中使用这些基本统计数据,该图表将显示研究的第 1 年、第 5 年和第 10 年之间的比较。

使用 Matplotlib 从 NumPy 数组创建图表

使用 Python 安装中包含的 Matplotlib 模块(我们在第 9 章中简要介绍过),您可以创建数据图表。这是一个方便而强大的模块,在这里无法完全捕捉到,但值得更多研究。

直方图可以让您更好地了解栅格数组中的数据分布。在此示例中,您将使用 Matplotlib 生成直方图和直方图图表,它们是独立的东西。

 在此处阅读有关 Matplotlib 的更多信息:https://matplotlib.org/。

7. 在下一个单元格中,您将调用 Matplotlib pyplot 工具并使用它来生成直方图和图表。请注意,%matplotlib 内联行将允许在 Notebook 中生成图表:

```
import numpy as np
import matplotlib.pyplot as plt
# Keep the chart in the Notebook
% matplotlib inline
num_bins = 5
n, bins, patches = plt.hist(no_nan_array, num_bins,
facecolor = 'blue', alpha = 0.5)
plt.show()
```

运行单元格,将显示 2009 年一氧化二氮水平的直方图。其中 x 轴代表单元格值,y 轴代表单元格值出现的次数,如图 10.17 所示。

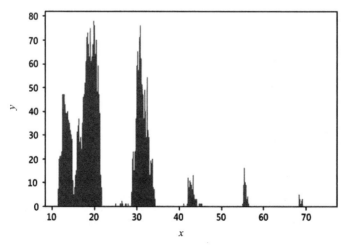

图 10.17　2009 年一氧化二氮水平的直方图

传递给 plt. hist 方法的参数包括数组、"bins"的数量(表示将值划分为多少个部分，在本例中为 5)，以及控制结果的颜色和不透明度的参数。然后调用 plt. show()方法最终生成图表。

8. 对于可以以完全相同的方式创建的 2013 年和 2018 年的直方图，您可以看到更高值读数的计数减少。重新运行上述步骤中的代码，将栅格替换为 2013 年的栅格文件路径(AnnAvg1_10_300mRaster\aa5_no300m)，然后是 2018 年的栅格(AnnAvg1_10_300mRaster\aa10_no300m)，以生成这些年数据的平均值、中位数和标准差。

2013 年高值(即 50 以上的值)较少，如图 10.18 所示。

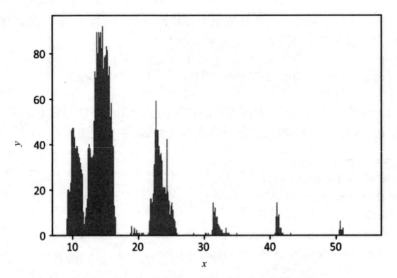

图 10.18   2013 年一氧化二氮水平的直方图

2018 年数值进一步降低，如图 10.19 所示。

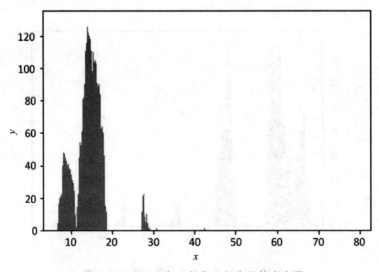

图 10.19   2018 年一氧化二氮水平的直方图

这意味着在 10 年的监测期内,一氧化二氮污染有所减轻。

为了能够比较多年来的值,您需要将三个不同的栅格读入数组并生成它们的统计数据。下面的代码将执行统计分析并生成条形图。

9. 导入必要的模块并确保图表会出现在 Notebook 中:

```
import arcpy
import numpy as np
import matplotlib.pyplot as plt
% matplotlib inline
```

运行单元格。

10. 从栅格创建 NumPy 数组,它必须首先成为栅格对象:

```
file_path10 = 'AnnAvg1_10_300mRaster\aa10_no300m' # year 10
file_path05 = 'AnnAvg1_10_300mRaster\aa5_no300m' # year 5
file_path01 = 'AnnAvg1_10_300mRaster\aa1_no300m' # year 1

arrays =[arcpy.RasterToNumPyArray(arcpy.Raster(file_path01)),
        arcpy.RasterToNumPyArray(arcpy.Raster(file_path05)),
          arcpy.RasterToNumPyArray(arcpy.Raster(file_path10))]
```

运行单元格。

11. 现在,查询每个数组以仅获取大于 0 的值,并将结果数组传递给新列表:

```
nan_arrays = []
for r_array in arrays:
        nan_arrays.append(np.where(r_array > 0,r_array,np.nan))
```

运行单元格。

12. 在一个新单元格中,生成每个栅格的平均值(平均值)并将其存储在一个新列表中:

```
means = []
for n_array in nan_arrays:
        means.append(np.nanmean(n_array))
print(means)
```

运行单元格并检查返回的平均值。

13. 在新单元格中输入以下代码创建一个 Matplotlib 图,将有关图表的详细信息传递给该图,然后查看结果:

```
# Create the plot
years = ['2009','2013','2018']
plt.xticks(range(len(means)), years)
plt.bar(years, means) plt.xlabel('Year')
plt.ylabel('Mean NO')
```

```
plt.show()
```

运行单元格。您应该看到如图 10.20 所示的条形图,它确认平均污染值在 10 年的研究期间一直在下降。

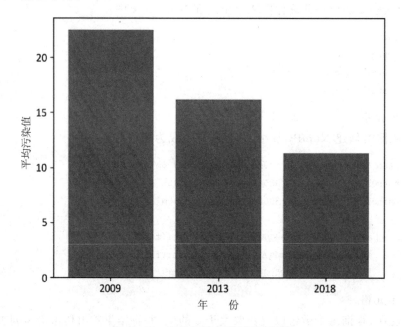

图 10.20　平均污染值递减的条形图

要获得更详细的视图,您可以创建另一个图表,其中包括条形图和标准偏差的估计值。

14. 上面创建的方法,您可以跳过重新创建它们。相反,可以创建一个每年标准差的新列表:

```
stdevs = []
    for n_array in nan_arrays:
        stdevs.append(np.nanstd(n_array))
```

运行单元格。

15. 现在,使用新单元格并使用 subplots 函数创建图表。此函数是一个实用程序包装器,它允许您将多个图组合在一起,并添加图表详细信息,例如标签、标题、网格刻度,甚至条形颜色和不透明度:

```
years = ['2009','2013','2018']
x_pos = np.arange(len(years))
fig, ax = plt.subplots()
ax.set_ylabel('Nitrous Oxide')
ax.set_xlabel('Year')
ax.set_xticks(x_pos)
```

```
ax.set_xticklabels(years)
ax.set_title('Monitoring of NO in NYC')
ax.yaxis.grid(True)
```

运行单元格。

16. 接下来,您需要将平均数据列表和标准差数据列表传递给 bar 函数,以及一些描述柱颜色和误差柱的参数:

```
ax.bar(x_pos, means, yerr = stdevs, align = 'center',
alpha = 0.5, ecolor = 'black', capsize = 10)
```

运行单元格。

17. 最后调用方法查看图表:

```
plt.show()
```

运行单元格。结果如图 10.21 所示。

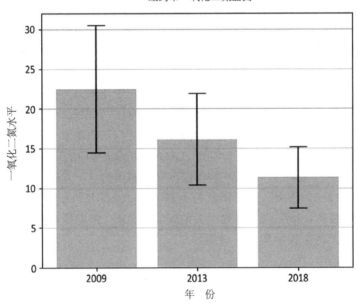

图 10.21 带有误差线的更复杂的条形图

您的分析结果证明,在栅格集中包含的 10 年观察中,纽约市的一氧化二氮一直在减少。通过使用这些文件重复上述分析,您可以探索其他年份的统计数据以及研究的其他污染物。例如,您能否确定 10 年期间颗粒物(PM300 档案)的减少率?

使用 NumPy 和 Matplotlib,您可以快速执行分析并生成数据可视化。还有其他 Python 数据可视化模块可以很好地与 Notebooks 配合使用,包括 Seaborn,但 Matplotlib 包含在 ArcGIS Pro 的安装中,使其成为图表的简单选择。

10.4 总 结

使用 NumPy 处理栅格（或矢量数据）可以提供一种独特的方式来创建自定义函数或完整的自定义工具。快速处理 n 维数组的能力使 NumPy 成为快速数学和统计运算的强大工具。

在本章中，我们回顾了 NumPy 的许多不同功能，包括查看和更改数组的属性以及可以对数组执行的数学运算。还涵盖了对数组的查询以及将栅格转换为数组并再次返回。我们解释了数组的串联，并通过在端到端练习中演示如何使用 Matplotlib 从统计数据生成图表来结束。

到目前为止，您已经学习了如何使用 ArcPy、ArcGIS API for Python、Pandas、Spatially Enabled DataFrames 和 NumPy 来自动化进行您的大部分分析、数据管理和地图制作。接下来的三章将有所不同，因为它们将是案例研究。在每一章中，您将看到如何将前几章教给您的知识应用到您可能遇到的实际问题中：

- 第 11 章将向您展示如何创建 Notebook 以在 ArcGIS Pro 中管理 ArcGIS Online 管理员任务，将重点介绍使您在管理 ArcGIS Online 账户的同时更高效地处理项目任务的方法。
- 在第 12 章中，您将学习如何设置地图布局以创建地图系列。然后，您将创建一个地图系列来探索与移除公交路线相关的环境正义问题。
- 第 13 章将向您展示端到端的作物产量预测过程，从收集和处理数据，到创建随机森林分类器，再到将图层上传到 ArcGIS Online 以用于自定义 Web 地图。

  最后，我们将超越 Python，向您介绍用于 Web 制图的 ArcGIS API for Java Script。

完成所有三个案例研究后，您将拓宽关于如何在 ArcGIS Pro 中使用 Python 的知识，并了解如何解决和自动化现实世界相关的问题。此外，您将拥有可以修改的 Notebook，以解决您每天在工作中发现的问题。

第4部分
案例研究

第 11 章 案例研究：ArcGIS Online 管理和数据管理

管理您的 ArcGIS Online 账户并管理所有用户和数据对于 GIS 专业人员来说是一个重要而困难的问题。您可以通过创建 Notebooks 来帮助您管理用户、创建信用使用报告、将项目重新分配给新用户以及下载附件，从而简化此过程。这些工具可让您更高效地在项目任务之间切换和管理组织的 ArcGIS Online 账户。

本章将介绍一些使用 Notebook 的案例研究，您可以创建这些 Notebook 来帮助您从 ArcGIS Pro 中管理您的 ArcGIS Online 账户。能够从 ArcGIS Pro 中管理您的 Arc-GIS Online 账户的好处是您可以自动执行任务，而不必切换到 ArcGIS Online 平台；一切都可以在 ArcGIS Pro 中完成。

本章包含以下案例研究：

- 管理您的 ArcGIS Online 账户：添加用户、管理许可和 ArcGIS Online 积分、创建项目使用报告以及重新分配用户数据。

 要完成本章的练习，请下载并解压第 11 章。本书 GitHub 存储库中的 zip 文件夹：https://github.com/PacktPublishing/Python-for-ArcGIS-Pro/tree/main/Chapter11。

- 从 ArcGIS Online 要素图层下载照片附件。

11.1 案例研究：管理您的 ArcGIS Online 账户

在本案例研究中，您将探索如果您是管理员可以做什么。使用管理员权限，您可以添加用户、将数据所有权从一个用户转移到另一个用户、删除用户以及管理 ArcGIS Online 配额。

作为 GIS 管理员，您有责任确保您的 ArcGIS Online 账户是最新的并且您的用户具有访问权限和信用。当有人离开您的组织时，您还负责删除用户和传输数据。不过，这只是您工作的一部分，因为您有需要注意的项目和任务。这些项目在 ArcGIS Pro 中进行；您可以在模型构建器中为分析任务创建 ArcPy 脚本和模型，或在文档中发布图形。必须离开 ArcGIS Pro 环境才能进入 ArcGIS Online 环境并管理您的用户可能会占用您执行其他任务的时间。您可以创建 Notebooks 以从 ArcGIS Online 执行这些相同的任务并节省时间和点击次数，因为更新 Notebooks 中的变量并运行它们很容易。

在本案例研究的前两部分中，您将创建一个用户并管理他们的许可证和信用。在第三部分中，您将创建一个报告来识别每个用户拥有的所有项目。在最后一部分中，您会将数据的所有权从已离开组织的用户转移给组织内的新用户。

您必须具有管理员权限才能执行以下任何操作。要添加用户,您必须拥有可供新用户使用的凭据。

11.1.1　创建用户

您的公司发展迅速,并且您需要将新的 GIS 分析师添加到您组织的 ArcGIS Online 中。创建新用户是 GIS 管理员的常见任务。创建新用户的常用方法是在 ArcGIS Online 中。登录 ArcGIS Online 账户后,请完成以下步骤:

1. 单击顶部横幅中的组织,如图 11.1 所示。

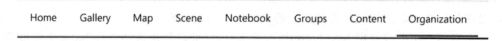

图 11.1　ArcGIS Online 顶部横幅

2. 单击组织横幅中的成员,如图 11.2 所示。

图 11.2　ArcGIS Online 组织横幅

3. 单击邀请成员按钮。

4. 在下一个窗口中,您可以选择添加成员而不发送邀请、添加成员并通过电子邮件通知他们,或使用他们选择的账户邀请成员加入,如图 11.3 所示。

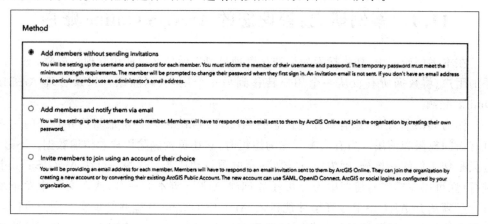

图 11.3　添加成员的选项

选择第一个选项,添加成员而不发送邀请,然后单击屏幕底部的下一步按钮。

5. 在下一个屏幕上,您必须选择从文件中选择新成员或选择新成员,如图 11.4

所示。

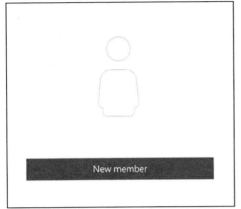 

图 11.4　新成员选项

选择新成员。

6. 将出现下一个屏幕，您需要在其中填写新用户的所有信息。稍后您将看到在 Notebook 中创建函数如何使添加所有这些信息成为一个简单的过程，如图 11.5 所示。

图 11.5　新会员信息

填写用户的所有信息，然后单击下一步按钮。

7. 下一个屏幕将显示新用户拥有的用户类型、角色和许可证，如图 11.6 所示。

图 11.6　新成员角色和许可证

确认新成员信息后,单击下一步按钮。

8. 在下一个屏幕上,您可以添加许可证,将用户分配到组,设置 Esri 访问权限,分配配额以及更改用户设置,如图 11.7 所示。

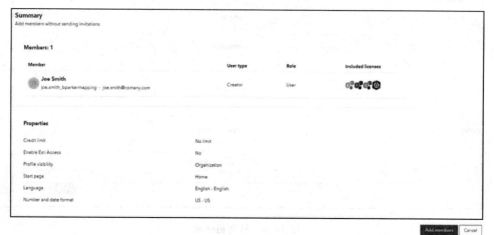

图 11.7　新用户属性

将所有内容保留为默认值,然后单击下一步按钮。

9. 这是最后一页,您现在可以在检查信息是否正确后添加用户,如图 11.8 所示。

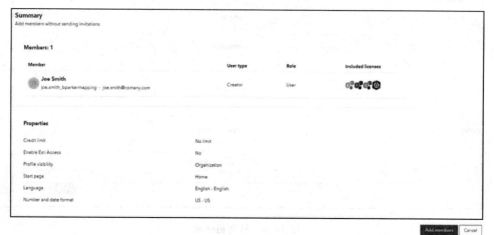

图 11.8　新用户添加页

如果要添加此用户,请单击添加成员按钮;如果没有,请单击取消按钮。

虽然您可以为每个新团队成员执行此操作,但整个九步过程可以在一个 Notebook 中执行,该 Notebook 可用于您需要添加的所有新团队成员。您只需在 ArcGIS Pro 中打开 Notebook,输入新的用户信息,然后运行 Notebook 以添加他们并授予他们对任何现有组的访问权限即可。

要在 ArcGIS Online 中创建新用户,请使用 create()操作,它是 UserManager 类的

一部分。我们在第 3 章介绍了 UserManager 类，您使用它来搜索用户。create() 操作有以下 5 个强制参数：

- 用户名：6～24 个字符长的字符串，在您的组织中必须是唯一的。
- 密码：必须为 8 个字符长的密码字符串。创建 ArcGIS Online 账户时，可以将其留空，用户将收到一封电子邮件，允许他们设置密码。
- firstname：指定用户名的字符串。
- lastname：指定用户姓氏的字符串。
- 电子邮件：指定用户电子邮件的字符串。

create() 操作还有 8 个可选参数：description、thumbnail、role、provider、idp_username、level、credits 和 groups。

创建新用户时，您将最常使用角色和提供者参数。访问此网页：https://developers.arcgis.com/python/api-reference/arcgis.gis.toc.html#user 和此网页：https://doc.arcgis.com/en/arcgis-online/reference/roles.htm，以阅读有关它们的更多信息。

让我们开始创建 Notebook。

1. 右击 Chapter11 文件夹并选择新建>Notebook，将 Notebook 重命名为 AdministeringYourOrg。

2. 您将通过当前登录 ArcGIS Pro 的用户登录组织的 GIS。在下一个单元格中，键入以下内容：

```
from arcgis.gis import GIS
gis = GIS("home")
```

运行单元格。

3. 您将创建一个函数来创建一个新用户。这将允许您通过调用函数并将新用户信息传递给它来轻松地一次创建多个用户。此功能的作用方式与您在图 11.5 中输入的信息相同，但您不必通过 ArcGIS Online 中的多个页面来访问它。该函数称为 new_user，并接受用户、密码、名字、姓氏和电子邮件的参数，因为它们是您将使用的最常用的参数。在下一个单元格中，输入以下内容：

```
def new_user(user,password,firstName,lastName,email):
    new_user1 = gis.users.create(
        username = user,
        password = password,
        firstname = firstName,
        lastname = lastName,
        email = email,
    )
```

运行单元格。

4. 现在您已经创建了函数，调用它并将信息传递给每个参数以创建新用户。在这里您可以输入您在图 11.5 中所添加的所有信息。在下一个单元格中，输入以下内容：

```
new_user("Jane.Smith.Company", "ch@ng3MeA $ AP", "Jane", "Smith", "Jane.Smith@company.com)
```

运行单元格。

5. 您可以通过搜索用户名来验证用户是否已创建。输入以下内容：

```
user = gis.users.search(query = "username:Jane.Smith.Company")[0]
user
```

运行单元格。您应该看到类似于如图 11.9 所示的输出。

Jane Smith

Bio: None
First Name: Jane
Last Name: Smith
Username: Jane.Smith.Company
Joined: October 22, 2021

图 11.9　新用户

在此示例中，只有 Jane Smith 加入了您的公司。如果您有多个新员工，您可以通过为每个用户调用函数并为他们传递特定参数来添加每个人。

11.1.2　分配许可证和信用

在 ArcGIS Pro 中将用户添加到 ArcGIS Online 时，您还可以管理用户许可和配额。这将使您能够更有效地管理团队的 ArcGIS Online 账户，同时继续您的项目工作。

您将首先了解如何检查组织中的应用程序，然后您将查看组织中的许可证并了解如何分配它们。

1. 继续在上一个练习中的 AdministeringYourOrg Notebook 中工作。首先，您将找到组织中许可的所有应用程序。您将创建一个变量来保存应用程序列表，然后创建一个循环来输出应用程序，每个应用程序都在一行上。输入以下内容：

```
license = gis.admin.license.all()
for l in license:
    print(l)
```

2. 运行单元格，您将看到您的组织已获得许可的应用程序。Out 单元格将类似于以下内容：

```
<ArcGIS Insights License at https://www.arcgis.com/sharing/rest/>
<ArcGIS Pro License at https://www.arcgis.com/sharing/rest/>
<ArcGIS GeoPlanner License at https://www.arcgis.com/sharing/rest/>
<ArcGIS Business Analyst Web and Mobile Apps License at https://www.arcgis.com/sharing/rest/>
```

3. 在下一个单元格中，您将使用 get() 方法获取 ArcGIS Pro 应用程序的许可，这样您就可以查看您拥有的单个许可。输入以下内容：

```
proLic = gis.admin.license.get("ArcGIS Pro")
```

运行单元格。

4. 现在您已将 Pro 应用程序许可证保存在变量中，您可以查看您已获得许可的扩展程序以及是否已分配任何扩展程序。您将使用报表对象来获得一个表格，显示您拥有哪些许可证、分配了多少许可证以及剩余的许可证数量。输入以下内容：

```
proLic.report
```

运行单元格，您应该会看到一个类似于如图 11.10 所示的表格，其中包含您组织中的许可证。

In [5]:　　1　proLic.report

Out[5]:

	Entitlement	Total	Assigned	Remaining
0	3DAnalystN	1	0	1
1	dataInteropN	1	0	1
2	dataReviewerN	1	0	1
3	geostatAnalystN	1	0	1
4	imageAnalystN	1	0	1
5	locateXTN	1	0	1
6	networkAnalystN	1	0	1
7	publisherN	1	0	1
8	spatialAnalystN	1	1	0
9	workflowMgrN	1	0	1

图 11.10　您组织中的 ArcGIS Pro 许可

5. 现在您知道您有哪些可用的许可证，您可以分配一个。为此，请使用 assign() 方法，将用户名和扩展名指定为权利参数。您的组织可用的权利位于您刚刚输出的 Out 单元格中。输入以下内容为自己分配空间分析许可：

```
proLic.assign(username = gis.users.me.username,
entitlements = "spatialAnalystN")
```

 您还可以输入要为其分配权限的用户的用户名，用单引号或双引号括起来。在上面的代码中，Bill 将输入"billparkermapping"来代替 gis.users.me.username。

运行单元格。如果已分配，您应该在 Out 单元格中看到 True。当您需要为某人分配许可时，您可以只运行 Notebook 的这个单元，而不必切换到 ArcGIS Online 并进入他们的配置文件。

6. 您可以使用 user_entitlement() 方法检查用户分配的扩展名，将用户名作为参数传入。通过输入以下内容来检查分配给您的扩展名，将您的用户名放在引号之间：

```
proLic.user_entitlement("{yourUserName}")
```

运行单元格。结果将在具有以下键/值对的字典中返回：用户名、上次登录、断开连接、权利。权利的值是您当前签出的权利的列表。Out 单元格将类似于以下内容：

```
{'username': 'billparkermapping', 'lastLogin': -1, 'disconnected':
False, 'entitlements': ['spatialAnalystN']}
```

7. 要撤销许可证，您可以对许可证对象使用 revoke() 方法。参数与 assign()、用户名和要撤销的扩展名相同。您可以使用通配符 * 撤销所有许可证。通过输入以下内容撤销分配给您的所有许可证：

```
proLic.revoke(username = gis.users.me.username, entitlements = "*")
```

运行单元格。如果许可证被吊销，您应该在 Out 单元格中看到 True。就像您需要分配许可证一样，您可以通过运行此单元来撤销许可证，无需切换到 ArcGISOnline。您可以打开 Notebook，运行单元格，然后返回您的项目。

8. 要验证您没有许可证，请再次使用 user_entitlement 方法：

```
proLic.user_entitlement("{yourUserName}")
```

运行单元格。Out 单元格中的结果应该是{}，它是一个空字典。

9. 您可以使用 credits 属性查看您的组织中可用的积分数。输入以下内容：

```
gis.admin.credits.credits
```

运行单元格。Out 单元格将显示您组织中的积分数。

10. 您可以使用信用预算管理每个用户可用的信用。使用 credits 属性上的 enable() 方法打开信用预算：

```
gis.admin.credits.enable()
```

运行单元格。您在 Out 单元格中的结果应该是 True。

11. 现在您可以使用 allocate() 方法为用户分配积分。allocate() 方法将用户名和积分数作为其参数。通过输入以下内容为自己分配 10 个积分：

```
gis.admin.credits.allocate(username = gis.users.me.username, credits = 10)
```

您还可以使用 deallocate() 方法删除用户的信用，该方法会删除用户的所有信用。如果要执行此操作，请输入以下内容：gis.admin.credits.deallocate(username='{username}')。

运行单元格。您在 Out 单元格中的结果应该是 True。

12. 启用信用预算时，您可以检查每个用户的可用信用积分，因为他们获得了 assigned Credits 和 available Credits 属性。通过输入以下内容检查您可用的积分：

```
gis.users.me.availableCredits
```

运行单元格。结果将是您可用的积分数。

 如果您使用的是单个用户账户，则无法为自己分配积分，因为您可以访问所有积分。

您已经创建了一个节省时间的 Notebook，它可以让您完成您的管理员任务，而不会中断您的项目任务。您应该将此 Notebook 存储在您可以轻松访问的文件夹中；在 ArcGIS Pro 中打开它并运行必要的单元，只需进行最少的更改，即可快速为用户提供更新。这将减少您在平台之间切换所花费的时间。

11.1.3　为项目使用情况创建报告

数据存储可能是您组织的 ArcGIS Online 账户中信用额度的主要消耗者。作为管理员，您可以按用户查看信用使用情况并运行不同的报告。这些可以在组织选项卡的状态选项卡中访问。

在仪表板选项卡中，您可以查看组织在不同时间段内如何使用积分的明细。报告选项卡是存储您运行的任何报告的地方，如图 11.11 所示。

图 11.11　组织选项卡中的状态选项卡

Credits 选项卡将显示在给定时间段内用于存储、分析订阅者内容或已发布内容的积分数。可以单击许多不同的图表和元素以获取有关信用使用情况的更多详细信息。通过单击带有向下箭头的云图标，如图 11.12 所示，您可以下载此时间段内的信用使用报告。

图 11.12　积分选项卡

内容选项卡将显示您在 ArcGIS Online 账户中拥有的不同项目的详细信息。物品是您存储的任何东西，它可以是 CSV、shapefile、地理数据库、要素图层、栅格图层或 ArcGIS Online 可以存储的任何其他内容，如图 11.13 所示。

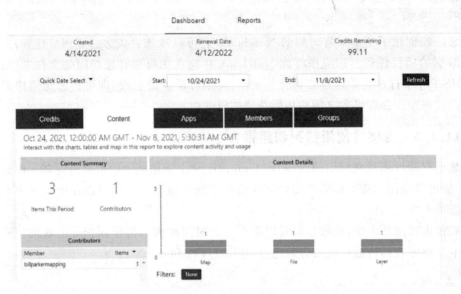

图 11.13　内容选项卡

应用程序选项卡将显示有关您创建和存储的应用程序的详细信息，如图 11.14 所示。

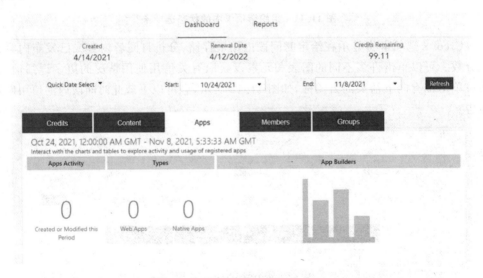

图 11.14　应用程序选项卡

成员选项卡将显示有关组织中成员的详细信息。您一次只能查看一个成员，如图 11.15 所示。

图 11.15　成员选项卡

"组"选项卡将显示有关您组织中的组的详细信息，如图 11.16 所示。

图 11.16　组选项卡

如果您想查看更多详细信息，可以在每个选项卡中单击许多不同的图表和元素。每个选项卡都会为您提供有关如何使用积分以及哪些成员正在使用积分进行不同分析的大量信息。

信用使用的很大一部分通常是存储,虽然信用选项卡可以显示您用于存储的信用数量以及项目的大小,但它无法告诉您是否经常或最近查看了这些项目,这可能表明它们是否可以被删除。您必须进入每个项目的属性以获取该信息。

相反,您可以将 ArcGIS Online 抛在后面并创建一个 Notebook 以有效地识别每个用户拥有的所有项目以及有关这些项目使用情况的信息。这可以帮助您的团队识别可以从 ArcGIS Online 中删除的旧项目。这样做将为您的组织节省资金,因为您不会存储不再使用的项目。

在以下示例中,您将创建一个 Notebook 以将用户拥有的所有文件夹中的所有项目以及每个项目的使用情况和上次访问时间导出为 CSV。

此 CSV 将允许您向每个用户显示他们有哪些未使用且可以删除的项目:

1. 右击 Chapter11 文件夹并选择新建 > Notebook,将 Notebook 重命名为 User-CreditsReport。

2. 您将导入 time、csv 和 os 模块以在 Notebook 中使用。时间模块将允许您将项目的日期时间值转换为月、日、年格式。csv 模块将允许您将结果导出到 CSV。os 模块,将允许您在存储所有 CSV 的文件夹中创建新 CSV 的完整路径。除此之外,您将导入 GIS 模块并通过您的用户登录到您组织的 GIS 当前登录到 ArcGIS Pro。

在第一个单元格中,输入以下内容:

```
import time, csv, os
from arcgis.gis import GIS
gis = GIS("home")
```

3. 在下一个单元格中,您将创建一个函数来创建一个新的 CSV,这与您在第 4 章中编写的导出公交车站位置的函数相同;有关该功能的完整说明,请参阅该章中的访问要素类的几何部分。输入以下内容:

```
def createCSV(data, csvName, mode = 'w'):
    with open(csvName, mode, newline = '') as csvfile:
        csvwriter = csv.writer(csvfile)
        csvwriter.writerow(data)
```

4. 在下一个单元格中,您将为要创建的 CSV 的路径创建一个变量,以及 CSV 的标题列表。路径将设置为 Chapter11 文件夹,您将根据用户名为每个用户创建一个 CSV。通过为每个用户创建一个 CSV,您可以让您的用户轻松找到他们的所有数据。标题将包含项目 ID、项目名称、项目大小(以兆字节为单位)、项目上次修改的日期、项目的查看次数以及项目的最后查看日期。在新单元格中,输入以下内容:

```
csvPath = r'C:\PythonBook\Chapter11'
csvHeaders = ['itemId', 'itemName', 'itemSize_MB', 'lastModified',
        'NumberOfViews', 'LastViewDate']
```

5. 在下一个单元格中,您将创建一个函数,该函数获取用户拥有的项目列表并遍历所有项目。您将从用户的根文件夹和子文件夹中的项目创建此项目列表。对于每个项目,您将找到 ID、名称、大小、上次修改日期、查看次数和上次查看日期,并将这些写入 CSV 中的一行。此信息将允许用户查看他们有哪些未使用的物品及其占用的大量空间。通过添加项目编号,您以后可以编写另一个 Notebook,它将所有已确定要删除的项目编号并删除它们。接下来的 6 个步骤将创建此函数,并将全部写入同一个单元格。

您将首先声明将项目列表作为其参数的函数。在该函数中,您将遍历每个项目并提取有关它们的信息。您将找到项目 ID、项目标题、项目大小、最后修改日期、项目类型和查看次数。项目大小以字节为单位报告,因此您将其乘以 0.000 001 以将其转换为兆字节。最后修改日期以毫秒为单位返回上一个纪元的时间,因此您将其除以 1 000 并使用时间模块将其转换为日期和时间。

 有关如何使用时间模块的更多信息,请参阅第 3 章。

您还将添加输出语句以输出您从项目中提取的所有信息。在新单元格中,输入以下内容:

```
def userStorage(items):
for item in items:
    itemId = item.id
    print(itemId)
    itemName = item.title
    print(itemName)
    itemSize = round(item.size * 0.000001,2)
    print(itemSize)
    lastMod = time.localtime(int(item.modified)/1000)
    lastModDate = '{0}/{1}/{2}'.format(
        lastMod[1],lastMod[2],lastMod[0]
    )
    print(lastModDate)
    itemType = item.type
    print(itemType)
    numbViews = item.numViews
    print(numbViews)
```

6. 在同一个单元格中继续,您将创建一个变量来保存项目的使用情况。这一使用属性有以下两个可选参数:

- date_range:用于查询项目的查看次数或下载次数的时间段。它具有以下值:过去 24 小时的 24H,过去 7 天的 7D(默认),过去 14 天的 14D,过去 30 天的 30D,过去 60 天的 60D,过去 6 个月的 6M,过去一年的 1Y。
- as_df:布尔值,当设置为 True(默认)时,返回一个 pandas DataFrame;当设置为

False 时,返回一个数据字典。

您会将 date_range 参数设置为 6M,并将 as_df 设置为 False 以返回包含项目使用数据的数据字典。当在选定的时间段内没有视图时,返回的每个数据字典将如下面的代码所示:

```
{'startTime': 1635897600000, 'endTime': 1636588800000, 'period':
'1d', 'data': []}
```

在与上述相同的单元格中,输入以下内容:

```
itemUsage = item.usage('6M',False)
```

对于更长的时间段,例如 6 个月或 1 年,使用情况实际上会返回一个数据字典列表,如下所示:

```
[{'startTime': 1620777600000, 'endTime': 1626048000000, 'period':
'1d', 'data': []}, {'startTime': 1626048000000, 'endTime':
1631232000000, 'period': '1d', 'data': [{'etype': 'svcusg', 'name':
'6c7d00d2be7844f49a75b2780992299d', 'num': [['1626048000000', '0'],
['1626134400000', '0'], ['1626220800000', '0'], ['1626307200000',
'0'], ['1626393600000', '0'], ['1626480000000', '0'],
['1626566400000', '0'], ['1626652800000', '0'], ['1626739200000',
'0'], ['1626825600000', '0'], ['1626912000000', '0'],
['1626998400000', '0'], ['1627084800000', '0'], ['1627171200000',
'0'], ['1627257600000', '0'], ['1627344000000', '0'],
['1627430400000', '0'], ['1627516800000', '0'], ['1627603200000',
'0'], ['1627689600000', '0'], ['1627776000000', '0'],
['1627862400000', '0'], ['1627948800000', '0'], ['1628035200000',
'0'], ['1628121600000', '0'], ['1628208000000', '0'],
['1628294400000', '0'], ['1628380800000', '0'], ['1628467200000',
'0'], ['1628553600000', '0'], ['1628640000000', '0'],
['1628726400000', '1'], ['1628812800000', '0'], ['1628899200000',
'0'], ['1628985600000', '0'], ['1629072000000', '0'],
['1629158400000', '0'], ['1629244800000', '0'], ['1629331200000',
'0'], ['1629417600000', '0'], ['1629504000000', '0'],
['1629590400000', '0'], ['1629676800000', '0'], ['1629763200000',
'0'], ['1629849600000', '0'], ['1629936000000', '0'],
['1630022400000', '0'], ['1630108800000', '0'], ['1630195200000',
'0'], ['1630281600000', '0'], ['1630368000000', '0'],
['1630454400000', '0'], ['1630540800000', '0'], ['1630627200000',
'0'], ['1630713600000', '0'], ['1630800000000', '0'],
['1630886400000', '0'], ['1630972800000', '0'], ['1631059200000',
'0'], ['1631145600000', '0']]}]}, {'startTime': 1631232000000,
'endTime': 1636416000000, 'period': '1d', 'data': []}, {'startTime':
1636416000000, 'endTime': 1636675200000, 'period': '1d', 'data':
```

[]}]

您需要从这个数据字典列表中提取项目的最后查看数据。此信息位于每个数据字典的"数据"键中。该"数据"键的值是包含单个数据字典的列表。在该列表中的每个数据字典中，都有一个名为"num"的键，它是一个对列表。这些对包括从纪元开始的以毫秒为单位的日期和该日期的观看次数。您可以在上面的代码中看到该项目在 162872640000 上被最后查看了 1 次。

此结构和信息可用于循环浏览所有数据字典并比较有查看的日期以查找最近的查看日期。您需要首先为设置为 0 的查看日期创建一个变量，并创建一个循环来遍历每个使用数据字典。在与上述相同的单元格中，输入以下内容：

```
viewDate = 0
for usage in itemUsage：
```

7. 在循环中，您将首先使用条件来确定数据键在其列表中是否有任何值。如果是这样，您将创建一个变量来将日期和视图对列表存储在数据字典的"num"键中。在与上述相同的单元格中，输入以下内容：

```
if len(usage['data']) > 0：
    listNumViews = usage['data'][0]['num']
```

8. 您现在有一个列表，其中包含由日期和查看次数组成的对列表。您将遍历此列表并使用条件来确定当天是否有视图。如果有视图，日期字段将从其存储的字符串转换为整数，并存储在变量中。该值将与最初设置为 0 的 viewDate 变量进行比较，如果它大于当前 viewDate，则 viewDate 将设置为新的查看日期。将对每个视图进行这种比较，最终的 viewDate 变量是最大的数字，代表最近的视图日期。在与上述相同的单元格中，输入以下内容：

```
for views in listNumViews：
  if int(views[1]) > 0：
    print(views)
    newViewDate = int(views[0])
  if newViewDate > viewD
    viewDate = newViewDate
```

9. 现在您有了项目的最后查看日期，您可以使用时间模块将其转换为月/日/年格式，以便每个用户更轻松地查看上次访问的时间。您将输出上次查看日期以帮助跟踪您的进度。在与上述相同的单元格中，输入以下内容：

```
lastView = time.localtime(viewDate/1000)
lastViewDate = '{0}/{1}/{2}'.format(
    lastView[1],lastView[2],lastView[0]
)
print(lastViewDate)
```

10. 您现在已准备好创建有关您正在处理的项目的所有数据的列表,然后使用 createCSV 函数将该列表写入 CSV,在与上述相同的单元格中,输入以下内容:

```
itemList = [itemId, itemName, itemSize, lastModDate,
            numbViews, lastViewDate]
createCSV(itemList, csvFull, mode = 'a')
```

11. 在一个新单元格中,您将创建组织中所有用户的列表,然后循环遍历它。首先,您将为用户的全名和用户名创建一个变量,并在循环中输出全名,以便您可以跟踪函数正在运行的用户。

然后,您将使用用户对象的 items 属性来获取用户在其根文件夹中拥有的所有项目的列表,将 max_items 参数设置为大于组织中项目总数的值。在此之后,您将为具有用户名的用户创建 CSV 的完整路径,用下划线替换任何点,并使用 createCSV 函数创建 CSV 并写入标题。

 您必须设置 max_items 参数,否则只会返回前 10 个项目(默认设置为 10)。

然后,您将使用上述单元格中的 userStorage 函数,将项目列表传递给它。这将为您提供用户根文件夹中的所有项目,但不会提供任何其他文件夹中的任何项目。要访问这些项目,您必须使用文件夹属性创建一个变量来保存所有用户文件夹的列表,然后遍历每个文件夹并再次使用项目属性获取文件夹中所有项目的列表。在新单元格中,输入以下内容:

```
users = gis.users.search()
for user in users:
    print(user)
    userFullName = user.fullName
    userName = user.username
    print(userFullName)
    items = user.items(max_items = 10000)
        csvFull = os.path.join(csvPath,'{0}_data.csv'
            .format(userName.replace('.','_')))
        createCSV(csvHeaders, csvFull, mode = 'w')
        userStorage(items)
    print(len(items))
    folders = user.folders
        forfolder in folders:
            folder_items = user.items(
                folder = folder, max_items = 10000)
            print(len(folder_items))
        userStorage(folder_items)
```

您如何找到组织中的项目总数？

遗憾的是，使用 ArcGIS API for Python 查找组织中的项目总数并不容易。最快的方法是转到组织仪表板中的内容选项卡，如图 11.13 所示，然后向下滚动到底部。在那里，您将看到组织中的项目总数。

如果您只想为单个用户运行代码，您可以使用第 3 章中的搜索语法更新 gis. user. search()。要仅搜索 Bill 在其组织内的用户名，第一行将如下所示：

```
users = gis.users.search(query = 'username:billparkerma pping')
```

12. 您现在可以运行 Notebook 了，运行所有单元格。这将为组织中的每个用户创建一个 CSV，其中包含他们拥有的所有数据以及有关该数据的大小和使用情况的信息，如图 11.17 所示。

	A	B	C	D	E	F
1	itemId	itemName	itemSize_MB	lastModified	NumberOfViews	LastViewDate
2	6c7d00d2be7844f49a75b2780992299d	Farmers Markets	0.01	8/11/2021	1	8/11/2021
3	674b4c2835984d2da04ec22b57a8e116	AdditionalAlamedaFarmersMarket_Test2	0.25	10/27/2021	1	10/27/2021
4	109ea42b13e74e758d92ab65e388e8ed	AdditionalAlamedaFarmersMarket_Test2	0.03	10/27/2021	2	11/9/2021

图 11.17　用户信用报告 CSV

您还应该在 Out 单元格中看到来自 print 语句的数据，类似于以下内容：

```
<User username:billparkermapping>
Bill Parker
6c7d00d2be7844f49a75b2780992299d
Farmers Markets
674b4c2835984d2da04ec22b57a8e116
AdditionalAlamedaFarmersMarket_Test2
...
15478346101f43548714e12b69278f17
Alameda County Farmers Market_stakeholder
```

您现在有一个 CSV，它告诉您用户拥有的所有项目、项目的大小以及上次查看的时间。这可以分发给用户，以帮助他们识别可以从 ArcGIS Online 中删除的任何数据。删除任何过期项目将帮助您确保您的用户始终使用正确的数据，并为您节省积分。您可以为组织中的所有用户运行此 Notebook，这比在 ArcGIS Online 中为每个用户创建报告更有效。

11.1.4　重新分配用户数据

有用户离开您的组织，这不可避免，当他们离开时您需要删除他们的用户账户。在此之前，您必须将他们拥有的所有内容移动给新用户，因为 ArcGIS Online 不允许您删除拥有项目和组的用户。您可以在对用户调用 delete 方法时将所有数据和组从一个用户重新分配给另一个用户，但这只会将所有数据移动到目标所有者的根文件夹中。这意味着目标所有者必须将所有这些数据移动到文件夹中。相反,您可以将数据重新分配到目标所有者账户中的现有文件夹,或为目标所有者账户中的数据创建新文件夹。

在以下案例研究中,您的公司失去了一名 GIS 分析师,您需要创建两个不同的 Notebook 以将其项目转移给新用户。第一个会将项目重新分配给新用户,并为新用户账户中的这些项目创建一个新文件夹。第二个会将项目重新分配给新用户,并将项目放入新用户账户中的现有文件夹中。

11.1.4.1 将数据传输给不同的用户并创建一个新文件夹

您将完成的第一个示例是将数据从一个用户传输到另一个用户,并在新用户的账户中创建一个同名的文件夹来保存所有数据。这将为新用户保留相同的数据组织,并且不会使新数据弄乱他们的内容文件夹:

1. 右击 Chapter11 文件夹并选择新建 > Notebook,将 Notebook 重命名为 TransferOwnershipCreateFolder。

2. 您将通过当前登录 ArcGIS Pro 的用户登录组织的 GIS。在第一个单元格中,输入以下内容:

```
from arcgis.gis import *
from IPython.display import display
gis = GIS("home")
```

运行单元格。

3. 在下一个单元格中,您将创建一个变量来保存旧用户的用户名,一个变量来保存新用户的用户名,以及一个变量来保存旧用户账户中将在新用户的账户。这里的代码有新老用户的占位符;将它们替换为您组织中的用户。输入以下内容:

```
oldUserName = "John.Doe.Company"
newUserName = "Jane.Smith.Company"
folderName = "Folder From Old Use
```

运行单元格。

4. 在下一个单元格中,您将使用上面的变量为旧用户和新用户创建用户对象。此外,您将获取旧用户账户中的所有文件夹并将它们存储在一个变量中。输入以下内容:

```
oldUser = gis.users.get(oldUserName)
newUser = gis.users.get(newUserName)
folders = oldUser.folders
```

您现在已经完成了编写代码以将数据从旧用户传输到新用户到新创建的同名文件夹中所需的所有设置。代码将写在一个单元格中,因为它都是单个 for 循环的一部分。它将在接下来的六个步骤中分解。在这个单元格中,您真正获得了效率。要在 ArcGIS Online 中执行此操作,您必须选择每个项目以转移其所有权。

5. 您将首先遍历您在上面创建的文件夹变量,该变量包含旧用户账户中的所有文件夹。文件夹变量是一个数据字典列表,每个文件夹都有一个数据字典。

回想第 3 章，文件夹的数据字典包含"username"、"id"和"title"键。

当您遍历文件夹时，您将使用它来输出每个文件夹的标题。输入以下内容：

```
for folder in folders：
    print(folder["title"])
```

6. 您将使用条件语句来测试文件夹标题及您的文件夹名称变量中的标题。所有移动数据的工作都会在这个条件下完成，最后不会有 else 语句。这是因为您只关心文件夹列表中的单个文件夹；其余的都可以跳过。在 if 语句之后，您将创建一个新用户拥有的当前文件夹的列表，以及一个用于存储文件夹名称的空列表。然后，您将遍历新用户文件夹的列表并将每个文件夹的标题附加到列表中。您这样做是为了稍后可以检查新用户是否还没有同名的文件夹。在与上述相同的单元格中输入以下内容：

```
if folder["title"] == folderName：
    newUserFoldersDict = newUser.folders
    newUserFolders = []
    forf in newUserFoldersDict：
        newUserFolders.append(str(f["title"]))
```

7. 现在您有了所有新用户文件夹的列表，您将使用条件来检查新用户是否有同名文件夹。如果该文件夹不存在，将创建一个具有该名称的新文件夹。如果确实存在，脚本将输出文件夹已存在并调用 break 关键字，这将停止循环并结束单元格。在与上述相同的单元格中输入以下内容：

```
if folderName not in newUserFolders：
    gis.content.create_folder(folderName,newUserName)
else：
    print("{0} folder already exists, you need to use the TransferExistingFolder Notebook"
        .format(folderName))
break
```

 为什么要检查文件夹是否存在？

在脚本中创建文件夹或目录之前，最好始终检查它是否存在。即使您可能已经查看了旧用户的内容结构，您也可能错过了它，如果您这样做了，尝试创建一个已经存在的文件夹将导致 Notebook 失败。此检查可防止它失败并告诉您您的错误是什么。

8. 在同一个单元格中，您将创建空列表来存储不同类型的 ArcGIS Online 数据。您将创建一个列表来保存所有服务定义文件、复本地理数据库和所有其他项目。您需要这样做，因为需要先重新分配复本地理数据库，然后再重新分配服务定义文件。如果您在重新分配要复制的图层后尝试重新分配复本地理数据库，则脚本将无法找到复本地理数据库，因为它已与正在复制的图层一起重新分配。服务定义文件则相反。它们需要在所有其他地图和图层之后重新分配；如果在与其关联的图层之前重新分配它们，则将找不到该图层,因为它是使用服务定义文件重新分配的。

 副本地理数据库是 ArcGIS Online 为可供离线使用的文件创建的 SQLite 地理数据库。在 ArcGIS Online 中查看数据时,您不会看到它们。只有在列出文件夹中用户拥有的所有项目时,您才会看到它们。

在与上述相同的单元格中输入以下内容:

```
serviceDef = []
otherItems = []
replgdb = []
```

 为什么上述类型拆分是必要的?为什么 ArcGIS Online 不知道它同时移动了文件?当重新分配图层并重新分配复本地理数据库时,不清楚为什么 ArcGIS Online 无法识别两者的所有权已转移。以上是一种解决方法,可确保以正确的顺序重新分配文件,并且只能通过反复试验找到。如果您在调用重新分配项目时收到错误消息,则很可能意味着该项目的所有权已作为另一个项目的一部分重新分配。这意味着您可以再次运行单元格,并且在重新分配时未找到的项目不会出现在项目列表中,因为它已经被重新分配。

9. 现在您已经创建了空列表,您将遍历文件夹中的所有项目,并根据其类型向每个列表添加一个项目。除此之外,您将删除所有地图区域项目。地图区域是在 ArcGIS Online 中创建的地图的可下载区域。地图区域的所有权不能转让,并且已经为其创建了地图区域的地图不能拥有由地图所有者以外的任何人创建的其他区域。

 有关离线地图的更多信息,请参阅此处的文档:https://doc.arcgis.com/en/arcgis-online/manage-data/take-maps-offline.htm#。

由于地图区域的这些规则,您将不得不删除它们并允许新所有者创建自己的。如果您要在 ArcGIS Online 中手动执行此操作,则必须进入每个地图以删除地图区域。相反,您的代码将简单地识别文件夹中的任何地图区域并将其删除。在 ArcGIS Online 中将采取单独步骤的内容现在已成为 Notebook 中整个过程的一部分。

在与上述相同的单元格中输入以下内容:

```
folderItems = oldUser.items(folder = folderName)
for item in folderItems:
    print(item.name)
    print(item.type)
    if item.type == "Map Area":
        print("deleting map area")
        item.delete()
    elif item.type == "Service Definition":
        serviceDef.append(item)
    elif item.type == "SQLite Geodatabase":
        replgdb.append(item)
```

```
        else:
            otherItems.append(item)
```

10. 您现在已删除所有地图区域并分离出不同的项目类型，以便您可以按正确的顺序转移它们以消除潜在的错误。要移动项目，您将遍历每个项目列表并移动该列表中的所有项目。由于上述步骤 9 中讨论的排序问题，您将首先移动复本地理数据库，然后是其他项目，最后是服务定义。

您将添加输出语句以跟踪您所在的列表以及正在移动的项目。在与上述相同的单元格中，输入以下内容：

```
print("---Moving replicag gdbs (needed for offline work)---")
for item in replgdb:
    print("Moving {0}".format(item["title"]))
    item.reassign_to(newUserName, target_folder = folderName)
print("---Moving all other non service definitions---")
for item in otherItems:
    print("Moving {0}".format(item["title"]))
    item.reassign_to(newUserName, target_folder = folderName)
print("---Moving service definitions---")
for item in serviceDef:
    if item["title"] not in otherItems["title"]:
        print("Moving {0}".format(item["title"]))
        item.reassign_to(
            newUserName,
            target_folder = folderName
        )
```

11. 您的 Notebook 现在可以运行了。运行所有单元格，完成后，您将看到新用户创建了一个新文件夹，并且所有项目都已转移到该文件夹。

您现在有一个 Notebook，它将创建一个文件夹并将旧用户的数据重新分配给新用户，将每个项目都放在新创建的文件夹中。它允许您将项目的所有权转移给不同的团队成员，并轻松转移该项目的所有权。此过程适用于拥有一个团队且成员拥有所有数据并自己处理的项目。

在较大的项目中，您可能有多个团队成员分配给他们任务。在这些情况下，您的团队可能会遵循标准的文件夹结构。这意味着每个团队成员都已经有一个同名的项目文件夹来存储他们的数据。在这种情况下，您无需为新用户创建新文件夹，而是找到已包含项目数据的现有文件夹。在下一节中，您将修改上述 Notebook，以在新用户拥有现有文件夹的情况下将项目的所有权从旧用户重新分配给新用户。

11.1.4.2　使用现有文件夹将数据传输给其他用户

在上面的示例中，新用户以前从未在此项目上工作过，并且没有设置文件夹来包含它的任何项目。但是，在此示例中，新用户已经在处理项目，并且有一个与旧用户同名的文件夹。上面的 Notebook 不起作用，因为用户不能有两个同名的文件夹。无需为新用户创建新文件夹，您只需找到他们现有的文件夹并将项目的所有权转移给该新用户，将项目放置在现有文件夹中。

1. 右击 TransferOwnershipCreateFolder 并选择复制。

2. 右击带有 TransferOwnershipCreateFolder 的文件夹并选择粘贴，得到一个名为 TransferOwnershipCreateFolder_1 的新文件。

3. 右击 TransferOwnershipCreateFolder_1 文件并选择重命名，输入 Transfer-OwnershipExistingFolder。

4. 第一个单元格将保持不变，导入您需要的模块并创建与您的 ArcGIS Online 账户的连接。

5. 在第二个单元格中，您将在单元格底部添加一行变量，以保存新用户账户中的文件夹名称。在第二个单元格的新行中输入以下内容：

```
newFolderName = "Existing New User Folder"
```

6. 第三个单元格将保持原样，为新老用户创建用户对象，以及旧用户账户中所有文件夹的列表。

7. 第四个单元格将需要一些更改，这些更改将在此步骤和下一步中介绍。首先，您将删除在新用户账户中创建文件夹列表的行，检查该文件夹是否存在，并创建一个与旧用户文件夹同名的新文件夹。从第四个单元格中删除以下行：

```
newUserFoldersDict = newUser.folders
newUserFolders = []
for f in newUserFoldersDict:
    newUserFolders.append(str(f["title"]))
if folderName not in newUserFolders:
    gis.content.create_folder(folderName,newUserName)
else:
    print("{0} folder already exists, you need to use the TransferExistingFolder Notebook"
        .format(folderName))
    break
```

8. 您现在只需更改重新分配给新文件夹的每个项目的 target_folder 参数。由于您必须为三个列表中的每一个调用 reassign_to 属性，因此您必须更改 target_folder 三次。在第四个单元格中使用 item.reassign_to 更新每一行，因此代码如下所示：

```
for item in replgdb:
    print("Moving {0}".format(item["title"]))
    item.reassign_to(newUserName, target_folder = newFolderName)
print(" ---Moving all other non - service definitions ---")
for item in otherItems:
    print("Moving {0}".format(item["title"]))
    item.reassign_to(newUserName, target_folder = newFolderName)
```

```
print("---Moving service definitions ---")
for item in serviceDef:
if item["title"] not in otherItems["title"]:
    print("Moving {0}".format(item["title"]))
    item.reassign_to(
        newUserName,
        target_folder = newFolderName
)
```

9. 您的 Notebook 现在可以运行了。运行所有单元格。完成后，您将看到新用户已重新分配了旧用户的所有数据，并且已将其放置在新用户的项目现有文件夹中。

您现在有两个 Notebook，它们会将用户文件夹中的所有项目重新分配给新用户，无论是在新文件夹中，还是在用户的现有文件夹中。在组织中的用户之间传输项目时，这两个 Notebook 将节省您的时间，因为运行它们比在 ArcGIS Online 中传输项目所有权要快得多。

 您也可以在删除用户的所有项目时重新分配它们；您只能将它们重新分配到根文件夹。为此，请使用以下代码：newUser. 删除（reassign_to = "{userNameToAssign-To}"）。

在下一节中，您将创建一个 Notebook 和一个脚本工具，以帮助从现场收集的数据中下载附件。

11.2　案例研究：下载和重命名附件

现场数据收集是用户与 ArcGIS Online 交互的重要方式。通过使用 Field Maps 和 Survey123 等应用程序，现场工作人员可以收集数据。该数据可以存储为 ArcGIS Online 上的要素图层或要素图层集合。在许多情况下，现场工作人员有必要为他们正在收集的数据拍照。

在 ArcGIS Online 或收集数据的应用程序中查看这些图片很有用，但有时需要从您的账户下载这些图片。虽然这可以通过将要素图层导出到地理数据库然后在 Arc-GIS 中运行工具来提取照片来完成，但照片没有与要素关联的名称。照片具有来自要素图层的属性名称会很有用。

在本节的案例研究中，您一直在从 Survey123 收集关于奥克兰和伯克利农贸市场的调查数据，该数据检查了奥克兰各地摊位的不同农产品。您正在寻找跟踪整个季节市场上农产品的供应情况，如图 11.18 所示。

您的任务是为展台和产品拍照，以帮助展示不同展台的设置方式。该团队将制作一份书面报告，其中照片将与每个展位相关联，如图 11.19 所示。

这些来自 Survey123 的数据作为要素图层存储在 ArcGIS Online 中，照片作为附件。这意味着您需要从 ArcGIS Online 中提取照片并下载它们。Esri 有一个技术支持文档，可引导您完成下载带有包含照片的地理数据库的 ZIP 文件的过程（https://support. esri. com/en/technical-article/000012232）。

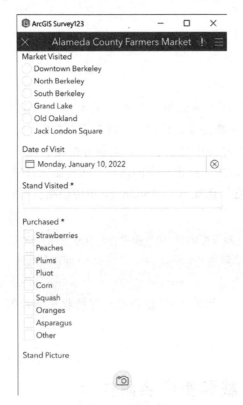

图 11. 18　农贸市场调查

图 11. 19　来自 Survey123 的照片

但是，问题仍然存在，照片在地理数据库中，需要单独提取它们以便与市场和立场相关联，方法是单击它们并用名称保存它们，如图 11. 20 所示。

有一篇 Esri 技术文档介绍了如何通过在 ArcMap 中创建脚本工具来批量导出照片（https://support. esri. com/en/technical-article/000011912）。但是，该脚本工具是为 ArcMap 编写的，因此您必须对其进行更新才能在 ArcGIS Pro 中使用。它还采用图片的名称，因为它存储在文件地理数据库中，并使用该名称下载它。正如您在上图中所见，该名称在将该照片与某个市场和展位关联起来时并不是很有用。如果您有很多图片，则需要花费大量时间来对它们进行分类并适当地重命名它们。

直接从 ArcGIS Online 下载照片并使用要素图层中的属性对其进行命名会更有用。然后，您可以轻松找到与农贸市场和摊位相关的所有照片，因为该信息将成为照片名称的一部分。

您现在将创建一个 Notebook 来执行此操作。

1. 右击 Chapter11 文件夹并选择新建 > Notebook，将 Notebook 重命名为 Down-

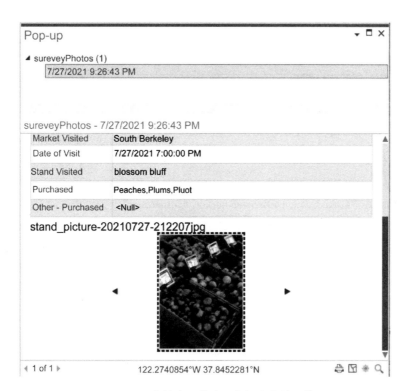

图 11.20　存储在文件地理数据库中的照片

loadPhotos。

2. 您将匿名登录，因为您将寻找组织外部可用的公共数据。您还将导入 os 模块，您需要创建文件夹名称并重命名图片。输入以下内容：

```
from arcgis.gis import GIS
importos
gis = GIS()
```

运行单元格。

3. 在下一个单元格中，您将为文件夹的位置创建一个变量，以存储下载照片的文件夹。输入以下内容：

```
folderLoc = r"C:\PythonBook\Chapter11"
```

运行单元格。

4. 在下一个单元格中，您将搜索要素图层。在这种情况下，它是从 Survey123 调查创建的要素图层集合，但它适用于任何要素图层。如果您有使用 ArcGIS Collector 或 ArcGIS Field Maps 的勘测人员，则其工作方式相同。您只需要使用标题和所有者找到正确的图层。

要查找图层，您需要通过在标题和所有者查询之间放置一个 & 来查询标题和所有者。输入以下内容：

```
fmSurveySearch = gis.content.search(
    query = 'title:Alameda County Farmers Market &
        owner:billparkermapping',
item_type = "Feature Layer"
)
print(fmSurveySearch)
print(len(fmSurveySearch))
```

运行单元格。结果将是一个包含要素图层列表及其长度的列表,表明列表中只有一个图层:

```
[ <Item title:"Alameda County Farmers Market_fieldworker"
type:Feature Layer Collection owner:billparkermapping> ] 1
```

5. 现在您有了结果列表,您可以使用列表索引从列表中提取第一个也是唯一的项目并显示要素图层。输入以下内容:

```
fmSurvey = fmSurveySearch[0]
display(fmSurvey)
```

运行单元格。结果将是要素层的详细信息,如图 11.21 所示。

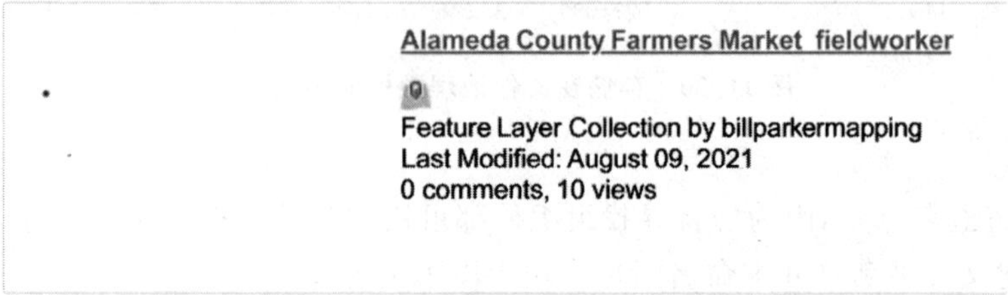

Alameda County Farmers Market_fieldworker

Feature Layer Collection by billparkermapping
Last Modified: August 09, 2021
0 comments, 10 views

图 11.21　包含调查数据的要素图层集合

6. 在下一个单元格中,您可以通过遍历每一层并输出结果来检查要素层集合中有多少层。输入以下内容:

```
for lyr in fmSurvey.layers:
    display(lyr)
```

运行单元格。结果应该是要素图层集合中的单个图层:

```
<FeatureLayer url:"https://services3.arcgis.com/HReqYJDJNUe3sQwB/
arcgis/rest/services/survey123_85b524e1efac48a6bf3d96a8bfb07022_
fieldworker/FeatureServer/0">
```

7. 由于只有一个,您可以再次使用列表索引选择该层。输入以下内容:

```
fmSurveyLyr = fmSurvey.layers[0]
fmSurveyLyr
```

运行单元格。结果与上面相同,特征层集合中的单个层:

```
<FeatureLayer url:"https://services3.arcgis.com/HReqYJDJNUe3sQwB/
arcgis/rest/services/survey123_85b524e1efac48a6bf3d96a8bfb07022_
fieldworker/FeatureServer/0">
```

在本次调查中，要素图层集合中只有一个图层。例如，如果您的调查团队正在完成生物调查，他们可能会在一个要素图层集合中收集不同图层中的数据。了解要素图层集合中的哪个图层包含您要下载的照片附件非常重要。如果您不确定，可以导航到 ArcGIS Online 上的要素图层集合并查看图层列表。顶层是第 0 层，之后的层是第 1、2 层等。在图 11.22 中，survey 为第 0 层，Summer21RouteShape 为第 1 层，Alameda-ContraCostaCounty_RaceHispanic_BlockGroup 为第 2 层。

图 11.22　要素图层集合中的图层

8. 现在您有了带有照片附件的图层，您可以根据图层的名称创建一个文件夹来保存这些照片。您使用图层的 properties.name 属性来获取图层的名称。

 在脚本中创建文件夹允许您使用文件夹的图层名称。这是 Notebook 正在执行的另一个步骤，因此您不必手动执行。这有助于您将整个过程包含在一个 Notebook 中。

然后，在使用 os.path.exists 函数确保它不存在之后，使用 os.mkdir 函数创建一个文件夹。输入以下内容：

```
lyrName = fmSurveyLyr.properties.name
PhotoPath = os.path.join(folderLoc,lyrName + "_Photos")
if notos.path.exists(PhotoPath):
os.makedirs(PhotoPath)
```

运行单元格。

9. 接下来，您要检查并确保图层具有附件。那是属性的一部分。如果您在要素图层集合中有许多图层的情况下使用野外调查数据，则此步骤将有助于确保您选择了正确的图层。输入以下内容：

```
fmSurveyLyr.properties.hasAttachments
```

运行单元格。Out 单元格将返回以下内容：

```
True
```

10. 要提取照片，您需要查询要素图层。首先，您应该检查功能属性以确保可以查询图层。输入以下内容：

```
fmSurveyLyr.properties.capabilities
```

运行单元格。Out 单元格将返回以下内容：

```
Create，Query，Editing，Sync
```

这说明该层确实可以查询。

11. 现在可以使用图层的 fields 属性来查找可用于命名照片的字段名称：

```
for field in fmSurveyLyr.properties.fields：
    print(field["name"])
```

运行单元格。Out 单元格将向您返回所有字段名称：

```
objectid
globalid
CreationDate
Creator
EditDate
Editor
market_visited
date_of_visit
stand_visited
purchased
purchased_other
```

这些是您可以用来提取属性以命名照片的字段。您应该与您的调查团队合作进行他们的特定调查，以确定他们认为哪些字段在命名照片时最有用。例如，进行考古调查的团队可能希望照片名称中包含站点 ID，以便他们可以找到特定站点的所有照片。

 您需要确保您选择的字段已完全填充并且没有任何空值。在您的调查团队外出之前与他们合作以识别用于命名照片的潜在字段非常重要，如果您使用的是 Survey123 或 Field Maps，请设置这些字段，使其不能留空。

12. 您计划使用 market_visited 和 stand_visited 字段。在下一个单元格中，创建两个变量来保存字段名称以供以后使用：

```
nameField1 = "market_visited"
nameField2 = "stand_visited"
```

运行单元格。由于没有输出语句，因此不会返回任何内容。

13. 在下一个单元格中，您将创建一个对象 ID 列表。稍后您将遍历此列表并使用这些值来查询图层中的每个要素。要获取对象 ID 列表，请使用查询函数并将参数 return_ids_only 设置为 True。这将为您提供仅包含对象 ID 的字典。从这里您可以创建一个列表，因为字典的值之一是对象 ID 的列表。输入以下内容：

```
objIds = fmSurveyLyr.query(return_ids_only = True)
print(objIds)
listObjIds = objIds["objectIds"]
print(listObjIds)
```

运行单元格。第一个输出语句将从查询函数返回字典。第二个输出语句将返回从字典中提取的列表：

```
{'objectIdFieldName': 'objectid', 'objectIds': [1, 2, 3, 4]}
[1, 2, 3, 4]
```

14. 下一个单元格是您要下载和重命名所有照片的地方。代码将写在一个单元格中，因为它都是单个 for 循环的一部分。它将在接下来的两个步骤中分解。

您将从上面循环遍历对象 ID 列表。在循环中，您将获得图层中每个要素的附件列表并输出它以查看列表的外观以及您可以访问的值。然后，您将为图层的对象 ID 创建一个查询并创建一个图层查询，使用该图层查询来提取您将用于重命名照片的两个字段的值。您将对这些值运行 replace() 以用下划线替换任何空格，并输出名称以跟踪您的进度。输入以下内容：

```
for objID in listObjIds:
    objAtt = lyr.attachments.get_list(oid = objID)
    print(objAtt)
    sql = "OBJECTID = {}".format(objID)
    lyrQuery = fmSurveyLyr.query(where = sql, out_fields = "*")
    lyrQueryFeatures = lyrQuery.features
    name1 = lyrQueryFeatures[0].attributes["{0}".
format(nameField1)].replace(" ","_")
    print(name1)
    name2 = lyrQueryFeatures[0].attributes["{0}".
format(nameField2)].replace(" ","_")
    print(name2)
```

15. 在与上述相同的单元格中，您将创建另一个 for 循环来循环附件列表。附件列表包含每个附件的数据字典。您可以访问附件名称和 ID，并将每个设置为一个变量。接下来，您将通过将图层的对象 ID、照片的附件 ID 和保存照片的文件夹路径的参数传递给下载函数来下载照片。这将下载带有附件名称的照片，其中不包含调查中收集的有用信息。然后，您将使用图层名称、属性值和附件 ID 为照片创建一个新名称。要重命名照片，请使用 os.rename 函数，传递下载的照片名称和刚刚创建的新名称。在与上述相同的单元格中，输入以下内容：

```
k = 0
whilek <(len(objAtt)):
attachmentName = objAtt[k]["name"]
print(attachmentName)
```

```
attachmentID = objAtt[k]["id"]
print(attachmentID)
pic = lyr.attachments.download(
    id = objID,
    attachment_id = attachmentID, save_path = PhotoPath
)
newName = os.path.join(PhotoPath,lyrName + "_" + str(name1) + "_"
 + str(name2) + "_" + str(attachmentID) + ".jpg")
    os.rename(pic[0],newName)
    k += 1
```

运行单元格。您将看到对象附件的数据字典,即照片,以及用于命名照片的两个值的名称、附件名称和每张照片的附件 ID。第一个对象 ID 类似于以下代码:

[{'id': 1, 'globalId': '22a7b523 − 03a3 − 423a − 9a92 − 9984fd093fb5',
'parentGlobalId': '143d832f − faf4 − 4fbe − 9943 − a4459ec081ee', 'name':
'stand_picture − 20210727 − 212156.jpg', 'contentType': 'image/jpeg',
'size': 804201, 'keywords': 'stand_picture', 'exifInfo': None},
{'id': 2, 'globalId': '0580dc2a − d45e − 41af − 910a − f4b840efea8c',
'parentGlobalId': '143d832f − faf4 − 4fbe − 9943 − a4459ec081ee', 'name':
'stand_picture − 20210727 − 212207.jpg', 'contentType': 'image/jpeg',
'size': 973045, 'keywords': 'stand_picture', 'exifInfo': None}]
South_Berkeley
blossom_bluff
stand_picture − 20210727 − 212156.jpg
1
stand_picture − 20210727 − 212207.jpg
2

您现在已经下载了调查中的所有照片,并根据属性对其进行了重命名。这使得离线查看照片更容易,因为它们现在具有基于收集的数据可识别的名称。

此过程仅适用于要素图层集合中的单个图层。可以对其进行修改以遍历要素图层集合中的所有图层。它也可以修改为仅根据属性或空间查询从要素图层下载某些照片。

所有这些都允许您从调查中提取照片附件,而无需下载整个地理数据库的数据,然后手动重命名照片。

与往常一样,您可以选择将此 Notebook 转换为脚本工具,以便将其部署到整个团队,无论他们的 Python 知识水平如何。创建脚本工具来使您的团队在没有您帮助的情况下管理他们的数据收集,这将使您能够更专注于管理您的项目并创建一个更加自给自足的团队。

我们在第 6 章"ArcToolbox 脚本工具"中介绍了 Notebook 到脚本工具的转换过程,因此不再赘述。在创建脚本工具以创建与脚本工具一起使用的帮助文档时,这是一个好主意。在本文档中，您应该解释不同的参数以及在哪里可以找到它们。创建帮助文档后，您可以将脚本工具部署到您的团队，以便您的 GIS 员工和现场工作人员可以自助下载照片并从现场访问中重命名它们。

 您可以在本章的 GitHub 存储库中找到最终脚本工具的副本以及随附的帮助文档，网址为 https://github.com/PacktPublishing/Python-for-ArcGIS-Pro/tree/main/Chapter11。

11.3　总　结

在本章中，您看到了多个案例研究，展示了如何简化管理任务。您查看了创建用户和使用报告、分配许可证和信用、重新分配用户数据以及下载附件。这些案例研究重点介绍了如何在 ArcGIS Pro 中编写 Notebook 来处理 ArcGIS Online 中需要在多个页面中多次单击的任务。这使您可以轻松地从使用 ArcGIS Pro 的工程工作切换到管理任务，而无需更改平台。所有 Notebook 都可以保存在目录窗格的收藏夹选项卡中的管理员工具箱中，以便您轻松访问它们。

在下一章中，我们将看一个关于创建高级地图自动化的案例研究，以查看暂停公交线路对少数群体的影响。

第 12 章　案例研究：高级地图自动化

您可能熟悉 ArcGIS Desktop 中的数据驱动页面，并使用它们将多个页面从一个布局视图导出为 PDF 以制作地图册。在 ArcGIS Pro 中，数据驱动页面已替换为地图系列，该系列还使用单一布局将多个页面导出为 PDF。本章的案例研究将看到您使用 ArcPy 进行布局，并在布局中创建、添加和设置图层样式，以及从这些图层中提取数据并将该数据作为文本添加到布局中。然后，您将在移动到下一个选定的块组并再次完成该过程之前将地图导出为 PDF。最后，您会将所有 PDF 合并到一个地图册中。

在第 7 章中，您学习了如何使用 ArcPy 自动生成地图。在本章的案例研究中，您将利用所学知识并将其扩展，以创建一组地图，显示沿已停运公交路线居住的少数民族人口。您将突出显示少数民族人口多于参考社区的街区组。参考社区是与较小区域（如街区组或区域）相比的较大社区。这是您将在环境影响报告/声明的环境正义部分看到的一种做法，以确定少数民族人口是否受到不成比例的影响。您在本案例研究中学到的技能可用于创建自定义湿地轮廓图、栖息地图、地块图或任何其他数据保持不变但视图沿项目走廊发生变化的地图。

本章将涵盖：
- 设置用于地图自动化的布局；
- 创建和添加数据到地图；
- 查询地图中的图层以改进显示；
- 更改地图框中的地图视图；
- 更新每一页的地图标题；
- 将每一页导出为 PDF；
- 将所有页面合并为一个 PDF。

 要完成本章的练习，请下载并解压本书 GitHub 存储库中的 Chapter12. zip 文件夹：https://github.com/PacktPublishing/Python-for-ArcGIS-Pro/tree/main/Chapter12。

12.1　案例研究介绍

在本案例研究中，您将使用 ArcPy 创建自定义地图系列，以显示沿 AC 公交枢纽跨湾公交路线的人口普查区块组数据。

2020 年夏天，由于 COVID-19，许多跨湾巴士路线暂停，从 Alameda 和 Contra

Costa County 到旧金山的服务被限制。您正在与一个小组合作进行一项初步的环境正义研究,以查看其中一条被暂停的线路是否对少数民族社区产生了不成比例的影响。您被要求制作一系列地图,突出显示一条公交线路沿线的街区组,这些街区组的少数民族人口比例高于沿线未停运的街区组。

除了突出显示这些块组外,所选块组中每个种族组的人口都需要显示为点密度图和包含在图表中的表格,其中包含每个种族组所占的百分比。

这需要您在 ArcPy 中的 ArcGIS Notebook 中创建自定义地图系列,因为 ArcGIS Pro 中的地图系列功能无法添加和设置图层样式或提取属性数据以在表格中的地图上显示。

 有关使用 ArcGIS Pro 地图系列工具创建地图系列的详细信息,请参阅此处的文档:https://pro.arcgis.com/en/pro-app/latest/help/layouts/map-series.htm。

12.2　为地图自动化设置布局

要创建自定义地图系列,您需要首先创建一个包含您需要的所有元素的布局。在大多数情况下,您的布局将包含以下元素,其中许多元素是在您开始编写 Python 代码之前定义的:

- 主地图的地图框;
- 具有正确样式的任何静态数据的图例;
- 比例尺;
- 指北针;
- 标题文本框;
- 插图的地图框。

或者,您还可以包括以下元素:

- 附加信息的文本框;
- 根据需要增加地图框。

您需要确保您无法使用 ArcPy 更改的所有设置都已为您的地图正确设置。通常,这是一个更改地图范围和导出示例页面以确保所有设置正确的迭代过程。在本案例研究中,我们已经完成了这项工作,并在 Chapter12.aprx 文件中为您创建了一个布局。您将检查地图、布局和插图的所有元素,以查看为此地图系列选择的设置。

1. 打开 ArcGIS Pro。

2. 单击打开另一个项目,导航到解压 Chapter12.zip 文件夹的位置,然后选择 Chapter12.aprx 以加载 Chapter12 项目。

3. 点击地图,查看地图中已经加载的数据。您应该看到一个世界街道地图集作为基础图,以及以下要素类:

- AC_Transit_AdditionalTransbay:包含 2020 年停运的跨湾公交路线的要素类。

- Summer21RouteShape：包含 2021 年夏季所有 AC Transit 公交路线的要素类。它有一个定义查询，因此它只显示跨湾路线。要查看此内容，请右击图层并选择属性。在图层属性对话框中，单击定义查询以查看查询。上面写着：

Pub_RTE In ('W', 'V', 'U', 'P', 'O', 'NX', 'NL', 'LA', 'L', 'J', 'G', 'F', 'DB1', 'DB')

- AlamedaContraCostaCounty_RaceHispani_BlockGroup：这是美国社区调查（ACS）2019 年在街区组级别的种族计数的 5 年数据。它是使用第 6 章中的脚本工具创建的，其中含有 Alameda 和 Contra Costa 县的街区组形状文件和人口普查 CSV。脚本工具已包含在 Chapter12 项目的 Toolbox 中，人口普查 CSV 在 Chapter12.zip 文件夹的 censusCSV 文件夹中。要素类已使用点密度符号系统设置样式。设置为 1 点＝1 人，当比例设置为组时看起来会更好。

4. 点击布局查看默认起始布局，如图 12.1 和图 12.2 所示。

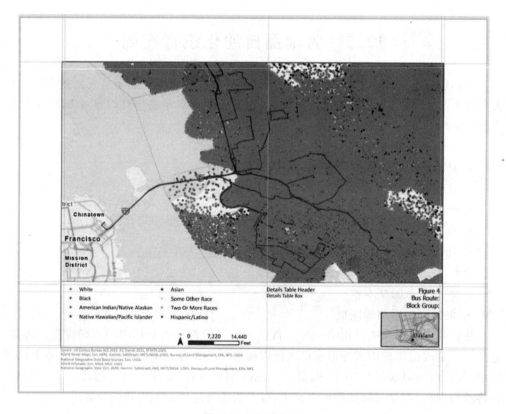

图 12.1　地图布局

我们将按绘图顺序遍历布局元素以观察每个元素的设置，注意哪些设置不能用 Python 修改，必须在开始自动化之前手动设置。

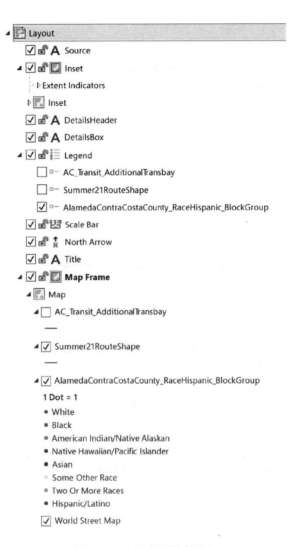

图 12.2　布局视图绘制顺序

12.2.1　源文本元素

布局绘制顺序中的顶部元素是名为 Source 的文本元素。这包含地图的源信息。下面,您将探索可用于文本元素的不同设置,突出显示可以使用 ArcPy 设置的设置和不能设置的设置。

1. 单击来源以显示元素窗格。

2. 在文本选项卡中,您将找到常规和文本选项卡,如图 12.3 所示。

您可以看到元素的名称和文本框中写入的文本。

3. 文本框显示文本框中输出的文本。它包含人口普查数据和公交路线数据的来源。它还包含用于服务层动态文本的 serviceLayerCredits 按钮。点击该按钮查看它是如何写的,如图 12.4 所示。

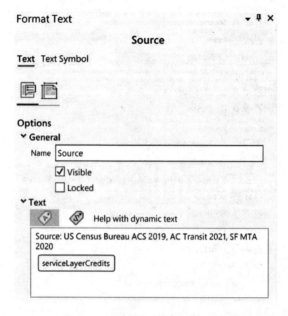

图 12.3　源元素文本选项卡选项

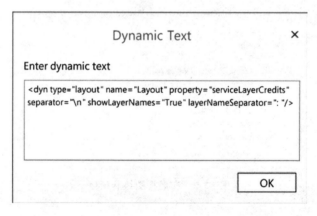

图 12.4　serviceLayerCredits 按钮中的动态文本

此服务层信用文本已根据您单击 Dynamic Text > Service Layer Credit 时插入的标准文本进行了修改,添加了以下代码:

```
separator = "\n" showLayerNames = "True" layerNameSeparator = ":"/>
```

分隔符标记设置为"\n",这将在每个服务层之后创建一个新行。showLayer-Names 标记设置为 True 以显示基础图图层名称。layerNameSeparator 设置为":"以在层名称和积分之间放置一个冒号和一个空格。这一切都使地图的来源更易于阅读。完成查看后,单击确定按钮关闭该框。

4. 现在查看放置选项卡以查看大小和位置选项卡,如图 12.5 所示。

这显示了文本框的宽度和高度、它的位置和锚点。这是在 ArcPy 中移动元素时 X 和 Y 位置的基础。验证锚点位置是否在左上角。

 虽然可以使用 ArcPy 更改宽度、高度和位置,但还必须在此处手动设置锚点位置。始终检查锚点位置。如果您没有将其设置为您期望的锚点,那么您的元素将位于错误的位置。您无法在 ArcPy 中更改锚点。它必须在元素窗格中设置。

5. 现在查看文本符号选项卡,如图 12.6 所示。

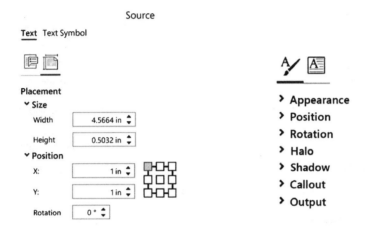

图 12.5 文本放置选项卡　　　　　图 12.6 文本符号常规选项卡

在 ArcPy 中只有外观设置下的字体大小和旋转设置下的角度可以修改。其他一切都必须手动设置,并且必须适用于自动化中的所有视图。格式选项卡中的所有元素(包含"A"的图标)必须在任何自动化之前设置,因为它们无法通过 ArcPy 访问。

对于您可以在文本元素中修改的所有文本属性,仅限于可以在 ArcPy 中调用的内容。在不同的视图上测试不同的设置以了解它们是如何工作的,这一点很重要。在这个模板中,作者修改了源文本元素以将动态文本换行到每个源的新行,将字体大小设置为 6 pts,字体颜色设置为灰色,并将锚点设置为左上角。如果要修改其中任何一个,则必须在布局中设置它们,因为它们无法在 Notebook 中更改。

12.2.2　插图地图框

下一个布局是插入地图框,它是显示研究区域范围的插入地图的地图框布局元素。下面,您将探索可用于地图框元素的不同设置。

1. 点击插入打开元素窗格来格式化地图框,如图 12.7 所示。

地图框元素的选项比文本框要多。您有一个设置为地图框和选项选项卡的下拉菜单作为您的起始视图。您可以在此处更改布局元素的名称以及与该地图框关联的地图。您可以使用 ArcPy 调整地图框中显示的地图和地图框的名称。您将保留名称和地图作为插图。

2. 单击顶部地图框右侧的下拉菜单。您将看到地图框、背景、边框和阴影的选项,如图 12.8 所示。

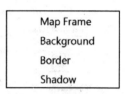

图 12.7　插入地图框元素　　　　图 12.8　地图框下拉选项

您可以从这些选项卡修改地图框的背景、边框和阴影效果，必须在此处设置它们，因为 ArcPy 无法控制任何属性。

3. 现在查看显示选项选项卡，如图 12.9 所示。

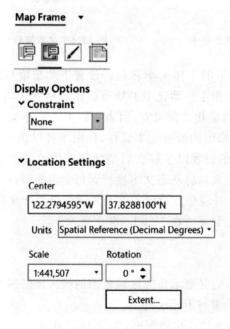

图 12.9　插入地图框显示选项

约束选项无法通过 ArcPy 访问，必须在此处为您的地图系列进行设置。范围和比例都可以通过 ArcPy 相机对象进行更改。您将在本章后面使用它来更改地图的比例和范围。

4. 接下来查看显示选项卡。您可以在此处通过设置颜色、偏移和四舍五入来更改边框、背景和阴影的显示。这些设置都不能使用 ArcPy 进行控制,必须手动设置。

5.现在在查看放置选项卡。这些放置设置与源文本元素中的相同。可以通过 ArcPy 修改宽度、高度和位置元素,但不能修改锚点。验证锚点是否设置在左下角。

6.最后检查插入地图框的设置是否是范围指示符。它已被放置在地图框架中并设置为青色。

单击内容选项卡中的地图框范围,如图 12.10 所示。

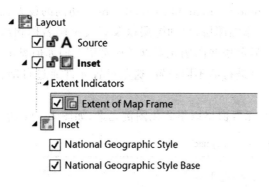

图 12.10 内容选项卡中的范围指示符

这将打开地图框元素的范围窗格。在此选项卡中,您可以更改元素的名称、范围的来源、范围指示符的颜色和形状、引导线的设置(如果需要)以及将范围指示符变为折叠时的点的设置。您将所有这些保留为它们的当前设置。

 在 ArcPy 中无法访问任何范围指示符设置,并且必须在创建自动化之前在此处手动设置。

您已经了解了地图框的所有设置,以及如何为地图自动化的插图进行这些设置。在创建自动化之前,您必须设置任何无法通过 ArcPy 访问的内容。在许多情况下,您需要测试不同的视图以确保您的设置具有您期望的外观。

12.2.3 DetailsHeader 和 DetailsBox 文本元素

DetailsHeader 和 DetailsBox 都是文本元素。DetailsHeader 用作您将为每页输出的文本信息框的标题。DetailsBox 保存每个页面的不同信息,这些信息会随着每个页面上查看的内容而变化。由于它与 Source 元素一样是文本框,因此具有相同的设置。您应该检查锚点以确保它位于正确的位置。

1.单击 DetailsHeader 调出元素窗格以设置 DetailsHeader 文本框的格式。

2.单击文本选项卡下的放置选项卡以显示放置设置。检查以确保锚点位于左上角。

对 DetailsBox 元素执行相同操作。您可以在自己的时间进一步探索这两个元素的设置。与所有文本元素一样,您在 ArcPy 中可以控制的内容受到限制,您需要在创建自动化之前设置文本元素的一些不同属性。

您将从地图图层中提取数据并写入脚本中的此文本框,它已设置为最多占用九行数据。如果需要更多行,则需要在此处修改设置以允许这样做。然后,您将在一个页面上验证这些设置,再继续创建您的自动化。

12.2.4 图例元素

图例元素有许多可以通过元素选项卡更改的设置。使用 ArcPy 无法更改许多设置;对于可以通过 LegendElement 和 LegendItem 类访问的设置,您可以在 ArcPy 中更改的大部分内容,包括添加图层、移动图层以及更改图层名称和组名称。因此,重要的是要考虑将在地图上显示哪些图例元素以及您希望它们如何显示。

您将探索为此图例进行的不同设置,这些设置允许通过自动化脚本将图层添加到地图和图例中。

1. 单击图例打开元素窗格以格式化图例元素,如图 12.11 所示。

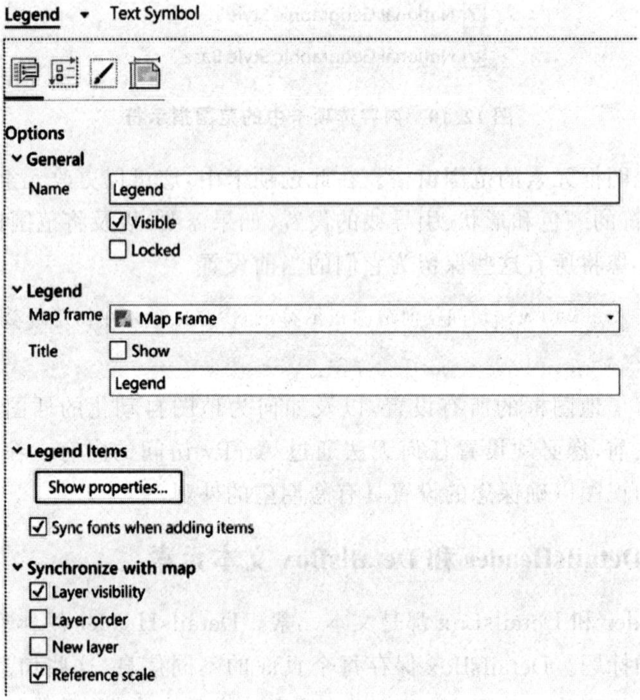

图 12.11 图例元素选项选项卡

上面的视图是图例元素选项卡中的选项选项卡。这将显示图例元素的名称、图例的地图框、访问所有图例项属性的按钮以及与地图同步的设置。同步设置都可以通过具有以下属性的 ArcPy 进行控制:

- syncLayerVisibility:对应于图层可见性复选框的布尔值。当 True 或选中时,如果图层在地图上可见,则图层将自动出现在图例中。
- syncLayerOrder:对应于图层顺序复选框的布尔值。当 True 或选中时,图例中的图层顺序与地图相同。

- syncNewLayer:对应于新层复选框的布尔值。当 True 或选中时,图层将在添加到地图时自动添加到图例中。
- syncReferenceScale:对应于参考比例复选框的布尔值。当 True 或选中时,图例中的符号将匹配地图中符号的比例。

您将在创建自动化之前在此处设置这些,因为它们始终相同。将图层可见性和参考比例设置为选中,将图层顺序和新图层设置为未选中。这将确保图例上的唯一图层是您添加的图层。当您在自动化中创建图层时,您将按照您想要的顺序将图层添加到图例中。

2. 点击 Legend 旁边的下拉菜单,查看选项,如图 12.12 所示。

传奇是您现在的选择。背景、边框和阴影使您可以访问图例框的这些显示设置。它们不能使用 ArcPy 进行设置,必须在自动化之前在此处手动设置。标题、组图层名称、图层名称、页眉、标签和说明将允许您更

Legend
Background
Border
Shadow
Title
Group Layer Names
Layer Names
Headings
Labels
Descriptions

图 12.12　图例下拉选项

改所有图例元素的所有文本格式选项。这些选项与文本框的文本格式选项相同。当您在此处设置它们时,它们对于所有图例元素都是通用的。

 使用 ArcPy 无法访问这些设置。您需要在此处或为单个图例元素设置它们。

3. 在 Legend Item 选项卡中,单击 Show Properties(⋯)按钮。这将选择所有图例项并显示您可以为所有这些项进行的不同设置,如图 12.13 所示。

如果某些内容显示为灰色,则表示所选的不同项目为该选项选择了不同的设置,您必须单独更改它们。文本符号选项卡将显示用于格式化文本的选项卡。完成查看后,单击后退箭头返回图例选项选项卡。

 　Show Properties(⋯)按钮对于创建所有图例项的通用设置非常有用。如果您希望所有补丁大小、安排和字体对每个元素都相同,那么它可以节省您创建一个可供自动化操作的图例的时间;否则,您必须为每个元素创建相同的设置。

4. 单击选项选项卡旁边的图例排列选项卡,如图 12.14 所示。

此处唯一可以使用 ArcPy 控制的设置是 Fit 战略;有关可用的不同拟合策略方法,请参阅第 7 章。已为此地图选择调整列和字体大小。此拟合策略应确保当您将项目添加到地图和图例时,图例将显示它们的全部。

5. 查看显示选项卡。它具有相同的边框、背景和阴影设置,无法使用 ArcPy 进行修改。

6. 查看放置选项卡并确保锚点设置在左上角。

您已经检查了所有图例元素并为您的地图设置了它们。现在是时候查看各个图例

元素并进行设置了，这样当您自动创建地图时，图例项会正确显示。

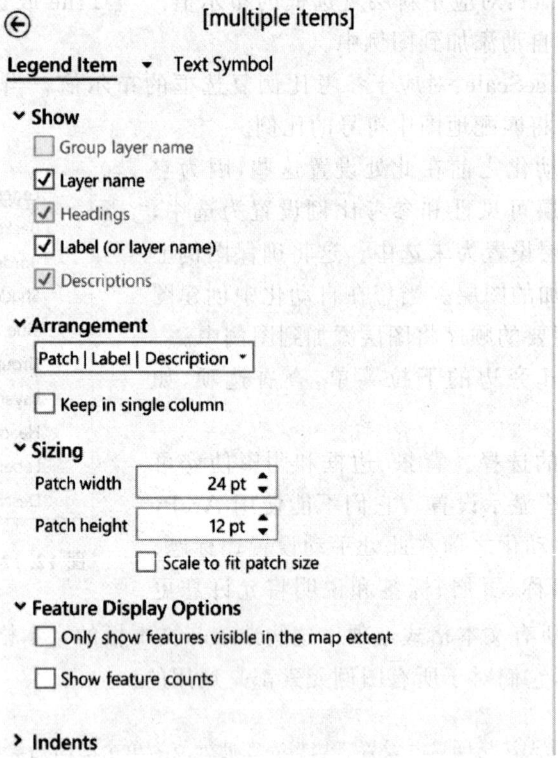

图 12.13 图例项多选

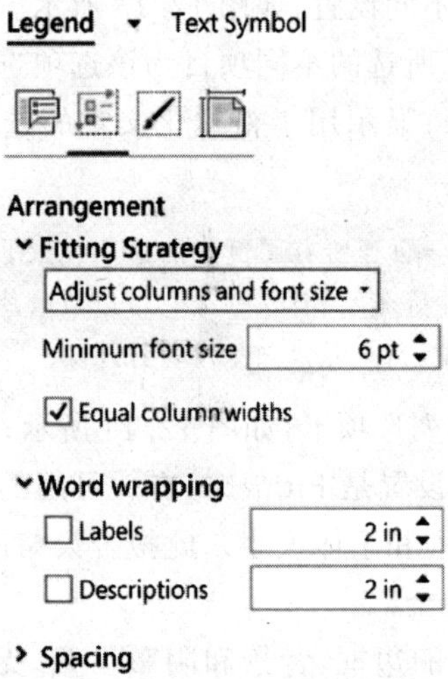

图 12.14 图例排列选项卡

12.2.5　图例项目元素

您的图例中现在有三个图例项：

- AC_Transit_Additional_Transbay；
- Summer21_RouteShape；
- AlamedaContraCostaCounty_RaceHipanic_BlockGroup。

仅应检查 AlamedaContraCostaCounty_RaceHispani_BlockGroup 以使其可见。

从这里，您将查看 AlamedaContraCostaCounty_RaceHispani_BlockGroup 的图例项元素，然后将图例项设置保存为默认值。

 保存默认值意味着无论何时添加图例项，它都会具有这些设置。

1. 单击 AlamedaContraCostaCounty_RaceHisponic_BlockGroup 图例项以查看图例项元素窗格，如图 12.15 所示。

AlamedaContraCostaCounty_RaceHispanic_BlockGroup

Legend Item ▾　Text Symbol

∨ Show
- ☐ Group layer name
- ☐ Layer name
- ☐ Headings
- ☑ Label (or layer name)
- ☑ Descriptions

∨ Arrangement

Patch | Label | Description ▾

☐ Keep in single column

∨ Sizing

Patch width	24 pt ▲▼
Patch height	12 pt ▲▼

☐ Scale to fit patch size

﹥ Indents

图 12.15　图例项元素选项卡

您将在此处设置此图例项的不同元素的显示设置。

2. 单击图例项旁边的下拉菜单以查看下拉选项，如图 12.16 所示。

图例项是您选择要显示的图例项的顶层。组图层名称、图层名称、标题、标签和描述都可以让您访问文本格式设置。您可以选择与此处的文本元素相同的所有文本格式设置。这些设置都不能通过 ArcPy 访问，必须在此处进行设置。

3. 单击图例项以保留图例项设置。Alameda-ContraCostaCounty_RaceHispani_BlockGroup 的图例项设置为仅显示标签(或图层名称)。现在的图例只显示每个种族的标签和每个种族的点符号。您希望添加到的图层也仅在添加时显示标签或图层名称。为此,您需将此图例项保存为默认值。

4. 右击 AlamedaContraCostaCounty_RaceHispani_BlockGroup 并选择另存为默认值。现在,添加到图例的每个图层都将具有与 AlamedaContraCostaCounty_RaceHisponic_BlockGroup 项相同的设置。

图 12.16　图例项下拉菜单

您现在可以更新和更改 AlamedaContraConstaCounty_RaceHispani_BlockGroup 图例项,它们不会影响默认值;该默认值是根据保存时的设置保存的。

5. 单击图例项元素选项卡中图层名称旁边的复选框。这将打开 AlamedaContraCostaCounty_RaceHispani_BlockGroup 项目的图层名称。您应该使用图层名称显示在 AlamedaContraCostaCounty_RaceHispanic_BlockGroup 项目上,因为您可以在 ArcPy 中访问和更改它。

6. 选中 AlamedaContraCostaCounty_RaceHispani_BlockGroup 项目选项卡上标题旁边的框。

这将显示点密度的标题,显示每个点的比率。您的图例现在应该如图 12.17 所示。

AlamedaContraCostaCounty_RaceHispanic_BlockGroup	● Native Hawaiian/Pacific Islander
1 Dot = 1 Person	● Asian
● White	○ Some Other Race
● Black	● Two Or More Races
● American Indian/Native Alaskan	● Hispanic/Latino

图 12.17　更新设置的图例

您已为图例设置默认值,并为将要添加的图例项进行默认设置。您现在可以通过 ArcPy 将项目添加到图例并重命名图层名称和标签。在创建布局模板时尽可能多地进行这些设置非常重要,因为您无法通过 ArcPy 更改其中的许多设置。

确保在处理自动化脚本之前设置图例图层名称、标题、标签和描述的文本格式,因为您无法在脚本中更改它们。

12.2.6　比例尺和指北针元素

可通过 ArcPy 访问的比例尺和指北针设置都是 MAPSURROUND_ELEMENTS。您只能更改高度、宽度、X 和 Y 位置、与元素关联的地图框、名称和可见性。您将在 ArcGIS Pro 中设置比例尺和指北针的详细信息。

12.2.6.1 比例尺

您将检查比例尺元素以查看布局的设置。您还将在比例尺元素内设置锚点。

1. 单击比例尺以显示元素窗格，您将在其中格式化比例尺元素。它应该如图 12.18 所示。

图 12.18　比例尺元素选项选项卡

2. 选项选项卡显示常规、比例尺、地图单位和样式设置。这些设置不可以使用 ArcPy 进行修改，并且需要在此处进行设置。

3. 属性选项卡应如图 12.19 所示。在这里，您可以使用许多选项来设置比例尺的样式。

这些设置都不能使用 ArcPy 进行修改，必须在此处进行设置。这些设置在比例尺的外观中起着重要作用。

请注意，拟合策略设置为调整除法值。这将确保比例尺保持相同的大小，并且分度值会随着比例的变化而变化。在创建比例可能发生很大变化的地图自动化时，这是一个很好的设置。它允许您确保无论显示什么比例，您的比例尺都将始终保持相同的大小。

4. 另外两个选项卡是显示和放置选项卡，与其他布局元素中的显示和放置选项卡类似。显示选项卡将设置边框、背景和阴影显示设置。放置选项卡将显示大小、位置和

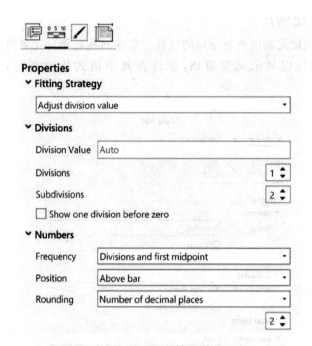

图 12.19　比例尺元素属性选项卡

锚点。单击放置选项卡并确保锚点位于左下角。

可以在元素窗格中设置比例尺中的许多细节。除了讨论的内容之外,您还可以单击比例尺旁边的下拉箭头来访问以下图形元素及其设置:背景、边框、阴影、数字、单位、符号 1、符号 2、分割标记、细分标记和中点标记。您还可以单击文本符号选项卡以访问所有文本元素都可用的相同文本格式选项。

　背景、边框和阴影图形元素可以从比例尺旁边的下拉菜单或显示选项卡中设置。

这些设置允许大量制图选项来创建丰富的地图。但是,它们都不能在地图自动化中访问和更改。因此,在开始自动化之前设置它们并确保它们适用于自动化将创建的所有不同比例和地图视图非常重要。

12.2.6.2　指北针

指北针与比例尺类似,其大部分设置只能在 ArcGIS Pro 的元素选项卡中进行设置。在创建自动化之前,您将检查指北针上的设置以查看已设置的内容。

1. 单击指北针打开元素窗格以格式化指北针元素,如图 12.20 所示。

第一个选项卡是选项选项卡,向您显示元素的名称、可见性、与之关联的地图框、指北针的类型、校准角度和符号。其中,只有名称和可见设置可以在地图自动化中使用 ArcPy 进行更改。

2. 指北针也具有与其他布局元素相同的"显示"和"放置"选项卡。单击放置选项卡以查看高度、宽度和位置设置。这些都可以在您的地图自动化中进行更改。检查以

图 12. 20 指北针

确保锚点位于底部中间。

除了这些设置之外,您还可以通过单击指北针旁边的下拉箭头来访问更多详细信息。这将使您能够访问点符号、背景、边框和阴影中可用的显示设置。所有这些都可以为您的地图添加丰富的细节。但是,与比例尺一样,它们必须在此处设置,并且不能在您的自动化中进行修改。因此,重要的是,您选择的任何设置对于您将在自动化中导出的所有地图都是可接受的。

12. 2. 7　标题文本元素

标题文本元素是用于地图标题的文本元素。由于它与 Source 元素一样是文本框,因此具有相同的设置。您应该检查锚点以确保它位于正确的位置。

1. 单击标题调出元素窗格以设置标题文本框的格式。

2. 单击文本选项卡下的放置选项卡以显示放置设置。检查以确保锚点位于右上角。

您可以在自己的时间进一步探索标题文本元素的设置。与所有文本元素一样,您在 ArcPy 中可以控制的内容受到限制。现在设置任何特定的文本字体和格式非常重要,因为它们无法在地图自动化过程中更改。

12. 2. 7. 1　地图框元素

Map Frame 元素是与 Inset 地图框架类似的地图框架元素,因此它具有相同的可用设置;有关详细信息,请参阅上面的该部分。由于这是主地图框,您将保持所有设置与当前设置相同。

您现在已经设置了一个布局,您可以向其中添加新图层,然后迭代不同的视图以创建一系列地图。通常,在设置布局时,您需要对设置进行试验,以确保它们适用于您通过自动化添加和更改的数据。这部分地图自动化与创建布局和遵循制图原则没有任何不同,唯一的区别是您希望确保您的设置不仅适用于模板地图,而且适用于您将创建和导出的数十、数百甚至数千个页面。

 始终注意通过 ArcPy 有可以更改和不能更改的内容。花时间创建一个模板,在开始自动化之前设置所有无法更改的元素。

12.3 创建数据并将其添加到地图

您现在已经准备好创建地图自动化的布局。它包含:

- 现有的跨湾巴士路线;
- 暂停的跨湾巴士路线;
- 使用点密度符号显示按块组的种族数据。

图例设置为添加您将在 ArcGIS Pro Notebook 中使用 ArcPy 创建的新图层。

最终产品将是一个暂停公交路线的地图系列,突出显示该路线 0.5 mile(1 mile=1.6 km)研究区域内的每个街区组,其中少数民族人口大于参考社区的人口。参考社区是未暂停的路线 0.5 mile 范围内所有街区组的少数族裔百分比。这将让您了解暂停路线中有多少街区组的少数民族人口比例高于剩余的公交路线沿线的人口比例。

每个少数族裔百分比高于参考社区的块组都将通过成为页面上唯一显示点密度图的块组来突出显示。公交路线研究区域内的任何周边街区组都将通过其是否在参考社区之上或之下有少数族裔人口来表示。每个页面都将利用 DetailsBox 元素来显示每个种族组在块组中的百分比。由此,您可以通过暂停这条公交路线来确定可能对少数族裔产生不成比例影响的领域。如果要恢复公交路线,这将帮助您的团队确定对少数民族社区的影响。

1. 如果目录窗格尚未打开,请打开它并选择项目选项卡。

2. 在 Chapter12 项目文件夹中,右击并选择 New > Notebook。

3. 右击 New Notebook. ipyb 并选择 Rename,重命名 Notebook 为 CreateMapSeriesForOneBusLine。

4. 在第一个单元格中,导入所需的模块并进行环境设置。您将导入 os 模块以帮助您处理文件名和路径。您还需要 glob 和 PyPDF2 模块,它们将在后面的步骤中一起用于组合各个 PDF。glob 模块用于根据文件模式在工作区中查找文件。PyPDF2 模块将用于将 PDF 合并为单个 PDF。您还将 overwriteOutput 环境设置设置为 True,以便与现有文件同名的任何输出都将覆盖该现有文件。这在处理和测试地图自动化脚本时很有用。输入以下内容:

```
import os, glob
```

```
from PyPDF2 import PdfFileMerger,
PdfFileReader arcpy.env.overwriteOutput = True
```

运行单元格。

5. 在下一个单元格中，您将定义整个脚本所需的所有变量。会有很多变量，因为您将创建要素图层和新图层。前两个变量是工程地理数据库和工程文件夹。它们可能与您在下面看到的不同，具体取决于您将数据下载到的位置。此外，您需要定义开始使用的要素类。这也是您为地图和布局元素创建变量的地方。您还将创建一个变量来保存暂停的公交路线数据集中的公交路线名称。输入以下内容：

```
# Project gdb and folder locations
projectGDB = r"C:\PythonBook\Chapter12\Chapter12.gdb"
projectFolder = "\\".join(projectGDB.split("\\")[:-1])
# Bus and census data that already exists in the project gdb
busLines = os.path.join(projectGDB,"Summer21RouteShape")
censusPoly = os.path.join(
    projectGDB,"AlamedaContraCostaCounty_RaceHispanic_BlockGroup"
)
newBusLines = os.path.join(
    projectGDB,"AC_Transit_AdditionalTransbay"
)
# Summary stat table to be created for the reference community
calculations
sumStatTable = os.path.join(projectGDB,"SummStat_RaceHispanic_
StudyArea")
# Feature layers created for selections
studyAreaFL = "SelectedCensus_FL"
busLinesFL = "SelectedBusLines_FL"
newBusCBGs = "NewBusCBGsRefComm"
# Suspended bus route and data created for suspended bus route
busRoute = "C"
newBusLinesSel = os.path.join(projectGDB,"NewTransbayLine_{0}".
format(busRoute))
cbgStudyArea = os.path.join(projectGDB,"CBG_StudyArea_Bus_{0}".
format(busRoute))
# Project and map and layout object for the map, inset map, and map
frames for map and inset map
project = arcpy.mp.ArcGISProject("CURRENT")
m = project.listMaps("Map")[0]
inset = project.listMaps("Inset")[0]
layout = project.listLayouts("Layout")[0]
mf = layout.listElements("mapframe_element","Map Frame")[0]
mfInset = layout.listElements("mapframe_element","Inset")[0]
```

```
# Table header, table box, title text elements, and legend element
tableHeader = layout.listElements("TEXT_ELEMENT","DetailsHeader")[0]
tableBox = layout.listElements("TEXT_ELEMENT","DetailsBox")[0]
title = layout.listElements("TEXT_ELEMENT","Title")[0]
legend = layout.listElements("LEGEND_ELEMENT","Legend")[0]
```

运行单元格。

6. 在下一个单元格中,您将为公交路线 0.5 mile 范围内的街区组中的每个种族创建总人口汇总统计表。此汇总统计表是您将如何找到您的参考社区的少数百分比。整个过程将包含在一个 with 语句中,该语句将更改环境设置,因此任何输出要素图层或要素类都不会添加到地图中。这将避免您必须删除仅为稍后分析而创建的图层。在 with 代码块中,您将创建一个包含现有跨湾公交路线的要素图层和一个包含竞赛块组的要素图层。然后,您将使用按位置选择选项来选择竞赛街区组要素图层中位于现有跨湾公交路线要素图层 0.5 mile 范围内的街区组。输入以下内容:

```
with arcpy.EnvManager(addOutputsToMap = False):
    arcpy.management.MakeFeatureLayer(censusPoly,studyAreaFL)
    arcpy.management.MakeFeatureLayer(
        busLines,busLinesFL,
        "PUB_RTE IN ('W', 'V', 'U', 'P', 'O', 'NX', 'NL', 'LA', 'L',
                     'J', 'G', 'F', 'DB1', 'DB')"
    )
    arcpy.management.SelectLayerByLocation(studyAreaFL,"INTERSECT",
                                           busLinesFL,"0.5 Miles")
```

7. 继续在同一个单元格中从 AlamedaContraCostaCounty_RaceHispanic_BlockGroup 要素类中读取要用于汇总统计计算的字段。

这是通过循环遍历要素类中的字段并仅当字段为整数时才将字段添加到 summStat 列表来完成的。此外,您需要添加要应用于该字段的汇总统计信息。它将是"SUM",因为您想对所有选定的块组的每个种族组的总数求和。然后,汇总统计工具将该汇总统计字段列表作为参数。在循环中,您将添加一个输出语句以确保您获得正确的字段。输入以下内容:

```
summStats = []
for rfield in arcpy.ListFields(studyAreaFL):
    if field.type == "Integer":
        print("Added {0} field name to summary stat list"
            .format(field.name))
        summStats.append([field.name,"SUM"])
arcpy.analysis.Statistics(studyAreaFL,sumStatTable,summStats)
```

运行单元格。您将看到添加到 summStats 列表中的每个字段的以下输出,确认汇总统计表的创建:

```
Added total_pop field name to summary stat list
Added white field name to summary stat list
Added black field name to summary stat list
...
Added total_minority field name to summary stat list
```

> 您如何知道属性字段中有哪些字段类型呢？
>
> 在内容窗格中右击 AlamedaContraCostaCounty_RaceHispanic_BlockGroup 要素类，然后选择属性表。在属性表中，右击其中一个字段并选择字段。Data Type 列是类型。您可以看到，对于 AlamedaContraCostaCounty_RaceHispani_BlockGroup 要素类，唯一的 Long 值是人口计数。

8. 在下一个单元格中，您将为少数族裔参考社区添加一个字段，计算该参考社区中少数族裔的百分比，并将其分配给用于查找和符号化人口普查区块组的变量。为此，您将使用字段名称和 .find() 函数来查找总人口和少数民族字段。

> variable.find() 函数查找变量中()中提供的确切字符串值。如果找到，它会返回它在字符串中开始的位置。如果没有找到任何东西，则它返回 −1。

一旦有了这些字段名称，您将使用它们来计算现有跨湾路线 0.5 mile 范围内所有区块组的百分比。您将使用 CalculateField 工具将刚刚计算的少数族裔百分比添加到汇总统计表中的少数族裔参考社区字段中。接下来，您需要从汇总统计表中提取该少数族裔百分比并将其存储在一个变量中，以便以后用于比较每个块组的少数族裔百分比。为此，您在汇总统计表和 MinorityRefCom_Prct 列上创建一个搜索光标，使用 row= next(cursor) 提取第一行并停止光标。您可以在此处执行此操作，因为汇总统计表只有一行。但是该行是一个值列表，因此您需要取第一个值，因为它是参考社区的少数百分比。

> 有关搜索光标的复习，请参阅第 4 章"数据访问模块和光标"。

最后的输出声明将验证您是否已提取参考社区百分比。输入以下内容：

```
arcpy.management.AddField(sumStatTable,"MinorityRefComm_
Prct","FLOAT")
for f in arcpy.ListFields(sumStatTable):
    print(f.name)
    if f.name.find("minority") != −1:
        print("Minority find value is {0} for field {1}"
            .format(str(f.name.find("minority")),f.name))
        numerField = f.name
    if f.name.find("pop") != −1:
        print("Pop find value is {0} for field {1}"
            .format(str(f.name.find("pop")),f.name))
```

```
        denomField = f.name
arcpy.management.CalculateField(sumStatTable,"MinorityRefComm_
Prct","(!{0}!/!{1}!) * 100".format(numerField,denomField))
with arcpy.da.SearchCursor(sumStatTable,["MinorityRefComm_Prct"]) as
cursor:
    row = next(cursor)
    refCommPrct = row[0]
    print("Reference Community Number is {0}".format(str(refCommPrct)))
```

运行单元格。您将看到以下输出：

```
Reference Community Number is 65.56812286376953
```

9. 在下一个单元格中，您将为选定的暂停公交路线创建一个新要素类，在该路线 0.5 mile 范围内创建一个块组的要素图层，并删除任何人口为 0 的 GEOID。您现在有一个要素图层，其中包含在所选暂停公交路线 0.5 mile 范围内人口大于 0 的所有区块组。此要素图层是您的悬浮巴士路线的研究区域。您将使用此研究区域要素类并使用搜索光标创建所有 GEOID 的列表，以及仅包含少数族裔人口百分比大于参考社区的 GEOID 的列表。

然后，您将所有块组的列表转换为元组，创建一个用括号括起来的列表，可以直接插入到查询中的 SQL 中。此 SQL 语句将用于创建人口普查区块组研究区域的要素类。您将包括一些输出报表来跟踪您的过程并查看结果。

所有这些都将再次包装在 with 语句中，以进行环境设置，以便不会将输出添加到地图中。稍后您将添加所需的图层并为其设置样式。输入以下内容：

```
with arcpy.EnvManager(addOutputsToMap = False):
    arcpy.analysis.Select(
        newBusLines, newBusLinesSel,
        "route_s_nm = '{0}'".format(busRoute)
    )
    arcpy.management.MakeFeatureLayer(censusPoly,newBusCBGs)
    arcpy.management.SelectLayerByLocation(
        newBusCBGs,"INTERSECT", newBusLinesSel, "0.5 Miles"
    )
    arcpy.management.SelectLayerByAttribute(
        newBusCBGs,"REMOVE_FROM_SELECTION","total_pop = 0"
    )
    minorityGEOIDs = []
    allGEOIDs = []
    with arcpy.da.SearchCursor(
    newBusCBGs,["GEOID","percent_minority"]) as cursor:
        for row in cursor:
            allGEOIDs.append(row[0])
```

```
      if row[1] > = refCommPrct:
          minorityGEOIDs.append(row[0])
          print("Added {0} to minority GEOID list"
             .format(row[0]))
  cbgStudyAreaTuple = tuple(allGEOIDs)
  cgbStudyAreaSQL = "GEOID in {0}".format(cbgStudyAreaTuple)
  print(cgbStudyAreaSQL)
  arcpy.analysis.Select(censusPoly,cbgStudyArea,cgbStudyAreaSQL)
```

运行单元格。您将看到以下输出(此处截断):

```
Added 060014036001 to minority GEOID list
Added 060014013001 to minority GEOID list
...
Added 060014251023 to minority GEOID list
GEOID in ('060014036001', '060014012003', ..., '060014007004')
```

10. 在下一个单元格中,您将添加上面创建的人口普查块组研究区域并对其进行样式设置。您将向地图添加研究区域块组,为其在地图中的图层创建图层对象,并从该图层对象创建符号系统对象。您还应将渲染器更新为分级颜色渲染器,其分类字段为percent_minority、中断计数为2以及参考社区变量的中断值。这将创建围绕您突出显示的少数块组的研究区域图层。它将有助于将突出显示的街区组的周围区域置于上下文中,并让读者了解是否有大面积的连接街区组具有高少数族裔人口百分比。

 有关在渐变色渲染器中使用中断计数和中断值的更多信息,请参阅第7章。

设置好之后,您将遍历渲染器中的分类中断,并为参考社区下方少数族裔人口的块组以及参考社区上方少数族裔人口的块组设置标签、符号颜色和轮廓颜色,所有块组都将设置为具有70%透明的符号颜色和50%透明的轮廓。参考社区上方的区块组为红色,下方为绿色。

最后一步是将新图层符号系统设置为等于新符号系统对象。输入以下内容:

```
m.addDataFromPath(cbgStudyArea)
cbgStudyAreaLyr = m.listLayers("CBG_StudyArea_Bus_{0}".
format(busRoute))[0]
cbgStudyAreaLyrSym = cbgStudyAreaLyr.symbology
cbgStudyAreaLyrSym.updateRenderer('GraduatedColorsRenderer')
cbgStudyAreaLyrSym.renderer.classificationField = "percent_minority"
cbgStudyAreaLyrSym.renderer.breakCount = 2
breakValue = refCommPrct
firstVal = 0
for brk in cbgStudyAreaLyrSym.renderer.classBreaks:
    brk.upperBound = breakValue
    if firstVal == 0:
```

```
        brk.label = "Minority Population > Reference Community"
        brk.symbol.color = {'RGB':[255, 0, 0, 30]}
        brk.symbol.outlineColor = {'RGB':[255, 0, 0, 50]}
    else:
        brk.label = "Minority Population < Reference Community"
        brk.symbol.color = {'RGB':[0, 255, 0, 30]}
        brk.symbol.outlineColor = {'RGB':[0, 255, 0, 50]}
    breakValue = 100
    firstVal += 1
cbgStudyAreaLyr.symbology = cbgStudyAreaLyrSym
```

运行单元格。

不会有任何输出,但图层 CBG_StudyArea_Bus_C 将添加到地图中,并用红色多边形符号表示少数民族人口>参考社区人口,用绿色多边形表示少数民族人口<参考社区人口,如图 12.21 所示。

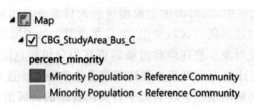

图 12.21　地图中的研究区人口普查区块组

11. 在下一个单元格中,您将添加您在步骤 9 中创建的选定的悬挂跨湾公交路线并对其进行符号化。您将数据添加到地图,从中创建图层对象,并从图层对象创建符号系统对象。您将跨湾公交路线渲染器保留为简单的渲染器,仅将路线颜色更改为紫色并将路线大小增加到 1.5 点。您还将图层名称更改为在图例中看起来更好的名称。输入以下内容:

```
m.addDataFromPath(newBusLinesSel)
newBusLyr = m.listLayers("NewTransbayLine_{0}".format(busRoute))[0]
newBusLyrSym = newBusLyr.symbology
newBusLyrSym.renderer.symbol.color = {"RGB":[169, 0, 230, 100]}
newBusLyrSym.renderer.symbol.size = 1.5
newBusLyr.symbology = newBusLyrSym
newBusLyr.name = "Transbay Bus Route"
```

运行单元格。不会有输出,但 NewTransbayLine_C 图层将添加到地图中,符号将变为紫色 1.5 点线,名称将是 Transbay Bus Route,如图 12.22 所示。

12. 在下一个单元格中,您会将选定的暂停　**图 12.22　新的 Transbay Bus Route 图层**

跨湾公交路线和街区组研究区域添加到插图中。这将帮助读者将突出显示的街区组和周围的研究区域沿着完整的路线放置。在将图层添加到插图之前,您需要检查它们是否已经存在。如果插图已经有同名的图层,则需要删除它们并添加新图层。您应该确保插图中显示的图层是主地图中的当前图层。

首先,您使用列表推导在插图中构建图层列表。然后,您将使用条件检查跨湾公交路线图层和人口普查区块组研究区域是否在插图中。如果是,您将删除该图层,然后从地图中添加新图层。如果不是,您将添加新图层。您将添加输出语句以跟踪您的进度并输出结果。输入以下内容:

```
curInsetLayers = [l.namefor l in inset.listLayers()]
if cbgStudyAreaLyr.name in curInsetLayers:
    insetCBGLyr = inset.listLayers(cbgStudyAreaLyr.name)[0]
    inset.removeLayer(insetCBGLyr)
    print("Removing old CBG Study Area Layer to Inset")
    inset.addLayer(cbgStudyAreaLyr)
    print("Adding new CBG Study Area Layer to Inset")
else:
    inset.addLayer(cbgStudyAreaLyr)
    print("Adding new CBG Study Area Layer to Inset")
    ifnewBusLyr.name in curInsetLayers:
    insetBusLyr = inset.listLayers(newBusLyr.name)[0]
    inset.removeLayer(insetBusLyr)
    print("Removing old Transbay Bus Route to Inset")
    inset.addLayer(newBusLyr)
    print("Adding new Transbay Bus Route to Inset")
else:
    inset.addLayer(newBusLyr)
    print("Adding new Transbay Bus Route to Inset")
```

运行单元格。如果您的插图没有任何旧图层,您将看到输出以下内容:

```
Adding new CBG Study Area Layer to Inset
Adding new Transbay Bus Route to Inset
```

研究区域图层和跨湾巴士路线图层现已添加到插图中。

> 列表推导式只是创建值列表的一种更短的方法。上面写:
>
> ```
> curInsetLayers = [l.name for l in inset.listLayers()]
> ```
>
> 这与编写以下内容相同:
>
> ```
> curInsetLayers = []
> for l in inset.listLayers():
> curInsetLayers.append(l.name)
> ```
>
> 通过使用列表推导,您将三行代码压缩为一行。

13. 在下一个单元格中,您将获得研究区域的范围,将插图范围设置为该范围,然后增加比例以在研究区域和插图边缘之间添加一些缓冲区。您将使用相机对象,它允许您控制 2D 地图上的比例和范围以及 3D 地图上的相机位置。

您将首先为研究区域图层创建一个图层对象。然后,您将获得该图层的范围。您将使用相机对象将插入帧的范围设置为该图层的范围。接下来,您将使用相机对象更新比例,将比例设置为当前比例加 2 000,并将其四舍五入为整数。这将包括输出报表以跟踪您的进度和结果。输入以下内容:

```
insetStudyAreaLayer = inset.listLayers("CBG_StudyArea_Bus_{0}".
format(busRoute))[0]
insetExtent = mfInset.getLayerExtent(insetStudyAreaLayer,False,True)
print(insetExtent)
mfInset.camera.setExtent(insetExtent)
mfInset.camera.scale = round((mfInset.camera.scale + 2000),0)
print(mfInset.camera.scale)
```

运行单元格。您应该看到输出以下内容:

```
- 122.347072470221 37.8072665294239 - 122.211846529491
37.8503534704394 NaN NaN NaN NaN
441507.0
```

插图现在以您可以看到整个研究区域的范围和比例显示选定的公交路线及其研究区域,如图 12.23 所示。

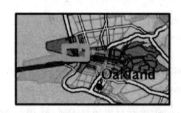

图 12.23 带有研究区域图层的插图

图层范围中返回的 NaN 是什么?
getLayerExtent 方法返回图层的 XMin、YMin、XMin、YMin、ZMin、ZMax、MMin 和 MMax 范围值。如果您的图层未启用 Z 或 M,则这些值将为 Null 的 NaN。

14. 在下一个单元格中,您需要打开地图中研究区域的标签。标记周围的研究区域街区组将允许读者识别任何周边街区组,这些街区组的少数族裔人口百分比也大于参考社区,并在地图系列中找到其地图。这可以帮助人们了解可能受到公交路线暂停影响的少数族裔社区的任何模式和群体。使用 LabelClass 时,您只能更改标注的表达式、可见性、SQL 查询和标注类的名称。

您将创建一个标注分类并设置其表达式。标注表达式是您在手动标注要素类时在标注窗格的表达式窗口中编写的内容,如图 12.24 所示。

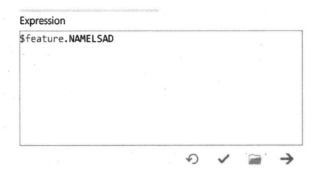

Expression
$feature.NAMELSAD

图 12.24　标注表达式

使用字段标记时，将字段用引号引起来并添加 $ feature。在字段名称之前，您需要将标注分类设置为 Visible，并将人口普查区块组研究区域的图层属性 showLabels 设置为 True，以显示标注。您将使用 GEOID 字段进行标注。

 这需要在将该图层添加到插图后进行，否则标注将显示在插图上，这对于标注研究区域中的每个块组来说太小了。

输入以下内容：

```
cbgLayerLabels = cbgStudyAreaLyr.listLabelClasses()[0]
cbgLayerLabels.expression = " $ feature.GEOID"
cbgLayerLabels.visible = True
cbgStudyAreaLyr.showLabels = True
```

运行单元格。您将看不到任何输出，但如果您选择地图，您将看到人口普查区块组研究区域多边形现在已标注，如图 12.25 所示。

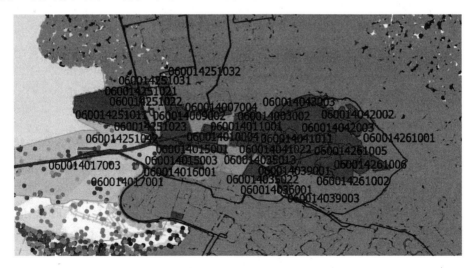

图 12.25　标注的研究区域块组

您现在已创建所有数据并将其添加到地图中。下一节将更新图例并设置表格框和表格标题的数据。

12.4　使用布局中的图例和文本元素

现在您的地图上已经有了所有图层,您需要确保在图例中正确标注了这些图层。在本节中,您将获取刚刚添加到地图的图层并将它们添加到您的图例中。它们将使用您在上面的图例项元素部分中设置的默认图例样式添加。

此外,您还希望添加有关每个突出显示的块组的一些详细信息。如果您包含一个表格,其中包含地图上突出显示的块组中每个种族组的百分比,您的地图将对读者更有用。这将使他们不仅可以在点密度图中看到种族组,还可以参考每个种族在块组中所占的百分比。

您将通过创建一个列表和数据字典来完成此操作,该列表和数据字典将用于从 AlamedaContraCostaCounty_RaceHipanic_BlockGroup 的属性表中提取数据。此数据将在下一节中提取以插入到表格框文本元素中。

1. 如果您没有打开 CreateMapSeriesForOneBusLine Notebook,请将其打开备份。

2. 在最后一个单元格之后的底部单元格中,您将把选定的跨湾公交路线和人口普查区块组研究区域添加到图例中。

如果图层已经在图例中,您不希望添加图层,那么在将图层添加到插图时,您将使用与上面相同的过程:创建图例中所有图层名称的列表,理解并对照跨湾公交路线和人口普查区块组研究区域图层的名称。如果它们不在图例中,它们将被添加进去。

您将首先添加人口普查区块组研究区域并将其放在顶部,然后将跨湾公交路线添加到顶部。输入以下内容:

```
legendItemNames = [item.namefor item in legend.items]
if cbgStudyAreaLyr.name not in legendItemNames:
    legend.addItem(cbgStudyAreaLyr,"TOP")
if newBusLyr.name not in legendItemNames:
    legend.addItem(newBusLyr,"TOP")
```

运行单元格。不会有输出结果。选择布局,并观察这些图层已添加到图例中,如图 12.26 所示。

3. 在下一个单元格中,您将确保仅显示要在图例中显示的三层。此时,您应该只有刚刚添加的两项和按块组种族的点密度层,但确保没有显示任何意外仍然是一个好主意。

您将遍历图例项以查找与您要显示的图层匹配的项名称,如果匹配,则将其可见属性设置为 True,否则设置为 False。输入以下内容:

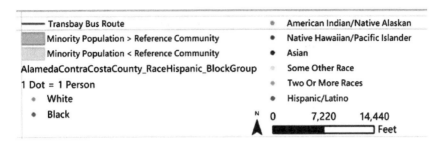

图 12.26 带有新图层的图例

```
for item in legend.items:
    if item.name in (
        cbgStudyAreaLyr.name,
        newBusLyr.name,
        "AlamedaContraCostaCounty_RaceHispanic_BlockGroup"
    ):
        print('{0} is displayed in the legend'.format(item.name))
        item.visible = True
    else:
        item.visible = False
```

运行单元格。您应该看到以下输出语句:

```
Transbay Bus Route is displayed in the legend
CBG_StudyArea_Bus_C is displayed in the legend
AlamedaContraCostaCounty_RaceHispanic_BlockGroup is displayed in the
legend
```

4. 选择布局并观察显示正确的图层。

5. 在下一个单元格中,您将使用 AlamedaContraCostaCounty_RaceHispanic_BlockGroup 中的字段类型信息来创建包含每个种族组百分比的字段列表。除此之外,您将创建一个数据字典,其中包含每个种族组字段名称的百分比作为键,字段别名作为值。您将从创建一个空列表和一个空数据字典开始。然后,您将遍历 AlamedaContra-CostaCounty_RaceHispanic_BlockGroup 中的字段并检查字段类型"Single"。

当您查看该图层的属性表时,您会看到唯一的 Float 字段是所有百分比字段,因此只有这些字段才能通过此测试。您将这些字段名称添加到该列表中,还将字段名称作为键和字段别名值添加到数据字典中。在循环之外,您将 tableHeader 文本元素的文本设置为"Percent Race/西班牙裔"。您将添加一个输出语句来跟踪您的结果。输入以下内容:

```
prcField = []
prcDataDict = {}
for field in arcpy.ListFields(censusPoly):
```

```
    if field.type == "Single":
        print("Added {0} field name to prcField list"
            .format(field.name))
        prcDataDict[field.name] = field.aliasName
        prcField.append(field.name)
tableHeader.text = "Percent Race/Hispanic"
```

运行单元格。您将看到以下结果（此处删减）：

Added prct_white field name to prcField list

Added prct_black field name to prcField list

...

Added percent_minority field name to prcField list

选择布局，文本框的标题现在将是百分比种族/西班牙裔，如图 12.27 所示。

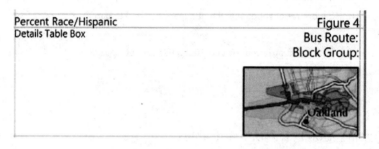

图 12.27　更新的详细信息框标题

　　您现在已将数据添加到您将在要导出的最终布局中显示的图例中。您还创建了一个列表和数据字典，将在下一步中用于提取每个选定块组的百分比竞争。在下一部分中，您将导出具有比参考社区更高的少数族裔百分比的块组的各个页面。

12.5　更改地图视图和导出

　　此时，您已将所需的所有元素添加到地图和图例中。您还有：

- 您的研究区域内所有人口普查区块组的 GEOID 列表，其中少数族裔百分比大于参考社区。
- 一个列表和数据字典，用于创建包含所选人口普查区块组中特定种族人口百分比的文本框。

　　在本节中，您将使用上述所有方法将每个人口普查区块组的地图导出为 PDF，其中少数族裔百分比大于参考社区。本节中的所有代码都将被写入两个单元格，并将包含许多输出语句，以便您跟踪代码的进度。第一个单元格是最大的，因为它包含循环块组、对地图进行所有更改并将其导出的代码。

　　此单元格的代码将分为多个步骤。

1. 如果您没有打开 CreateMapSeriesForOneBusLine Notebook,请将其打开备份。

2. 在底部的一个新单元格中,在上面部分的最后一个单元格之后,您将首先为 AlamedaContraCostaCounty_RaceHispani_BlockGroup 图层创建一个图层对象和一个将用于图形编号的计数器。输入以下内容:

```
cbgLayer = m.listLayers("AlamedaContraCostaCounty_RaceHispanic_
BlockGroup")[0]
i = 1
```

3. 继续下一行并开始循环遍历您在上面创建的少数 GEOID 列表中的所有值。您将在人口普查区块研究区域图层上创建定义查询,以从其显示中移除突出显示的 GEIOD。您还将在 AlamedaContraCostaCounty_RaceHispani_BlockGroup 上创建一个定义查询,以仅选择突出显示的 GEOID。这将使您的地图仅显示所选块组的点密度图,而不用研究区域块组的红色或绿色覆盖它。最后,您将为文本框创建一个空列表,当您从 AlamedaContraCostaCounty_RaceHipanic_BlockGroup 提取数据时,您将向其中添加数据。输入以下内容:

```
for geoid in minorityGEOIDs:
    print(i)
    print(geoid)
    cbgStudyAreaLyr.definitionQuery = "GEOID <> '{0}'".format(geoid)
    cbgLayer.definitionQuery = "GEOID = '{0}'".format(geoid)
    textBox = []
```

4. 现在您将收集不同种族组的百分比以显示所选块组并将它们存储在列表中。继续下一行,为 SearchCursor 创建一个 with 语句,该语句将搜索 AlamedaContraCostaCounty_RaceHispanic_BlockGroup 要素类。它将使用在上述步骤中创建的字段列表和 where 子句,将结果限制为仅突出显示的 GEOID。由于您的 where 子句用于特定的块组,因此搜索光标仅包含一行,您可以使用 next() 函数来获取该单行。接下来,将变量设置为 0 作为计数器并启动 while 循环,以遍历返回到光标的每一行。

在 while 循环中,您将编写一个条件语句,最后一行的格式与所有其他行不同。您将使用 cursor.fields[] 方法读取字段名称,为您提供与数据行关联的字段名称。该字段名称用于您在上一个单元格中创建的数据字典 prcDataDict 中查找该字段的别名。使用 .format(),您将向临时字符串变量写入字段名称和与其关联的少数行百分比值。对于除最后一行之外的所有行,此字符串变量的末尾将包含返回(\r)和换行(\n)字符,并将附加到每一行的文本框列表中。最后,您将计数器加 1。

输入以下内容:

```
with arcpy.da.SearchCursor(
    censusPoly,prcField,"GEOID = '{0}'".format(geoid)
) as cursor2:
    row = next(cursor2)
```

```
        j = 0
        while j < len(row):
            print(cursor2.fields[j])
            print(row[j])
            if j != (len(row) - 1):
                tempVal = "{0}: {1}\r\n".format(
                    prcDataDict[cursor2.fields[j]],round(row[j],2)
                )
                print(tempVal)
            else:
                print("the last value")
                tempVal = "{0}: {1}".format(
                    prcDataDict[cursor2.fields[j]],round(row[j],2)
                )
                print(tempVal)
            textBox.append(tempVal)
            j += 1
```

5. 您现在可以获取该列表并遍历它,将每个值添加到文本框中。这将在您的地图上创建种族百分比表。继续下一行,您将使用 textBox 列表来设置表格框中的数据。清除表格框的文本以确保其为空后,您将循环遍历 textBox 变量中的数据。

请记住,这是一个字符串列表,其中每个字符串都是突出显示的块组中少数族裔的百分比。回到原来的 for 循环,使用与 with 语句相同的缩进,您将把每个字符串添加到表格框中。添加所有文本后,您将确保表格框高度填充可用空间并且 Y 位置位于正确的位置,因为有时这些可能会随着文本的更改而改变。输入以下内容:

```
tableBox.text = ""
for text in textBox:
    tableBox.text += text
    print(text)
tableBox.height = 1.23
tableBox.elementPositionY = 2.2813
```

如何确定文本框 X 和 Y 的正确位置?

文本框的 X 和 Y 位置在您设置布局视图时确定。花时间仔细设置模板并注意锚点的位置以及 X 和 Y 位置是很重要的。这可用于在添加或删除元素时重置任何布局元素。

6. 您需要更改地图的标题以包含公交线路和区块组,以及图形编号,并更新图例中的图层名称以包含区块组。标题将包括来自您的计数器的数字编号、在开头设置的 i 变量以及 GEOID。您还将更改 AlamedaContraCostaCounty_RaceHispanic_Block-Group 名称以包含块组并且对图例更具描述性。继续下一行,输入以下内容:

```
title.text = "Figure 2.{0}\r\nBus Route：{1}\r\nBlock Group：{2}" \
     .format(str(i),busRoute,str(geoid))
print(title.text)
cbgLayer.name = "Population in Block Group {0}".format(geoid)
```

7. 您实际上还没有将地图的范围移动到选定的块组。现在您将找到所选图层的范围并使用它来设置布局的范围。继续下一行，您将首先获得突出显示的块组的图层范围。然后，您将使用相机对象将地图框的范围设置为该范围。由于您想查看街区组周围的一些区域，因此需要更改比例。由于这是一个街区组较小的市区，您将检查规模是否小于 10 000，如果是，请将其设置为 10 000。如果大于 10 000，则将 2 000 添加到刻度，将其四舍五入，然后将刻度设置为该整数。输入以下内容：

```
# If scale is less than 10000 set to 10000,
# otherwise add 2000 and round to a whole number
extent = mf.getLayerExtent(cbgLayer,False,True)
print(extent)
mf.camera.setExtent(extent)
print(mf.camera.scale)
if mf.camera.scale < 10000：
    mf.camera.scale = 10000
else：
    mf.camera.scale = round((mf.camera.scale + 2000),0)
print(mf.camera.scale)
```

如何在地图系列上选择比例？

1∶10 000 的选择来自于在地图中手动选择块组并查看它们在不同比例下的样子。尽管所有地图的最终创建都是一个自动化过程，但确定要使用的不同比例等内容需要您检查选项的外观。在某些情况下，单个最小比例将起作用。在其他情况下，您可能需要多个比例选项。这取决于您的数据以及比例尺的设置方式。您需要确保您的比例尺仍然与所有比例尺看起来合适，因为除了位置和长度之外，您无法更改比例尺设置。

8. 您现在在已经为您的地图设置了所有内容，是时候将其导出为 PDF 了。继续下一行，您将首先创建一个数字编号字符串，使用 if 语句检查数字编号是否只有 1 位。如果是这样，您将为其添加前导 0。

您需要添加前导 0 以确保在下一步中读取 PDF 时它们的顺序正确。排序字符串时，10 在 1～9 之前。

然后，您将调用 exportToPDF 方法并用地物编号、公交路线和 GEOID 命名地物。最后一步是将人口普查区块层名称重置为 AlamedaContraCostaCounty_RaceHispani_BlockGroup 并将计数器递增。输入以下内容：

```
pdfFigNum = str(i)
if len(pdfFigNum) == 1：
    pdfFigNum = "0" + pdfFigNum
layout.exportToPDF(
```

```
os.path.join(
    projectFolder,
    "Figure_2_{0}_BusRoute_{1}_GEOID_{2}.pdf"
    .format(pdfFigNum,busRoute,geoid)
    )
)
cbgLayer.name = "AlamedaContraCostaCounty_RaceHispanic_BlockGroup"
i += 1
```

您已经完成了单元格，现在可以运行它，使用输出语句跟踪您的进度，因为脚本在列表中移动并导出不同的数字。您还将看到图形出现在您要将它们导出到的文件夹中。

9. 在下一个单元格中，您将使用 glob 模块查找给定公交路线的所有 PDF，并使用 Py2PDF 模块将它们组合成一个 PDF。首先，您将使用 PdfFileMerger() 函数创建一个 PDF 合并对象，然后使用 glob.glob 方法在所有 PDF 中搜索一条总线。

 glob.glob 方法采用一个参数，在大多数情况下，该参数是您要搜索的路径，结合您要搜索的内容，并用星号（*）包围通配符。通配符可用于匹配它之前或之后的任何内容。

在 glob.glob 方法中，您将使用 os.path.join() 设置 PDF 的路径，并使用通配符为您的公交路线查找 PDF。获得 PDF 列表后，您将使用 Py2PDF 模块中的 PdfFileReader() 函数遍历所有 PDF，以打开、读取它们并将它们附加到 PDF 合并对象。PdfFileReader() 需要知道 PDF 的路径以及如何打开它们，'rb' 告诉它读取它们。一旦所有 PDF 文件都被打开、读取并附加到 PDF 合并对象，您将把它写入一个包含所有 PDF 文件的新文件。输入以下内容：

```
pdfMergeObj = PdfFileMerger()
pdfFiles = glob.glob(
        os.path.join(
            projectFolder,
            "*BusRoute_{0}*.pdf".format(busRoute)
        )
)
for pdf in pdfFiles:
    print(pdf)
    pdfMergeObj.append(PdfFileReader(pdf,"rb"))
pdfMergeObj.write(
        os.path.join(
            projectFolder,
            "Figure_2_BusRoute_{0}_MinorityRace_Greater_RefComm.pdf"
            .format(busRoute)
        )
)
```

运行单元格。由于您添加了输出语句,因此您可以跟踪单元格的进度。完成后,您将获得一个新的 PDF,其中包含突出显示的人口普查区块组的所有页面。

10. 最后一步是将地图和布局中的所有内容重置为开始时的状态。您应该这样做,以便您的地图和插图模板为未来的任何自动化做好准备。您将移除研究区域图层和选定的公交路线图层。输入以下内容:

```
m.removeLayer(newBusLyr)
m.removeLayer(cbgStudyAreaLyr)
```

运行单元格。Notebook 中不会有任何输出,但是这两个图层将从地图中移除。

您现在拥有一个 PDF,其中突出显示了所选公交路线上的所有街区组,这些街区组的少数族裔百分比高于现有公交路线的人口百分比。这些地图可用于社区会议或环境正义部分,以显示拆除这条公交路线将如何影响少数族裔社区以及重新启动它将产生的影响。

此外,通过更改第二个单元格中的 busRoute 变量,可以轻松修改此 Notebook 以运行其他总线线路。通过这些额外公交路线的地图,您可以比较哪些暂停的公交路线对少数族裔社区的影响更大。

12.6　总　结

在本章中,您创建了一个地图册,该地图册突出显示了沿暂停公交路线的街区组,其中少数族裔人口比例很高。该信息可用于确定对少数族裔社区的潜在不成比例影响,这可能是一个环境正义问题。它还可用于通过确定最有影响的重新开放路线来指导重新开放公交路线。

首先,创建布局模板,特别注意不能用 ArcPy 更改的设置。然后,您创建了一个 Notebook,在其中定义了一个参考社区,选择了一条公交路线,创建了一个研究区域,并将其添加到地图中。您在研究区域内选择了少数族裔百分比大于参考社区的街区组,将研究区域和所选公交路线添加到插图中,确保图例可读,选择街区组并为其设置范围,并创建一个块组中种族百分比的地图上的表格。最后,您将地图导出为 PDF 并将它们合并到一个文件中。这是一个漫长的过程,但仍然比在 ArcGIS Pro 中为每个选定的块组创建新布局要高效得多。

现在您已拥有此代码,您可以针对需要复杂地图册的其他项目对其进行修改。

在下一章也是最后一章中,您将了解如何使用 ArcPy、ArcGIS API for Python 和 ArcGIS Online 从各种来源收集数据,并为作物产量案例研究创建一个完整的 Web 制图应用程序。

第13章 案例研究:预测农作物产量

在最后一个案例研究中,我们将探讨现实世界的农作物产量问题。为此,我们将演示一个提取、转换、加载(ETL)工作流,该工作流使用前面章节中介绍的许多 Python 方法——ArcPy、ArcGIS API for Python、Pandas、scikit-learn 以及一些 Python 允许您使用的 web 工具。ETL 过程将全球农业数据组合成可用于使用机器学习预测农作物产量并将其加载到 ArcGIS Online 一种格式。生成的组合数据集可在地理上启用,并且可以使用代码随时更新最新数据。

最重要的是,我们将在一个使用 HTML、CSS 和 JavaScript 构建的简单 Web 应用程序中显示最终组合数据,以说明 Python 使各种工具成为可能。

本章涵盖以下主题:

- 介绍问题、数据和研究领域;
- 使用 Requests、World Bank API 和 ArcGIS Online 下载数据;
- 清洗和合并数据;
- 拟合随机森林模型;
- 将结果加载到 ArcGIS Online;
- 使用 ArcGIS API for JavaScript 生成 HTML 文件。

 本章使用的代码,请下载并解压本书 GitHub 存储库中的 Chapter13. zip 文件夹:https://github.com/PacktPublishing/Python-for-ArcGIS-Pro/tree/main/Chapter13。

13.1 案例研究介绍

尽管世界各地农业用地面积扩大和技术进步,但农作物产量仍需成倍增长,以满足不断增长的全球人口的需求。农作物监测和产量估算对于确保粮食安全至关重要,尤其是在气候变化持续加剧和自然资源枯竭的情况下。农作物产量预测既耗时又复杂,因此创建支持 GIS 的数据途径可以提高预测过程的效率。

从事食品和农业相关主题的研究人员需要随时可用的数据,以便他们可以下载和研究。他们需要一种可用于从各种来源提取农业数据的资源,对其进行统计,并使用它来预测世界各国的农作物产量。这将为他们节省时间和资金,并在对有关国家的援助方面做出更明智和及时的决定。

您将在 Notebook 中使用 Python 创建 ETL 工作流,以便在整个过程中提供详细的解释和可视化。在创建和测试工作流之后,数据将显示在一个使用 HTML、CSS 和

JavaScript 构建的简单 Web 应用程序中，因此利益相关者和决策者可以轻松快速地了解收集的数据。

13.1.1　数据和研究领域

我们将把工作流程和后续工具限制在 1960—2019 年期间，并且仅限于世界上拥有粮食及农业组织(FAO)和世界银行数据的国家。

我们将在该项目中使用七个主要数据集：世界国家边界、人口、降雨量、农业用地、农作物产量、农药和化肥使用以及温度变化。所有数据集都来自世界银行、粮食及农业组织或 ArcGIS Online。

将从粮食及农业组织收集世界各地生产的一些最重要农作物的数据。这些包括玉米、木薯、大米、大豆、小麦、土豆、山药和高粱。收集的其他数据将包括农作物生产国(FAO)、农作物产量(FAO)、农业用地(世界银行)、降雨量(世界银行)、温度变化(FAO)、农药和化肥使用(FAO)以及人口(世界银行)。

13.1.2　数据概念

我们将根据 Tidy Data (Wickham，2014)中描述的原则和技术清洗数据，然后将其输入到 Random Forests for Global and Regional Crop Yield Predictions (Jeong，Resop，Mueller，et al.，2016)。

> 在此处阅读 Hadley Wickham 关于数据清洗的论文：https://vita.had.co.nz/papers/tidy-data.pdf。
>
> 在此处阅读随机森林论文：ttps://dash.harvard.edu/bitstream/handle/1/27662263/4892571.pdf? sequence=1。

Tidy Data 论文讨论了数据清洗的一个重要部分，即数据整理或数据集的结构化以促进分析。在整齐的数据中，每个变量构成一个列，每个观测值构成一行，每种类型的观测单元构成一个表格。排序变量和观察结果是使您的数据更易于理解和分析的关键。

Wickham 对无组织数据集的五个最常见问题的评估以及广泛的解决方案如下所列：

1. 列标题是值，而不是变量名。
- 解决方案：融合数据，通过转换数据框使其包含每个观察值的一行。
2. 多个变量存储在一列中。
- 解决方案：融合数据，然后将字符串值拆分为它们自己的列。
3. 变量存储在行和列中。
- 解决方案：对数据进行强制转换或取消堆叠，这与融合数据相反。
4. 多种观测单位存储在同一张表中。例如，这可能是一个包含每周犯罪数据和天气数据的数据框。
- 解决方案：规范化数据，我们在第 8 章中已做介绍。

5. 单个观测单元存储在多个表中。

● 解决方案:合并表格并为每个表格添加一个新列。

按照上述原则清理数据后,我们会将其拆分为训练和测试集,用作随机森林机器学习模型的输入。

随机森林是一种用于回归和分类的方法,它涉及根据先前实验的训练数据预测实验的结果。

随机森林是一组决策树,以最简单的流程图形式,显示了通往决策的清晰路径。下面的决策树展示了我们如何从作物开始(在左侧)并沿着分支确定作物类型的预期产量和它接收的降雨量,如图 13.1 所示。

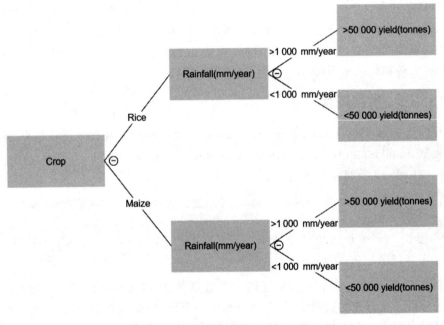

图 13.1 决策树示例

我们收集的训练数据将用于创建决策树组,方法是将数据拆分为随机子集,为每个子集生成决策树,最后将它们放在一起。在处理可能包含缺失数据的大型数据集时,随机森林非常有用。然而,它们比单个决策树更难解释,因为它们不能被可视化为一个单一的决策序列。因为需要保留来自各个树的所有信息,最好在有大量内存可用于存储时使用它们。

需要对数据进行设计,以通过将定性值更改为定量值来将它们包含在模型中。数据还将被分成一个特征部分,包含除我们要预测的列(农作物产量)和目标部分之外的所有列,只包含农作物产量列。这将使我们在预测目标时了解每个特征的重要性。

在拆分数据方面,用于全球和区域农作物产量预测的随机森林建议拆分大约 70% 的训练和 30% 的测试,或 80% 的训练和 20% 的测试,并指出"可能包括更多数据用于模型训练以提高随机森林回归的可预测性。"

13.2 下载数据集

在本节中,我们将通过下载以下数据集开始在 Notebook 中构建 ETL:

- 世界国家;
- 人口;
- 降雨;
- 农业用地;
- 农作物产量;
- 农药和化肥的使用;
- 温度变化。

让我们开始吧。使用插入选项卡下的新建 Notebook,本选项在 ArcGIS Pro 中创建一个名为 CropYieldETL 的新 Notebook,如图 13.2 所示。

图 13.2 名为 CropYieldETL 的新 Notebook

13.2.1 世界国家

首先,您将使用 ArcGIS API for Python 从 ArcGIS Online 搜索并下载国家边界数据集。

1. 在第一个单元格中,您将使用以下代码导入 API:

```
from arcgis.gis import GIS
```

运行单元格。

2. 导入后,您将连接到两个单独的实例。第一个是匿名的,将用于搜索数据集;第二个将您的 ArcGIS Pro 登录凭据用于下载:

```
gis_search = GIS()
gis = GIS('pro')
```

运行单元格。

3. 现在可以搜索世界边界要素图层并返回第一个结果:

```
items = gis_search.content.search(query = 'title:World
Countries(Generalized)', item_type = 'Feature Layer')
items[0]
```

运行单元格。您应该看到以下输出,如图 13.3 所示。

图 13.3　ArcGIS Online 搜索期间的世界国家(通用)缩略图

4. 确认返回的项目无误后,即可使用个人账号关联的 ArcGIS Online 实例进行下载。通过项目的 id 和 gis.content.get()方法访问项目,如下所示:

```
world_get = gis.content.get(items[0].id)
```

运行单元格。

5. 在此单元格中,您将项目导出到您的 ArcGIS Online 账户,并指定所需的标题和格式。首先,您将项目导出为适当命名的 shapefile,然后将该 shapefile 下载到您当前的项目文件夹。输入以下代码,该代码使用内置的 zipfile 模块解压缩数据并将其放置在您的项目文件夹中:

```
from zipfile import ZipFile
world_export = world_get.export(title = 'world', export_
format = 'Shapefile')
world_path = world_export.download('world')
withZipFile(world_path, 'r') as zipObj:
    zipObj.extractall()
```

运行单元格。

6. 现在本地项目文件夹中有一个 shapefile。可以从 shapefile 创建空间启用数据帧(SEDF),并使用 sdf.spatial.plot()进行可视化:

```
import pandas as pd
sdf = pd.DataFrame.spatial.from_featureclass('World_Countries_
(Generalized).shp')
m = sdf.spatial.plot()
m
```

运行单元格。

13.2.2　人　口

您可以从许多来源收集人口数据,可以方便地从世界银行 API 获取每个国家从 1960—2020 年的人口数据。有一个 Python 模块 world_bank_data,可以更轻松地探索世界银行发布的世界银行指标。

要获取此数据集，需要将 world_bank_data Python 模块安装在您的 Python 项目环境的克隆上，如第 3 章"适用于 Python 的 ArcGIS API"中所述：

7. 使用以下代码安装并导入 API：

```
pip install world_bank_data
import world_bank_data as wb
```

运行单元格。

安装后，有一个函数 wb.get_indicators()，它显示所有可用的数据集。人口数据集称为 SP.POP.TOTL。还有另一个函数 wb.get_series()，它将数据集放入 Pandas 系列中。正如我们在第 8 章中看到的，Series 是一个保存数据的一维数组。为了继续处理数据并最终将此数据集连接到其他数据集，我们将使用 to_frame 函数将此系列转换为 Pandas DataFrame。

8. 在下一个单元格中，您将把人口数据集作为系列读入您的 Notebook，并使用 wb.get_series().to_frame() 将其转换为 DataFrame。id_or_value 设置为"'id'"以确保不返回每个国家/地区的全名，并将 simple_index 设置为 True 以便在索引中仅返回国家 ID 和年份：

```
population = wb.get_series('SP.POP.TOTL', id_or_value = 'id',
            simplify_index = True).to_frame()
```

运行单元格。

该数据框将用于从世界银行收集其余数据集。此数据的最后一步是将列的名称从"SP.POP.TOTL"更改为"population"以表示所有 16 226 行数据。人口被认为是一个国家内所有居民的数量，无论他们是否是公民，所有值都是年中估计值。所有其他系列都将添加到此数据框中。

9. 在下一个单元格中，您将使用 Pandas 重命名函数更改列的名称，并使用 head 函数显示前五行：

```
df_wb = population.rename(columns = {'SP.POP.TOTL':'population'})
df_wb.head()
```

运行单元格。输出应如图 13.4 所示。

Country	Year	population
AFE	1960	130836765.0
	1961	134159786.0
	1962	137614644.0
	1963	141202036.0
	1964	144920186.0

图 13.4 人口数据

13.2.3 降雨量

我们还将使用与上述相同的技术从世界银行 API 收集称为 AG. LND. PRCP. MM 的降雨数据集,以将数据作为系列返回。我们将把它直接放在之前创建的数据框 df_wb 中,在标题为"rainfall(mm/year)"的新列中。

10. 将数据集作为一个序列读取,并将结果直接放在 df_wb 数据框中的新列中:

```
df_wb['rainfall(mm/year)'] = wb.get_series('AG.LND.PRCP.MM',
                            id_or_value = 'id', simplify_index = True)
```

运行单元格。

AG. LND. PRCP. MM 数据集中共有 16 226 行,代表每个国家从 1960—2020 年每年的总降雨量(mm)。该数据被测量为该国年降水量在空间和时间上的长期平均深度。

13.2.4 农业用地

我们将使用与上述相同的技术从世界银行 API 收集农业用地数据 AG. LND. AGRI. K2,并将其添加到 df_wb 数据框中。农业用地以平方千米为单位,从 1960—2020 年,世界银行保存数据的每个国家都有 16 226 行数据。

11. 将数据集作为一个序列读取,并将结果直接放在 df_wb 数据框中的新列中:

```
df_wb['agland(sq/km)'] = wb.get_series('AG.LND.AGRI.K2',
                        id_or_value = 'id', simplify_index = True)
```

运行单元格。

农业用地被认为是可耕地、种植永久性作物或种植永久性牧场的土地。耕地是指临时种植作物的任何土地、用于割草或牧场的临时草地、市场或菜园下的土地以及暂时休耕的土地。永久作物用地是指长期种植作物且收获后不需要重新种植的任何土地。最后,永久牧场是用于种植牧草 5 年或更长时间的土地,包括天然和栽培作物。

13.2.5 农作物产量

作物产量数据来自粮农组织。粮农组织没有有效的 API,可以使用世界银行等 Python 模块轻松访问数据。此数据是通过使用指向包含数据的网页的 URL 收集的。URL 指向一个 JSON 对象,其中包含所有信息的细分。

12. 您将首先创建一个包含粮农组织数据集 URL 的变量。在下一个单元格中,输入:

```
fao_url = 'http://fenixservices.fao.org/faostat/static/
bulkdownloads/datasets_E.json'
```

运行单元格。

在 Python 中可以使用 Requests 模块访问此数据,该模块发送 HTTP 请求并接收来自指定 URL 的响应。使用该模块可以发出多个请求,包括 get、post、put、patch 或 head 请求。这些也是用作模块的方法。返回响应对象后,可以使用多种方法来探索返回的对象。此实例调用获取请求以返回包含有关粮农组织 URL 的所有信息的响应对象。由于返回的对象是以 JSON 格式编写的,因此使用 json()响应方法来进一步探索信息。

 如果返回的对象不是用 JSON 编写的,则下一个最佳选择是使用 content()或 text()响应方法进行探索。

13. 您将导入 requests 模块,发送一个 get 请求,并创建一个变量来保存 JSON 对象。

在下一个单元格中键入以下内容:

```
import requests
response = requests.get(fao_url)
data = response.json()
```

运行单元格。一旦获得 JSON 对象,就可以通过索引来探索 FAO URL 中的所有数据集。

14. 在下一个单元格中,打印输出 JSON 文件的内容:

```
for x in range(len(data['Datasets']['Dataset'])):
    print(f"{x}. {data['Datasets']['Dataset'][x]['DatasetName']}")
```

运行单元格并检查输出,应如图 13.5 所示。

```
0. Discontinued archives and data series: ASTI-Expenditures
1. Discontinued archives and data series: ASTI-Researchers
2. Food Balance: Commodity Balances (non-food)
3. Investment: Country Investment Statistics Profile
4. Prices: Consumer Price Indices
5. Macro-Economic Indicators: Capital Stock
6. Investment: Development Flows to Agriculture
7. Land, Inputs and Sustainability: Fertilizers indicators
8. Climate Change: Emissions intensities
9. Land, Inputs and Sustainability: Livestock Patterns
10. Land, Inputs and Sustainability: Land use indicators
11. Climate Change: Emissions shares
12. Land, Inputs and Sustainability: Livestock Manure
13. Land, Inputs and Sustainability: Pesticides indicators
14. Land, Inputs and Sustainability: Soil nutrient budget
15. Climate Change: Temperature change
16. Discontinued archives and data series: Food Aid Shipments (WFP)
17. Food Balance: Food Balances (2014-)
18. Food Balance: Food Balances (-2013, old methodology and population)
```

图 13.5   来自粮农组织 URL 的 JSON 文件的内容

上面的每个数据集都包含一个指向包含所有数据的 ZIP 文件的 URL。要获得作物产量的正确 URL,应搜索上面返回的列表以找到相应的键以提供给字典。在这种情况下,作物产量对应于上面的数字 47。

15. 在此步骤中,您将获得包含作物产量数据的 URL。输入以下内容:

```
crop_yield = data['Datasets']['Dataset'][47]['FileLocation']
crop_yield
```

运行单元并检查 URL。找到所需的数据集后,将 URL 放入变量 crop_yield。

Requests 模块再次用于发送获取 URL 中数据的请求。

16. 接下来,您将对上面得到的 URL 发送一个 get 请求,参数 stream 设置为 True,保证数据不会马上下载:

```
yield_response = requests.get(crop_yield, stream = True)
```

运行单元格。

17. 现在,您将使用 Python 的 string.split()方法和索引生成输出文件的名称,以获取结果列表中的最后一个值,这是粮农组织保存的文件名称。输入以下内容:

```
local_file_name = crop_yield.split("/")[-1]
```

运行单元格。

18. 在此步骤中,将使用内置的 Python 文件写入功能将文件写入您的计算机。将 wb 参数设置为 open 允许以二进制形式写入文件,这会将数据作为字节对象而不是字符串返回。数据是分块的,这意味着代码一次只拉下一定数量的数据(一个块,以字节为单位);这避免了您必须一次将整个响应加载到内存中。

下载 ZIP 文件并根据您在上一步中创建的 local_file_name 对其进行命名:

```
with open(local_file_name, 'wb') as fd:
        for chunk in yield_response.iter_content(chunk_size = 128):
            fd.write(chunk)
```

运行单元格。

19. 您现在需要使用 ZipFile 解压缩内容并将其解压缩到本地文件夹。输入以下内容:

```
with ZipFile(local_file_name, 'r') as zipObj:
    zipObj.extractall()
```

运行单元格。

20. 最后,您将在创建数据框的 Pandas 函数中使用解压缩的文件路径。使用编码 latin1 读取下载的 CSV 以保留字节并使用 read_csv()创建 Pandas DataFrame:

```
df_yield = pd.read_csv(local_file_name.split(".")[0] +".csv",
encoding = 'latin1')
```

运行单元格。

该数据集返回农作物列表和具体产量。然而,只有大米、土豆、山药、大豆、小麦、玉米、高粱和木薯用于该分析。之所以选择此列表,是因为它们是世界上产量最高的农作物。最后,我们将数据集减少为仅上面列出的那些农作物,以及其他一些清洗任务。

21. 在下一个单元格中,您将减少 DataFrame,使其仅包含某些农作物。您还将删除不必要的列,最后重命名包含收益的列。输入以下内容:

```
df_yield = df_yield.loc[df_yield["Item"].isin(['Rice, paddy',
```

```
'Potatoes', 'Yams', 'Soybeans', 'Wheat', 'Maize', 'Sorghum',
'Cassava'])]
df_yield = df_yield.drop(['Area Code', 'Item Code', 'Element Code',
'Year Code', 'Flag', 'Element', 'Unit'], axis = 1)
df_yield.rename(columns = {'Value':'yield(tonnes)'}, inplace = True)
df_yield.head()
```

运行单元格。输出应与此类似,如图 13.6 所示。

	Area	Item	Year	yield(tonnes)
3526	Afghanistan	Maize	1961	500000.0
3527	Afghanistan	Maize	1962	500000.0
3528	Afghanistan	Maize	1963	500000.0
3529	Afghanistan	Maize	1964	505000.0
3530	Afghanistan	Maize	1965	500000.0

图 13.6　农作物产量数据框预览

13.2.6　农药和化肥的使用

农药和化肥使用数据集的获取方式与粮农组织的农作物产量数据相同。农药和化肥的使用对应于 JSON 对象中的数字 7,以千克/公顷(kg/ha)为单位。

22. 获取上述步骤 16~20 中的代码并填写农药和化肥数据集的信息:

```
pest = data['Datasets']['Dataset'][7]['FileLocation']
pest_response = requests.get(pest, stream = True)
local_file_name = pest.split("/")[-1]
with open(local_file_name, 'wb') as fd:
    for chunk in pest_response.iter_content(chunk_size = 128):
        fd.write(chunk)
with ZipFile(local_file_name, 'r') as zipObj:
    zipObj.extractall()
df_pest = pd.read_csv(local_file_name.split(".")[0] + ".csv",
encoding = 'latin1')
```

运行单元格。

该数据集包含大约 30 740 条记录,对于每个国家和年份,它包含三种不同肥料和农药,包括基于氮(N)、磷(P_2O_5)和钾(K_2O)的肥料和农药。

这是从 1961 年至今的时间序列数据集。为了便于合并和操作未来的数据集,您将根据年份和国家/地区汇总所有农药和化肥,并执行一些其他清洗任务。

23. 在下一个单元格中,您将删除不必要的列并使用 Pandas 的 groupby 和 agg 函数来查找每个国家/地区每年使用的农药和化肥总量。输入以下内容:

```
df_pest = df_pest.drop(['Area Code', 'Item Code', 'Element Code',
'Year Code', 'Flag', 'Element', 'Unit'], axis = 1)
df_pest = df_pest.groupby(['Area', 'Year']).agg({'Value':'sum'})
```

运行单元格。

24. 在下一个单元格中,重置求和后的索引并将求和列重命名为"pestUse(kg/ha)":

```
df_pest.reset_index(inplace = True)
df_pest.rename(columns = {'Value':'pestUse(kg/ha)'}, inplace = True)
df_pest.head()
```

运行单元格。输出应与此类似,如图 13.7 所示。

	Area	Year	pestUse(kg/ha)
0	Afghanistan	1961	0.14
1	Afghanistan	1962	0.14
2	Afghanistan	1963	0.14
3	Afghanistan	1964	0.14
4	Afghanistan	1965	0.14

图 13.7 农药和化肥使用数据框预览

这会产生一个数据集,其中每个国家/地区每年使用的农药和化肥总数只有一个,类似于农作物产量数据集。

13.2.7 温度变化

温度变化的收集方式也与粮农组织的农药和化肥使用以及农作物产量数据相同。温度变化是 JSON 对象中的第 15 个数据集,测量为从 1961 年到现在的每个月按国家/地区的平均表面温度变化。

25. 取上面第 16~20 步的代码,填写温度变化的信息数据集:

```
temp = data['Datasets']['Dataset'][15]['FileLocation']
temp_response = requests.get(temp, stream = True)
local_file_name = temp.split("/")[-1]
with open(local_file_name, 'wb') as fd:
    for chunk in temp_response.iter_content(chunk_size = 128):
        fd.write(chunk)
with ZipFile(local_file_name, 'r') as zipObj:
    zipObj.extractall()
df_temp = pd.read_csv(local_file_name.split(".")[0] + ".csv",
encoding = 'latin1')
```

运行单元格。

这些温度数据由粮农组织从美国国家航空航天局戈达德空间研究所收集。

该数据包括大约 537 370 条记录,其中包括每个月的记录,我们将更改为每个国家/地区每年仅包含一条记录。

这将通过使用与农药和化肥数据集相同的 groupby 和 agg Pandas 函数来完成。为了获得平均温度变化格式,我们将该列除以 12 并完成一些简单的清洗任务。

26. 在下一个单元格中,您将删除不必要的列并使用 Pandas 的 groupby 和 agg 函数来查找每个国家/地区每年的平均温度变化。将该数字除以 12 将得出平均值。输入以下内容:

```
df_temp = df_temp.drop(['Area Code', 'Element Code', 'Year Code',
'Flag', 'Element', 'Unit'], axis = 1)
df_temp = df_temp.groupby(['Area', 'Year']).agg({'Value':'sum'})
df_temp['Value'] = df_temp['Value']/12
```

运行单元格。

27. 在下一个单元格中,您将在求和之后重置索引并将求和列重命名为 "tempChange(C)":

```
df_temp.reset_index(inplace = True)
df_temp.rename(columns = {'Value':'tempChange(C)'}, inplace = True)
df_temp.head()
```

运行单元格。输出应与此类似,如图 13.8 所示。

现在,您已使用 Requests 模块、ArcGIS Online 和 World Bank API 成功获取所有数据集。您还完成了对每个单独数据集的一些小修复。接下来,我们将进一步清洗并最终组合这些数据集以创建我们的最终数据框。

	Area	Year	tempChange(C)
0	Afghanistan	1961	1.659750
1	Afghanistan	1962	1.332000
2	Afghanistan	1963	2.886083
3	Afghanistan	1964	0.326083
4	Afghanistan	1965	1.539583

图 13.8 温度变化数据框预览

13.3 清洗和合并数据

在将所有数据合并到一个数据集之前,需要进行一些清洗以确保合并是可行的。为了合并数据集,需要在两个数据框中匹配一列或多列。在这种情况下,合并将发生在年份和国家名称列上。

年份列没有变化,但国家列的名称在拼写或使用缩写时可能略有不同。来自世界银行数据的数据框 df_wb 只有一个缩写来表示国家,除了国家名称之外,还包含地区数据。需要添加实际的国家名称,并且需要删除包含区域数据的行。

幸运的是,world_bank_data API 有一个现成的数据集,其中包含所有 ID、国家名称和有关区域数据的信息;具体来说,"区域"列,指定条目是否是国家/地区的组合。

1. 您需要获取世界银行数据的国家列中出现的所有值的列表:

```
countries = wb.get_countries()
```

运行单元格。

2. 使用 Pandas loc 函数删除所有区域数据,该函数允许您访问指定的一组行和列。上面提到,"区域"包含一个值,该值指定一行是针对单个国家还是多个国家。在这种情况下,您只需要单个国家/地区,因此您不需要在"区域"列中具有值"聚合"的任何行。

访问 'region' 列中没有值 'Aggregates' 的所有行:

```
df_key = countries.loc[countries.region != 'Aggregates']
```

运行单元格。

3. 您希望在接下来的几个步骤中轻松获取"id"索引,因此您将重置索引,这会将"id"索引移动到列中。Pandas loc 函数可用于将 DataFrame 简化为仅 ID 和国家名称。然后可以在重置 df_wb 索引并删除冗余列之后进行合并。

输入以下内容以重置索引,然后再次使用 loc 函数仅返回 'id' 和 'name' 列:

```
df_key.reset_index(inplace = True)
df_key = df_key.loc[:,['id', 'name']]
df_key.head()
```

运行单元格。输出应与图 13.9 所示类似。

4. 您现在将 df_key 合并到 df_wb 以便 df_wb 可以更容易地与将从粮农组织收集的数据合并到国家名称中。首先,您需要重置 df_wb 上的索引以从索引中删除"id"列。

然后,您将使用 Pandas 合并功能来组合缩写词中的数据框,df_key 中的"id"和 df_wb 中的"Country"。一旦长格式名称位于 df_wb 中,我们就可以删除冗余列"Country"和"id"。

输入以下内容以重置索引、合并数据框并删除冗余列:

	id	name
0	ABW	Aruba
1	AFG	Afghanistan
2	AGO	Angola
3	ALB	Albania
4	AND	Andorra

图 13.9 ID 和国名数据框预览

```
df_wb.reset_index(inplace = True)
df_wb = pd.merge(df_wb, df_key, left_on = 'Country', right_on = 'id')
df_wb = df_wb.drop(['Country', 'id'], axis = 1)
```

运行单元格。

目前，有一个包含所有世界银行数据的数据框 df_wb 和三个独立的粮农组织数据框 df_temp、df_pest 和 df_yield。让我们使用 Pandas 合并功能合并这三个粮农组织数据集。

5. 首先合并 df_temp 和 df_pest，然后在 df_yield 中合并：

```
df_fao = pd.merge(df_temp, df_pest, left_on = ['Area', 'Year'],
        right_on = ['Area', 'Year'], how = 'outer')
df_fao = pd.merge(df_fao, df_yield, how = 'right', on = ['Area', 'Year'])
df_fao.head()
```

运行单元格。输出应类似于以下内容，如图 13.10 所示。

	Area	Year	tempChange(C)	pestUse(kg/ha)	Item	yield(tonnes)
0	Afghanistan	1961	1.659750	0.14	Maize	500000.0
1	Afghanistan	1962	1.332000	0.14	Maize	500000.0
2	Afghanistan	1963	2.886083	0.14	Maize	500000.0
3	Afghanistan	1964	0.326083	0.14	Maize	505000.0
4	Afghanistan	1965	1.539583	0.14	Maize	500000.0

图 13.10　合并后的粮农组织数据集预览

现在有两个数据集：df_wb 和 df_fao。在合并来自不同来源的数据框之前，确保合并的列是相同的数据类型很重要。这可以使用 Pandas astype 函数完成。

6. 在下一个单元格中，确保将发生合并的所有列都是相同的数据类型，在本例中为字符串：

```
df_wb['name'] = df_wb['name'].astype(str)
df_wb['Year'] = df_wb['Year'].astype(str)
df_fao['Area'] = df_fao['Area'].astype(str)
df_fao['Year'] = df_fao['Year'].astype(str)
```

运行单元格。

在检查 df_wb 数据框中的"name"和"year"以及 df_fao 数据框中的"Area"和"Year"之后，只剩下一步。这是为了将两个数据框减少到仅显示在两个数据框中的那些国家。这样做是为了避免我们的数据框中出现大量空值。此过程的第一步是通过在两个数据帧上使用 Pandas 唯一函数来收集每个数据帧中所有唯一国家的列表。

7. 在每个数据集中创建两个唯一国家值列表：

```
fao_list = df_fao['Area'].unique()
wb_list = df_wb['name'].unique()
```

运行单元格。

8. 您现在将使用列表推导来编译两个数据框中的国家/地区列表。这循环遍历

fao_list 中的国家；如果该国家/地区在 wb_list 中，那么它将被添加到名为 both_list 的列表中。运行列表推导以获取两个数据框中的国家/地区列表：

```
both_list = [xfor x in fao_list if x in wb_list]
```

运行单元格。您将使用结果列表以及 loc 和 isin Pandas 函数来减少 df_fao 和 df_wb 数据帧。

9. 在以下单元格中，将数据框缩减为仅包含在 both_list 中具有国家/地区的行：

```
df_wb = df_wb.loc[df_wb['name'].isin(both_list)]
df_fao = df_fao.loc[df_fao['Area'].isin(both_list)]
```

运行单元格。

10. 使用 Pandas 合并功能，您现在将合并 df_wb 和 df_fao。合并后，删除所有与它们没有关联的行。输入以下代码以运行最终合并，删除冗余列，删除任何没有产量的行，并删除不必要的列。使用 sample 函数返回最终数据集的随机样本：

```
df_master = pd.merge(df_wb, df_fao, left_on = ['name', 'Year'],
right_on = ['Area', 'Year'], how = 'outer')
df_master = df_master.drop(['Area'], axis = 1)
df_master = df_master.loc[df_master['yield(tonnes)'].notna()]
df_master.sample(5)
```

运行单元格。输出应类似于以下内容，如图 13.11 所示。

	Year	population	rainfall(mm/year)	agland(sq/km)	name	tempChange(C)	pestUse(kg/ha)	Item	yield(tonnes)
56244	2000	211513822.0	NaN	471770.0	Indonesia	0.759583	69.27	Maize	27649.0
31028	1997	4534920.0	1113.0	19410.0	Croatia	0.650417	248.96	Potatoes	63189.0
111886	2015	20970000.0	NaN	27400.0	Sri Lanka	1.848667	173.60	Soybeans	4701.0
44131	1970	78169289.0	NaN	190230.0	Germany	1.207583	384.44	Maize	49743.0
6514	1994	17855000.0	NaN	4691430.0	Australia	1.257500	96.06	Wheat	11356.0

图 13.11 所有合并数据集的预览

您现在拥有一个包含之前收集的所有数据集的数据框。这是通过首先更新世界银行数据框中的国家名称并将每个数据框中的国家减少到仅包含出现在两个数据框中的国家来实现的。最后，您将所有数据合并到一个最终数据框中。此数据框现在将用于拟合随机森林模型，添加到 ArcGIS Online，最后显示在 Web 应用程序中。

13.4　拟合随机森林模型

我们将使用我们现在必须执行初步测试并拟合模型的组合数据集。要运行这些测试并最终运行模型，需要通过命令提示符（或在 Notebook 中）使用 pip 安装 sklearn 模块：

1. 在下一个单元格中,安装 sklearn 模块并导入以下内容(注意 sklearn 模块可能已经安装):

```
pip install sklearn
from sklearn.model_selection import train_test_split
from sklearn.ensemble import RandomForestRegressor
from sklearn.metrics import r2_score
```

运行单元格。

在运行任何测试之前,请注意随机森林模型只接受数字变量,这意味着所有分类变量特别是"项目"字段都需要更改为数字。本质上,每个值都将由一个数字表示。还需要完成一些清洗工作,删除空值并删除多余的列。

2. 在下一个单元格中,您将删除冗余列,将"项目"列转换为定量值,最后删除空值:

```
df_ml = df_master.drop(['name'], axis = 1)
df_ml = pd.get_dummies(df_ml, columns = ['Item'], prefix = ['Item'])
df_ml = df_ml.dropna()
```

运行单元格。

3. 现在我们要将数据框拆分为特征部分和目标部分,特征部分包含除农作物产量以外的所有列,而目标部分仅包含农作物产量列。通过获取所有列的列表来拆分数据框,删除"产量(吨)",然后简单地基于该列表和"产量(吨)"进行索引:

```
col_ind = list(df_ml.columns)
col_ind.remove('yield(tonnes)')
X = df_ml[col_ind]
y = df_ml['yield(tonnes)']
```

运行单元格。

4. 现在,我们将获取特征和目标部分,并将它们分别拆分为一个训练集和一个测试集。如前所述,这将是 70/30 拆分,这将在 train_test_split 函数的 test_size 参数中表示。然后,我们可以运行 RandomForestRegressor,它将根据训练数据进行拟合。输入以下代码以拆分特征和目标部分,运行 RandomForestRegressor,并使用 fit 基于训练数据拟合模型:

```
X_train, X_test, y_train, y_test = train_test_split(X, y,
test_size = 0.3, random_state = 42)
rf = RandomForestRegressor(n_estimators = 200, random_state = 42,
n_jobs = - 1, verbose = 1)
rf.fit(X_train, y_train)
```

运行单元格。

我们现在有一个模型,rf,它已经根据我们的训练数据进行了拟合。我们将在模型上使用预测函数 rf,将训练数据作为我们的参数进行预测。然后我们将能够收到一个 R 平方分数,让我们知道我们的模型可以预测收益率。我们可以查看特征部分中的列,根据它们在预测产量中的重要性对它们进行排名。

5. 在下一个单元格中,您将使用我们的模型进行预测,返回 R 平方分数,并对用于预测农作物产量的最重要的列进行排序并返回:

```
y_pred = rf.predict(X_train)
r2_score(y_pred = y_pred, y_true = y_train)
plot_list = df_master.columns
features = X.columns
importances = rf.feature_importances_
feat_imp = pd.Series(importances, features).sort_
values(ascending = False)
feat_imp[:9]
```

运行单元格。输出应该与图 13.12 所示类似。

```
population          0.360437
Item_Rice, paddy   0.175942
agland(sq/km)      0.094614
pestUse(kg/ha)     0.075401
tempChange(C)      0.074703
Item_Maize         0.062454
Year               0.045689
Item_Wheat         0.044650
rainfall(mm/year)  0.025257
```

图 13.12 在预测农作物产量中按重要性排序的特征

在本节中,您导入了必要的 Python 模块来完成随机森林模型的拟合。然后,您获取最终合并的数据框并完成该模型的拟合。图 13.12 显示,我们的数据框中用于预测农作物产量的最重要特征是人口。R 平方分数让您知道您的模型预测收益率的能力。

在下一部分中,您将获取在上一部分中创建的数据框并将其上传到 ArcGIS Online。

13.5　将结果加载到 ArcGIS Online

最后的合并包括将我们从 ArcGIS Online 收集的 shapefile 与来自粮农组织和世界银行的数据框结合起来,为我们的数据框几何图形提供可视化。df_master 'name' 列需要重命名以匹配 shapefile 的 'COUNTRY' 列。然后,两个数据集将在该列上合并。

1. 在下一个单元格中,您将重命名 df_master 中包含国家名称的列,以匹配 SEDF 中的国家名称列。然后,您将合并此处的列并删除不必要的列:

```
df_master.rename(columns = {'name':'COUNTRY'}, inplace = True)
```

```
sdf_master = sdf.merge(df_master, on = 'COUNTRY')
sdf_master = sdf_master.drop(['ISO', 'COUNTRYAFF', 'AFF_ISO',
'FID'], axis = 1)
```

运行单元格。

2. 上面合并的数据框 sdf_master 将被导出为 shapefile,然后添加到 ArcGISOnline 以用于下面要创建的 Web 应用程序。这与下载世界边界 shapefile 并将其读入数据框的方式类似。在下一个单元格中,使用 spatial. to_featureclass 方法将数据框转换为 shapefile:

```
shp = sdf_master.spatial.to_featureclass('FoodandAgData.shp')
```

运行单元格。

3. 一个 shapefile 由多个文件组成。在我们上传上面创建的 shapefile 之前,这些文件需要放在一个 ZIP 文件中。我们将利用 ListFiles ArcPy 函数来查找与我们的 shapefile 相关的所有必要文件。首先,我们需要将当前工作空间(可以在 arcpy. env. workspace 中找到)更改为我们刚刚在步骤 2 中编写 shapefile 的位置。我们使用 os 模块来执行此操作。更改工作空间后,我们可以再次利用 ZipFile 模块将 shapefile 写入 ZIP 文件。我们使用 shapefile 名称后跟通配符来调用 ListFiles 函数,通配符可以表示零个或多个字符。例如,如果您正在搜索州并输入 Te *,它将返回 Texas 和 Tennessee。我们还想检查我们没有抓取任何有锁的文件,所以我们添加了一个 if 语句来确保文件名不包含单词 'lock'。

下一个单元格将包含上面解释的整个过程:

```
arcpy.env.workspace = os.path.dirname(os.path.abspath(shp))
file_list = arcpy.ListFiles('FoodandAgData. * ')
with ZipFile('FoodandAgData.zip', 'w') as zipObj2:
    for x in file_list:
        if 'lock' not in x:
            zipObj2.write(x)
```

运行单元格。

4. 创建包含所有收集数据的 ZIP 文件后,即可将其上传到 ArcGIS Online。这类似于从 ArcGIS Online 获取世界边界数据集的方式,不同之处在于我们使用 add()函数并在数据参数中指定 shapefile。您还可以在 item_properties 参数下写入一些元数据,例如标题、类型和标签。使用之前创建的 gis 变量,可以将内容添加到您的账户中。

在下一个单元格中,将内容添加到您的 ArcGIS Online 账户,创建一些元数据,然后查看您刚刚添加的内容的缩略图:

```
arc_shape = gis.content.add(item_properties = {'title': 'CropYields',
'type': 'Shapefile', 'tags':['Food', 'Agriculture']},
data = 'FoodandAgData.zip')
arc_shape
```

运行单元格。输出应该与图 13.13 所示类似。

CropYields

Shapefile by jbonifi1_GISandData
Last Modified: January 04, 2022
0 comments, 0 views

图 13.13 ArcGIS Online 的 CropYields 缩略图

5. 添加后,notebook 中的最后一步是使用 publish()函数将 shapefile 作为要素服务发布并获取 ID。此 ID 将用于将 shapefile 添加到 Web 应用程序:

```
published_service = arc_shape.publish()
published_service.id
```

运行单元格。

在本节中,您对数据框执行了一些最终清洗任务,并将其与世界各国的数据框合并,以确保我们的数据具有用于可视化目的的几何图形。您还将合并的数据框保存为 shapefile,以便将其添加到 ArcGIS Online 并对其进行压缩。最后,您获得了上传的 shapefile 的 ID,以便可以将其添加到您将在下一节中创建的 Web 应用程序中。

13.6 使用 ArcGIS API for JavaScript 生成 HTML 文件

您现在拥有一个 shapefile,其中包含通过 ArcGIS Online 收集的所有数据。这可用于使用 HTML、CSS 和 JavaScript 创建 Web 应用程序,这是本章案例研究的最后阶段。这与我们迄今为止所做的有点不同,但会根据您刚刚创建的数据制作漂亮且交互式的 Web 地图。

 如果遇到任何问题,您可以在代码文件夹中查看完成的 HTML 文件以获得最终结果。

在本节中,我们不会编写任何 Python 代码,但通过使用 ArcGIS API for JavaScript 和一些 HTML 标签,它将演示我们如何扩展我们迄今为止所做的工作,以创建一个对最终用户非常有用的界面:

1. 在您选择的文本编辑器中创建一个 HTML 文件。

2. 添加 HTML 标签,<html > </html >。一切都会发生在这两个标签之间。

3. 在这些标签之后,添加头标签<head > </head >,它用作元数据的容器。

4. 在 head 标签中,在 title 标签之间添加标题,添加引用 ArcGIS 网站上维护的 CSS 样式表的链接,最后添加 ArcGIS JavaScript 功能的源链接,用于引入所有的下面使用的功能和工具。这相当于在 Python 中导入 arcpy:

```
<html>
  <head>
    <title> Agricultural Crop Yields </title>
    <link
      rel = "stylesheet" href = "https://js.arcgis.com/4.21/esri/themes/light/main.css"
    />
    <script src = "https://js.arcgis.com/4.21/"> </script>
  </head>
</html>
```

5. 在结束头标签之后，添加一对正文标签：<body > </body >，它将包含文档正文中的所有信息。在 body 标记中，添加一个 id 标记为"viewDiv"的 div 标记，它将保存地图的视图：

```
<body>
    <div id = "viewDiv"> </div>
</body>
```

6. 在该 div 之后，添加另一个 id 标记为"titleDiv"和类标记为"esri-widget"的 div，以便我们稍后可以引用该信息并将其放置在它自己的小部件中。在该 div 标记中，添加另一个 div 元素，其 id 标记为"titleText"；在标签之间添加一个标题，例如农作物产量。现在，body 标签之间的文本应该如下所示：

```
<body>
    <div id = "viewDiv"> </div>
    <div id = "titleDiv" class = "esri - widget">
        <div id = "titleText"> Agricultural Crop Yields </div>
    </div>
</body>
```

7. 由于我们现在在文档正文中有一些标签也包含 ID，因此可以添加一些 CSS 样式。在最后的 head 标签和第一个 body 标签之间，添加一对 style 标签。在这些标签中，可以引用上面创建的 div 元素，使用♯后跟 ID 的名称。下面的代码显示了上面在 div 元素上解释的过程，添加了简单的样式以确保我们的地图或"viewDiv"填满整个页面，并且我们的标题或"titleDiv"被放置在距其给定位置 10 个像素的位置，以确保它是可见的：

```
<style>
    ♯viewDiv {
        padding: 0;
        margin: 0;
        height: 100 % ;
        width: 100 % ;
    }
```

```
#titleDiv {
        padding: 10px;
}
</style>
```

8. 唯一需要包括的是 JavaScript 功能。最后需要添加的标签是一对脚本标签：<script ></script >，它应该位于结束样式标签和第一个正文标签之间。具体功能，如 MapView、Map、FeatureLayer、Basemap，需要添加。

MapView 用于显示地图，Map 存储和管理要显示的图层，FeatureLayer 用于创建我们在本章中创建的 shapefile，Basemap 用于创建要显示的基础图对象：

```
<script>
  require([
    "esri/views/MapView",
    "esri/Map",
    "esri/layers/FeatureLayer",
    "esri/Basemap",
], (MapView,Map, FeatureLayer, Basemap) => {
});
</script>
```

在箭头后面的那些大括号内是使用这些函数的地方。将我们的 ArcGIS Online 托管数据添加到我们的 Web 地图有四个步骤，这些步骤都将出现在大括号内。

9. 首先，使用 Basemap 函数添加基础图并指定以下 ID，与 ArcGIS Online 上的黑暗人文地理基础图"4f2e99ba65e3 4bb8af49733d9778fb8e"相关联：

```
const basemap = new Basemap({
  portalItem: {
    id:"4f2e99ba65e34bb8af49733d9778fb8e"
  }
});
```

10. 其次，使用我们之前在将结果加载到 ArcGIS Online 部分的步骤 5 中使用 FeatureLayer 函数收集的 ID 添加我们的托管数据。或者，您可以使用 definitionExpression 属性减少数据：

```
// agricultural crop yield layer queried at start
  constlayer = new FeatureLayer({
    portalItem: {
      id: "3252811b3f3047298024a8047bcc3b57"
    },
    definitionExpression: "Item = 'Maize' AND Year = '2019'"
});
```

11. 接下来，我们需要使用 Map 函数将基础图和要素图层添加到我们的地图中：

```
// map
constmap = new Map({
  basemap: basemap,
  layers: [layer]
});
```

12. 最后,使用 MapView 函数,显示地图并将其放置在 ID 为"viewDiv"的 div 元素中:

```
// view containing starting extent
constview = new MapView({
map: map,
  container: "viewDiv"
});
```

13. 为了放置标题,我们必须获取 view 元素并添加标题 div 元素,选择放置元素的位置,在本例中为右上角:

```
view.ui.add("titleDiv", "top - right");
```

14. 为了增加用户和网络应用程序之间的更多交互,可以添加一个弹出模板,这样当用户点击一个国家时,就会出现这个国家的信息。可以添加 createPopupTemplate() 函数以包含将在弹出窗口中显示的信息。该示例将返回国家名称和年份。应将此函数添加到第 10 步创建的 FeatureLayer 中:

```
// agricultural crop yield layer queried at start
constlayer = new FeatureLayer({
portalItem: {
    id: "3252811b3f3047298024a8047bcc3b57"
  },
  definitionExpression: "Item = 'Maize' AND Year = '2019'",
  popupTemplate: createPopupTemplate()
});
//popup template
function createPopupTemplate(){
  return{
    title: "{country}, {Year}"
  };
};
```

HTML 文件现在应如下所示:

```
<html>
  <head>
    <title> Agricultural Crop Yields </title>
    <link
      rel = "stylesheet" href = "https://js.arcgis.com/4.21/esri/themes/light/main.css"
    />
```

```
    <script src = "https://js.arcgis.com/4.21/"> </script>
</head>
  <style> #viewDiv{
    padding: 0;
    margin: 0;
    height: 100%;
    width: 100%;
  }
    #titleDiv {
      padding: 10px;
  }
</style>
<script>
require([
"esri/views/MapView",
"esri/Map",
"esri/layers/FeatureLayer",
"esri/Basemap",
], (MapView,Map, FeatureLayer, Basemap) => {
  constbasemap = new Basemap({
    portalItem: {
      id: "4f2e99ba65e34bb8af49733d9778fb8e"
    }
  });
  // agricultural crop yield layer queried at start
  constlayer = new FeatureLayer({
    portalItem: {
      id: "3252811b3f3047298024a8047bcc3b57"
    },
    definitionExpression: "Item = 'Maize' AND Year = '2019'",
    popupTemplate: createPopupTemplate()
  });
    //popup template
    function createPopupTemplate(){
      return {
        title: "{country}, {Year}",
        content: [{
          type: "fields",
          fieldInfos: [{
            fieldName: "Item",
            label: "Crop",
          }, {
            fieldName: "yield_tonn",
            label: "Yield",
            format: { places: 2,
              digitSeparator: true
            }
          }]
```

```
            }]
        );
    };

        constmap = new Map({
            basemap: basemap,
            layers: [layer]
    });
        constview = new MapView({
            map: map,
            container: "viewDiv"
    });
        view.ui.add("titleDiv", "top-right");

    });
</script>
<body>
    <div id="viewDiv"> </div>
    <div id="titleDiv" class="esri-widget">
        <div id="titleText"> Agricultural Crop Yields </div>
    </div>
</body>
</html>
```

15. 最后,保存 HTML 文件。要查看 Web 地图,只需双击文件名或右击文件并选择使用哪个浏览器打开文件,如图 13.14 所示。

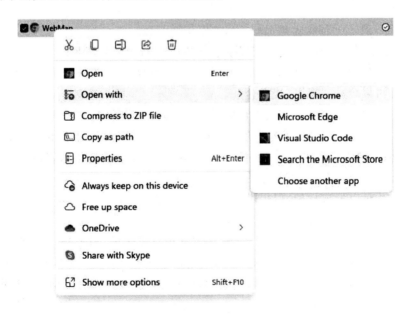

图 13.14 打开 Web 地图

您应该会看到最终结果,即显示数据且可单击的工作 Web 地图,如图 13.15 所示。

图 13.15 最终的网络地图应用程序

13.7 总 结

在本章中,您通过创建 ETL 工作流来解决一个现实世界的问题,该工作流使用您在整本书中学到的所有概念和工具来预测农作物产量。

首先,您了解了问题,了解了完成手头任务所需的数据和工具。然后,您使用请求模块、ArcGIS Online 和世界银行 API 下载了所有数据。您清洗了所有这些单独的数据集以确保可以合并,然后完成了合并。

您获取了合并的数据框并使用它来拟合随机森林模型,展示了它快速有效地预测产量的能力。此 Notebook 可用于更新所有数据以在需要时通过重新运行整个 Notebook 来预测作物产量。最后,您创建了一个 Web 应用程序来显示使用 HTML、CSS 和 JavaScript 在 Notebook 中创建的 shapefile。

这一过程可以形成框架,以提供额外的工作流程,以确保政府、农民、政策制定者等拥有及时预防粮食不安全所需的信息。

在本书中,您从 Python 简介到使用 ArcPy 进行复杂的 ArcGIS 分析和制图,再到使用 Pandas 和 NumPy 等高级 Python 模块创建自定义 Python 工具来处理矢量和栅格数据。您甚至已经了解了一点 ArcGIS API for JavaScript 和 HTML 以根据您的数据创建 Web 地图。

从开始到结束,这是一段漫长的旅程,但您已经做到了,现在您已准备好进行下一步:在日常工作中使用这些课程和工具。最好的学习方法是在工作中反复使用某些东西,它将让您深入了解这些工具的最佳部署位置以及如何创建新的自定义工具,使您的工作更加愉快和有趣。

我们为您花时间努力工作和提高技能而鼓掌,并希望您对未来感到兴奋和有成就感:充满代码的未来。

我们祝您一切顺利,并希望您喜欢这本书!